DIANGONG JISUAN SHOUCE

电工计算

手册

刘丙江　徐福强　编著

中国电力出版社
CHINA ELECTRIC POWER PRESS

图书在版编目（CIP）数据

电工计算手册/刘丙江，徐福强编著．—北京：中国电力出版社，2018.3
（2025.9 重印）

ISBN 978-7-5198-1440-3

Ⅰ.①电…　Ⅱ.①刘…　②徐…　Ⅲ.①电工计算-技术手册　Ⅳ.①TM11-62

中国版本图书馆 CIP 数据核字（2017）第 293423 号

出版发行：中国电力出版社
地　　址：北京市东城区北京站西街 19 号（邮政编码 100005）
网　　址：http://www.cepp.sgcc.com.cn
责任编辑：刘　炽（010－63412395）　盛兆亮
责任校对：马　宁
装帧设计：左　铭
责任印制：杨晓东

印　　刷：北京世纪东方数印科技有限公司
版　　次：2018 年 3 月第一版
印　　次：2025 年 9 月北京第七次印刷
开　　本：880 毫米×1230 毫米　大 32 开本
印　　张：16.25
字　　数：540 千字
定　　价：58.00 元

内 容 提 要

　　《电工计算手册》是为电气工程技术人员提供的一本简明、实用的速查手册，书中收集了现代电工行业常用的计算公式、计算实例和部分相关的数据资料，本书注重实用常用、理论联系实际，又兼顾知识的系统性、科学性，能使读者更熟练地掌握基础理论及其相关计算方法，帮助读者解决日常工作中经常遇到的计算和运行维护问题。本书共有十七章，内容包括电工基础计算、电力负荷计算、短路电流计算、电工常用工器具、电工常用测量仪表及其计算、电线与电缆及其计算、绝缘材料、导磁材料、高压电器及其计算、低压电器及其计算、变压器及其计算、异步电动机及其计算、直流电动机及其计算、电力电容器及其计算、电气照明及其计算、节能降损及其计算、晶体管电路及其计算。

　　本书适合具备电工基本计算能力的各类电气初、中级电工阅读，也可作为相应等级电工的考核、培训教材，同时也可供相关专业的高等院校师生使用。

前　言

电工计算手册

　　电工技术已涉及国民经济和人民生活的各个领域，是关系国计民生的重要学科。社会在进步，科技在飞跃。新技术、新工艺、新材料、新设备的应用，在生产实践中，加以总结、宣传很有必要。为了帮助广大电工及电气工程技术人员，解决在生产实践中遇到的各种电工计算问题及生产技术问题，我们编写了这本《电工计算手册》，主要供具备电工基本计算能力的各类电气初、中级技术人员快速查阅，也可供相关专业的大中专师生使用。

　　本书兼顾电工行业基础知识的系统性，有选择地收集了现代电工行业常用的计算公式和部分相关的数据资料，书中不同条件下的应用计算举例、相关的快速估算方法等内容，可使读者在学习或电气工程设计中能温故知新，快速查阅并完成相关计算。本书在阐述基本理论和概念时，深入浅出，计算公式及必要的图解或文字说明均以表格形式编排，读者能一目了然，达到"即查即用"的效果。

　　本书能够满足现代电工技术对计算的基本要求，所列举的各数据表格及计算实例，均是电气专业人员在生产实践中经常用到的，实用性较强。本书共有十七章，内容包括电工基础计算、电力负荷计算、短路电流计算、电工常用工器具、电工常用测量仪表及其计算、电线与电缆及其计算、绝缘材料、导磁材料、高压电器及其计算、低压电器及其计算、变压器及其计算、异步电动机及其计算、直流电动机及其计算、电力电容器及其计算、电气照明及其计算、节能降损及其计算、晶体管电路及其计算。

　　本书在编写过程中，参考了大量的图书资料，在此对各位专家、老师表示衷心感谢！

　　限于编写水平及时间仓促，书中疏漏与不足之处在所难免，敬请专家和广大读者批评指正，谢谢！

编者

2017 年 10 月

目 录

前言

第一章 电工基础计算 ·· 1
  第一节 直流电路计算 ·· 1
  第二节 交流电路计算 ·· 12
  第三节 磁路的计算 ·· 18

第二章 电力负荷计算 ·· 24
  第一节 需用系数法 ·· 24
  第二节 二项式系数法 ·· 31
  第三节 逐级计算法和估算法 ···································· 34
  第四节 照明的负荷计算 ·· 39

第三章 短路电流计算 ·· 42
  第一节 三相短路电流计算 ······································ 42
  第二节 两相短路电流和低压短路电流计算 ························ 46

第四章 电工常用工器具 ·· 50
  第一节 电工通用工具 ·· 50
  第二节 验电工具 ·· 58
  第三节 线路、设备安装维修工具 ································ 62
  第四节 电工常用量具 ·· 88
  第五节 安全工器具 ·· 96

第五章 电工常用测量仪表及其计算 ······························ 105
  第一节 电工仪表基础知识 ······································ 105
  第二节 电压表和电流表 ·· 107
  第三节 功率表、功率因数表 ···································· 116
  第四节 电子式电能表 ·· 120
  第五节 万用表 ·· 135
  第六节 绝缘电阻表和接地电阻测试仪 ···························· 142
  第七节 直流电桥及相序表 ······································ 150

第八节 经纬仪 ······ 156

第九节 电工测量仪表的计算 ······ 159

第六章 电线与电缆及其计算 ······ 163

第一节 裸导线 ······ 163

第二节 绝缘电线 ······ 167

第三节 常用电缆 ······ 172

第四节 电磁线 ······ 189

第五节 光缆 ······ 195

第六节 电线、电缆截面积选择计算 ······ 198

第七章 绝缘材料 ······ 208

第一节 绝缘材料分类 ······ 208

第二节 气体、液体绝缘材料和绝缘漆 ······ 210

第三节 常用固体绝缘材料 ······ 216

第八章 导磁材料 ······ 230

第一节 硅钢板 ······ 230

第二节 电磁纯铁 ······ 233

第九章 高压电器及其计算 ······ 234

第一节 断路器 ······ 235

第二节 负荷开关 ······ 242

第三节 隔离开关 ······ 243

第四节 跌落式熔断器 ······ 245

第五节 避雷器 ······ 248

第六节 高压电器的选择计算 ······ 253

第十章 低压电器及其计算 ······ 255

第一节 熔断器 ······ 255

第二节 刀开关和转换开关 ······ 262

第三节 自动空气断路器和漏电断路器 ······ 270

第四节 交流接触器 ······ 281

第五节 常用继电器 ······ 288

第六节 主令电器 ······ 297

第七节 低压电器的选择计算 ······ 302

第十一章 变压器及其计算 ······ 306

第一节 电力变压器 ······ 306

第二节 互感器 ······ 325

第三节　控制变压器 ·························· 330

第四节　自耦变压器 ·························· 331

第五节　变压器的基本计算 ·························· 332

第六节　电力变压器的选择计算 ·························· 336

第七节　小型变压器计算 ·························· 340

第十二章　异步电动机及其计算 ·························· 350

第一节　异步电动机的构造和技术参数 ·························· 350

第二节　异步电动机的计算 ·························· 369

第三节　电动机的启动设备 ·························· 376

第四节　电动机的保护设备 ·························· 381

第五节　电动机的安装 ·························· 386

第六节　电动机的运行和维护 ·························· 388

第七节　单相异步电动机 ·························· 394

第十三章　直流电动机及其计算 ·························· 401

第一节　直流电动机的构造和技术参数 ·························· 401

第二节　直流电动机的励磁方式、启动和调速 ·························· 411

第三节　直流电动机的计算 ·························· 415

第四节　直流电动机的运行和维护 ·························· 419

第十四章　电力电容器及其计算 ·························· 422

第一节　电力电容器型号和技术参数 ·························· 422

第二节　并联电容器的补偿方式 ·························· 428

第三节　功率因数计算 ·························· 429

第四节　补偿容量的计算 ·························· 431

第五节　无功补偿装置台数和放电电阻计算 ·························· 435

第十五章　电气照明及其计算 ·························· 437

第一节　电光源的型号和名称代号 ·························· 437

第二节　照明基本概念及其计算 ·························· 439

第三节　照明的计算程序 ·························· 440

第四节　照度标准 ·························· 447

第十六章　节能降损及其计算 ·························· 452

第一节　节约用电的计算 ·························· 452

第二节　线损计算 ·························· 454

第十七章　晶体管电路及其计算 ·························· 467

第一节　晶体管的型号表示方法 ·························· 467

第二节　晶体管的技术参数 ……………………………… 468

第三节　放大电路的计算 ………………………………… 499

第四节　整流、滤波电路的计算 ………………………… 504

第五节　简单稳压电路的计算 …………………………… 508

参考文献 ………………………………………………… 511

电 工 基 础 计 算

第一节 直流电路计算

一、电阻计算

电阻是一个限流元件，它可限制通过它所连支路电流的大小。阻值不能改变的称为固定电阻器，阻值可变的称为电位器或可变电阻器。理想的电阻是线性的，即通过电阻器的瞬时电流与外加瞬时电压成正比。用于分压的可变电阻器，在裸露的电阻体上，紧压着 1～2 个可移金属触点。触点位置确定电阻体任一端与触点间的阻值。电阻元件的电阻值大小一般与温度、材料、长度、截面积有关，衡量电阻受温度影响大小的物理量是温度系数，其定义为温度每升高 1℃时电阻值发生变化的百分数。电阻的主要物理特征是变电能为热能，也可说它是一个耗能元件，电流经过它就产生内能。电阻在电路中通常起分压、分流的作用。对信号来说，交流与直流信号都可以通过电阻。实际器件如灯泡、电热丝、电阻器等均可表示为电阻器元件。

1. 导体的电阻

端电压与电流有确定函数关系，体现电能转化为其他形式能力的二端器件，用字母 R 来表示，单位为欧［姆］（Ω），表达式为

$$R = \rho L/S \tag{1-1}$$

式中：ρ 为电阻率，$\Omega \cdot \text{mm}^2/\text{m}$；$L$ 为导体长度，m；S 为导体截面积，mm^2。

导体的电阻不是固定值，它随环境温度的变化而变化，温度低时电阻值降低，温度升高时电阻值增大。其关系式为

$$R_2 = R_1 [1 + d(t_2 - t_1)] \tag{1-2}$$

式中：R_1、R_2 为温度变化前后的电阻，Ω；t_1、t_2 为变化前后的温度，℃；d 为电阻温度系数，℃$^{-1}$。

常用导体的电阻率和电阻温度系数见表 1-1。

表 1-1　　　　　　常用导体的电阻率和电阻温度系数

导体材料	银	铝	钨	铜	铁	铜镍锌合金	锰铜	康铜
20℃时的电阻率（$\Omega \cdot mm^2/m$）	0.016 5	0.028 3	0.055	0.017 5	0.097 8	0.42	0.4	0.49
电阻温度系数（℃$^{-1}$）	0.003 61	0.004 23	0.004 4	0.004 1	0.006 25	0.000 04	0.000 02	0.000 04

注　锰铜由 86% 铜，12% 锰，1% 镍组成；康铜由 54% 铜，46% 镍组成。

【例 1-1】 有一条长 650m 的配电线路，采用截面积为 16mm^2 的铝绞线，求每根导线 20℃时的电阻。

解　由表 1-1 查得铝的电阻率为 0.028 3$\Omega \cdot mm^2/m$，则电阻为

$$R = \rho L / S = 0.028\ 3 \times 650/16 = 1.15(\Omega)$$

【例 1-2】 某仪器用康铜丝绕制的电阻烧坏，需重新绕制。经查说明书，该电阻为 1.5Ω，拆下的康铜丝直径为 0.5mm，求所需康铜丝的长度。

解　由表 1-1 查得康铜丝的电阻率为 0.49$\Omega \cdot mm^2/m$。

康铜丝的截面积为

$$S = \pi r^2 = 3.14 \times (0.5 \div 2)^2 = 0.2(mm^2)$$

康铜丝的长度为

$$L = RS/\rho = 1.5 \times 0.2/0.49 = 0.61(m)$$

【例 1-3】 某电炉丝的电阻率为 1.12$\Omega \cdot mm^2/m$，直径为 2mm，接在 220V 电源上，电流为 8.8A，计算电炉丝的电阻和长度。

解　电炉丝的电阻为

$$R = U/I = 220/8.8 = 25(\Omega)$$

电炉丝的截面积为

$$S = \pi r^2 = 3.14 \times (2 \div 2)^2 = 3.14(mm^2)$$

电炉丝的长度为

$$L = RS/\rho = 25 \times 3.14/1.12 = 70(m)$$

【例 1-4】 求截面积为 25mm^2、长度为 1000m 的铝导线，在温度为 75℃时的电阻。

解 由表 1-1 查得铝的电阻率为 $0.028\ 3\Omega \cdot mm^2/m$，电阻温度系数 $d = 0.004℃^{-1}$，温度为 20℃时的电阻为

$$R_1 = R_{20} = \rho L/S = 0.028\ 3 \times 1000/25 = 1.13(\Omega)$$

当温度为 75℃时，其电阻为

$$R_2 = R_1[1 + d(t_2 - t_1)] = 1.13[1 + 0.004 \times (75 - 20)] = 1.38(\Omega)$$

2. 电阻串联电路

电阻的串联电路如图 1-1 所示。

$$R = R_1 + R_2 + R_3 + \cdots + R_n \tag{1-3}$$

$$I = I_1 = I_2 = I_3 = \cdots = I_n \tag{1-4}$$

$$U = U_1 + U_2 + U_3 + \cdots + U_n \tag{1-5}$$

式中：R 为总电阻（Ω）；R_1、R_2、R_3 为分电阻，Ω；I 为总电流，A；I_1、I_2、I_3 为分电流，A；U 为总电压，V；U_1、U_2、U_3 为分电压，V。

电阻串联分压计算公式为

$$U_1 = UR_1/R \tag{1-6}$$

$$U_2 = UR_2/R \tag{1-7}$$

$$U_n = UR_n/R \tag{1-8}$$

3. 电阻并联电路

电阻的并联电路如图 1-2 所示。

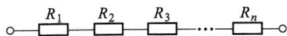

图 1-1　电阻的串联电路　　　　图 1-2　电阻的并联电路

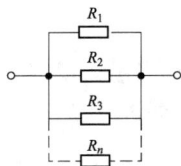

$$1/R = 1/R_1 + 1/R_2 + 1/R_3 + \cdots + 1/R_n \tag{1-9}$$

$$I = I_1 + I_2 + I_3 + \cdots + I_n \tag{1-10}$$

$$U = U_1 = U_2 = U_3 = \cdots = U_n \tag{1-11}$$

两个电阻并联为

$$R = R_1R_2/(R_1 + R_2) \tag{1-12}$$

n 个相同阻值的电阻并联为

$$R = R_1/n \tag{1-13}$$

电阻并联分流计算公式（两个电阻并联）为

$$I_1 = IR_2/(R_1 + R_2) \tag{1-14}$$

$$I_2 = IR_1/(R_1 + R_2) \qquad (1\text{-}15)$$

4. 电阻混联电路

电阻的混联电路如图 1-3 所示。

$$R = R_1 + R_2R_3/(R_2 + R_3) \qquad (1\text{-}16)$$

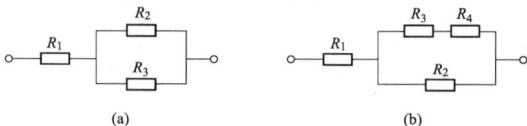

图 1-3 电阻的混联

（a）形式一；（b）形式二

【例 1-5】 在图 1-3（b）所示的混联电路中，$R_1 = 7\Omega$，$R_2 = 8\Omega$，$R_3 = 6\Omega$，$R_4 = 2\Omega$，求总等效电阻 R。

解 先求出 R_3、R_4 串联的等效电阻 R_{34}，则

$$R_{34} = R_3 + R_4 = 6 + 2 = 8(\Omega)$$

再求出 R_{34} 和 R_2 并联的等效电阻 R_{234}，则

$$R_{234} = R_2R_{34}/(R_{2+}R_{34}) = 8 \times 8/(8 + 8) = 4(\Omega)$$

或 $$R_{234} = 8/2 = 4(\Omega)$$

最后求出 R_1 和 R_{234} 串联电阻 R（总等效电阻），则

$$R = R_1 + R_{234} = 7 + 4 = 11(\Omega)$$

5. 电阻的星形联结和三角形联结

电阻的星形联结和三角形联结如图 1-4 所示。

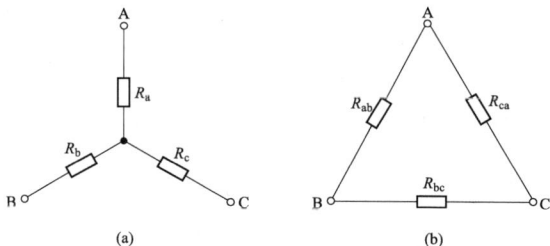

图 1-4 电阻的星形联结和三角形联结

（a）星形联结；（b）三角形联结

为使电路计算简单，电阻计算中常将星形联结和三角形联结进行等值变换。但要注意：

4

（1）必须保证变换前后电路的外特性不变，即在两种电路的任意两端间加上相同的电压时，从各对应端点流出、流入的电流也相等。

（2）星形联结和三角形联结的等值变换，只适用于不包含电源的电路，包括电路的任何支路。

星形联结→三角形联结

$$R_{ab}=R_a+R_b+R_aR_b/R_c \\ R_{bc}=R_b+R_c+R_bR_c/R_a \\ R_{ca}=R_c+R_a+R_cR_a/R_b \quad\quad (1\text{-}17)$$

三角形联结→星形联结

$$R_a=R_{ca}R_{ab}/(R_{ab}+R_{bc}+R_{ca}) \\ R_b=R_{ab}R_{bc}/(R_{ab}+R_{bc}+R_{ca}) \\ R_c=R_{bc}R_{ca}/(R_{ab}+R_{bc}+R_{ca}) \quad\quad (1\text{-}18)$$

【例 1-6】 计算图 1-5 所示电路中 m_1、m_2 两点间的电阻值。

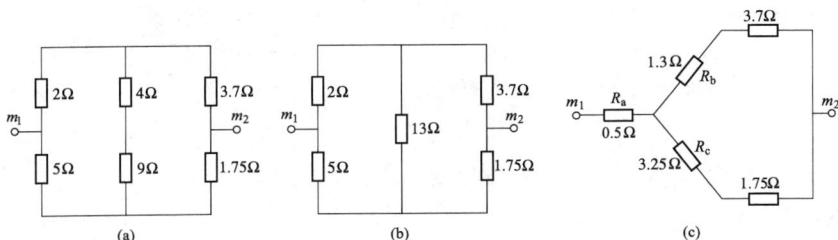

图 1-5　［例 1-6］电路图

（a）电阻串联；（b）三角形接法；（c）星形接法

解　图 1-5（a）中，4Ω 和 9Ω 的电阻串联，总电阻为 13Ω，变换为图 1-5（b）的电路，该电路中的 2Ω、5Ω、13Ω 电阻是三角形联结，用 R_a、R_b、R_c 替代，变换成星形联结如图 1-5（c），可使计算大大简化。

由三角形联结→星形联结的计算公式（1-18）得

$$R_a=2\times5/(2+5+13)=0.5(\Omega)$$
$$R_b=2\times13/(2+5+13)=1.3(\Omega)$$
$$R_c=13\times5/(2+5+13)=3.25(\Omega)$$

将 R_a、R_b、R_c 的值代入图 1-5（c）中，图中 1.3Ω 和 3.7Ω 电阻串联，电阻值为 $1.3+3.7=5\Omega$；3.25Ω 和 1.75Ω 电阻串联，电阻值为 $3.25+1.75=5\Omega$；两个 5Ω 电阻并联，其电阻值为 $5/2=2.5\Omega$，再与 0.5Ω 电阻串联，所以 m_1、m_2 两点间的电阻值为 $2.5+0.5=3\Omega$。

二、电路基本定律计算

1. 欧姆定律

（1）部分电路欧姆定律。电路如图 1-6 所示，则

$$I=U/R,\ U=IR,\ R=U/I \qquad (1\text{-}19)$$

式中：I 为电流，A；U 为电压，V；R 为电阻，Ω。

【例 1-7】 已知电炉的炉丝电阻为 10Ω，求其分别接在 220V 和 380V 电路上的电流。

解 当电压为 220V 时，电流为

$$I=U/R=220/10=22(\text{A})$$

当电压为 380V 时，电流为

$$I=U/R=380/10=38(\text{A})$$

【例 1-8】 在控制电路中使用的中间继电器，其线圈两端的电压为 220V，线圈的电流为 22mA，求线圈的直流电阻。

解 已知 $I=22\text{mA}=0.022\text{A}$，则线圈的直流电阻为

$$R=U/I=220/0.022=10\ 000\Omega=10(\text{k}\Omega)$$

（2）全电路欧姆定律。电路如图 1-7 所示，则

$$I=E/(R+r)\ \text{或}\ U=E-Ir \qquad (1\text{-}20)$$

式中：I 为电流，A；E 为电源电势，V；R 为负载电阻，Ω；r 为电源内电阻，Ω。

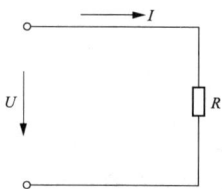

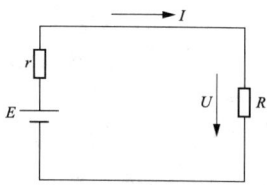

图 1-6　部分电路欧姆定律　　　　图 1-7　全电路欧姆定律

【例 1-9】 在图 1-7 电路中，$E=110\text{V}$，$R=109\Omega$，$r=1\Omega$，求电路中的电流。

解 电路中的电流为

$$I=E/(R+r)=110/(109+1)=1(\text{A})$$

2. 基尔霍夫定律

对于比较复杂的电路，在进行计算时通常采用基尔霍夫定律。它既适用于直流电路，也适用于交流电路，是分析、计算电路的基本定律。

（1）基尔霍夫第一定律，又称为节点电流定律。它的内容是：流进

一个节点的电流之和恒等于流出这个节点的电流之和。或者说流过任意一个节点的电流的代数和为零。其数学表达式为

$$\sum I = 0 \qquad (1-21)$$

图 1-8 所示为有 5 个电流汇交的节点，根据图中标出的电流方向，可以列出该节点的电流方程式为

$$I_1 + I_4 = I_2 + I_3 + I_5$$

$\sum I = 0$，则

$$I_1 - I_2 - I_3 + I_4 - I_5 = 0$$

通常规定，流入节点的电流为正，流出节点的电流为负。

【例 1-10】 在图 1-9 所示电路中，已知 $I_1 = 5A$，$I_2 = -2A$，$I_3 = 3A$。求 I_4。

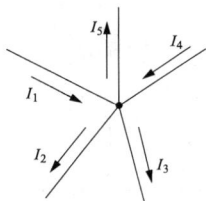

图 1-8 有 5 个电流汇交的节点

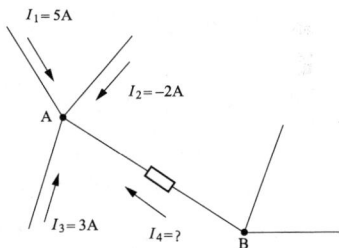

图 1-9 有两个电势、两个电阻的回路

解 根据基尔霍夫第一定律得

$$I_1 + I_2 + I_3 + I_4 = 0$$
$$I_4 = -I_1 - I_2 - I_3 = -5 + 2 - 3 = -6(A)$$

（2）基尔霍夫第二定律，又称为回路电压定律。它的内容是：在任意回路中，电势的代数和恒等于各电阻上电压降的代数和。其数学表达式为

$$\sum E = \sum IR \qquad (1-22)$$

在列回路的电压方程式时，通常任意选定一个回路方向（图 1-10 中虚线所示），并规定与回路方向一致的电势符号为正，反之为负；与回路方向一致的电压降符号为正，反之为负。则图 1-10 回路电压方程式为

$$-E_1 + E_2 = I_1 R_1 + I_2 R_2$$

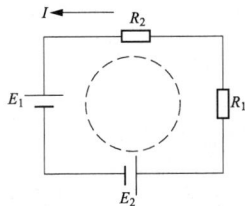

图 1-10 ［例 1-10］回路

（3）利用基尔霍夫定律计算复杂电路。计算方法有支路电流法和回路电流法两种，分别介绍如下：

1）支路电流法。对一个较复杂的电路，先假定各支路电流方向和回路方向，再根据基尔霍夫定律列出电流方程式和电压方程式，然后进行计算。计算步骤如下：

a. 先假设各支路电流和回路的方向，同时标注在电路上。

b. 根据基尔霍夫第一定律列出节点电流方程式。需要注意的是，设电路有 m 个节点，则可列出 $(m-1)$ 个独立电流方程式。

c. 根据基尔霍夫第二定律列出回路电压方程式，方程式的个数应等于回路数。

d. 代入已知数，解联立方程式求出各支路电流。对于支路电流的方向，当计算结果为正值时，实际方向与假设方向相同；当计算结果为负值时，实际方向与假设方向相反。

2）回路电流法。把复杂电路分成若干个最简单的回路，并假设出各回路的电流方向，再根据基尔霍夫定律列出各回路的电压方程式进行计算。计算步骤如下：

a. 先假设出各回路的电流方向，同时标注在电路上。

b. 根据基尔霍夫第二定律，对每个回路列出电压方程式，方程式的个数应等于整个电路回路数。

c. 代入已知数，并解联立方程式求出各回路电流。当计算结果为正值时，实际电流方向与假设方向相同；计算结果为负值时，实际电流方向与假设方向相反。

d. 根据回路电流的大小和方向，确定电路中各支路电流的大小和方向。

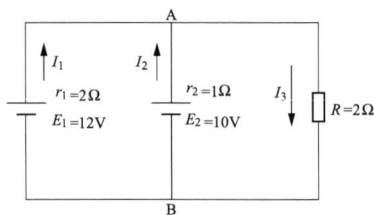

图 1-11　［例 1-11］电路

【例 1-11】　图 1-11 所示两电池组回路，其中电池组 E_1 的电动势为 12V，内电阻为 2Ω；电池组 E_2 的电动势为 10V，内电阻为 1Ω。两电池组并联后，与外电阻 $R=2\Omega$ 连接，计算各支路电流 I_1、I_2、I_3 和 A、B 两点间的电压。

解　各支路电流的方向如图 1-11 所示。根据基尔霍夫第二定律，列出回路电压方程为

ARBE$_1$A 回路 $E_1 = I_1 r_1 + I_3 R$ ①

ARBE$_2$A 回路 $E_2 = I_2 r_2 + I_3 R$ ②

根据基尔霍夫第一定律，列出节点 A 电流方程式。

$$I_1 + I_2 = I_3 \qquad\qquad\qquad ③$$

将已知条件代入①、②得到

$$12 = 2I_1 + 2I_3 \qquad\qquad\qquad ④$$

$$10 = I_2 + 2I_3 \qquad\qquad\qquad ⑤$$

将③代入④、⑤可得

$$12 = 2I_1 + 2(I_1 + I_2) = 4I_1 + 2I_2 \qquad\qquad ⑥$$

$$10 = I_1 + 2(I_1 + I_2) = 2I_1 + 3I_2 \qquad\qquad ⑦$$

⑦×2 可得

$$20 = 4I_1 + 6I_2 \qquad\qquad\qquad ⑧$$

⑧－⑥可得

$$20 - 12 = 4I_1 + 6I_2 - 4I_1 - 2I_2$$

解得 $8 = 4I_2$，即 $I_2 = 8/4 = 2(\text{A})$。

将 $I_2 = 2\text{A}$ 代入⑦，则有

$$10 = 2I_1 + 3 \times 2$$

解得 $2I_1 = 10 - 6$，即 $I_1 = 4/2 = 2(\text{A})$。

所以

$$I_3 = I_1 + I_2 = 2 + 2 = 4(\text{A})$$

A、B 间的电压为

$$U_{AB} = I_3 R = 2 \times 4 = 8(\text{V})$$

【例 1-12】 在图 1-12 所示电桥电路中，如要测量某电阻的阻值，可将待测电阻放在 R_4 位置，当 a、b 两端接入电源，调节 R_1、R_2、R_3，直到 $I_A = 0$，即可求得被测电阻的阻值 R_4。已知 $R_1 = 10\Omega$，$R_2 = 5\Omega$，$R_3 = 18\Omega$，计算 R_4 的阻值。

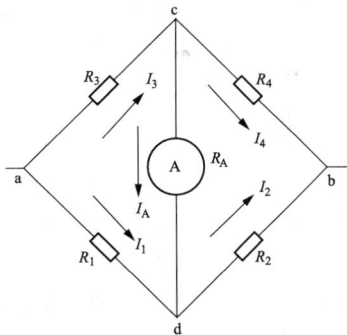

图 1-12   ［例 1-12］电桥电路

解 根据基尔霍夫第一定律，列出节点 c、d 节点电流方程式。

节点 c

$$I_3 = I_4 + I_A$$

节点 d

$$I_2 = I_1 + I_A$$

$I_A = 0$ 时

$$I_3 = I_4, \quad I_2 = I_1$$

根据基尔霍夫第二定律，列出回路电压方程式

acda 回路

$$R_3 I_3 + R_A I_A - R_1 I_1 = 0$$

$I_A = 0$ 时

$$R_3 I_3 - R_1 I_1 = 0 \qquad ①$$

cbdc 回路

$$R_4 I_4 + R_A I_A - R_2 I_2 = 0$$

$I_A = 0$ 时

$$R_4 I_4 - R_2 I_2 = 0$$
$$I_4 / I_2 = R_2 / R_4 \qquad ②$$

将 $I_3 = I_4$、$I_2 = I_1$ 代入 ①

$$R_3 I_4 - R_1 I_2 = 0$$
$$I_4 / I_2 = R_1 / R_3 \qquad ③$$

比较②、③，可得

$$R_2 / R_4 = R_1 / R_3 \qquad ④$$

④说明，电桥平衡时，两对角线电阻值的乘积相等。

$$R_4 = R_2 R_3 / R_1 = 5 \times 18 / 10 = 9(\Omega)$$

三、电源、电功率、电能计算

1. 电源的串联、并联

（1）电源的串联。串联电路如图 1-13 所示。多个电源串联时，总电势等于各电源电势之和，总内阻等于各电源内阻之和。即

$$E = E_1 + E_2 + E_3 \qquad (1-23)$$
$$r = r_1 + r_2 + r_3 \qquad (1-24)$$

式中：E 为串联电源总电势，V；E_1、E_2、E_3 为各电源电势，V；r 为串联电源总内阻，Ω；r_1、r_2、r_3 为各电源内阻，Ω。

（2）电源的并联。并联电路如图 1-14 所示。n 个相同电源并联时，总电势等于各电源电势；总内阻等于一个电源内阻的 $1/n$。即

$$E = E_1 = E_2 = E_3 \qquad (1-25)$$
$$r = r_1 / n = r_2 / n = r_3 / n \qquad (1-26)$$

式中：E 为并联电源总电势，V；E_1、E_2、E_3 为各电源电势，V；r 为并联电源总内阻，Ω；r_1、r_2、r_3 为各电源内阻，Ω。

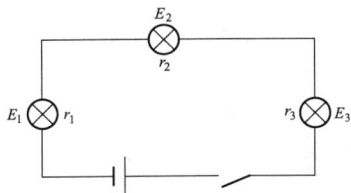

图 1-13　电源的串联

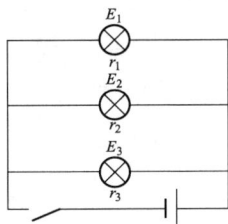

图 1-14　电源的并联

2. 电功率与电能

（1）电功率。电流在单位时间内所做的功叫电功率。其计算公式为

$$P = UI = I^2R = U^2/R \tag{1-27}$$

式中：P 为电功率，W；U 为电压，V；I 为电流，A；R 为电阻，Ω。

【例 1-13】　一只 220V、100W 的白炽灯，求其电阻。接在额定电压的线路上，其电流是多少？

解　根据已知条件，由 $P = U^2/R$ 得出

$$R = U^2/P = 220^2/100 = 484(\Omega)$$
$$I = P/U = 100/220 = 0.45(A)$$

（2）电能。电能是指一段时间内电流所做的功。即

$$A = Pt$$

式中：A 为电路消耗的电能，kWh；P 为电路的功率，kW；t 为用电时间，h。

1kWh 电能俗称 1 度电，1kWh $= 1000 \times 3600 = 3\ 600\ 000$（J）。

【例 1-14】　某房间装有 36W 和 25W 节能灯各一盏，平均每天使用 2h，计算一个月（30 天）所用电能。

解　根据已知条件，则有

$$A = Pt = (36 + 25) \times 2 \times 30 = 3660(\text{Wh}) = 3.66(\text{kWh})$$

（3）电流的热效应（焦耳—楞次定律）。电流通过导体时，导体中所产生的热量与导体本身的电阻、电流强度的平方和电流通过的时间成正比，即

$$Q = 0.24I^2Rt = 0.24UIt \tag{1-28}$$

式中：Q 为电流在导体上产生的热量，cal（1cal $=4.186\ 8$J）；I 为通过导体的电流，A；R 为导体的电阻，Ω；t 为通过电流的时间，s。

【例 1-15】　某电热恒温箱，电阻丝的电阻为 50Ω，在保持 40℃恒温时，电阻丝每分钟需辐射 72kcal 的热量，计算通过电阻丝的电流以及电

阻丝取用的电功率。

解 （1）求通过电阻丝的电流。由 $Q=0.24I^2Rt$ 可得

$$I=\sqrt{Q/0.24Rt}=\sqrt{72\,000/0.24\times50\times60}=\sqrt{100}=10(\text{A})$$

（2）电阻丝取用的电功率为

$$P=I^2R=10^2\times50=5000(\text{W})=5(\text{kW})$$

第二节　交流电路计算

一、频率、周期与角频率计算

1. 频率

频率，是单位时间内完成周期性变化的次数，是描述周期运动频繁程度的量，常用符号 f 或 v 表示，单位为秒分之一，符号为 s^{-1}。为了纪念德国物理学家赫兹的贡献，人们把频率的单位命名为赫兹，简称"赫"，符号为 Hz。计算公式为

$$f=1/T=\omega/2\pi \tag{1-29}$$

每个物体都有由它本身性质决定的与振幅无关的频率，叫作固有频率。

2. 周期

正弦交流电完成一次循环变化所用的时间叫作周期，用字母 T 表示，单位为秒（s）。显然正弦交流电流或电压相邻的两个最大值（或相邻的两个最小值）之间的时间间隔即为周期。计算公式为

$$T=1/f=2\pi/\omega \tag{1-30}$$

3. 角频率

角频率，也称圆频率，表示单位时间内变化的相角弧度值。角频率是描述物体振动快慢的物理量，与振动系统的固有属性有关，常用符号 ω 表示。在国际单位制中，角频率的单位是弧度/秒（rad/s）。计算公式为

$$\omega=2\pi/T=2\pi f \tag{1-31}$$

每个物体都有由它本身性质决定的与振幅无关的频率，叫作固有角频率。

【例 1-16】 求 $f=50\text{Hz}$ 时的角频率和周期各为多少？

解 $f=50\text{Hz}$ 时的角频率为

$$\omega=2\pi f=2\times3.14\times50=314(\text{rad/s})$$

$f=50\text{Hz}$ 时的周期为

$$T = 1/f = 1/50 = 0.02(s)$$

二、有效值与最大值的关系

$$U = U_{\max}/\sqrt{2} = 0.707U_{\max} \Big\}$$
$$I = I_{\max}/\sqrt{2} = 0.707I_{\max} \Big\} \qquad (1\text{-}32)$$

式中：U 为电压有效值，V；I 为电流有效值，A；$U_{\max}$ 为电压最大值（幅值），V；$I_{\max}$ 为电流最大值（幅值），A。

三、电容计算

电容，是电容器的简称，是电子设备中大量使用的电子元件之一。亦称作"电容量"，是指在给定电位差下的电荷储藏量，记为 C，国际单位是法〔拉〕（F）。一般来说，电荷在电场中会受力而移动，当导体之间有了介质，则阻碍了电荷移动而使得电荷累积在导体上，造成电荷的累积储存，储存的电荷量则称为电容。因电容器是电子设备中大量使用的电子元件之一，所以广泛应用于隔直、耦合、旁路、滤波、调谐回路、能量转换、控制电路等方面。

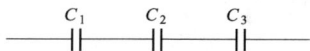

图 1-15　电容的串联

1. 电容器串联

电容的串联电路如图 1-15 所示，则

$$1/C = 1/C_1 + 1/C_2 + 1/C_3 \qquad (1\text{-}33)$$

式中：C 为总电容，F；C_1、C_2、C_3 为分电容，F。

【例 1-17】　耐压 500V、容量为 20μF 和耐压 500V、容量为 30μF 的电容器各一个，计算两电容串联时的等值电容，如果在串联后的两端加 1000V 的电压，两电容器各承受的电压是多少？

解　（1）两电容串联时的等值电容为

$$C = C_1C_2/(C_1 + C_2) = 20 \times 30/(20 + 30) = 12(\mu F)$$

（2）两电容器各承受的电压。电容器串联时，各电容器上的电荷量相等，即

$$C_1U_1 = C_2U_2$$

将数值代入

$$20U_1 = 30U_2 \qquad ①$$
$$\left.\begin{array}{l} U_1 + U_2 = 1000 \\ U_1 = 1000 - U_2 \end{array}\right\} \qquad ②$$

将②代入①则有　　　　$20 \times (1000 - U_2) = 30U_2$

$$20\ 000 - 20U_2 = 30U_2$$

解得 $50U_2 = 20\ 000$，则 $U_2 = 20\ 000/50 = 400(V)$。所以

$$U_1 = 1000 - U_2 = 1000 - 400 = 600(\text{V})$$

从以上计算可以看出，将 1000V 电压加在串联电容器两端时，C_1 两端所加的电压 U_1 为 600V，超过了其耐压值 500V，该电容器将被击穿。C_1 击穿后，1000V 电压加在 C_2 两端，C_2 也因超过其耐压值被击穿。因此耐压相同、容量不同的电容器串联使用时，必须计算其承受的电压值，电容器所承受的电压必须小于其耐压值。

2. 电容器并联

电容的并联电路如图 1-16 所示，则有

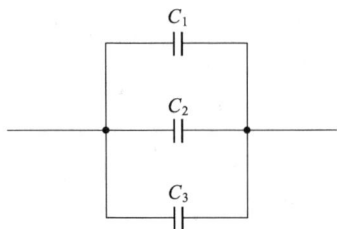

图 1-16　电容的并联

$$C = C_1 + C_2 + C_3 \qquad (1\text{-}34)$$

3. 电容的星形联结和三角形联结

三相电容有星形联结和三角形联结两种，如图 1-17 所示。在电容的计算中，为了简化计算，常将两种接法互换，其变换公式为

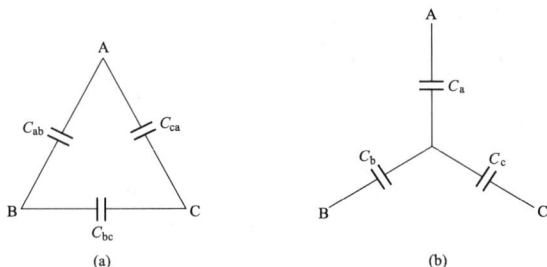

图 1-17　三相电容的接法

（a）三角形联结；（b）星形联结

三角形联结→星形联结

$$\left. \begin{array}{l} C_a = C_{ab} + C_{ac} + C_{ab}C_{ac}/C_{bc} \\ C_b = C_{bc} + C_{ab} + C_{bc}C_{ab}/C_{ac} \\ C_c = C_{ac} + C_{bc} + C_{ac}C_{bc}/C_{ab} \end{array} \right\} \qquad (1\text{-}35)$$

星形联结→三角形联结

$$\left. \begin{array}{l} C_{ab} = C_aC_b/(C_a + C_b + C_c) \\ C_{bc} = C_bC_c/(C_a + C_b + C_c) \\ C_{ca} = C_cC_a/(C_a + C_b + C_c) \end{array} \right\} \qquad (1\text{-}36)$$

四、感抗、容抗、阻抗与电抗计算

1. 感抗

交流电也可以通过线圈，但是线圈的电感对交流电有阻碍作用，这

个阻碍叫作感抗。交流电越难以通过线圈，说明电感量越大，电感的阻碍作用就越大；交流电的频率高，也难以通过线圈，电感的阻碍作用也大。实验证明，感抗与电感成正比，与频率也成正比，其计算公式为

$$X_L = 2\pi f L \tag{1-37}$$

式中：X_L 为感抗，Ω；f 为频率，Hz；L 为电感，H。

2. 容抗

电容器在电路里也具有充电和放电的功能，是一个储能容器。当把它接在交流电路时，由于交流电的大小和方向随时间变化而变化，因此电容器也在不断的充电和放电，电容器的板极上所带的电荷就对发生定向移动的电荷具有阻碍的作用，把这种阻碍作用就叫作电容器的容抗。实验证明，容抗与电容成反比，与频率也成反比，其计算公式为

$$X_C = 1/2\pi f C \tag{1-38}$$

式中：X_C 为容抗，Ω；C 为电容，F；f 为频率，Hz。

3. 阻抗和电抗

在具有电阻、电感和电容的电路里，对电路中的电流所起的阻碍作用叫作阻抗。阻抗常用 Z 表示，是一个复数。其中电容在电路中对交流电所起的阻碍作用称为容抗，电感在电路中对交流电所起的阻碍作用称为感抗，电容和电感在电路中对交流电所起的阻碍作用总称为电抗。负载是电阻、电感的感抗、电容的容抗三种类型的复合物，复合后统称"阻抗"，写成数学公式即为

$$Z = R + j(X_L - X_C) \tag{1-39}$$

式中：R 为电阻；X_L 为感抗；X_C 为容抗。

如果 $(X_L - X_C) > 0$，称为"感性负载"；反之，如果 $(X_L - X_C) > 0$，称为"容性负载"。

4. 电压、电流、阻抗之间的关系

$$I = U/Z \tag{1-40}$$

$$Z = \sqrt{R^2 + X^2} \tag{1-41}$$

式中：I 为电路中的电流，A；U 为阻抗两端的电压，V；Z 为电路中的阻抗，Ω；R 为电阻，Ω；X 为电抗，Ω。

5. 电阻、电感、电容串联的电抗值

（1）电阻、电感串联。电抗值为

$$Z = \sqrt{R^2 + X_L^2} \tag{1-42}$$

（2）电阻、电容串联。电抗值为

$$Z = \sqrt{R^2 + X_C^2} \tag{1-43}$$

(3) 电阻、电感、电容串联。电抗值为

$$Z = \sqrt{R^2 + (X_L - X_C)^2} \qquad (1\text{-}44)$$

式中：Z 为阻抗，Ω；R 为电阻，Ω；X_L 为感抗，Ω；X_C 为容抗，Ω。

6. 电阻、电感、电容并联的电抗值

(1) 电阻、电感并联。电抗值为

$$1/Z = \sqrt{(1/R)^2 + (1/X_L)^2} \qquad (1\text{-}45)$$

(2) 电阻、电容并联。电抗值为

$$1/Z = \sqrt{(1/R)^2 + (1/X_C)^2} \qquad (1\text{-}46)$$

(3) 电阻、电感、电容并联。电抗值为

$$1/Z = \sqrt{(1/R)^2 + (1/X_L - 1/X_C)^2} \qquad (1\text{-}47)$$

式中：Z 为阻抗，Ω；R 为电阻，Ω；X_L 为感抗，Ω；X_C 为容抗，Ω。

【例 1-18】 将 $L = 0.1\text{H}$ 的电感线圈和电容量为 $800\mu\text{F}$ 的电容器分别接在电压为 220V、频率为 50Hz 的交流电源上，求感抗 X_L、容抗 X_C 和各自的电流 I。

解 电感线圈的感抗及通过的电流为

$$X_L = 2\pi f L = 2 \times 3.14 \times 50 \times 0.1 \approx 31.4(\Omega)$$

$$I_L = U/X_L = 220/31.4 \approx 7(\text{A})$$

电容器的容抗及通过的电流为

$$X_C = 1/2\pi f C = 1/2 \times 3.14 \times 50 \times 800 \times 10^{-6} \approx 3.98(\Omega)$$

$$I_C = U/X_C = 220/3.98 \approx 55(\text{A})$$

【例 1-19】 将电阻 $R = 6\Omega$、电感 $L = 25.5\text{mH}$ 的线圈接在电压为 220V、频率为 50Hz 的电路上，分别求 X_L、Z、I、U_R、U_L。

解 根据已知量及 X_L、Z、I、U_R、U_L 的相关计算公式可求得

$$X_L = 2\pi f L = 2 \times 3.14 \times 50 \times 25.2 \times 10^{-3} \approx 8(\Omega)$$

$$Z = \sqrt{R^2 + X_L^2} = \sqrt{6^2 + 8^2} = 10 \ (\Omega)$$

$$I = U/Z = 220/10 = 22(\text{A})$$

$$U_R = IR = 22 \times 6 = 132(\text{V})$$

$$U_L = IX_L = 22 \times 8 = 176(\text{V})$$

【例 1-20】 RLC 串联电路，已知 $L = 20\text{mH}$、$R = 100\Omega$、$C = 200\mu\text{F}$，求电路的谐振频率 f_0。

解 电路的谐振频率为

$$f_0 = 1/2\pi\sqrt{LC} = 1/2 \times 3.14 \times \sqrt{20 \times 10^{-3} \times 200 \times 10^{-12}} \approx 79.6(\text{kHz})$$

五、电功率与功率因数计算

在电网中，由电源供给负载的电功率有两种：一种是有功功率，另一种是无功功率。有功功率是保持用电设备正常运行所需的电功率，也就是将电能转换为其他形式能量（机械能、光能、热能）的电功率，用 P 表示，单位是 kW。无功功率比较抽象，它是用于电路内电场与磁场，并用来在电气设备中建立和维持磁场的电功率。凡是有电磁线圈的电气设备，要建立磁场，就要消耗无功功率。比如 40W 的荧光灯，除需 40W 有功功率（镇流器也需消耗一部分有功功率）来发光外，还需 80var 左右的无功功率供镇流器的线圈建立交变磁场用。由于它对外不做功，才被称之为"无功"，用 Q 表示，单位为 kvar。在交流电路中，将正弦交流电路中电压有效值与电流有效值的乘积称为视在功率，即视在功率不表示交流电路实际消耗的功率，只表示电路可能提供的最大功率或电路可能消耗的最大有功功率，用 S 表示，单位为 kVA。

1. 单相交流电路的功率

$$P = UI\cos\varphi \tag{1-48}$$

$$Q = UI\sin\varphi \tag{1-49}$$

$$S = UI \tag{1-50}$$

式中：U 为电压，kV；I 为电流，A；φ 为相电压与相电流之间的夹角。

2. 对称三相电路的功率

$$P = \sqrt{3}U_{L}I_{L}\cos\varphi \tag{1-51}$$

$$Q = \sqrt{3}U_{L}I_{L}\sin\varphi \tag{1-52}$$

$$S = \sqrt{3}U_{L}I_{L} \tag{1-53}$$

式中：U_{L}为线电压，kV；I_{L}为线电流，A；φ 为相电压与相电流之间的夹角。

3. 功率因数

功率因数是电力系统的一个重要的技术数据。功率因数是衡量电气设备效率高低的一个系数。功率因数低，说明电路用于交变磁场转换的无功功率大，增加了线路供电损失，因此供电部门对用电单位的功率因数有一定的标准要求。在交流电路中，电压与电流之间的相位差（φ）的余弦叫作功率因数，用符号 $\cos\varphi$ 表示，在数值上，功率因数是有功功率和视在功率的比值，即

$$\cos\varphi = P/S = P/\sqrt{P^{2}+Q^{2}} = R/Z$$

式中：$\cos\varphi$ 为功率因数；P 为有功功率，kW；Q 为无功功率，kvar；

R 为电阻，Ω；Z 为总阻抗，Ω。

【例 1-21】 用电压表和电流表测量某负载的电压和电流分别为 110V 和 50A，用功率表测量其功率为 3300W，计算其视在功率、功率因数和无功功率。

解 视在功率为

$$S = UI = 110 \times 50 = 5500 \text{(VA)}$$

功率因数为

$$\cos\varphi = P/S = 3300/5500 = 0.6$$

无功功率为

$$Q = UI\sin\varphi$$

因 $\cos\varphi = 0.6$，查三角函数 $\varphi = 53°8'$，$\sin\varphi = 0.8$。

所以

$$Q = 110 \times 50 \times 0.8 = 4400 \text{(var)}$$

【例 1-22】 一台星形联结的三相电动机接在 380V 的电源上，电动机的功率为 2.74kW，功率因数为 0.83，求其相电流和线电流。若误接成三角形联结，其相电流、线电流和功率各为多少？

解 星形联结时

$$I_Y = I_L = P/\sqrt{3}U_L\cos\varphi = 2.74/1.73 \times 0.38 \times 0.83 = 5 \text{(A)}$$

电动机每组阻抗为

$$Z = U_Y/I_Y = 380 \div \sqrt{3}/5 = 220/5 = 44(\Omega)$$

三角形联结时

$$I_\triangle = U_\triangle/Z = 380/44 = 8.6 \text{(A)}$$

$$I_L = \sqrt{3}I_\triangle = 1.73 \times 8.6 = 15 \text{(A)}$$

$$P = \sqrt{3}U_LI_L\cos\varphi = 1.73 \times 0.38 \times 15 \times 0.83 = 8.22 \text{(kW)}$$

由此可以看出，如果将星形接线误接成三角形，在电源不变的情况下，其线电流和功率均为星形联结的 3 倍，会烧毁电动机。

第三节　磁　路　的　计　算

一、磁路欧姆定律

在磁路中，当磁通势一定时，磁路中的磁通与铁芯材料的磁导率成正比，与铁芯截面积成正比，而与磁路的平均长度成反比，可以表示为

$$\Phi = F\mu S/L \tag{1-54}$$

式中：Φ 为磁通，Wb；F 为磁通势，$F = NI$（N 为线圈匝数，I 为电

流）；μ 为磁路材料的磁导率，H/m；S 为磁路截面积，m^2；L 为磁路平均长度，m。

与电路中的电阻相似，磁路中磁通通过铁芯材料时所受到的阻力称为磁阻，用 R_C 表示，即

$$R_C = L/\mu S \qquad (1\text{-}55)$$

所以，$\Phi = F/R_C$（与电路的欧姆定律 $I = U/R$ 相似），通常把这个关系称作磁路欧姆定律。

实验表明，铁芯的磁阻不是恒定常数，它随磁场的强弱而变化，所以磁路的欧姆定律主要用来对磁路进行定性分析，一般不能直接用来进行磁路计算。

二、安培环路定律

安培环路定律是指在磁路中磁通势等于各部分磁压降的和，它的表达式为

$$NI = H_0 L_0 + H_1 L_1 = \sum HL \qquad (1\text{-}56)$$

式中：NI 为磁通势，安匝；$\sum HL$ 为各部分磁压降的和，安匝。

安培环路定律在工程上广泛应用于解决磁路计算问题。一般包括两个方面：一是根据已知励磁线圈的磁通势，计算铁芯内的磁通；二是根据所需要的磁通或磁感应强度，计算铁芯的尺寸和励磁线圈的磁通势或励磁电流。

磁场的强弱用磁感应强度（磁通密度）B 表示，即

$$B = \Phi/S \text{ 或 } \Phi = BS \qquad (1\text{-}57)$$

式中：B 为磁感应强度，T；Φ 为磁通量，Wb；S 为磁路截面积，m^2。

对于一个尺寸一定的铁芯线圈来说，线圈匝数 N、励磁电流 I 和磁路的平均长度 L 都有一定的数值时，磁场强度 H 可以用下式表示，单位是安匝/m。

$$H = NI/L \qquad (1\text{-}58)$$

从式（1-58）可以看出，磁场强度就是作用在磁路单位平均长度上的磁通势。磁感应强度 B 与磁场强度 H 之间的关系是

$$B = \mu H \qquad (1\text{-}59)$$

各种不同材料的磁感应强度和磁场强度是不同的，在工程上用一簇曲线定量的表示它们的对应数值，这个曲线叫作磁化曲线。几种铁磁材料的磁化曲线如图 1-18 所示（1T=10000Gs），可以作为磁路计算的参考。

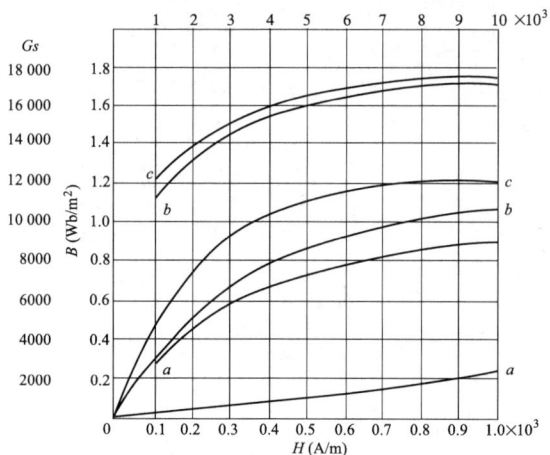

图 1-18 几种铁磁材料的磁化曲线

a—铸铁；b—铸钢；c—硅钢片

对于具有气隙的磁路（如图 1-19 所示），铁芯和气隙中的磁感应强度为

$$B_1 = B_0 = \Phi/S \qquad (1\text{-}60)$$

根据 B_1、B_0 可求出铁芯和气隙中的磁场强度 H_1、H_0，即

$$H_1 = B_1/\mu_1 \qquad (1\text{-}61)$$

$$H_0 = B_0/\mu_0 \qquad (1\text{-}62)$$

【例 1-23】 图 1-20 所示是一个均匀闭合的铁芯线圈，已知线圈匝数为 300 匝，铁芯中的磁感应强度为 0.9T，磁路的平均长度为 45cm。求铁芯材料为硅钢片和铸铁时，励磁电流各是多少？

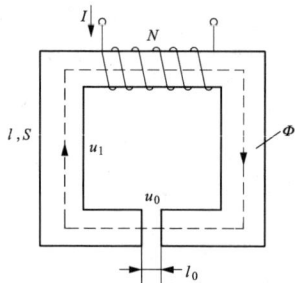

图 1-19 具有气隙的磁路

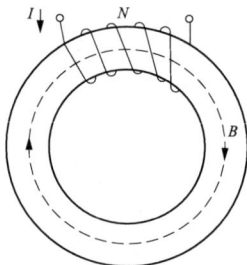

图 1-20 ［例 1-23］图

解 从图 1-18 的曲线图上查得，当 $B = 0.9$T 时，$H = 260$A/m；当

$B=0.9$T时，$H=900$A/m，根据安培环路定律$NI=HL$，可以求得励磁电流为

对于硅钢片 $I=HL/N=260\times0.45/300=0.39$(A)

对于铸铁 $I=HL/N=900\times0.45/300=1.395$(A)

【例 1-24】 图 1-21 所示是一环形铸钢线圈，铁芯内径 $D_1=10$cm，外径 $D_2=$ 15cm，线圈通过的电流为 1A，求：

(1) 要在铁芯中得到 0.9T 的磁感应强度时的线圈匝数。

(2) 如果在铁芯上开一个长度为 0.2cm 的气隙，仍保持气隙中的磁感应强度为 0.9T 时的线圈匝数，所需磁通势应多大?

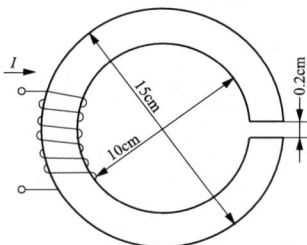

图 1-21 ［例 1-24］图

解 (1) 先求出磁路的平均长度。

铁芯的平均直径为

$$D_P=D_1+(D_2-D_1)/2$$
$$=10+(15-10)/2$$
$$=12.5\text{(cm)}$$

磁路的平均长度为

$$L=\pi D_P=3.14\times12.5$$
$$=39.2\text{(cm)}=0.392\text{(m)}$$

从图 1-18 的曲线图上查得，对于铸钢，当 $B=0.9$T 时，$H=500$A/m，根据安培环路定律 $NI=HL$，可以求得线圈匝数为

$$N=HL/I=500\times0.392/1=196\text{(匝)}$$

(2) 铁芯开口后，铁芯的平均长度为

$$L_1=39.2-0.2=39\text{(cm)}=0.39\text{(m)}$$

在气隙中，当 $B_1=0.9$T 时，由 $H_0=0.8B_0$ 可以计算出

$$H_O=0.8\times9000=7200\text{(安匝/cm)}$$

根据安培环路定律，磁通势为

$$NI=H_0L_0+H_1L_1=500\times0.39+7200\times0.2$$
$$=195+1440=1635\text{(安匝)}$$

线圈匝数为

$$N=1635/1=1635\text{(匝)}$$

可以看出，当磁路开了气隙，磁通势必须增大，才能维持原有

21

第一章

磁通。

【例 1-25】 要绕制一铁芯线圈，如果电源电压 U 为 220V，频率 f 为 50Hz，铁芯截面积 S_1 为 15cm^2，铁芯由硅钢片叠制，叠压系数 κ 为 0.92，计算磁通密度 B_m 为 1.2T 时线圈的匝数。若磁路平均长度 L 为 60cm，计算励磁电流。

解 （1）计算线圈匝数 N。

铁芯的有效截面积为

$$S = \kappa S_1 = 0.92 \times 15 = 13.8 (\text{cm}^2)$$

$$N = U/4.44 f B_m S = 220/4.44 \times 50 \times 1.2 \times 13.8 \times 10^{-4} \approx 598(\text{匝})$$

（2）计算励磁电流 I。从图 1-18 的硅钢片磁化曲线中查得 $B_m = 1.2T$ 时，$H_m = 700$A/m，则

$$I = H_m L/\sqrt{2} N = 700 \times 60 \times 10^{-2}/\sqrt{2} \times 598 \approx 0.5(\text{A})$$

三、电磁铁的吸力计算

1. 直流电磁铁的吸力计算

直流电磁铁的原理如图 1-22 所示，其计算公式为

$$F_{dc} = 4B_0^2 \sum S_0 = 4\Phi_0^2 / \sum S_0 \tag{1-63}$$

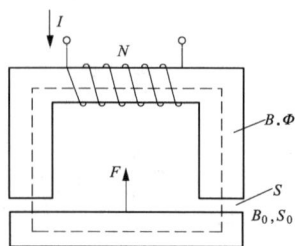

式中：F_{dc} 为直流电磁铁的电磁吸力，kg；B_0 为气隙中的磁感应强度，T；$\sum S_0$ 为磁极端面总截面积，cm^2；Φ_0 为磁极端面的磁通，Wb。

【例 1-26】 有一直流电磁铁，其铁芯中的磁感应强度为 1.6T，铁芯截面积为 9cm^2，由于漏磁通，通过衔铁横截面积的磁通只有铁芯磁通量的 90%，计算该直流电磁铁的吸力。

图 1-22　直流电磁铁原理图

电磁铁的吸力。

解 气隙中的磁感应强度为

$$B_0 = 90\%B = 0.9 \times 1.6 = 1.44(\text{T})$$

气隙截面积与铁芯截面积相等

$$S_0 = S = 9(\text{cm}^2)$$

气隙总截面积为

$$\sum S_0 = 2S_0 = 2 \times 9 = 18(\text{cm}^2)$$

直流电磁铁的吸力为

$$F_{dc} = 4B_0^2 \sum S_0 = 4 \times 14.4^2 \times 18 = 149.3(\text{N})$$

2. 交流电磁铁的吸力

交流电的大小和方向是变化的，当电磁铁线圈中的电流值为零时，其吸力为零。为了克服交流电磁铁在工作中产生振动和噪声，在电磁铁上安装短路环，使脉动电磁吸力达到均衡。交流电磁铁吸力的计算公式为

$$F_{AC} = F_{dc}/2 = 2B_0^2 \sum S_0 = 2\Phi_0^2 / \sum S_0 \qquad (1-64)$$

式中：F_{AC} 为交流电磁铁的电磁吸力，N；F_{dc} 为直流电磁铁的电磁吸力，N；B_0 为气隙中的磁感应强度，T；$\sum S_0$ 为磁极端面总截面积，cm^2；Φ_0 为磁极端面的磁通，Wb。

四、电磁线圈功率损耗计算

1. 磁滞损耗的经验计算公式

$$P_h = K_h f B_m^n V \qquad (1-65)$$

式中：K_h 为与材料有关的系数，大多数材料取 1.6，其他材料取 1.5～2.5；f 为磁场频率；B_m 为磁感应强度的最大值，指数 n 在 $B_m \leqslant 1\text{T}$ 时取 1.6，在 $B_m > 1\text{T}$ 时取 2；V 为铁芯体积。

2. 涡流损耗的经验计算公式

$$P_c = K_c f^2 B_m^2 V \qquad (1-66)$$

式中：K_c 为与材料的电导率、厚度和磁通波形有关的常数，由实验确定；f 为磁场频率；B_m 为磁感应强度的最大值；V 为铁芯体积。

3. 铁损的经验计算公式

$$P_{Fe} = P_{10/50}(B/10000)^2(f/50)^{1.3} \qquad (1-67)$$

式中：P_{Fe} 为铁损，W/kg；B 为磁感应强度，T；f 为磁场频率；$P_{10/50}$ 为损耗系数，是 1kg 硅钢片在 $f=50\text{Hz}$、$B_m=1\text{T}$ 时的铁损，其值与硅钢片的型号和厚度有关，见表 1-2。

表 1-2 　　　　　　　　　损耗系数 $P_{10/50}$ 值

硅钢片型号	D12	D21	D31	D42	D44
硅钢片厚度（mm）	0.5	0.5	0.5	0.5	0.35
$P_{10/50}$	2.8	2.5	2	2.4	1.2

电 力 负 荷 计 算

正确计算电气设备的安装容量，并合理确定安装容量与使用负荷之间的比例关系（即需用系数），是电气设备经济运行和实现安全用电的保证。对电力负荷进行统计计算，是正确选择电力系统的变压器、电线电缆、开关设备等组成元件的先决条件。按发热条件选择电力系统各组成元件所需的负荷（功率或电流）称为计算负荷。负荷计算的方法有需用系数法、二项式系数法、逐级计算法和估算法等几种。

第一节 需 用 系 数 法

需用系数是用电设备组计算负荷与设备总容量之间的比值，即

$$K_X = P_{js}/P_Z \tag{2-1}$$

式中：K_X 为需用系数；P_{js} 为计算负荷，kW；P_Z 为设备总负荷，kW。

应用需用系数法确定计算负荷，具有简便实用的优点。

一、设备容量的计算

在确定计算负荷时，首先应统计正在使用的所有电气设备容量。电气设备容量应根据设备的运行工作制分别进行统计。设备的运行工作制有连续工作制、短时工作制和反复短时工作制三种。

（1）连续工作制。指运行时间较长，连续工作的用电设备，如风机、各种泵类、压缩机、照明装置等。其设备容量取铭牌额定功率。

（2）短时工作制。指工作时间短而停歇时间较长的用电设备，如机床辅助设备等，其设备容量也取铭牌额定功率。

（3）反复短时工作制。指时而工作，时而停歇，反复运行的用电设备，如电焊机、吊车电动机等。其设备容量应按照"暂载率"进行换算。暂载率是用来表示反复短时工作特征的一个量，用符号 ε 表示。

24

$$\varepsilon = t_g / (t_g + t_x) \times 100\% = t_g / T \times 100\% \qquad (2-2)$$

式中：ε 为暂载率；t_g 为工作时间，s；t_x 为停歇时间，s；T 为工作周期，$T = t_g + t_x$，s。

（1）电焊机。计算设备容量时，应将电焊机铭牌容量换算成 $\varepsilon\% = 100\%$ 情况下的长期容量，即

$$P_e = S_n \cdot \cos\varphi \sqrt{\varepsilon_c / \varepsilon_{100}} \qquad (2-3)$$

式中：P_e 为设备计算容量，kW；S_n 为电焊机铭牌容量，kVA；ε_c 为铭牌上与 S_n 相对应的暂载率（用小数）；ε_{100} 为 100% 的暂载率，值取 1。

【例 2-1】 一台电焊机，$\varepsilon = 25\%$ 时的容量为 28kVA，$\cos\varphi = 0.75$，计算其设备容量。

解 将容量换算成 $\varepsilon = 100\%$，即

$$P_e = S_n \cdot \cos\varphi \sqrt{\varepsilon_c / \varepsilon_{100}}$$
$$= 28 \times 0.75 \times \sqrt{0.25 / 1} = 10.5 (\text{kW})$$

（2）吊车电动机。计算设备容量时，吊车电动机铭牌容量要换算到 $\varepsilon = 25\%$ 情况下的容量，即

$$P_e = P_n \sqrt{\varepsilon_c / \varepsilon_{25}} \qquad (2-4)$$

式中：P_e 为设备计算容量，kW；P_n 为与 ε 相对应的电动机铭牌容量，kW；ε_c 为与铭牌上 P_n 相对应的暂载率（用小数）；ε_{25} 为 25% 的暂载率，值取 0.25。

【例 2-2】 一台吊车电动机，$\varepsilon = 15\%$ 时的铭牌容量为 18kW，计算其设备容量。

解 将容量换算成 $\varepsilon = 25\%$ ，即

$$P_e = P = \sqrt{\varepsilon_c / \varepsilon_{25}} = 18 \times \sqrt{0.15 / 0.25} = 14 (\text{kW})$$

二、性质相同用电设备的计算负荷

性质相同的用电设备不一定同时运行，又不可能同时处于满负荷状态，如风机和水泵等，其计算负荷一般都小于设备的总容量。计算公式为

1. 有功计算负荷的计算

$$P_{js} = K_X P_Z \qquad (2-5)$$
$$P_Z = \sum P_e$$

2. 无功计算负荷的计算

$$Q_{js} = P_{js} \tan\varphi \qquad (2-6)$$

3. 视在计算负荷的计算

$$S_{js=}\sqrt{P_{js}^2 + Q_{js}^2} = P_{js}/\cos\varphi \tag{2-7}$$

4. 计算电流的计算

$$I_{js} = S_{js}/\sqrt{3}U_e = P_{js}/\sqrt{3}U = \cos\varphi \tag{2-8}$$

式中：K_X 为需用系数；P_{js} 为计算有功负荷，kW；P_z 为用电设备组总负荷，kW；P_e 为设备额定功率，kW；Q_{js} 为计算无功负荷，kvar；$\tan\varphi$ 为用电设备组的功率因数角的正切值，见表 2-1；S_{js} 为计算视在功率，kVA；$\cos\varphi$ 为用电设备组的功率因数；U_e 为用电设备组的额定电压，kV。

表 2-1　　　　用电设备组的需用系数和 $\cos\varphi$、$\tan\varphi$ 值

用电设备组名称	需用系数（K_X）	$\cos\varphi$	$\tan\varphi$
小批量生产的金属冷加工机床	0.16～0.2	0.5	1.73
大批量生产的金属冷加工机床	0.18～0.25	0.5	1.73
小批量生产的金属热加工机床	0.25～0.3	0.6	1.33
大批量生产的金属热加工机床	0.3～0.35	0.65	1.17
通风机、水泵、空气压缩机、电动发电机组	0.7～0.8	0.8	0.75
连锁的连续运输机械、铸造车间整砂机械	0.65～0.7	0.75	0.88
非连锁的连续运输机械、铸造车间整砂机械	0.5～0.6	0.75	0.88
机加工、机修、装配、锅炉房等车间的吊车（ε=25%）	0.1～0.15	0.5	1.73
铸造车间的吊车（ε=25%）	0.15～0.25	0.5	1.73
实验室的小型电热设备（电阻炉、干燥箱）	0.7	1	0
工频感应电炉（未带无功补偿装置）	0.8	0.35	2.68
高频感应电炉（未带无功补偿装置）	0.8	0.6	1.33
焊接和加热用高频加热设备	0.5～0.65	0.7	1.02
熔炼用高频加热设备	0.8～0.85	0.8	0.75
电弧熔炉	0.9	0.87	0.57
点焊机、缝焊机	0.35	0.6	1.33
对焊机、铆钉加热机	0.35	0.7	1.02
自动弧焊变压器	0.5	0.4	2.29
单头手动弧焊变压器	0.35	0.35	2.68

用电设备组名称	需用系数（K_X）	$\cos\varphi$	$\tan\varphi$
多头手动弧焊变压器	0.4	0.35	2.68
单头弧焊电动发电机组	0.35	0.6	1.33
多头弧焊电动发电机组	0.7	0.75	0.88
一般工业用硅整流装置	0.5	0.7	1.02
电镀用硅整流装置	0.5	0.75	0.88
电解用硅整流装置	0.7	0.8	0.75
电火花加工装置超声波	0.5	0.6	1.33
超声波装置	0.7	0.7	1.02
X光设备	0.3	0.65	1.52
电子计算机	0.6~0.7	0.8	0.75
电子计算机外部设备	0.4~0.5	0.5	1.73
电热为主的试验设备	0.2~0.4	0.8	0.75
仪表为主的试验设备	0.15~0.2	0.7	1.02
生产车间厂房照明（有天然采光）	0.8~0.9	1	0
生产车间厂房照明（无天然采光）	0.9~1	1	0
办公楼照明	0.7~0.8	1	0
设计室照明	0.9~0.95	1	0
科研楼照明	0.8~0.9	1	0
仓库照明	0.5~0.7	1	0
锅炉房照明	0.9	1	0
宿舍区照明	0.6~0.8	1	0
医院照明	0.5	1	0
食堂照明	0.9~0.95	1	0
商店照明	0.9	1	0
学校照明	0.6~0.7	1	0
旅馆照明	0.6~0.7	1	0

注 1. 当设备组总台数为1~2台时，宜取 $K_X=1$；3~4台时，宜取 $K_X=0.9$；单台电动机的 $P_{js}=P_n/\eta$，其中 P_n 为电动机的额定功率，η 为电动机的效率。

2. 所有照明负荷的 $\cos\varphi$ 和 $\tan\varphi$ 值均为白炽灯照明的数值，若为其他光源，其 $\cos\varphi$、$\tan\varphi$ 值应按表2-2取值。

表 2-2			照明设备的 $\cos\varphi$、$\tan\varphi$ 值					
光源类别	白炽灯、卤钨灯	荧光灯（无补偿）	荧光灯（有补偿）	高压汞灯	高压钠灯	金属卤化物灯	镝灯	氙灯
$\cos\varphi$	1	0.55	0.9	0.45～0.55	0.45	0.40～0.61	0.52	0.9
$\tan\varphi$	0	1.52	0.48	1.98～1.16	1.98	2.29～1.29	1.64	0.48

【例 2-3】 一小批量冷加工机床组，有三相交流电动机 2 台为 7.5kW、6 台为 5.5kW、20 台为 3kW、15 台为 2.2kW，计算此用电设备组的计算负荷。

解 此机床组的设备总容量为

$$\sum P = 7.5 \times 2 + 5.5 \times 6 + 3 \times 20 + 2.2 \times 15 = 141(kW)$$

查表 2-1 可得，小批量生产的金属冷加工机床的需用系数 $K_X = 0.16 \sim 0.20$，$\cos\varphi = 0.5$，$\tan\varphi = 1.73$，取 $K_X = 0.20$。则

有功计算负荷

$$P_{js} = K_X P_Z = 0.2 \times 141 = 28.2(kW)$$

无功计算负荷

$$Q_{js} = P_{js}\tan\varphi = 28.2 \times 1.73 = 48.8(kvar)$$

视在计算负荷

$$S_{js} = P_{js}/\cos\varphi = 28.2/0.5 = 56.4(kVA)$$

计算电流

$$I_{js} = S_{js}/\sqrt{3}U_e = 56.4/1.73 \times 0.38 = 85.8(A)$$

三、性质不同用电设备组的计算负荷

在确定性质不同用电设备组的计算负荷时，应把各组用电设备的最大负荷不可能同时出现的因素考虑在内，需引入同时系数 K_T，其值见表 2-3。

表 2-3	同时系数 K_T 值	
应 用 范 围		K_T
车间变电站的低压母线	冷加工车间	0.7～0.8
	热加工车间	0.7～0.9
	动力站	0.8～1

应 用 范 围		K_T
车间母线及干线工厂总变电站母线	计算负荷小于 5000kW	0.9~1
	计算负荷为 5000~10 000kW	0.85
	计算负荷超过 10 000kW	0.8

1. 总有功计算负荷的计算

$$P_{js} = K_T \sum P_{js \cdot 1} \qquad (2\text{-}9)$$

2. 总无功计算负荷的计算

$$Q_{js} = K_T \sum Q_{js \cdot 1} \qquad (2\text{-}10)$$

3. 总视在计算负荷的计算

$$S_{js} = \sqrt{P_{js}^2 + Q_{js}^2} \qquad (2\text{-}11)$$

式中：$P_{js \cdot 1}$ 为各组的有功功率计算负荷，kW；$Q_{js \cdot 1}$ 为各组的无功功率计算负荷，kvar。

【例 2-4】 一机修车间有冷加工机床 12 台，电动机功率共 45kW，通风机 4 台共 12kW，电阻炉 2 台共 3kW，线路电压 380V，计算线路的计算负荷。

解 先计算不同设备组的计算负荷：

(1) 冷加工机床组。查表 2-1 取 $K_X = 0.2$，$\cos\varphi = 0.5$，$\tan\varphi = 1.73$，则

$$P_{js \cdot 1} = K_X P_Z = 0.2 \times 45 = 9(\text{kW})$$

$$Q_{js \cdot 1} = P_{js \cdot 1} \cdot \tan\varphi = 9 \times 1.73 = 15.7(\text{kvar})$$

(2) 通风机组。查表 2-1 取 $K_X = 0.8$，$\cos\varphi = 0.8$，$\tan\varphi = 0.75$，则

$$P_{js \cdot 2} = K_X P_Z = 0.8 \times 12 = 9.6(\text{kW})$$

$$Q_{js \cdot 2} = P_{js \cdot 2} \cdot \tan\varphi = 9.6 \times 0.75 = 7.2(\text{kvar})$$

(3) 电阻炉。查表 2-1 取 $K_X = 0.7$，$\cos\varphi = 1$，$\tan\varphi = 0$，则

$$P_{js \cdot 3} = K_X P_Z = 0.7 \times 3 = 2.1(\text{kW})$$

$$Q_{js \cdot 3} = P_{js \cdot 3} \cdot \tan\varphi = 2.1 \times 0 = 0(\text{kvar})$$

再求取线路的计算负荷。查表 2-3 取 $K_T = 1$，则有

$$P_{js} = K_T \sum P_{js \cdot 1} = K_T(P_{js \cdot 1} + P_{js \cdot 2} + P_{js \cdot 3})$$

$$= 1 \times (9 + 9.6 + 2.1) = 20.7(\text{kW})$$

$$Q_{js} = K_T \sum Q_{js \cdot 1} = K_T(Q_{js \cdot 1} + Q_{js \cdot 2} + Q_{js \cdot 3})$$

$$= 1 \times (15.7 + 7.2 + 0) = 22.9 (\text{kvar})$$

$$S_{js} = \sqrt{P_{js}^2 + Q_{js}^2} = \sqrt{20.7^2 + 22.9^2} = 30.87 (\text{kVA})$$

$$I_{js} = S_{js} / \sqrt{3} U_n = 30.87 / 1.73 \times 0.38 = 46.95 (\text{A})$$

四、车间和工厂变（配）电站总计算负荷的计算

为了正确选择车间和工厂变（配）电站的电气设备和电缆（导线），必须首先确定车间和工厂的总计算负荷。

按照需用系数法确定车间和工厂的总计算负荷，就是要将车间和工厂的用电设备总容量乘以该车间或工厂的需用系数即可。

各类车间和工厂的需用系数见表 2-4 和表 2-5。

表 2-4 车间的需用系数、$\cos\varphi$ 和 $\tan\varphi$

车间名称	负荷估算指标		自然平均功率因数	
	K_X	kW/m²	$\cos\varphi$	$\tan\varphi$
铸钢车间（不包括电弧炉）	0.3～0.4	0.55～0.06	0.65	1.17
铸铁车间	0.35～0.4	0.06	0.7	1.02
锻压车间（不包括高压水泵）	0.2～0.3	—	0.55～0.65	1.52～1.17
热处理车间	0.4～0.6	—	0.65～0.7	1.17～1.02
焊接车间	0.25～0.3	0.04	0.45～0.5	1.98～1.75
金工车间	0.2～0.3	0.1	0.55～0.65	1.52～1.17
木工车间	0.28～0.35	0.06	0.6	1.33
工具车间	0.3	0.1～0.12	0.65	1.17
修理车间	0.2～0.25	—	0.65	1.17
落锤车间	0.2	—	0.6	1.33
废钢铁处理车间	0.45	—	0.68	1.08
电镀车间	0.4～0.62	—	0.85	0.62
中央实验室	0.4～0.6	—	0.6～0.8	1.33～0.75
充电站	0.6～0.7	—	0.8	0.75
煤气站	0.5～0.7	0.09～0.13	0.65	1.17
氧气站	0.75～0.85	—	0.8	0.75
冷冻站	0.7	—	0.75	0.89
水泵站	0.5～0.65	—	0.8	0.75
锅炉房	0.65～0.75	0.15～0.2	0.8	0.75
压缩空气站	0.7～0.85	0.15～0.2	0.75	0.88

表 2-5 　　　　　　　　　　**工厂的全厂需用系数和 cosφ 值**

工厂类别	需用系数		最大负荷时的功率因数	
	变动范围	建议采用	变动范围	建议采用
汽轮机制造厂	0.38～0.49	0.38	—	0.88
锅炉制造厂	0.26～0.33	0.27	0.73～0.75	0.73
柴油机制造厂	0.32～0.34	0.32	0.74～0.84	0.74
重型机械制造厂	0.25～0.47	0.35	—	0.79
机床制造厂	0.13～0.3	0.2	—	—
重型机床制造厂	0.32	0.32	—	0.71
工具制造厂	0.34～0.35	0.34	—	—
仪器仪表制造厂	0.31～0.42	0.37	0.8～0.82	0.81
滚珠轴承制造厂	0.24～0.34	0.26	—	—
量具刃具制造厂	0.26～0.35	0.28	—	—
电机制造厂	0.25～0.38	0.33	—	—
石油机械制造厂	0.45～0.5	0.45	—	0.78
电线电缆制造厂	0.35～0.36	0.35	0.65～0.8	0.73
电气开关制造厂	0.3～0.6	0.35	—	0.75
阀门制造厂	0.38	0.38	—	—
铸管制造厂	—	0.5	—	0.78
橡胶厂	0.5	0.5	0.72	0.72
通用机器厂	0.34～0.43	0.4	—	—

第二节　二项式系数法

需用系数法由于没有考虑用电设备中少数容量特别大的设备对计算负荷的影响,因此计算结果有时偏低,当用电设备组中设备台数较少而容量又差别较大时,通常采用二项式系数法来确定计算负荷。

一、性质相同的用电设备组的计算负荷

对于性质相同的用电设备组,其二项式系数法的计算公式为

$$P_{js} = bP_\Sigma + cP_n \tag{2-12}$$

式中:P_{js} 为有功计算负荷,kW;P_Σ 为用电设备组的总容量,kW;P_n 为用电设备组中 n 台大容量设备的总容量,kW;b、c 为二项式系数。

用电设备组的二项式系数 b、c 和大容量设备的台数 n 见表 2-6。

表 2-6   用电设备组的二项式系数 b、c 和大容量设备的台数 n

用电设备组名称	二项式系数		大容量设备台数 n	$\cos\varphi$	$\tan\varphi$
	b	c			
小批量生产的金属冷加工机床	0.14	0.4	5	0.5	1.73
大批量生产的金属冷加工机床	0.14	0.5	5	0.5	1.73
小批量生产的金属热加工机床	0.24	0.4	5	0.6	1.33
大批量生产的金属热加工机床	0.26	0.5	5	0.65	1.17
通风机、水泵、空气压缩机及电动发电机	0.65	0.25	5	0.8	0.75
非连锁的连续运输机械及铸造车间整砂机械	0.4	0.4	5	0.75	0.88
连锁的连续运输机械及铸造车间整砂机械	0.5	0.2	5	0.75	0.88
锅炉房、机加工、机修、装配车间的吊车（$\varepsilon=25\%$）	0.06	0.2	3	0.5	1.73
铸造车间的吊车（$\varepsilon=25\%$）	0.09	0.2	3	0.5	1.73
自动连续装料的电阻炉设备	0.7	0.3	2	0.95	0.33
实验室用小型电热设备	0.7	0	—	1	0

根据计算出的有功计算负荷 P_{js}，利用式（2-6）～式（2-8），就可以计算出无功计算负荷、视在计算负荷和计算电流。需要注意的是，当用电设备组只有一两台用电设备时，其计算负荷应等于设备总负荷，即取 $b=1$、$c=0$，$\cos\varphi$ 也要适当取较大数值。

【例 2-5】 用二项式系数法计算［例 2-3］中冷加工机床组的有功计算负荷和计算电流。

解   查表 2-6 可得 $b=0.14$，$c=0.4$，$n=5$，$\cos\varphi=0.5$，则

$$P_z = 141\text{kW}$$

容量较大电动机的额定总功率为

$$P_n = 7.5 \times 2 + 5.5 \times 3 = 31.5(\text{kW})$$

有功计算负荷为

$$P_{js} = bP_z + cP_n = 0.14 \times 141 + 0.4 \times 31.5 = 32.34(\text{kW})$$

计算电流为

$$I_{js} = P_{js}/\sqrt{3}U_e\cos\varphi = 32.34/1.73 \times 0.38 \times 0.5 = 98.4(\text{A})$$

比较需用系数法和二项式系数法［例 2-3］和［例 2-5］计算结果，可以看出，对于同一设备组，按需用系数法计算出的结果偏低，而按二

项式系数法计算出的结果偏高。因此在计算时应正确地选择计算系数，以便得出较为准确的结果。

二、性质不同的用电设备组的计算负荷

确定性质不同用电设备组的总计算负荷，可以采用下面公式

$$P_{js} = \sum (bP_Z)_I + (cP_n)_m \qquad (2\text{-}13)$$

$$Q_{js} = \sum (bP_Z \cdot \tan\varphi)_i + (cP_n \cdot \tan\varphi)_m \qquad (2\text{-}14)$$

式中：P_{js} 为总有功计算负荷，kW；Q_{js} 为总无功计算负荷，kvar；$\sum(bP_Z)_I$ 为各组有功负荷之和，kW；$\sum(bP_Z \cdot \tan\varphi)_i$ 为各组无功负荷之和，kvar；$(cP_n)_m$ 为各组有功负荷之中最大者，kW；$(cP_n \cdot \tan\varphi)_m$ 为各组无功负荷之中最大者，kvar。

根据求出的总有功计算负荷和无功计算负荷，利用式（2-7）、式（2-8）可以确定总视在计算负荷及总计算电流。

【例 2-6】 用二项式系数法计算 ［例 2-4］ 中冷加工机床组的有功计算负荷。

解 先计算各组的 bP_Z 和 cP_n

（1）冷加工机床组。查表 2-6 可得 $b=0.14$，$c=0.4$，$n=5$，$\cos\varphi=0.5$，$\tan\varphi=1.73$，则

$$bP_{Z1} = 0.14 \times 45 = 6.3(\text{kW})$$

$$cP_{n1} = 0.4 \times (7.5 \times 1 + 5.5 \times 2 + 3 \times 2) = 9.8(\text{kW})$$

（2）通风机组。查表 2-6 可得 $b=0.65$，$c=0.25$，$n=5$，$\cos\varphi=0.8$，$\tan\varphi=0.75$，则

$$bP_{Z2} = 0.65 \times 12 = 7.8(\text{kW})$$

$$cP_{n2} = 0.25 \times 12 = 3(\text{kW})$$

（3）电阻炉。查表 2-6 可得 $b=0.7$，$c=0$，$\cos\varphi=1$，$\tan\varphi=0$，则

$$bP_{Z3} = 0.7 \times 3 = 2.1(\text{kW})$$

$$cP_{n3} = 0$$

总计算负荷：

$$P_{js} = \sum (bP_Z)_I + (cP_n)_m = (bP_{Z1} + bP_{Z2} + bP_{Z3}) + cP_{n1}$$

$$= (6.3 + 7.8 + 2.1) + 9.8$$

$$= 26(\text{kW})$$

$$Q_{js} = \sum (bP_Z \cdot \tan\varphi)_i + (cP_n \cdot \tan\varphi)_m$$

$$= (bP_{Z1} \cdot \tan\varphi + bP_{Z2} \cdot \tan\varphi + bP_{Z3} \cdot \tan\varphi) + (cP_{n1} \cdot \tan\varphi)_m$$

$$= (6.3 \times 1.73 + 7.8 \times 0.75 + 2.1 \times 0) + (9.8 \times 1.73)$$
$$= 10.9 + 5.9 + 0 + 17$$
$$= 33.8(\text{kvar})$$

$$S_{js} = \sqrt{P_{js}^2 + Q_{js}^2} = \sqrt{26^2 + 33.8^2} = 42.6(\text{kVA})$$
$$I_{js} = S_{js}/\sqrt{3}U_e = 42.6/1.73 \times 0.38 = 64.8(\text{A})$$

第三节 逐级计算法和估算法

一、逐级计算法

由用电设备组计算负荷或由车间计算负荷的计算开始,逐级往电源方向计算称为逐级计算法。

逐级计算法应注意的问题是,每经过线路或变压器,均应加上线路或变压器的功率损耗,但对于线路不长的工厂配电线路,其损耗往往可以忽略不计。在计算多条并列线路的总计算负荷时,应乘以一个小于1的同时系数 K_T,如果装有无功补偿装置,则在确定补偿装置前面的计算负荷时,应计入无功补偿的效果。

逐级计算法的具体方法步骤如下:

(1)确定各车间用电设备组的计算负荷。

(2)确定车间干线和车间变电站低压母线的计算负荷。

(3)由车间变电站低压侧总计算负荷加上车间变电站变压器的损耗,确定车间变电站高压侧的计算负荷。

(4)所有车间变电站高压侧的计算负荷,加上厂区配电线路的损耗,确定工厂总降压变电站低压侧的总计算负荷。

(5)由总降压变电站低压侧总计算负荷加上总降压变电站内变压器的损耗,就可得出工厂的总计算负荷。

逐级计算法示意如图 2-1 所示。在计算过程中,应合理选择同时系数,注意各级同时系数的连乘积不得小于 0.8(见表 2-3)。

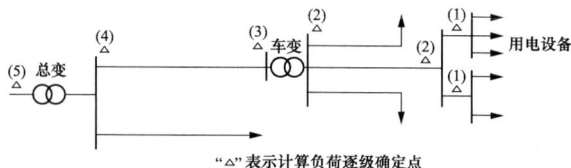

"△"表示计算负荷逐级确定点

图 2-1 逐级计算法示意图

线路电能损耗的计算公式

$$\Delta W_{\mathrm{X}} = 3I_{\mathrm{JS}}^2 R t \tag{2-15}$$

式中：ΔW_{X} 为线路电能损耗，W；I_{JS} 为线路计算电流，A；R 为每相导线的电阻，Ω；t 为年最大负荷损耗时间，h。

变压器电能损耗的计算公式

（1）变压器的铁损

$$\Delta W_{\mathrm{Fe}} = \Delta P_{\mathrm{Fe}} \times 8760 \approx \Delta P_0 \times 8760 \tag{2-16}$$

式中：ΔP_{Fe} 为变压器的铁损；ΔP_0 为变压器的空载损耗，近似等于 ΔP_{Fe}。

（2）变压器的铜损

$$\Delta W_{\mathrm{Cu}} = \Delta P_{\mathrm{Cu}}(S_{\mathrm{JS}}/S_{\mathrm{e}})^2 t \approx \Delta P_{\mathrm{K}}(S_{\mathrm{JS}}/S_{\mathrm{e}})^2 t \tag{2-17}$$

式中：ΔP_{Cu} 为变压器的铜损；ΔP_{K} 为变压器的短路损耗，近似等于 ΔP_{Cu}；S_{JS} 为变压器计算负荷；S_{e} 为变压器的额定容量；t 为年最大负荷损耗时间，h。

（3）变压器全年的电能损耗

$$\Delta W_{\mathrm{q}} = \Delta W_{\mathrm{Fe}} + \Delta W_{\mathrm{Cu}} \approx \Delta P_0 \times 8760 + \Delta P_{\mathrm{K}}(S_{\mathrm{JS}}/S_{\mathrm{e}})^2 t \tag{2-18}$$

（4）年最大负荷损耗时间

$$t = T_{\max}^2/8760 \tag{2-19}$$

二、估算法

在初步设计阶段或进行供电方案对比时，常采用估算法对车间或全厂的计算负荷做粗略估算，这种方法称为估算法。估算法比较简便，计算数值可以作为参考。

1. 负荷密度法

生产面积负荷密度法的计算公式为

$$P_{\mathrm{js}} = aS \tag{2-20}$$

式中：P_{js} 为有功计算负荷，kW；a 为生产面积负荷密度，kW/m^2；S 为生产（使用）面积，m^2。

部分用电单位负荷密度参考值见表 2-7，括号内数值为平均值。

表 2-7　　　　　　　　部分用电单位负荷密度参考值

单位名称	负荷密度
机械加工车间（照明）	7～10 W/m^2
机械电修车间（照明）	7.5～9 W/m^2

单位名称	负荷密度
木工车间（照明）	$10\sim12$ W/m^2
铸造车间（照明）	$8\sim10$ W/m^2
锻压车间（照明）	$7\sim9$ W/m^2
热处理车间（照明）	$10\sim13$ W/m^2
表面处理车间（照明）	$9\sim11$ W/m^2
焊接车间（照明）	$7\sim10$ W/m^2
装配车间（照明）	$8\sim11$ W/m^2
仪表、元件装配车间（照明）	$10\sim13$ W/m^2
中央试验室（照明）	$9\sim12$ W/m^2
计量室（照明）	$10\sim13$ W/m^2
煤气站、氧气站、冷冻站（照明）	$8\sim10$ W/m^2
水泵房、空压站（照明）	$6\sim9$ W/m^2
锅炉房（照明）	$7\sim9$ W/m^2
材料库（照明）	$4\sim7$ W/m^2
变、配电站（照明）	$8\sim12$ W/m^2
办公室、资料室（照明）	$10\sim15$ W/m^2
设计室、绘图室（照明）	$12\sim18$ W/m^2
食堂、餐厅（照明）	$10\sim13$ W/m^2
医院、幼儿园、托儿所（照明）	$9\sim12$ W/m^2
学校（照明）	$12\sim15$ W/m^2
俱乐部（照明）	$10\sim13$ W/m^2
商店（照明）	$12\sim15$ W/m^2
更衣室、浴室、厕所（照明）	$6\sim8$ W/m^2
一般住宅或小家庭公寓	$5.91\sim10.7$ (7.53) VA/m^2
中等家庭公寓	$10.76\sim16.14$ (13.45) VA/m^2
高级家庭公寓	$21.52\sim26.5$ (25.8) VA/m^2
豪华家庭公寓	$43.04\sim64.5$ (48.4) VA/m^2
商店	$48.4\sim277$ (161.4) VA/m^2
无空调商店	(43) VA/m^2
有空调商店	(194) VA/m^2
餐厅、咖啡馆	(247) VA/m^2

单位名称	负荷密度
百货商店	14.5～215（161.4）VA/m²
办公室	80.7～107.6（96.8）VA/m²
旅馆	48.4～124（71）VA/m²
居民住宅楼（北京）	25 VA/m²
上海大厦（上海）	88.4 VA/m²
白云宾馆（广州）	53.2 VA/m²
长城饭店（北京）	61.2 VA/m²

说明：按 21 世纪城市电网建设要求，新建住宅配电线路供电能力宜满足 40～50 年内用电增长的需要。一般城市增长负荷密度不低于 40W/m²，直辖市、省会及经济发达地区按 60～80W/m²。

2. 单位产品耗电量法

利用单位产品耗电量法确定计算负荷的公式为

$$P_{js} = W/T_m = bB/T_m \tag{2-21}$$

式中：W 为企业年耗电量，kWh；T_m 为企业年有功负荷利用小时，与生产班制有关，一班制生产 $T_m = 1800 \sim 2500h$，二班制生产 $T_m = 3500 \sim 4500h$，三班制生产 $T_m = 5000 \sim 7000h$；b 为单位产品耗电量，kWh；B 为企业的年产量。

（1）部分产品的单位产品耗电量见表 2-8。

表 2-8　　　　　　　　部分产品的单位产品耗电量

产品名称	产品单位	单位产品耗电量（kWh）
有色金属铸造	t	600～1000
铸铁件	t	300
锻铁件	t	30～80
汽车	辆	1500～2500
拖拉机	台	5000～8000
重型机床	t	1600
工作母机	t	1000
轴承	套	1～4
量具、刃具	t	6300～8500
电力变压器	kVA	2.5

产品名称	产品单位	单位产品耗电量（kWh）
电动机	kW	14
电能表	只	7
并联电容器	kvar	3
纱	t	40
橡胶制品	t	250～400
合成氨（工艺单耗）	t	1600
电石（工艺单耗）	t	3650
烧碱（直流单耗）	t	2450
电解铝（交流单耗）	t	20 000
硅铁（含硅 75%）（工艺单耗）	t	9500
电炉钢（冶金行业）（工艺单耗）	t	700
电炉钢（机械行业）（工艺单耗）	t	800

（2）部分企业的需用系数，功率因数及最大有功负荷利用小时参考值见表 2-9。

表 2-9   部分企业的需用系数、功率因数及有功负荷最大利用小时参考值

企业名称	需用系数	功率因数	有功负荷最大利用小时数（h）
重型机械厂	0.35	0.79	3700
重型机车厂	0.32	0.71	3700
机床制造厂	0.2	0.65	3200
石油机械厂	0.45	0.78	3500
工具制造厂	0.34	0.65	3800
量具刃具制造厂	0.26	0.60	3800
汽轮机制造厂	0.38	0.88	5000
锅炉制造厂	0.27	0.73	4500
柴油机制造厂	0.32	0.74	4500
电机制造厂	0.33	0.65	3000
电器制造厂	0.35	0.75	3400
电线电缆厂	0.35	0.73	3500

企业名称	需用系数	功率因数	有功负荷最大利用小时数（h）
仪器仪表厂	0.37	0.81	3500
轴承厂	0.28	0.70	5800
化工厂	0.7		6200

第四节　照明的负荷计算

在选择照明线路的导线截面积、控制开关的容量以及照明变压器时，需要进行照明的负荷计算。

一、照明的负荷计算

照明线路的计算负荷，应根据该线路照明设备的安装容量采用需用系数法进行计算。

对于白炽灯、卤钨灯等电阻性等照明灯具

$$P_{js} = K_X P_Z \qquad (2\text{-}22)$$

对于荧光灯、汞灯、钠灯等配有镇流器的气体放电照明灯具

$$P_{js} = K_X P_Z (1 + \alpha) \qquad (2\text{-}23)$$

式中：K_X 为需用系数，照明负荷的需用系数见表 2-10；P_{js} 为照明计算有功负荷，kW；P_Z 为照明设备总负荷，kW；α 为镇流器的功率损耗系数，各种气体放电光源的镇流器功率损耗系数见表 2-11。

表 2-10　　　　各种建筑的照明负荷需用系数 K_X

建筑类别	K_X	建筑类别	K_X
生产厂房（有天然采光）	0.8～0.9	宿舍区	0.6～0.8
生产厂房（无天然采光）	0.9～1	医院	0.5
办公楼	0.7～0.8	食堂	0.9～0.95
设计室	0.9～0.95	商店	0.9
科研楼	0.8～0.9	学校	0.6～0.7
仓库	0.5～0.7	展览馆	0.7～0.8
锅炉房	0.9	旅馆	0.6～0.7

表 2-11　　　　　　　气体放电光源镇流器的功率损耗系数

光源种类	荧光灯	荧光高压汞灯	自镇流荧光高压汞灯	金属卤化物灯	涂荧光质的金属卤化物灯	低压钠灯	高压钠灯
损耗系数 α	0.2	0.07~0.3	—	0.14~0.22	0.14	0.2~0.8	0.12~0.2

　　除了照明灯具以外，房间内往往装有很多插座。这些插座不可能同时使用，在计算插座容量时应引入一个同时系数，每个插座使用功率按 100W 进行计算，此时插座的计算负荷为

$$P_{js} = K_X K_T P_Z \tag{2-24}$$

式中：P_{js} 为插座组的计算有功负荷，kW；P_Z 为插座的总负荷，kW；K_T 为插座的同时系数，插座容量的同时系数见表 2-12。

表 2-12　　　　　　　　插座容量的同时系数

插座数量	4	5	6	7	8	9	10
同时系数	1	0.9	0.8	0.7	0.65	0.6	0.6

二、照明线路工作电流的计算

　　照明线路的工作电流是影响导线温度的重要因素，因此需要计算线路的工作电流，其计算公式如下：

　　白炽灯和卤钨灯照明线路的工作电流为

　　单相线路　　　　　　　$I_{JS} = P_{js}/U_P \tag{2-25}$

　　三相线路　　　　　　　$I_{JS} = P_{js}/\sqrt{3}U_L \tag{2-26}$

　　带镇流器气体放电灯具照明线路的工作电流

　　单相线路　　　　　　　$I_{JS} = P_{js}/U_P\cos\varphi \tag{2-27}$

　　三相线路　　　　　　　$I_{JS} = P_{js}/\sqrt{3}U_L\cos\varphi \tag{2-28}$

式中：I_{JS} 为照明线路计算电流，A；P_{js} 为照明线路计算负荷，W；U_P 为照明线路额定相电压，V；U_L 为照明线路额定线电压，V。

三、家庭用电负荷

　　随着生产的发展和人民生活水平的提高，城市和农村家庭用电的负荷水平变化很大，家庭用电负荷在总用电负荷中占有一定的比例，因此，除了动力设备的负荷计算外，各种单相用电设备、办公及生活用电设备等，都要进行负荷计算，计算的目的是：

　　（1）为选择供电系统中的设备（如变压器、导线、开关设备、母线

提供依据。

（2）为计算电能消耗量或选用补偿装置提供依据。

（3）作为选择控制保护设备的依据。

家庭用电负荷水平见表 2-13。

表 2-13 家庭用电负荷水平

名称	额定功率（W）	名称	额定功率（W）
电视机	80	电饭锅	650
洗衣机	240	电炒锅	900
电冰箱	125	电热水器	2000
电风扇	60	吸尘器	600
电熨斗	500	电水壶	700
照明	180	微波炉	650

注 随着空调的普及，预计今后每户容量可能达到 6kW 以上。

短 路 电 流 计 算

第一节　三相短路电流计算

一、采用阻抗法计算三相短路电流

1. 计算步骤

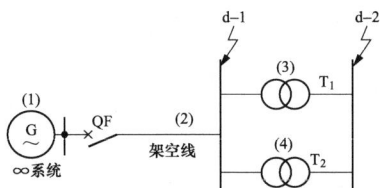

图 3-1　短路计算电路图示例

采用阻抗法计算三相短路电流的步骤如下：

（1）绘制计算电路图并选择短路计算点，如图 3-1 所示。

（2）计算短路电路中主要元件的电阻值、电抗值。

（3）绘制等效电路，如图 3-2 所示。

（4）计算短路电路总阻抗。

（5）计算三相短路电流和短路容量。

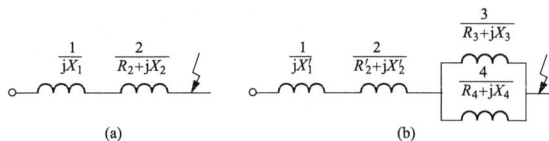

图 3-2　短路等效电路

（a）对 d−1 点；（b）对 d−2 点

2. 计算公式

（1）三相短路电流

$$I_d = U_p / \sqrt{3} \sum Z = U_p / \sqrt{3} \sqrt{\sum R^2 + \sum X^2} \qquad (3\text{-}1)$$

式中：I_d 为三相短路电流，kA；$\sum Z$ 为短路电路总阻抗，Ω；$\sum R$ 为短路电路总电阻，Ω；$\sum X$ 为短路电路总电抗，Ω；U_p 为短路点的平均电压，U_p 的数值比同级电网的额定电压高 5%，kV。

电网额定电压与短路点计算电压对照见表 3-1。

表 3-1　　　　　　电网额定电压与短路点计算电压对照表　　　　　kV

电网额定电压	0.22	0.38	3	6	10	35	60	110	220	330
短路点计算电压	0.23	0.4	3.15	6.3	10.5	37	63	115	230	346.5

在高压电路中，电阻值较小，一般只考虑电抗，这时三相短路电流为

$$I_d = U_p / \sqrt{3} \sum X \qquad (3\text{-}2)$$

（2）三相短路容量

$$S_d = \sqrt{3} U_p I_d \qquad (3\text{-}3)$$

式中：S_d 为三相短路容量，MVA；U_p 为短路点的平均电压，kV；I_d 为三相短路电流，kA。

（3）发（变）电站的阻抗。发（变）电站的阻抗可由当地供电部门提供，也可近似算出其电抗值

$$X_{XT} = U_j^2 / S_{di} \qquad (3\text{-}4)$$

式中：X_{XT} 为发（变）电站的电抗，Ω；U_p 为短路点平均电压，kV；S_{di} 为发（变）电站出口断路器的断流容量，可从有关手册查出，MVA。

（4）电力变压器的电阻、电抗

$$R_B = \Delta P_d U_p^2 / S_e^2 \qquad (3\text{-}5)$$
$$X_B = 10 u_d \% U_P^2 / S_e \qquad (3\text{-}6)$$

式中：R_B 为电力变压器的电阻，Ω；X_B 为电力变压器的电抗，Ω；ΔP_d 为变压器的短路损耗，可从有关手册中查取，W；U_p 为短路点平均电压，kV；S_e 为变压器额定容量，kVA；$u_d \%$ 为变压器的阻抗电压，可从变压器铭牌中查出。

（5）电力线路的电阻、电抗

$$R_i = r_0 L \qquad (3\text{-}7)$$
$$X_i = X_0 L \qquad (3\text{-}8)$$

43

式中：R_i 为电力线路的电阻，Ω；X_{XL} 为电力线路的电抗，Ω；r_0 为电力线路每千米电阻，Ω/km；X_0 为电力线路每千米电抗，Ω/km；L 为线路长度，km。

式（3-7）和式（3-8）中的 r_0 和 X_i 一般可从电工数据表查出，也可按表 3-2 取其电抗平均值。

表 3-2　　　　　　　电力线路每相的电抗平均值　　　　　　Ω/km

线路种类	线 路 电 压	
	380/220V	6～10kV
架空线路	0.32	0.38
电缆线路	0.066	0.08

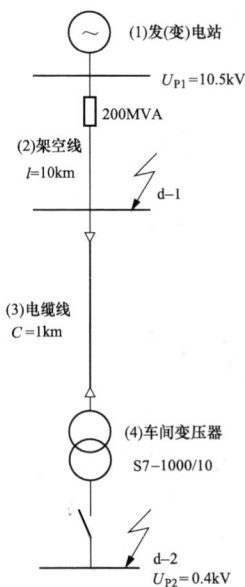

图 3-3　供电系统接线

在一般短路电流计算中，尤其是高压电力系统的短路电流，短路回路中的其他元件，如母线、互感器一次绕组、自动开关过电流脱扣线圈及开关触头等的阻抗都忽略不计。

【例 3-1】　某供电系统接线如图 3-3 所示，已知该系统出口断路器容量为 200MVA，计算企业配电站 d-1 和车间变电站 d-2 点的三相短路电流。

解　（1）计算 d-1 点的短路电流。

电力系统电抗为

$$X_{XT} = U_p^2/S_{di} = 10.5^2/200 = 0.55 \ (\Omega)$$

架空线路电抗为

$$X_{JK} = X_0 L = 0.38 \times 10 = 3.8 \ (\Omega)$$

短路回路总电抗为

$$\sum X = X_{XT} + X_i = 0.55 + 3.8 = 4.35 (\Omega)$$

d-1 点短路电流为

$$I_d = U_j/\sqrt{3} \sum X = 10.5/1.73 \times 4.35 = 1.39 (kA)$$

（2）计算 d-2 点的短路电流。

电力系统电抗为

$$X_{XT} = U_p^2/S_{di} = 0.4^2/200 = 0.8 \ (m\Omega)$$

架空线路电抗为

$$X_{JK} = 0.38 \times 10 \times \ (0.4/10.5)^2 = 5.5 \ (m\Omega)$$

44

电缆线路阻抗为

$$X_{DL} = 0.08 \times 1 \times (0.4/10.5)^2 = 0.116 \, (m\Omega)$$

电力变压器电抗为（查表阻抗电压 $d\% = 5\%$）

$$X_B = 10u_d\%U_p^2/S_e = 10 \times 5 \times 0.4^2/1000 = 8 \, (m\Omega)$$

短路回路总电抗为

$$\sum X = X_{XT} + X_i + X_2 + X_B = 0.8 + 5.5 + 0.116 + 8 = 14.4 (m\Omega)$$

d-2 点短路电流为

$$I_d = U_p/\sqrt{3} \sum X = 400/1.73 \times 14.4 = 16 \, (kA)$$

二、采用标幺值法计算三相短路电流

1. 计算步骤

标幺值法计算三相短路电流的步骤如下：

(1) 绘制计算电路图并选择短路计算点。

(2) 确定基准值。

(3) 计算短路电路中主要元件的电抗标幺值。

(4) 绘制等效电路图。

(5) 计算短路电路的总阻抗。

(6) 计算三相短路电流和短路容量。

采用标幺值法进行三相短路电流的计算时，应先选定一个基准容量 S_{jz} 和基准电压 U_{jz}。

基准容量可以采用任意值，为了计算方便，一般取 100MVA，基准电压一般采用元件所在级的短路点计算电压（见表 3-1），即 $U_{jz} = U_j$。

2. 计算公式

(1) 电力系统的电抗标幺值

$$X_{XT}^* = S_{jz}/S_d = 100/S_d \tag{3-9}$$

式中：S_d 为电力系统出口断路器的断流容量，也就是系统的短路容量，MVA。

(2) 电力变压器的电抗标幺值

$$X_B^* = 10u_d\%S_{jz}/S_e = u_d\%/S_e \times 10^3 \tag{3-10}$$

式中：S_e 为变压器的额定容量，kVA；$u_d\%$ 为变压器的阻抗电压。

(3) 电力线路的电抗标幺值

$$X_{XL}^* = X_0LS_{jz}/U_j^2 = 100X_0L/U_j^2 \tag{3-11}$$

(4) 根据计算出的元件电抗标幺值，确定其总电抗标幺值

$$\sum X^* = X_{XT}^* + X_B^* + X_{XL}^* \tag{3-12}$$

(5) 短路电流的标幺值

$$I_d^* = 1/\sum X^* \tag{3-13}$$

(6) 短路电流的有效值

$$I_{d=}I_d^* I_{JZ} = I_{JZ}/\sum X^* \tag{3-14}$$

【例 3-2】 采用标幺值法计算［例 3-1］供电系统中 d-2 点的三相短路电流。

解 (1) 计算短路电路中各元件的电抗标幺值及总电抗的标幺值（取基准容量 $S_{jz}=100MVA$）。

电力系统的电抗标幺值

$$X_{XT}^* = S_{jz}/S_d = 100/200 = 0.5$$

电力变压器的电抗标幺值

$$X_B^* = u_d\%/S_e \times 10^3 = (5/1000) \times 10^3 = 5$$

架空线路的电抗标幺值

$$X_{JK}^* = 100X_0 L/U_p^2 = 100 \times 0.38 \times 10/10.5^2 = 3.45$$

电缆线路的电抗标幺值

$$X_{DL}^* = 100X_0 L/U_p^2 = 100 \times 0.08 \times 1/10.5^2 = 0.073$$

d-2 的总电抗标幺值

$$\sum X^* = X_{XT}^* + X_B^* + X_{JK}^* + X_{DL}^* = 0.5 + 5 + 3.48 + 0.073 = 9.02$$

(2) 计算 d-2 点的短路电流值。

基准电流

$$I_{JZ} = S_{jz}/\sqrt{3}U_p = 100/1.73 \times 0.4 = 145 \text{ (kA)}$$

短路电流

$$I_d = I_{JZ}/\sum X^* = 145/9.02 = 16.1 \text{(kA)}$$

第二节　两相短路电流和低压短路电流计算

一、两相短路电流计算

在大容量系统中发生两相短路（如图 3-4 所示）时，其短路电流为

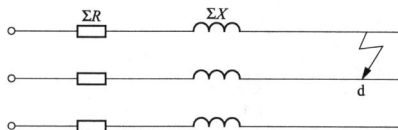

图 3-4　两相短路示意图

$$I_{\mathrm{d}}=U_{\mathrm{p}}/2\sum Z=U_{\mathrm{p}}/2\sqrt{\sum R^2+\sum X^2}\approx U_{\mathrm{p}}/2\sum X \quad (3\text{-}15)$$

式中：I_{d} 为短路电流，A；U_{p} 为短路点平均电压，V；$\sum R$ 为短路回路电阻，Ω；$\sum X$ 为短路回路电抗，Ω；$\sum Z$ 为短路回路阻抗，Ω。

与三相短路电流比较，可得出

$$I_{\mathrm{d}}^{(2)}/I_{\mathrm{d}}^{(3)}=\sqrt{3}/2=0.866$$

即

$$I_{\mathrm{d}}^{(2)}=0.866I_{\mathrm{d}}^{(3)} \quad (3\text{-}16)$$

式中：$I_{\mathrm{d}}^{(2)}$ 为两相短路电流，A；$I_{\mathrm{d}}^{(3)}$ 为三相短路电流，A。

二、低压电网短路电流计算

1kV 以下低压电网的短路电流计算，应考虑有关电器元件的电阻和电抗。

（1）变压器绕组的电阻、电抗。计算公式如前。

（2）刀闸触头的接触电阻，见表 3-3。

表 3-3　　　　　　　　　　刀闸触头的接触电阻　　　　　　　　　　mΩ

额定电流（A）	50	70	100	160	200	400	600	1000	2000	3000
自动空气开关	1.3	1.0	0.75	0.65	0.6	0.4	0.25			
刀开关			0.5		0.4	0.2	0.15	0.08		
隔离开关						0.2	0.15	0.08	0.03	0.02

（3）自动空气开关过电流线圈的电阻和电抗，见表 3-4。

表 3-4　　　　　　自动空气开关过电流线圈的电阻和电抗　　　　　　mΩ

线圈的额定电流（A）	50	70	100	160	200	400	600
电阻（65℃时）	5.5	2.35	1.3	0.74	0.36	0.15	0.12
电抗	2.7	1.3	0.86	0.55	0.28	0.10	0.094

（4）电流互感器一次绕组的电阻和电抗，见表 3-5。

表 3-5　　　　电流互感器一次绕组（二次开路时）的电阻和电抗　　　　mΩ

型号		10/5	15/5	20/5	30/5	40/5	50/5	75/5	100/5	150/5	200/5	300/5	400/5	500/5
LQG0.5	电阻	150	66.7	37.5	16.6	9.4	6	2.66	1.5	0.667	0.575	0.166	0.125	
	电抗	1200	532	300	133	7.5	48	21.3	12	5.32	3	1.33	1.03	
0-49Y	电阻	120	53.2	30	13.3	7.5	4.8	2.13	1.2	0.523	0.3	0.133	0.075	
	电抗	800	355	200	88.8	50	32	14.2	8	3.55	2	0.888	0.73	

电工计算手册

型号	变比	10/5	15/5	20/5	30/5	40/5	50/5	75/5	100/5	150/5	200/5	300/5	400/5	500/5
QLC-1	电阻	170	75	42	20	11	7	3	1.7	0.75	0.42	0.2	0.11	0.05
	电抗	270	120	67	30	17	11	4.8	2.7	1.2	0.67	0.3	0.17	0.07
LQC-3	电阻	75	33	19	8.2	4.8	3	1.3	0.75	0.33	0.19	0.88	0.05	0.02
	电抗	70	30	17	8	4.2	2.8	1.2	0.7	0.3	0.17	0.08	0.40	0.02

（5）长度在 $10\sim15\mathrm{m}$ 以上的母线及电缆的电阻、电抗可查相关手册。

短路电流的计算公式为

$$I_{\mathrm{d}}=U_{\mathrm{p}}/\sqrt{3}\sqrt{\sum R^2+\sum X^2} \tag{3-17}$$

式中：I_{d} 为三相短路电流，kA；U_{p} 为低压平均电压，取 400V；$\sum R$ 为至短路点的总电阻，Ω；$\sum X$ 为至短路点的总电抗，Ω。

【例 3-3】 某企业车间变电站的接线如图 3-5 所示，计算 d 点的短路电流。

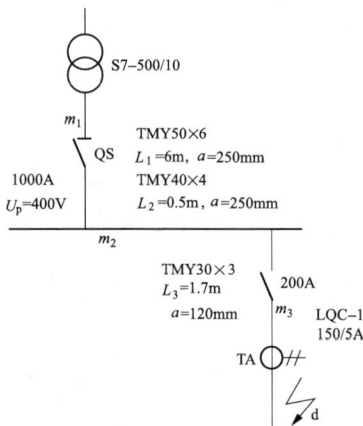

图 3-5 某企业车间变电站的接线图

解 先计算各元件阻抗。

（1）变压器阻抗：查相关手册，变压器短路损耗 $\Delta P_{\mathrm{d}}=4920\mathrm{W}$；$u_{\mathrm{d}}\%=4\%$。

$$R_{\mathrm{B}}=\Delta P_{\mathrm{d}}U_{\mathrm{p}}^2/S_{\mathrm{e}}^2=4920\times0.4^2/500^2=3.15\ (\mathrm{m}\Omega)$$

$$X_{\mathrm{B}}=10u_{\mathrm{d}}\%U_{\mathrm{p}}^2/S_{\mathrm{e}}=10\times4\times0.4^2/500=12.8\ (\mathrm{m}\Omega)$$

（2）母线阻抗：查相关手册

$$TMY50×6 \quad r_0=0.067 \text{m}\Omega/\text{m} \quad X_0=0.2 \text{（m}\Omega/\text{m}\text{）}$$
$$TMY40×4 \quad r_0=0.125 \text{m}\Omega/\text{m} \quad X_0=0.214 \text{（m}\Omega/\text{m}\text{）}$$
$$TMY30×3 \quad r_0=0.223 \text{m}\Omega/\text{m} \quad X_0=0.235 \text{（m}\Omega/\text{m}\text{）}$$

各段母线的阻抗为

$$R_{m1}=r_0 L_1=0.067×6=0.402 \text{（m}\Omega\text{）}$$
$$X_{mi}=X_0 L_1=0.2×6=1.2 \text{（m}\Omega\text{）}$$
$$R_{m2}=r_0 L_2=0.125×0.5=0.063 \text{（m}\Omega\text{）}$$
$$X_{m2}=X_0 L_2=0.214×0.5=0.107 \text{（m}\Omega\text{）}$$
$$R_{m3}=r_0 L_3=0.223×1.7=0.38 \text{（m}\Omega\text{）}$$
$$X_{m3}=X_0 L_3=0.235×1.7=0.4 \text{（m}\Omega\text{）}$$

（3）隔离开关的接触电阻，查表 3-3 可得 $R_{GK}=0.08$。

（4）自动空气开关的阻抗，查表 3-4 可得：接触电阻 $R_{ZK}=0.6\text{m}\Omega$，线圈电阻 $R_{XK}=0.35\text{m}\Omega$，线圈电抗 $X_{ZK}=0.28\text{m}\Omega$

（5）电流互感器的阻抗，查表 3-5 可得：$R_{LH}=0.75\text{m}\Omega$，$X_{ZK}=1.2\text{m}\Omega$

短路回路总阻抗

$$\sum R = R_B+R_{m1}+R_{m2}+R_{m3}+R_{GK}+R_{ZK}+R_{XK}$$
$$=3.15+0.402+0.063+0.38+0.08+0.6+0.36$$
$$=5.035 \text{（m}\Omega\text{）}$$

$$\sum X = X_B+X_{mi}+X_{m2}+X_{m3}+X_{ZK}$$
$$=12.8+1.2+0.107+0.4+0.28$$
$$=14.8 \text{（m}\Omega\text{）}$$

需要说明的是，在低压测量电路中，通常只有一相或两相装设电流互感器，所以三相阻抗未必相等，因此在计算短路电流时，为考虑严重情况，往往不计入电流互感器的阻抗。

d 点短路电流

$$I_d=U_p/\sqrt{3}\sqrt{\sum R^2+\sum X^2}$$
$$=400/\sqrt{3}\sqrt{5.035^2+14.8^2}$$
$$=14 \text{（kA）}$$

电工常用工器具

电工工具是电气操作的基本用具，正确使用电工工具是每个电工必须掌握的技能之一。电工工具质量的高低和使用方法是否正确，都会对电气工程的效率和工作质量产生直接影响，所以，电气操作人员都必须熟悉、了解电工常用工具的构造和性能，掌握正确的使用方法和技巧。

电工工具按其功能可分为通用工具、线路和设备安装维修工具、测试和焊接工具、安全工器具及电动工具等几类。

第一节　电工通用工具

电工通用工具是使用频繁的常用工具，主要有钢丝钳、尖嘴钳、斜口钳、剥线钳、螺丝刀、电工刀、活络扳手等。

一、钢丝钳

钢丝钳，又称老虎钳、平口钳、综合钳，由碳素结构钢制造，常用规格有 150mm、175mm、200mm 三种。钢丝钳由钳头和钳柄两部分组成，钳头由钳口、齿口、刀口和侧口四部分组成，其中钳口用来钳夹、绞绕、弯曲线头；齿口用来紧固、松动小型螺母；刀口用来切断导线、剪切剥离导线绝缘层；侧口用来侧切钢丝等较硬的金属丝。绝缘手柄的耐压应在 500V 以上，主要用于剪切、绞弯、夹持金属导线。其结构和使用方法如图 4-1 所示，规格见表 4-1。

表 4-1　　　　　　　　　　　　钢丝钳的规格

类型	长度（mm）	工作电压（V）	试验电压（V）
绝缘柄	150、175、200	500	10 000
绝缘柄（带旁刃口）	150、175、200	500	10 000

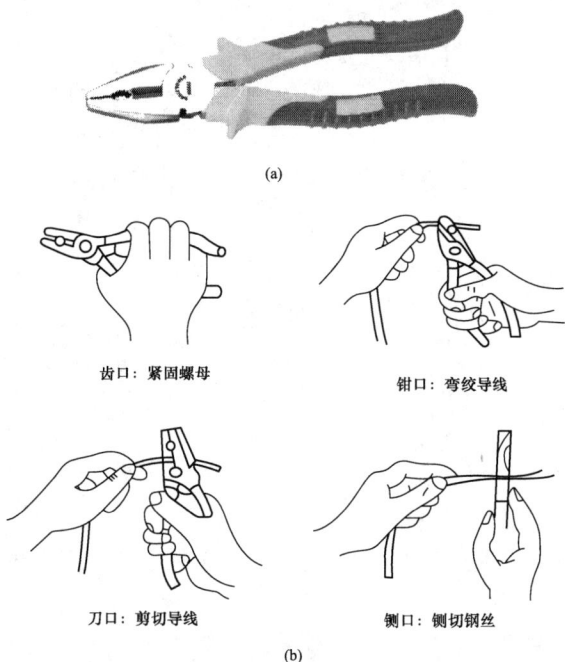

齿口：紧固螺母　　　　　　钳口：弯绞导线

刀口：剪切导线　　　　　　铡口：铡切钢丝

(b)

图 4-1　钢丝钳的结构和使用方法

（a）结构；（b）使用方法

钢丝钳的使用注意事项：

（1）使用前必须认真检查绝缘手柄的绝缘是否完好，使用时注意保护绝缘手柄，不得乱抛乱扔，以保证带电作业时的人身安全。如果绝缘手柄损坏，不得进行带电作业。

（2）使用钢丝钳时，要使刀口朝向内侧，以便于控制剪切部位。

（3）禁止用钳头代替手锤作为敲打工具，也不能用锤子或其他工具敲击钳头，以免损坏钢丝钳。钳头的轴销应经常加油，保证使用灵活。

（4）使用钢丝钳剪切带电导线时，不得同时剪切相线和中性线或者两根相线，剪切护套线或橡套电缆时更要注意，以免造成短路事故。

二、尖嘴钳

尖嘴钳，又称修口钳、尖头钳，由尖头、刀口和钳柄组成，电工用尖嘴钳一般由 45 号钢制作，类别为中碳钢，含碳量 0.45%，韧性硬度都合适。它的头部尖细，适用于在狭小的空间，进行作用力较小的操作，电工应使用带绝缘手柄的尖嘴钳，绝缘手柄的耐压为 500V，是电工常用工具之一，其外形结构如图 4-2 所示，规格见表 4-2。

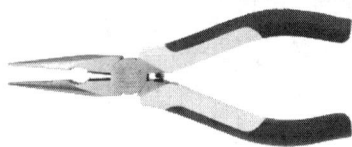

图 4-2　尖嘴钳的结构

尖嘴钳主要用来夹持、剪切截面积较小的单股或多股导线，夹持螺钉、垫圈等元器件，其最大优点是在安装接线时，能将单股导线根据需要弯成各种形状，方便压接，增大接触面积，保证接触良好。

表 4-2　　　　　　　　　　　　尖嘴钳的规格

类型	长度（mm）	工作电压（V）	试验电压（V）
绝缘柄	130、160、180、200	500	10 000
绝缘柄（带旁刃口）	130、160、180、200	500	10 000

尖嘴钳的使用注意事项：

（1）严格禁止使用绝缘手柄破损、开裂的尖嘴钳进行带电操作，以保证操作者人身安全。

（2）因尖嘴钳钳头尖细，且经过热处理，不允许用尖嘴钳紧固、拆卸螺母，不宜用尖嘴钳夹持较硬、较粗大的物品，以免钳头弯曲变形、断裂。

（3）使用时注意保护绝缘手柄，钳头的轴销应经常加油，保证使用灵活。

三、斜口钳

斜口钳又称斜嘴钳，是内线安装电工常用剪切工具之一，因其质量轻、使用方便、能准确控制剪切部位而受到电工喜爱。斜嘴钳分为专业电子斜嘴钳、德式省力斜嘴钳、不锈钢电子斜嘴钳、VDE 耐高压大头斜嘴钳、镍铁合金欧式斜嘴钳、精抛美式斜嘴钳、省力斜嘴钳等。斜口钳的外形如图 4-3 所示。

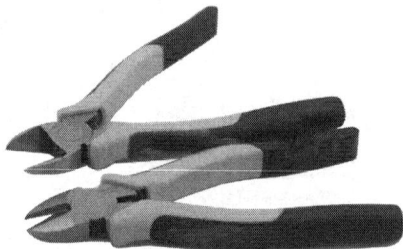

图 4-3　斜口钳外形

斜口钳的规格有 130、160、180、200mm 等几种，其绝缘手柄的耐压为 500V，试验电压为 10 000V。使用时应注意保护绝缘手柄并经常加油维护。

四、剥线钳

剥线钳是用来剥除截面积 6mm² 以下导线塑料、橡胶绝缘层的专用工具，是内线安装、电气修理、仪器仪表电工常用工具之一，使用方便，其规格有 140mm 和 180mm 两种。剥线钳由刀口、压线口和钳柄组成，有自动剥线和手动剥线之分，结构如图 4-4 所示，自动剥线钳的规格见表 4-3。

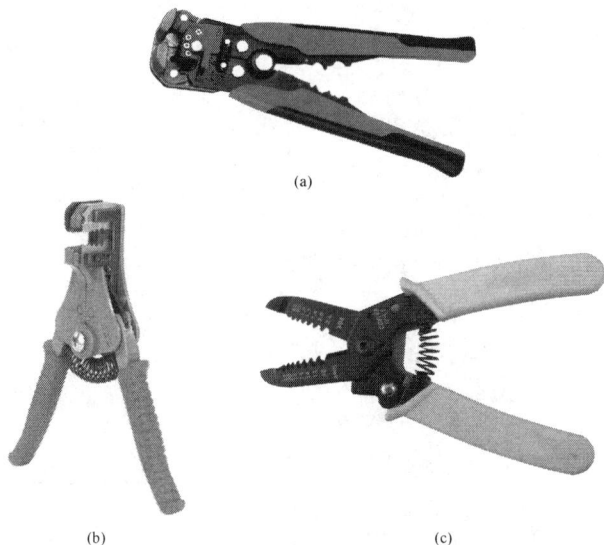

(a)

(b)   (c)

图 4-4 剥线钳的结构

（a）、（b）自动剥线钳；（c）手动剥线钳

表 4-3   自动剥线钳的规格

长度（mm）	适用铜、铝线直径（mm）
140	0.6、1.2、1.7
180	0.6、1.2、1.7、2.2

剥线钳的使用注意事项：

（1）剥线钳在使用时应根据导线线芯的直径选择相应的刀口，应选择比导线截面积稍大一点的刀口孔径，否则将伤及线芯。

（2）使用自动剥线钳时，将需要剥削的绝缘长度用标尺定好后，即可将导线放入相应的刀口中，握紧剥线钳手柄后随即松开，导线绝缘层即被剥离，且自动弹出。

（3）使用手动剥线钳时，按上面方法选择刀口，紧握手柄将导线夹紧，再向剥线端缓缓用力，使导线的绝缘层脱离线芯。

五、螺丝刀

螺丝刀又称为起子、改锥等，用来紧固或拆卸自攻丝、木螺钉等，是电工在安装维修时使用得最多的常用工具。按照螺丝刀头部形状不同，可分为一字形和十字形两种。结构如图 4-5 所示。

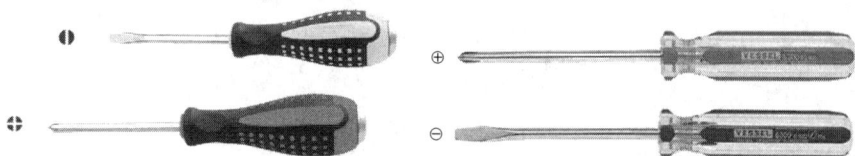

图 4-5　常用的螺丝刀

一字形螺丝刀常用规格有 50、100、150、200 和 300mm 等多种，见表 4-4；十字形螺丝刀常用的规格有四个：Ⅰ 号适用于直径为 2～2.5mm 的螺钉，Ⅱ 号为 3～5mm，Ⅲ 号为 6～8mm，Ⅳ 号为 10～12mm，见表 4-5。应根据螺栓的大小和形状选择不同的螺丝刀。

表 4-4　　　　　　　　　常用一字型螺丝刀规格　　　　　　　　mm

公称尺寸	全长		公称尺寸	全长	
	木柄	塑料柄		木柄	塑料柄
50×5	135	120	150×7	270	250
65×5	150	135	200×8	335	310
75×5	160	145	200×10	380	350
75×6	185	165	250×8	385	360
100×5	185	170	250×9	400	380
100×6	210	190	300×9	450	430
125×6	235	215	300×10	480	450
125×7	245	225	350×9	500	480
150×6	260	240	350×10	530	500

注　公称尺寸＝柄外杆身长度×杆身直径。

市场上很多螺丝刀头部带有磁性，可以吸住待拧的螺钉，能够准确地将螺钉定位，使用起来十分方便，得到广泛的应用。

螺丝刀的使用注意事项：

（1）使用螺丝刀紧固或拆卸带电的螺钉时，手不得触及螺丝刀的金属杆，以免发生触电事故。为了避免螺丝刀的金属杆触及皮肤或带电体，应在螺丝刀的金属杆上套绝缘管。

（2）电工不得使用金属杆直通柄顶的螺丝刀，否则容易发生触电事故。

表 4-5　　　　　　　　　　常用十字形螺丝刀规格　　　　　　　　mm

规格号	公称尺寸	全长		规格号	公称尺寸	全长	
		木柄	塑料柄			木柄	塑料柄
I (2～2.5)	50×5	135	120	III (5.5～8)	100×8	235	210
	75×5	160	145		150×8	285	260
	100×5	185	170		200×8	335	310
	150×5	225	220		250×8	385	360
II (3～5)	50×6	160	140	IV (10～12)	250×10	430	400
	100×6	210	190		300×10	480	450
	150×6	260	240		350×10	530	500
	200×6	310	290		400×10	580	550

注　公称尺寸＝柄外杆身长度×杆身直径。

（3）使用大规格螺丝刀时，除用大拇指、食指和中指夹住手柄外，手掌还要顶住手柄的末端，以防止螺丝刀转动时滑脱，如图 4-6（a）所示。

（4）小规格螺丝刀紧固小螺钉，使用时，可用食指顶住手柄的末端，捻转，如图 4-6（b）所示。

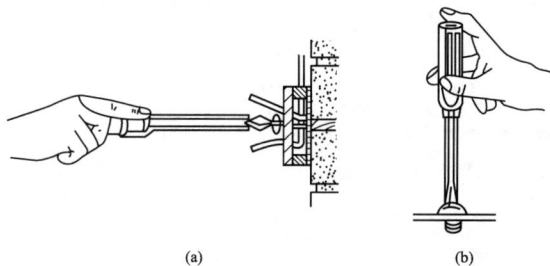

(a)　　　　　　　　　(b)

图 4-6　螺丝刀的使用

（a）大规格螺丝刀；（b）小规格螺丝刀

六、电工刀

电工刀为剖削工具，常用来剖削绝缘导线的绝缘层和削制木楔等。

55

普通的电工刀由刀片、刀刃、刀柄和刀挂组成，多用电工刀除此之外，还有锯片、锥针、螺丝刀等，扩大了电工刀的使用范围。电工刀的结构及使用方法如图 4-7 所示，规格见表 4-6。

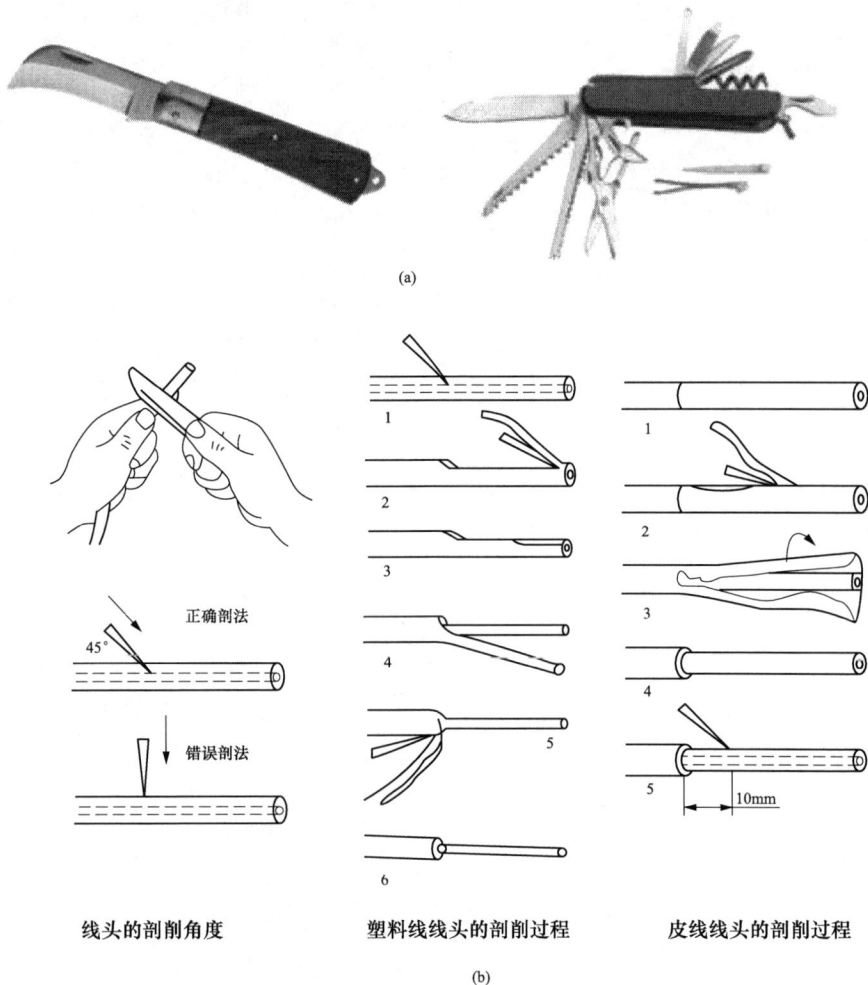

(a)

线头的剖削角度　　　塑料线线头的剖削过程　　　皮线线头的剖削过程

(b)

图 4-7　电工刀的结构及使用方法

（a）结构；（b）使用方法

表 4-6　　　　　　　　　　　　电工刀的规格

型号	大号	小号
刀片长度（mm）	112	88

电工刀的使用注意事项：

（1）电工刀刀柄无绝缘保护，不得用于带电操作，以免触电。

（2）电工刀使用时，应将刀口向外剖削，剖削导线绝缘层时，刀倾斜 45°，然后推剥，以免割伤导线。

（3）电工刀使用完毕，应及时将刀身折入刀柄，不得传递未折进刀柄的电工刀。

（4）要注意保护好电工刀的刀口，刀刃要磨得锋利才好剖削导线，但也不能太锋利，太锋利容易伤及线芯。要经常保持刀刃的锋利，避免在硬物上乱磨乱划。

七、活动扳手

活动扳手又称活络扳手，简称活扳手，开口宽度可以调节，是一种用来紧固和松开有角螺母的工具，由头部和柄部组成，头部由活动扳唇、呆扳唇、扳口、涡轮和轴销等构成，旋动涡轮可调节扳口的大小，以适应不同大小的螺母。其规格以长度×最大开口宽度（mm）表示，活动扳手的规格见表 4-7，电工常用的活动扳手有 150×19（6 英寸）、200×24（8 英寸）、250×30（10 英寸）、300×36（12 英寸）四种规格，活动扳手的构造和使用方法如图 4-8 所示。

表 4-7   **活动扳手的规格**   mm

长度	100	150	200	250	300	375	450	600
开口最大宽度	14	19	24	30	36	46	55	65

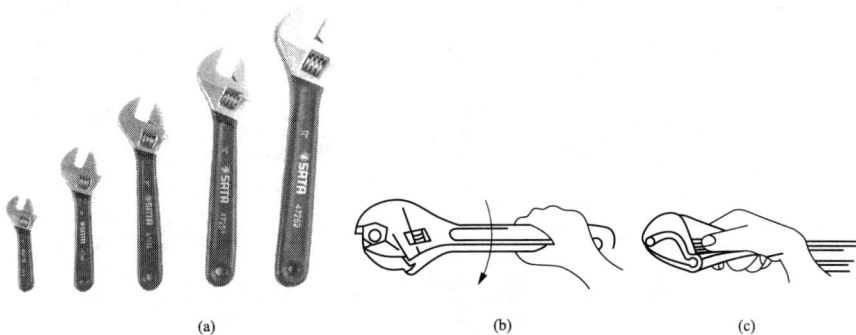

图 4-8 活动扳手的构造和使用方法

（a）构造；（b）扳动大螺母的握法；（c）扳动小螺母的握法

活动扳手的使用注意事项：

（1）按照螺母的大小选用适当规格的扳手，以免活动扳手损伤螺母，或螺母过大损伤活动扳唇。扳口的调节应使扳唇正好夹紧螺母，否则扳口就会打滑，不仅损伤螺母，还有可能碰伤手指。

（2）扳动大螺母时，力矩要大，因此手应握住手柄尾部，握法如图4-8（b）所示。

（3）扳动较小的螺母时，由于螺母较小，易打滑，所以手应握在靠近头部的地方，并用大拇指随时调节涡轮，收紧活动扳唇防止打滑，握法如图4-8（c）所示。

（4）活动扳手在夹持螺母时，应注意呆扳唇在上，活动扳唇在下，切不可反过来使用，以免损坏活动扳唇，不能采用钢管套在手柄上的方法增加扳动力矩，也不得将活动扳手当撬棒和锤子使用。

第二节　验 电 工 具

验电工具包括各种验电器，根据所检验电压的高低，分为低压验电器和高压验电器。

一、低压验电器

低压验电器（简称电笔），又称测电笔、验电笔，是用来检查低压导线或电气设备是否带电的测试工具，检测的电压范围为 $60\sim500\mathrm{V}$，常用的验电笔有氖管验电笔和数字验电笔。

1. 氖管式低压验电笔

氖管式低压验电笔有笔式和螺丝刀式两种，由探头、电阻、氖管、弹簧、笔尾金属体、笔身等组成，测试时氖管亮表示被测物体带电。氖管式低压验电笔的结构如图4-9所示。

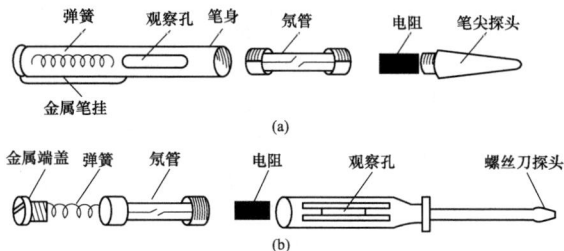

图4-9　氖管式低压验电笔的结构
（a）笔式；（b）螺丝刀式

氖管式低压验电笔的工作原理：当手拿着验电笔测试带电体时，带电体上的电压经验电笔尖金属、电阻、氖管、弹簧、尾端金属体、人体到大地形成了回路，只要带电体与大地之间的电压超过 60V，氖管便会发光，显示物体带电。由于验电笔内降压电阻的阻值很大，流经人体的电流很小，不会对测试者造成危险。

氖管式低压验电笔使用时，要用手指触及笔尾金属体，使氖管小窗口背光朝向自己，以便于观察，然后用笔尖金属体接触被测物体，如果氖管发光表示物体带电。使用方法如图 4-10 所示。

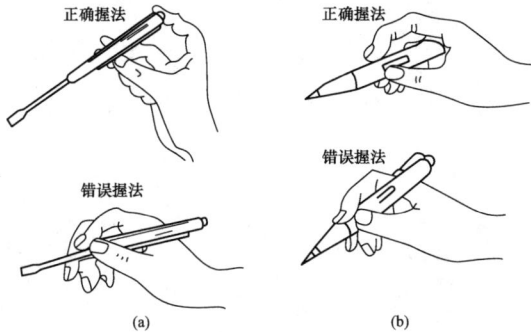

图 4-10　低压验电笔的正确使用方法

(a) 笔式验电笔；(b) 螺丝刀式验电笔

氖管式低压验电笔使用：

(1) 氖管式低压验电笔的电压测量范围是 60～500V，不能用低压验电笔测量超过 500V 的电压。

(2) 验电前，应先在已知带电体上测试，证明验电笔确实完好方可使用。

(3) 螺丝刀式验电笔只能使用于扭矩较小的小螺丝，否则极易损坏。

(4) 用氖管式低压验电笔可以判断交流电和直流电："电笔判断交直流，交流明亮直流暗，交流氖管通身亮，直流氖管亮一端。"

(5) 用氖管式低压验电笔可以判断直流电的正负极："电笔判断正负极，观察氖管要仔细，前端明亮是负极，后端明亮为正极。"

(6) 用氖管式低压验电笔可以判断交流电的同相与异相："判断两线相同异，两手各持一支笔，双脚与地相绝缘，两笔各触一根线，用眼观看一支笔，不亮同相亮为异。"

(7) 用氖管式低压验电笔判断相线和中性线，当验电笔触及导线时，氖管发光的是相线，不发光的是中性线。

（8）可根据发光的强弱判断电压的高低，氖管辉光越强，表明电压越高；氖管辉光越暗，表明电压越低。若氖管辉光闪烁，则表明接触不良或电压不稳定。

2. 数字式低压验电笔

数字式低压验电笔是一种新型的验电工具，可以在液晶屏上直接显示出被测电压值，一般由输入保护电路、稳压供电电路和模数（A/D）转换电路等组成。

数字式低压验电笔通常有两个按键，直接测量键和感应测量键。一般情况下，离液晶屏较远的为直接测量键，较近的为感应测量键，如图4-11所示。

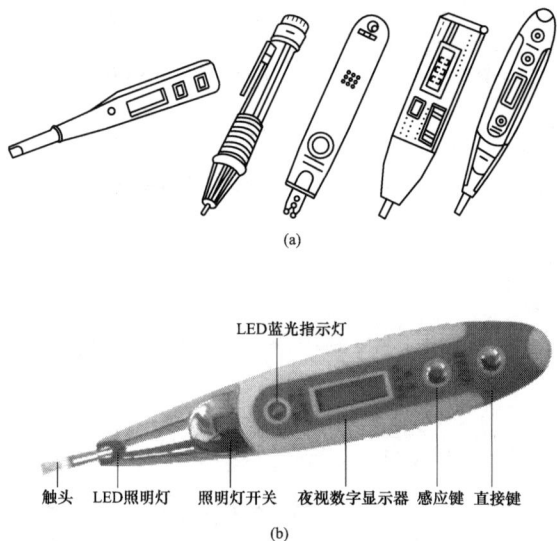

(a)

LED蓝光指示灯

触头　LED照明灯　照明灯开关　夜视数字显示器　感应键　直接键

(b)

图 4-11　数字式低压验电笔

（a）电子感应数显（发光）式 （b）多功能夜视（蓝光）式

数字式低压验电笔适用于直接检测 12～250V 的交/直流电和间接检测 1kV 的电压。

数字式低压验电笔的使用技巧：

（1）检测交流电压，按直接测量键，最高数字为所测电压值。检测直流电时，另一只手应碰另外一极。

（2）间接检测高电压，按感应测量键，将笔尖靠近带电体，液晶屏上将显示电符号。

（3）判断交流电的相线和中性线，按直接测量键，将笔尖接触相线或中性线，比较液晶屏上显示数字，数字高的（如 220V）是相线，数字低的（如 12V）是中性线。

（4）查找导线断点，按感应测量键，数字验电笔沿导线纵向移动，液晶屏无显示数字之处即为断线点。

二、高压验电器

高压验电器又称高压验电棒，经常使用的有发光型高压验电器和声光型高压验电器。用来检查高压电气线路、设备是否带电的工具，高压验电器由金属探针（钩）、氖管（声光报警器）紧固螺钉、绝缘杆、护环、握柄等部分组成，高压验电器的外形与结构及参数如图 4-12 所示，使用方法如图 4-13 所示。

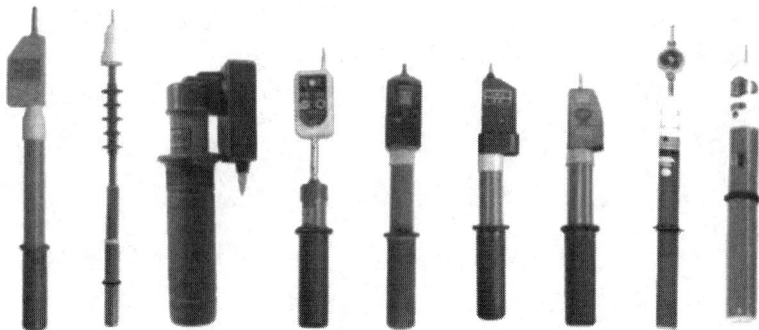

规格：3～10kV、35kV、110kV、220kV、500kV/

项目	验电器类别参数					项目	验电器类别参数				
	3～10kV	35kV	110kV	220kV	500kV		3～10kV	35kV	110kV	220kV	500kV
缩态长度（mm）	380	480	580	780	1600	握柄长度（mm）	130	200	400	500	1200
伸态长度（mm）	1000	1500	2000	3100	7200	伸缩绝缘杆节数（mm）	5	5	5	5	5
有效绝缘长度（mm）	700	1100	1440	2440	6000	重量（g）	400	500	600	1000	2500

注 根据用户需要，绝缘杆可再加长。

图 4-12 高压验电器结构及参数

高压验电器的使用注意事项：

（1）验电器的额定电压应与被检测电气线路或设备的电压等级相对应。

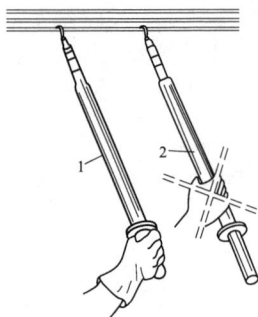

图 4-13　高压验电器
的使用
1—正确；2—错误

（2）验电前，应先在已知带电体上测试，证明验电器确实完好方可使用。有自检功能的验电器应按自检按钮进行自检。

（3）验电时，必须带符合耐压要求的绝缘手套，手握在护环以下，并设专人监护。要防止发生相间或对地短路事故，人体与带电体应保持足够的安全距离，10kV 高压的安全距离应在 0.7m 以上。

（4）验电时，应使验电器逐渐靠近带电体，直至氖管发光或声光报警器报警，只有在氖管不亮或无声光报警的情况下，才可与被测物体直接接触。

（5）室外进行高压验电时，必须在天气条件良好的情况下进行，在雨、雪、雾和湿度较高时，禁止进行室外验电。

（6）验电器每半年应进行一次预防性试验，试验合格者应粘贴合格标记，试验不合格的禁止继续使用。

第三节　线路、设备安装维修工具

线路、设备安装维修工具是指电力内外线装修工程常用工具，包括紧线器、弯管器、切割工具、管子钳、套丝工具、凳杆工具、拉具、喷灯、电烙铁等。

一、线路安装工具

1. 紧线器

紧线器又称紧线钳，是室内外架空线路用以将导线收紧，使弧垂符合要求的工具，其外形如图 4-14 所示。

钳形紧线器由钳口轧头、棘爪、滑轮、钢丝绳、摇柄等组成。钳形紧线器的钳口与导线的接触面较小，在收紧力较大时容易拉坏导线的绝缘层或轧伤线芯，因此一般用于较小截面积的导线。

活嘴紧线器由活嘴钳口、棘轮、钢丝绳、手柄等组成。活嘴紧线器与导线的接触面较大，并且具有拉力越大、活嘴咬线越紧的特点，因此经常用于大截面积导线的紧线。

紧线器的使用方法：先将缠绕在紧线器滑轮（棘轮）上的钢丝绳放开，并固定在横担或附近牢固的构架上，再将紧线器夹线钳夹紧待收紧的导线，然后用摇柄转动滑轮，将钢丝绳卷入滑轮（棘轮）内，直到架空导

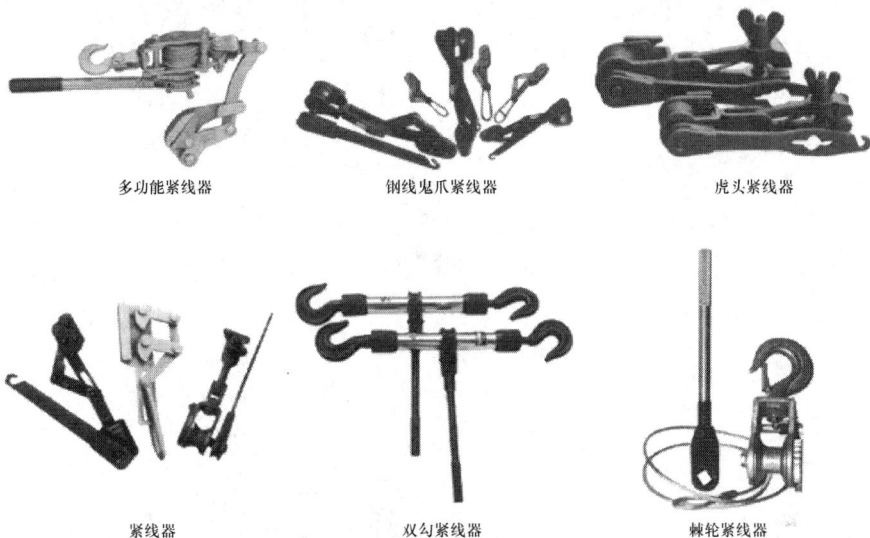

多功能紧线器	钢线鬼爪紧线器	虎头紧线器
紧线器	双勾紧线器	棘轮紧线器

图 4-14　紧线器

线的弧垂符合要求为止。如果用于收紧铝导线，为防止损伤导线，应在夹线钳与铝导线的接触部位缠绕保护层。紧线器的规格见表 4-8 和表 4-9。

表 4-8		钳形紧线器的规格				mm
长度	150	200	250	300	350	400
钳口宽度	32	40	48	54	62	70
夹线直径范围	1.6~2.6	2.5~3.5	3.0~4.5	4.0~6.5	5.0~7.2	6.5~10.5

表 4-9			活嘴紧线器规格		
规格	钳口弹开尺寸 （mm）	额定拉力 （kg）	夹线直径范围（mm）		
			钢绞线	铝绞线	钢芯铝绞线
1 号	≥21.5	1500	—	12.4~17.5	13.7~19.0
2 号	≥10.5	800	5.1~9.6	5.1~9.0	5.4~9.9
3 号	≥5.5	300	1.5~4.8	—	—

2. 弯管器

弯管器是用于钢管配线中将钢管弯曲成型的专用工具，电工常用的有人工弯管器和机械弯管器。

人工弯管器由钢管手柄和铸铁弯头组成，它结构简单、操作方便适用于弯曲直径在 50mm 以下的钢管。弯管时先将钢管需要弯曲部分放入铸铁弯头里，然后操作者用脚蹬住钢管，手适当用力扳动钢管手柄，使管子稍有弯曲，再依次移动铸铁弯头，每移动一次位置，扳弯一个弧度，直至将钢管弯曲成所需弧度，如图 4-15 所示。

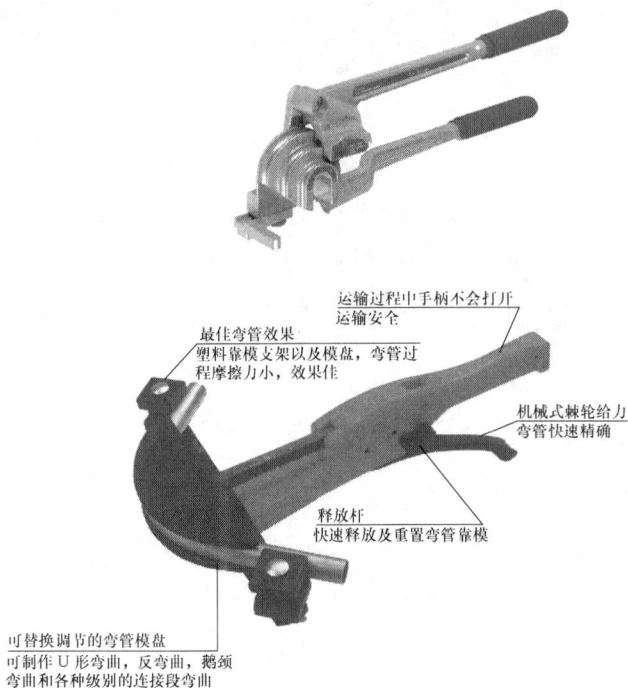

最佳弯管效果
塑料靠模支架以及模盘，弯管过程摩擦力小，效果佳

运输过程中手柄不会打开
运输安全

机械式棘轮给力
弯管快速精确

释放杆
快速释放及重置弯管靠模

可替换调节的弯管模盘
可制作 U 形弯曲，反弯曲，鹅颈弯曲和各种级别的连接段弯曲

图 4-15　人工弯管器

在钢管弯曲数量较多、要求较高的场合，且钢管直径在 $50\sim100\text{mm}$ 之间的，可采用机械弯管器，其结构如图 4-16 所示。弯管时将钢管穿过

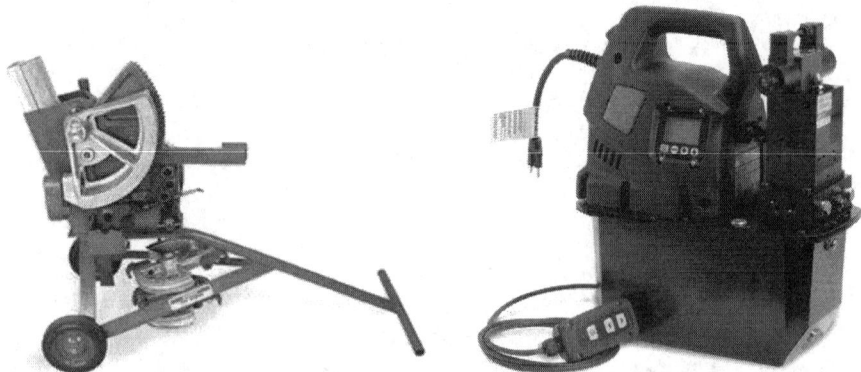

图 4-16　机械弯管器

両个滑轮之间的沟槽，扳动滑轮手柄，即可弯管。批量生产应采用电动弯管机。

．切割工具

常用的切割工具有手钢锯和管子割刀两种。

（1）手钢锯常用于锯割圆钢、角钢、管道、槽板、木榫等，结构如图 4-17 所示。使用时先旋松张紧螺栓，安上锯条（注意使锯齿向前方倾斜），然后拧紧张紧螺栓，使锯条收紧。锯割时，右手紧握手柄，左手轻扶锯弓前端。起锯时压力要小，行程要短，速度要慢。工件快锯断时，左手扶住被锯下的部分，防止落下时损伤工件或危及操作人员。手钢锯的规格见表 4-10，手用钢锯条的规格见表 4-11。

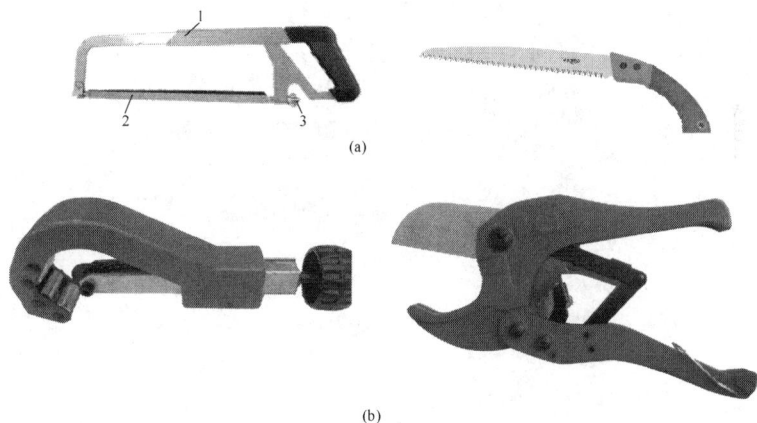

图 4-17　切割工具

（a）手钢锯；（b）管子割刀

表 4-10　　　　　　　　　　手钢锯的规格　　　　　　　　　　mm

种类	调节式	固定式
可装置锯条长度	200、250、300	300

表 4-11　　　　　　　　　　手用钢锯条的规格　　　　　　　　　　mm

长度	宽度	厚度	齿距
300	12、13	0.64	0.8、1.0、1.2、1.4、1.8

（2）管子割刀又称割管器，专门用来切割管子，使用时先旋开滚轮与刀片之间的距离，将待割的管子放入，再旋动手柄上的螺杆，使刀片

紧贴钢管，然后作圆周运动进行切割，并且边切割边旋紧螺杆，使刀片在管子上的切口不断加深，直至把管子切断。

4. 管子钳

管子钳是圆形金属工件旋紧和松开的专用工具，主要用于电气管道和给排水工程的安装维修，规格见表 4-12，其常用规格有 250mm、300mm、350mm 等，结构如图 4-18 所示。

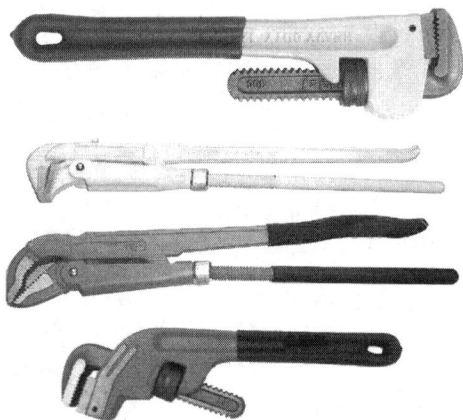

图 4-18 管子钳

表 4-12　　　　　　　　**管子钳的规格**　　　　　　　　mm

长度	150	200	250	300	350	400	600	900	1200
夹持管子最大外径	20	25	30	40	50	60	75	85	110

管子钳使用时要注意工件与管子钳规格的配合。

5. 管子套丝工具

管子套丝工具有钢管绞板和圆扳牙，钢管绞板适用于厚壁钢管，电工常用的绞板有 13～51mm 和 64～101mm 两种，如图 4-19（a）所示；圆扳牙适用于电线管和硬塑料管，如图 4-19（b）所示。套丝主要用于管子之间的连接。

管子套丝工具的使用：

（1）使用钢管绞板套丝时，先将钢管固定在龙门钳上（伸出龙门钳的一端不要太长），然后将绞板丝牙套上管端，调整绞板活动刻度盘，使扳牙内径与钢管外径配合，用固定螺丝将板牙锁紧，再调整绞板上的

(a)

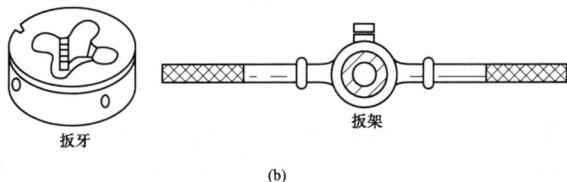

(b)

图 4-19　管子套丝工具

（a）钢管绞板；（b）扳架与扳牙

三个支持脚，使其卡住钢管，以保证套丝时扳牙前进平稳，不套坏丝扣。绞板调整好后，握住手柄，平稳向前推进，同时向顺时针方向扳动。扳动手柄时用力要均匀，套完所需长度的丝扣后，退出扳牙，并将扳牙稍调小一点，重套一次，边转动边松开扳牙，一方面清除毛刺，另一方面形成锥形丝扣，以便于套入管接头，如图4-20 所示。

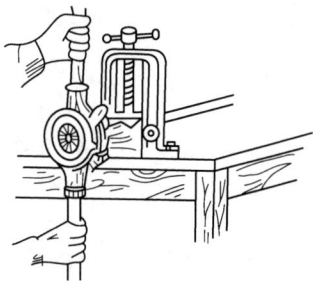

图 4-20　管子套丝

（2）使用圆扳牙套丝时，先要选好与电线管与硬塑料管配套的圆扳牙，固定在套扳架内，将管子固定后，平正地套上管端，边扳动手柄边平稳向前推进，即可套出所需丝扣。

6．凳高工具

（1）登杆工具。常用的凳杆工具有脚扣和踏板两种。

1）脚扣。脚扣也叫铁脚，是电工常用的登杆工具之一。脚扣登杆具有速度快、省力等特点，是电工喜欢使用的登杆工具。脚扣有木杆脚扣和水泥杆脚扣两种。木杆脚扣的扣环上有铁齿，水泥杆脚扣的扣环上固定有橡胶条，以防止打滑，其外形如图 4-21 所示。

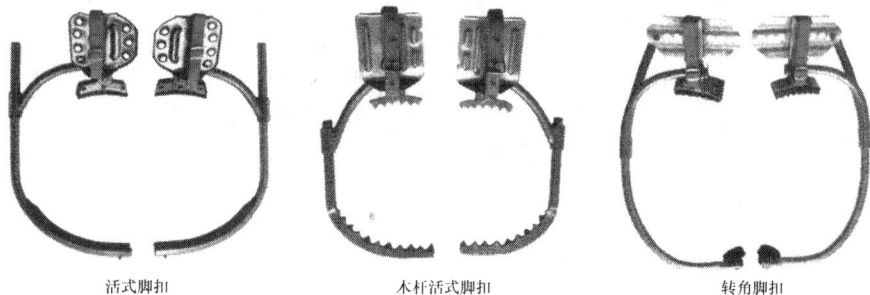

活式脚扣　　　　　　　木杆活式脚扣　　　　　　　转角脚扣

图 4-21　脚扣外形

脚扣登杆的方法比较简单，只要注意两手和两脚的配合即可，初学电工应先在较低的电杆上练习，并有人监护，千万不可粗心大意。登杆要领见脚扣登杆技艺图解表 4-13。

表 4-13　　　　　　　　　　　　脚扣登杆技艺图解

登杆步骤	图示	登杆要领
1		登杆前对脚扣进行人体载荷冲击试验。试验时先登一步电杆，然后使整个人体的重力以冲击的速度加在一只脚扣上。若没问题，再换一只脚扣做冲击试验。当试验证明两只脚扣都完好时，才能进行登杆训练

登杆步骤	图示	登杆要领
2	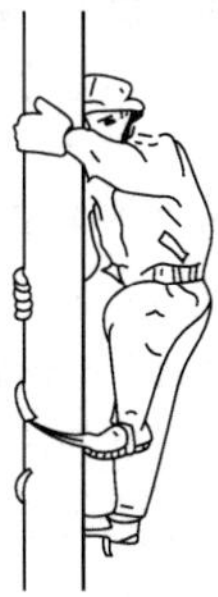	上杆时，左脚向上跨扣，左手应同时向上扶住电杆（注意：不是双手抱住电杆，上身与电杆要保持一定距离），此时人体重心落在右脚上。 注意：不管是登杆或是下杆，铁脚每扣套一步，扣环必须完全套入电杆；并必须紧扣电杆而人体完全平稳后，方可继续上跨或下移。切勿在前一步尚未站妥就进行第二步的上跨或下移
3	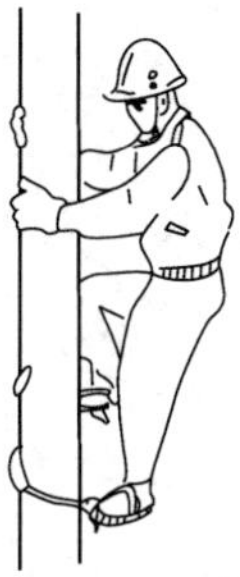	当右脚向上跨扣时，右手应随着身体上升的同时向上扶住电杆。就这样，左右交替向上攀登。登杆时，要注意头顶的横担、拉线等物，以防碰伤
4	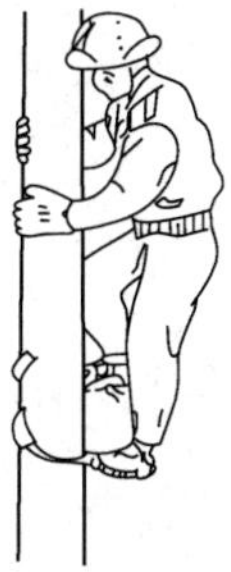	下杆时，右脚向下跨扣，右手应随身体向下扶住电杆
5	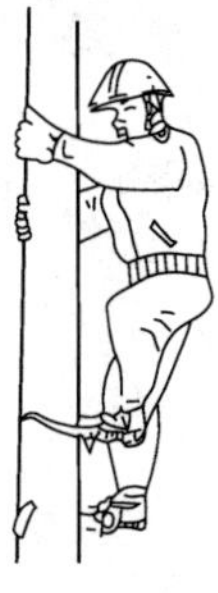	待右脚脚扣扣牢电杆后，左脚向下跨扣；与此同时，左手向下扶住电杆，待左脚脚扣扣牢电杆后，右脚才可向下跨扣。如此这般便很快下杆

登杆步骤	图示	登杆要领
6		使用脚扣在杆上作业时，必须系上安全带，把两脚的铁环交叉扣住，以求安全。雨天或冰雪天，不宜用脚扣登水泥杆。 注意：两脚扣扣环进行互扣时，套环的正确方法是：应先把套入电杆的环用力拉一下，接着稍踏紧踏板，并立即使环沿电杆表面作小幅度的左右旋转移动，以能使环尽可能处处紧贴电杆表面，确保定位牢固

2）踏板。也称蹬板，电工常用登杆工具。它用坚韧的木板做成，板面锯有防滑槽，棕绳两端系结在踏板两头的扎结槽内，顶端装有铁挂钩。踏板的优点是在电杆上工作时站立平稳，身体比较灵活，上身伸展幅度较大，能在电杆上长时间工作，缺点是上下杆速度比脚扣慢，也比较费力。初学登杆时要认真领会登杆要领，多练习，只有熟练掌握踏板登杆方法以后，才能进行登杆作业。

踏板的适宜绳长应保持登杆者一人一手长。要掌握正确的挂钩方法：钩柄贴住电杆而钩口朝上，在人体未踏上踏板前必须用右手大拇指顶住钩口，以防钩口受棕绳活动而改变朝向，人体踏上踏板后，方可松开右手，踏板的外形和挂钩方法如图4-22所示。登杆要领见踏板登杆技艺图解表4-14。

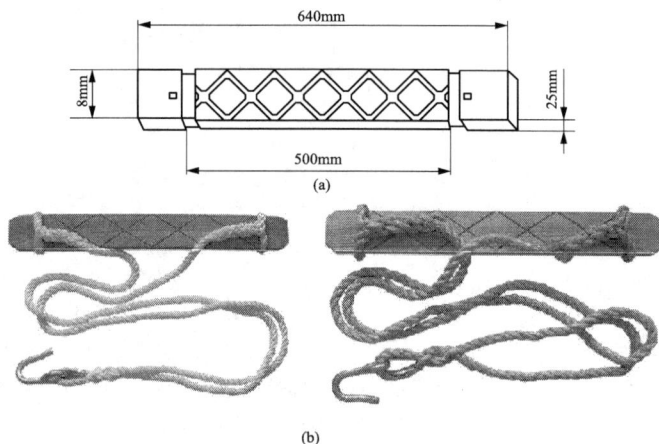

图4-22 踏板的外形和挂钩方法（一）

（a）踏板规格；（b）踏板

挂钩必须正勾

错误操作

(c)

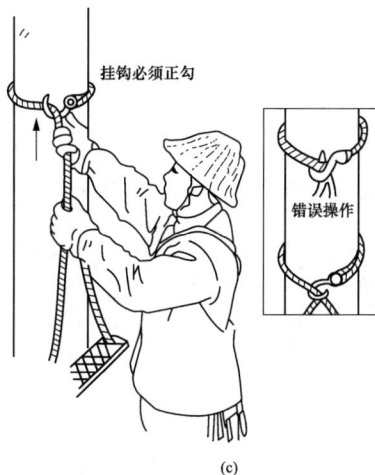

图 4-22　踏板的外形和挂钩方法（二）

（c）挂钩方法

表 4-14 　　　　　　　　　　　　　**踏板登杆技艺图解**

登杆步骤	图示	要领说明
1		登杆前，把踏板在电杆上挂好，做人体冲击载荷试验，检查棕绳是否霉烂、断股。如攀登木杆，应检查杆根是否腐烂
2		登杆时，先把一只踏板钩挂在电杆上，另一只踏板背挂在肩上，右手紧握两根棕绳，并用大拇指顶住挂钩，左手握住贴近踏板左端的棕绳，而后右脚跨上踏板
3		两手两脚同时用力，使人体上升。待人体重心转到右脚，左手松开，趁势立即扶住电杆
4		当人体上升到一定高度时，松开右手并向上扶住电杆，趁势使人体立直，接着把刚提上来的左脚，去绕左边棕绳。身体要离开电杆，双手不要紧抱电杆

71

登杆步骤	图示	要领说明
5	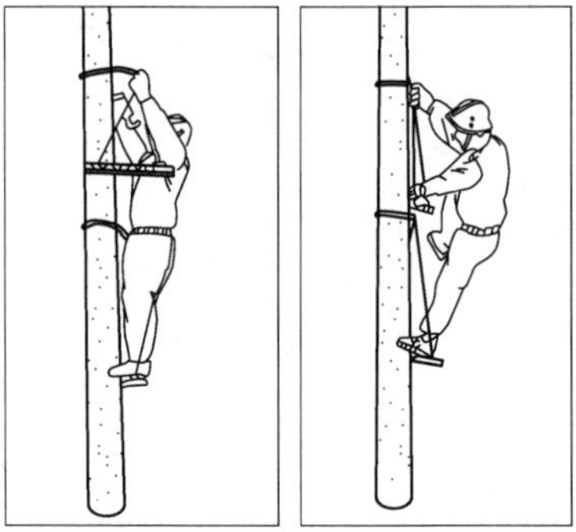	左脚绕过左边棕绳后踏住踏板。待人体站稳后，才可在电杆上挂另一只踏板。此时人体的平稳是依靠左脚绕住左边棕绳来维持的
6		右手紧握上一只踏板的两根棕绳，并使大拇指顶住挂钩，左手握住踏板左边棕绳，然后把左脚从棕绳外退出，改成正踏在踏板上。接着用右脚跨上上踏板
7		两手和两脚同时用力，使人体上升，待人体重心转到右脚后，左脚离开下一只踏板，并立即抵住电杆；同时左手解开下一只踏板的棕绳，准备往上挂。以后重复进行，直到登到需要高度为止
8		下杆时，人体在现用的踏板上站稳，把另一只踏板取下，钩挂到现用的踏板下方（不要使钩挂得离现用踏板棕绳太近）
9		右手紧握现在踏板钩挂处的两根绳索，并用大拇指抵住挂钩，以防人体下降时踏板随之下降。左脚抵住下方电杆并下滑，同时左手握住下一只踏板的挂钩把踏板放下到适当的位置
10		当人体下降到图示位置时，左脚插入下滑踏板的两根棕绳和电杆之间，即应使两根棕绳落在左脚的脚背上

登杆步骤	图示	要领说明
11		左手握住上一只踏板的左端绳索，同时左脚用力抵住电杆，这样即可以防止踏板滑下，又可防止人体摇晃
12		双手紧握上一只踏板的两根绳索，使人体重心下降
13		双手随人体下降而下移棕绳位置，直至贴近踏板两端，左脚仍抵住电杆，使人体向后仰，右脚从上一只踏板退出，使人体不断下降，并要使右脚准确地踏到下一只踏板上
14		当右脚稍着落而人体重量尚未完全降落下一只踏板时，立即把左脚从两根棕绳内抽出，并趁势使人体贴近电杆站稳
15		左脚下移，绕过下一只踏板的左边棕绳，右手上移到上一只踏板的钩挂上
16		左脚登直，使左边棕绳牢牢拌住左腿，让人体重心落在下一只踏板上，然后双手解下上一只踏板。以后重复进行，直至人体着地

（2）登高工具。梯子是电工常用的登高工具，有直梯和人字梯两种形式，如图 4-23 所示。一般情况下，有可依靠的物体时使用直梯，无有

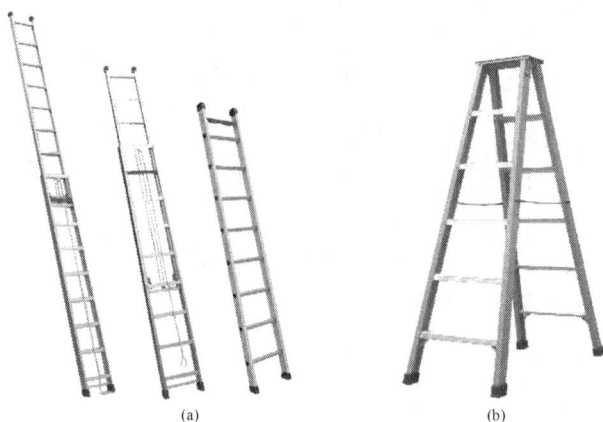

图 4-23　人字梯和直梯

（a）直梯；（b）人字梯

可依靠的物体时采用人字梯。制作梯子的材料很多，常用的有竹制、木制、铝合金制和钢制等几种。

使用梯子登高时，应检查梯子的结构是否牢固可靠，各部件有无变形。竹木梯应无虫蛀、腐朽现象。人字梯的铰链应牢固、开闭灵活、无松动；两梯之间应加装拉绳或拉链，以限制其开度，防止自动滑开。铝合金梯子升高到需要位置后，应将升降绳打结固定，梯子两侧的固定锁卡要卡好。在光滑坚硬的地面上使用时，梯脚应加装防滑物品。在直梯上工作时，作业人员应站在距梯顶 1m 处，人字梯上部的第二个踏板为最高安全站立高度。利用梯子进行登高作业，应一人作业，一人扶梯并监护。

二、设备安装和维修工具

常用的设备安装、维修工具有套筒扳手、拉具、电烙铁、喷灯等。

1. 套筒扳手

套筒扳手是紧固和松开螺栓的工具之一，由一套规格不同的梅花筒组成，并配有不同的手柄，如图 4-24 所示。在现场空间许可时，可使用弓形手柄连续转动，工作效率较高。当螺栓的尺寸较大或空间位置狭窄时，可使用棘轮扳手，这种扳手摆动的角度很小，紧固螺栓时按顺时针方向转动手柄，方形的套筒上装有一只撑杆，当手柄向反方向扳回时，撑杆在棘轮齿的斜面中滑出，螺栓不会跟着反转。如果需要松开螺栓，只需翻转棘轮扳手按逆时针方向转动即可。套筒扳手的规格见表 4-15。

图 4-24　套筒扳手

表 4-15 　　　　　　　　　**套筒扳手的规格** 　　　　　　　　mm

套筒扳手品种	套筒扳手配套项目			
	套筒头规格	方孔或方榫尺寸	手柄及连接杆	接头
小 12 件	4、5、5.5、7、8、9、10、12	7	棘轮扳手、活络头手柄、通用手柄、长接杆	—
6 件	12、14、17、19、22	13	弯头手柄	—
9 件	10、11、12、14、17、19、22、24、27	13	弯头手柄	—
10 件	10、11、12、14、17、19、22、24、27	13	弯头手柄	—
13 件	10、11、12、14、17、19、22、24、27	13	棘轮扳手、活络头手柄、通用手柄	直接头
17 件	10、11、12、14、17、19、22、24、27、30、32	13	棘轮扳手、滑行头手柄、摇手柄、长接杆、短接杆	直接头
28 件	10、11、12、13、14、15、16、17、18、19、20、21、22、23、24、26、27、28、30、32	13	棘轮扳手、滑行头手柄、摇手柄、长接杆、短接杆	直接头、万向接头、旋具接头
大 19 件	22、24、27、30、32、36、41、46、50、55	20	棘轮扳手、滑行头手柄、弯头手柄、加力杆、接杆	活络头、滑行头
	65、75	25		

注　套筒头规格是螺母平行对边的距离。

2. 梅花扳手

梅花扳手的构造为双头式，其工作部分为封闭圆形，封闭圆内有十二个可与六角螺钉或螺母相配的孔型，用于装拆六角螺钉或螺母，如图 4-25 所示。使用时只要转过 30°，就可转变板动位置，在宽大和狭窄的地方使用都比较方便。

梅花扳手的规格是以两端能旋六角螺母对边距离（mm）表示，如 8×10、9×11、12×14、17×19、24×27 等，见表 4-16。

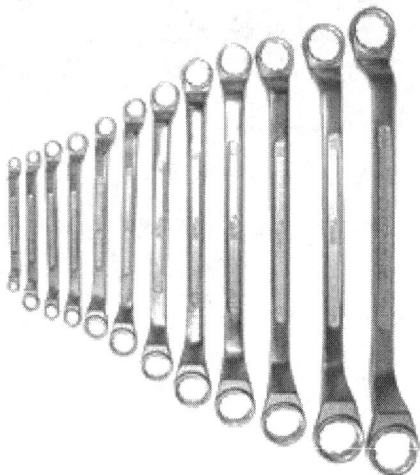

图 4-25 梅花扳手

表 4-16　　　　　　　　　　　　梅花扳手的规格

类型		梅花扳手规格
单件扳手		5.5×7、8×10、(9×11)、12×14、(14×17)、17×19、(19×22)、22×24、24×27、30×32、36×41、46×50
成套扳手	6件	5.5×7、8×10、12×14、14×17、19×22、24×27
	8件	5.5×7、8×10、9×11、12×14、14×17、17×19、19×22、24×27

3. 棘轮扳手

棘轮扳手的外形如图 4-26 所示，当扳手顺时针方向转动时，棘轮上的止动牙带动套筒一起转动，拧紧螺钉；当扳手逆时针方向转动时，止动牙在棘轮齿的斜面中滑动，螺栓或螺母不会跟着转动。因而可提高工作效率，使用十分方便。拆卸螺栓或螺母时，只需要翻转棘轮扳手，朝逆时针方向转动即可。

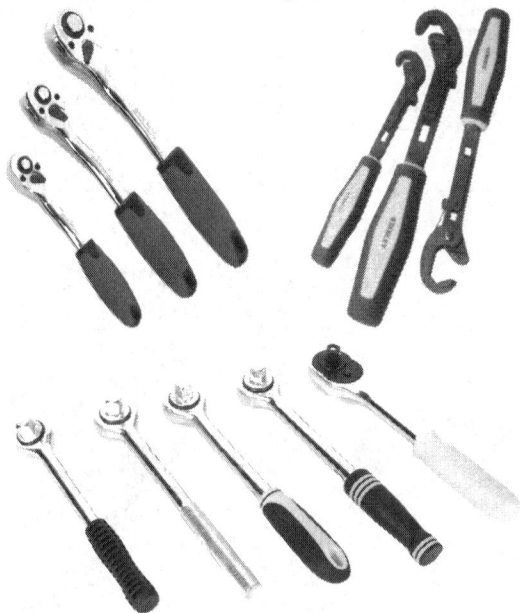

图 4-26　棘轮扳手

4. 内六角扳手

内六角扳手用于拆装内六角螺钉，其规格以六角形对边的距离来表示，最小的规格为 3mm，最大的规格为 27mm，内六角扳手的形状如图 4-27 所示，规格见表 4-17。

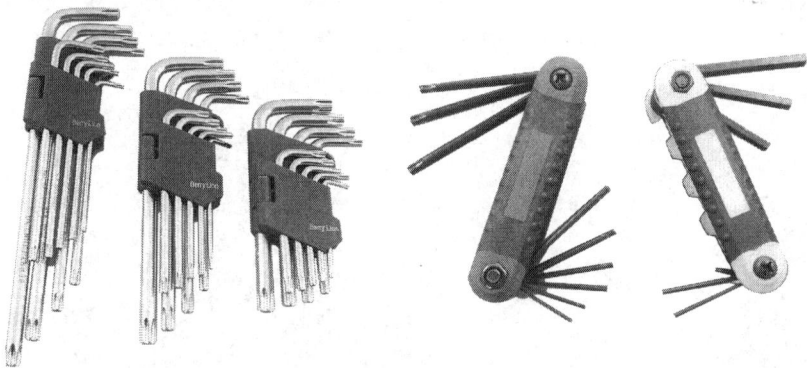

图 4-27　内六角扳手

公称尺寸	3	4	5	6	8	10	12	14	17	19	22	24	27
短脚长度	20	22	25	30	35	40	45	50	55	60	65	70	80
长脚长度	65	75	85	95	110	125	140	150	170	185	210	225	250

5. 拉具

拉具又称拔轮器，在设备维修时用于拆卸皮带轮、联轴节和轴承等工件，其结构由爪钩和顶杆组成，有两爪和三爪之分，如图 4-28 所示。

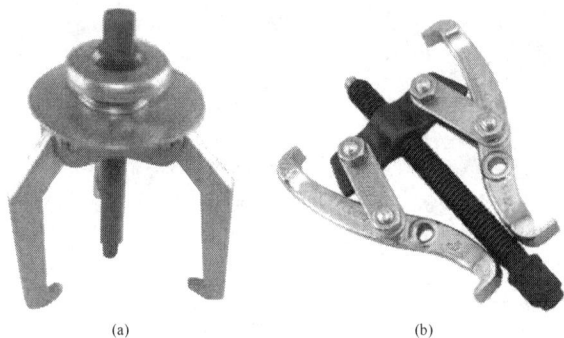

(a)   (b)

图 4-28   拉具

（a）三爪拉具；（b）两爪拉具

拉具的使用：使用时，爪钩要勾住工件的内圈，顶杆轴心线与工件轴心线重合，如图 4-29 所示。为防止爪钩从工件上滑出，可用铁丝将爪钩捆牢。在顶杆上加力要均匀，边转动手柄，边观察工件的松动情况，若工件太紧或锈死，拉不下来不可强行加力，以免损坏拉具。

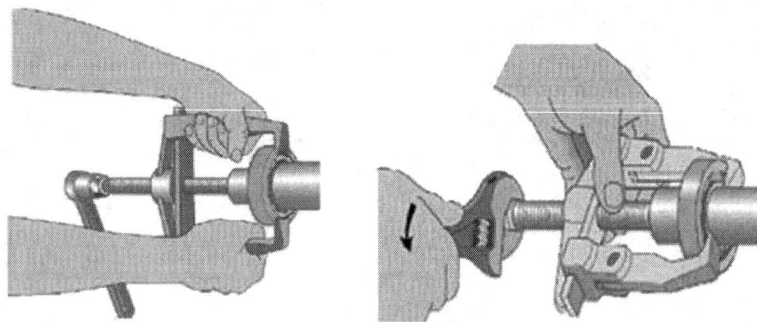

图 4-29   拉具的使用

6. 榔头

榔头又称手锤，是电工在安装电气设备时常用的击打工具，由锤头和手柄组成，如图 4-30 所示。

图 4-30　榔头

榔头的规格以锤头的质量表示，电工常用的规格有 0.25kg、0.5kg、0.75kg 和 1kg 等，锤柄长 300～350mm。锤头用碳素工具钢 T7 锻制而成，并经热处理淬硬。

7. 电烙铁

电烙铁是常用的手工焊接工具，由发热部分、储热部分和手柄组成，烙铁芯是发热部件，烙铁头是储热部件，采用紫铜材料制成。烙铁的温度与烙铁头的大小、体积、形状都有一定关系，烙铁头的体积大，保持温度的时间就越长。常用的电烙铁有外热式和内热式两大类，还有功能扩展的恒温和调温电烙铁及吸锡电烙铁。

（1）外热式电烙铁。外热式电烙铁由支架、烙铁芯、传热筒、烙铁头、电源线等组成，外形如图 4-31 所示。其规格有 25、45、75、100、150、200、300W 等，大功率的电烙铁一般都是外热式电烙铁。外热式电烙铁的烙铁芯用电阻丝分层绕在传热筒上，以云母作层间绝缘，用以加热烙铁头。

（2）内热式电烙铁。内热式电烙铁与外热式电烙铁的构造基本相同，因烙铁芯安装在烙铁头内而得名，外形如图 4-32 所示。其规格有 15、20、50W 等几种，内热式电烙铁具有发热快、耗电省、效率高、体

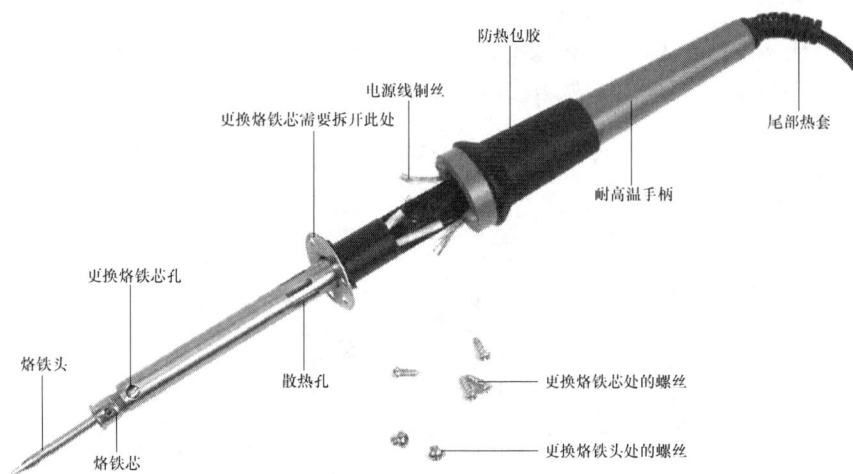

防热包胶

电源线铜丝

更换烙铁芯需要拆开此处

尾部热套

耐高温手柄

更换烙铁芯孔

烙铁头

散热孔

更换烙铁芯处的螺丝

烙铁芯

更换烙铁头处的螺丝

图 4-31　外热式电烙铁

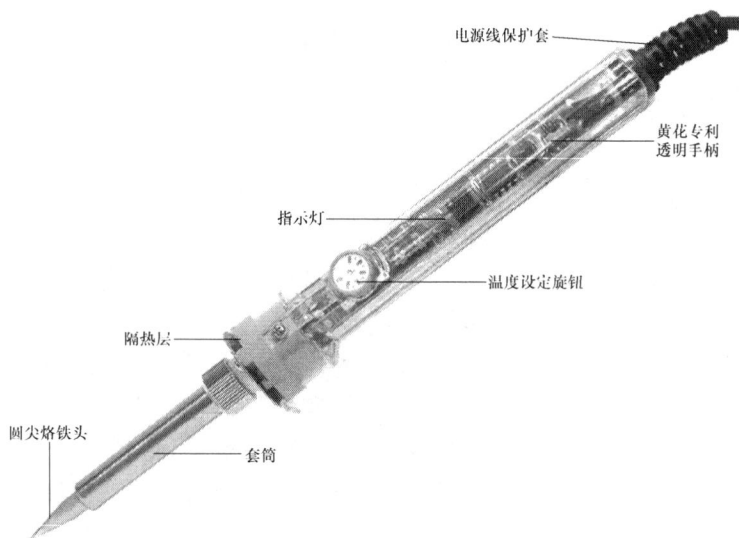

电源线保护套

黄花专利
透明手柄

指示灯

温度设定旋钮

隔热层

圆尖烙铁头

套筒

图 4-32　内热式电烙铁

积小、质量轻等优点。内热式电烙铁的烙铁芯是用较细的镍铬电阻丝绕在瓷管上制成的，20W 电烙铁的内阻约为 2.5kΩ，烙铁温度一般可达 350℃左右。

电烙铁的使用注意事项：

1）新电烙铁初次使用或更换新烙铁头时，应先对烙铁头搪锡。其方法是，用砂布或锉刀去除烙铁头的保护层，将电烙铁通电加热至能熔锡后，蘸上松香然后在焊锡中来回摩擦，使烙铁头端部挂上一层锡就可以使用了。电烙铁使用一段时间后，烙铁头氧化不能挂锡时，也应采取上述方法。

2）根据焊接对象选择不同功率的电烙铁。焊接晶体管、集成电路和受热易损的元器件，应选用 20W 的内热式电烙铁或 25～45W 的外热式电烙铁。大型焊点如金属底板的接地焊片，应选用 100W 以上的外热式电烙铁。

3）烙铁头的形状应适应被焊物的要求和元器件的密度。烙铁头有直轴式和弯轴式两种，可根据具体情况选用。焊接密度较大的线路板时，可选用头部窄小的烙铁头。内热式电烙铁常用圆斜面和尖形烙铁头，适合焊接印刷线路板和密度较大的焊点。

4）焊接前应对元器件的焊接部分进行去锈、去氧化层处理，并将焊接部位搪锡。焊接时宜使用松香或中性焊剂，因为酸性焊剂易腐蚀元器件和线路板。

5）电烙铁的使用电源为交流 220V，接上电源线旋合手柄时，不要使电源线随手柄旋转，以免断线或短路。

6）电烙铁工作时，应置于烙铁架上，防止烫伤工作人员或烫坏其他物品。

8. 喷灯

喷灯是一种利用喷射火焰对工件进行加热的工具，常用来焊接铅包电缆的铅包层、大截面积铜导线连接处的搪锡以及其他连接表面的防氧化镀锡，在电缆头制作中，常用喷灯热缩绝缘套管等。喷灯的火焰温度可达 900℃以上。

喷灯由筒体、加油阀、预热燃烧盘、火焰喷头、喷油针孔、放油调节阀、打气筒、手柄组成，如图 4-33 所示。按其使用燃料可分为煤油喷灯和汽油喷灯。

喷灯的使用：

（1）加油。旋下加油阀下面的螺栓。加入适量燃油，以不超过筒体的 3/4 为

图 4-33　喷灯

宜，保留一部分空间以储存压缩空气，维持必要的空气压力。加油完毕及时旋紧加油口螺栓，关闭放油调节阀的阀杆，擦干净撒在外部的燃油，并认真检查有无渗漏。

（2）预热。先在预热燃烧盘内注入适量汽油，用火点燃，将火焰喷头烧热。

（3）喷火。当火焰喷头烧热后，在预热燃烧盘内的图中燃烧杯改为燃烧盘汽油燃烧完以前，用打气阀打气 3～5 次，然后慢慢打开放油调节阀的阀杆，喷出油雾，喷灯即点燃喷火。随后继续打气，直到火焰正常为止。

（4）熄火。先关闭放油调节阀，使火焰熄灭，再慢慢旋松加油口螺栓，放出筒体内的压缩空气。

喷灯使用的安全注意事项：

（1）严禁带火加油。加油时应将加油阀螺栓慢慢放松，等气体放尽后方可开盖加油。

（2）打气压力不应过高，打完气后应将打气柄卡牢在泵盖上。

（3）喷灯在使用过程中应注意筒体内的油量，一般不得少于筒体容积的 1/4，油量太少会使发热，易发生危险。

（4）煤油喷灯筒体内不得掺和汽油。

（5）喷灯工作时应注意火焰与带电体之间的安全距离，10kV 以下应大于 1.5m，10kV 以上应大于 3m。

（6）喷灯使用完毕，应放尽气体，存放在干燥的地方。

（7）喷灯的螺栓有滑丝现象应及时更换。

（8）喷灯应避免重物碰撞，防止喷灯出现裂纹，影响安全使用。

9. 压接钳

压接钳又称压线钳，是一种导线连接工具，电工常用的是油压式，由钳头、油泵、压接手柄组成，钳头可以安装压模，适用于室内外输配电工程的电线和电缆连接以及电线、电缆与电气设备的连接，如图 4-34 所示。

油压式压接钳适用导线截面积为铜线 25～150mm²，铝线 16～240mm²，活塞最大行程 17mm，最大工作压力 10t，压模规格有 16、25、35、50、70、95、120、150、185、240mm²。

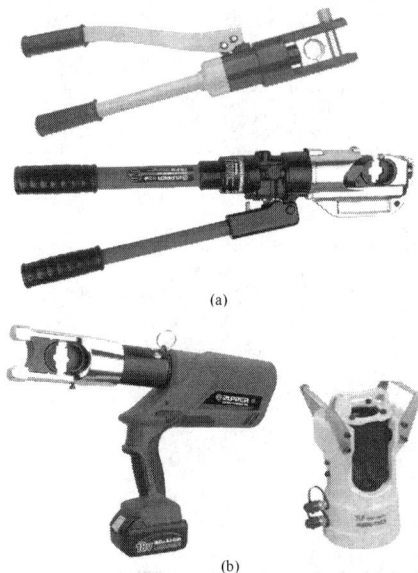

图 4-34　导线压接钳

（a）油压式；（b）电动式

　　压接钳的使用必须严格按照其使用说明正确操作；压接时钳口、导线和冷压接线端子的规格必须一致；压接前应用钢丝刷将导线接头表面的氧化层除去，并涂上一层凡士林锌粉膏；压接时必须在压接钳口全部闭合后才能打开钳口。

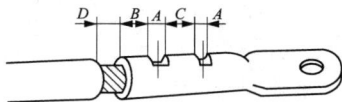

图 4-35　接线耳压坑部位示意图

　　接线耳和导线接线管的压坑部位如图 4-35 和图 4-36 所示。

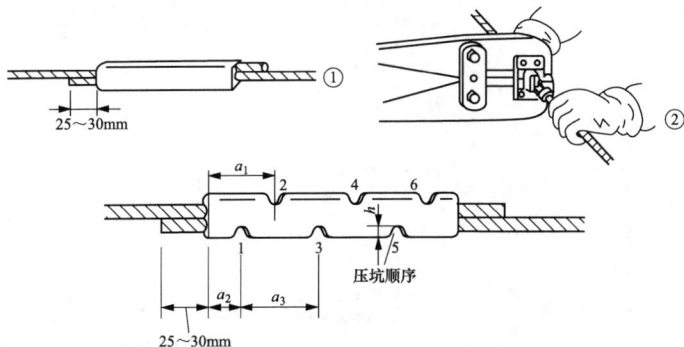

图 4-36　铝绞线的钳接管压接

接线耳的压接部位和尺寸见表 3-18，铝绞线钳接管压坑要求见表 3-19。

表 3-18 接线耳压坑部位和尺寸 mm

导线规格（mm²）	A	B	C	D
16	13	2	2	5
25	13	2	2	5
35	13	2	2	5
50	14	3	3	6
70	15	4	3	6
95	17	4	3	7
120	17	5	5	7
150	18.4	5	5	8

表 3-19 铝绞线钳接管压坑要求 mm

导线规格（mm²）	压坑部位尺寸			压坑深度	应压坑数
	α_3	α_2	α_1		
16	28	20	34	10.5	6
25	32	20	36	12.5	6
35	36	25	43	14	6
50	40	25	45	16.5	8
70	44	28	50	19.5	8
95	48	32	56	23	10
120	52	33	59	26	10

三、电动工具

电动工具是设备安装维修工作中常用的移动工具，其中电工常用的有手电钻、电锤、切割机等。

1. 手电钻

手电钻具有体积小、质量轻、效能高、使用方便等优点，是使用最广泛的电动工具之一。根据社会的需求，手电钻的功能不断扩展，具有正反转、调速功能的手电钻已在生产中得到应用。拨动手柄附近的换向开关，就能改变手电钻的转动方向，旋动调速旋钮，可以调整手电钻的转速。利用该功能，调换钻具，可以紧固或拆卸螺栓，使用十分方便，如图 4-37 所示，手电钻的技术参数见表 4-20。

图 4-37　手电钻

表 4-20 手电钻的技术参数

钻头规格 (mm)	额定电压 (V)	功率 (W)	电流 (A)	转速 (r/min)	负载率 (%)	定子绕组	
						导线型号线径 (mm)	每极匝数
6	220	80.3	0.9	12 000	40	QZφ0.38	244
		80.3	0.9	12 000		QZφ0.31	256
10		130	1.2	10 800		QZφ0.38	198
		140	1.4	11 500		QZφ0.41	170
13		180	180	10 000		QZφ0.51	180
		185	185	10 000		QZφ0.56	164

2. 电锤

电锤常用于在建筑物上钻孔，如果换上凿具，可以实现"凿"的功能。电锤具有"钻"和"锤"两种功能，将调节开关置于"钻"的位置，钻头只旋转而没有前后的冲击动作，可作为普通电钻使用。将调节开关置于"锤"的位置，钻头边旋转边前后冲击，便于在建筑物（混凝土）上打孔，并提高打孔速度。利用电锤可钻 6～16mm 的圆孔，作普通电钻使用时，采用麻花钻头；作电锤使用时，应采用冲击钻头。如果与电动切割机配合，可以在建筑物上剔槽，安放线管，电锤的外形如图 4-38 所示。技术参数见表 4-21。

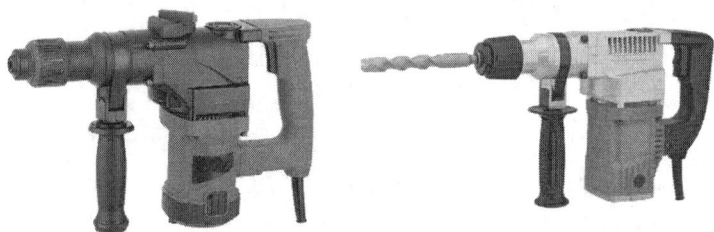

图 4-38　电锤

表 4-21　　　　　　　　　　　电锤的技术参数

型号	ZIC-16	ZIC-22	ZIC-26	ZIC$_1$-16	ZIC$_1$-22	ZIC$_1$-27
最大钻孔直径（mm）	16	22	26	16	22	27
额定电压（V）	220	220	220	220	220	220
额定电流（A）	2.3	2.5	2.5	2.18	2.71	2.71
额定输入功率（W）	480	520	520	450	570	570
电源频率（Hz）	50	50	50	50	50	50
工作头额定转速（r/min）	560	330	300	630	510	260
冲击次数（次/min）	2950	2830	2650	3200	2860	2700
总质量（kg）	4	—	6.5	3.2	5	7.5

3. 切割机

切割机常用来切割瓷砖和石材，电工一般采用切割机与电锤配合在建筑物上剔槽，安放线管，切割机的结构如图 4-39 所示。

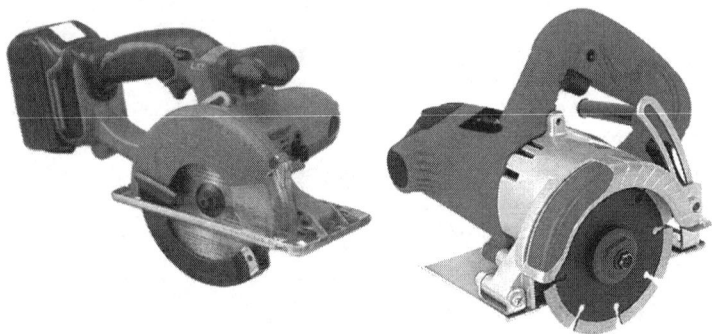

图 4-39　切割机

切割机的使用注意事项：

（1）使用前应检查切割片是否有裂纹或损伤，有裂纹或损伤的切割片不能继续使用。

（2）新装或更换切割片时，固定螺栓一定要拧紧。

（3）不得使用砂轮片。

（4）等到切割机达到最大转速时方可进行切割。

（5）切割机断电后，不得使任何外力迫使切割机停转。

电动工具使用的安全规则：

（1）不要在易爆环境如易燃液体、气体或粉尘的环境操作电动工具。

（2）使用电动工具必须戴绝缘手套、穿绝缘鞋，佩戴安全帽、护目镜、听力防护等安全装置。

（3）电动工具的插头必须与插座配套，需要接地的电动工具不能使用任何转换插头。不能采取拉动电源线的方法拉出插头。

（4）禁止在疲劳、醉酒、药物治疗情况下操作电动工具。

（5）电动工具的开关在插入插座时应置于关闭位置，避免突然启动。

（6）电动工具在接通电源以前，应取下所有调节钥匙或扳手。

（7）使用电动工具时不要穿宽松的衣服，不戴领带、首饰、线手套等，防止头发被转动的电动工具卷入。

（8）电动工具的额定电压应与电源电压相符。

（9）正确使用电动工具，不要自行附加其他装置。

（10）经常养护电动工具，按说明书以前加注润滑油，更换附件。

电动工具常见故障及排除方法见表 4-22。

表 4-22 电动工具常见故障及排除方法

故障现象	故障原因	排除方法
接通电源后电机不运转	1）电源断路； 2）内部接线断开； 3）开关接触不良或动作不灵； 4）电刷与换向器表面接触不良； 5）定子绕组电枢绕组断路	1）恢复电源； 2）检查恢复内部接线； 3）修理、更换开关； 4）检查调整电刷使之接触良好； 5）修理或更换定子电枢

故障现象	故障原因	排除方法
接通电源后电机有异常叫声、不转或转动很慢	1) 开关触点损坏; 2) 机械部分卡住; 3) 轴向推力过大使电机过负荷 4) 钻头被异物卡住	1) 修理更换开关; 2) 检查修理机械部分; 3) 减少给进力; 4) 停机处理后再进行作业
减速箱外壳过度发热	1) 减速箱润滑油缺乏或变质; 2) 齿轮啮合过紧或内部有杂物; 3) 轴承损坏	1) 添加或更换润滑油; 2) 调整齿轮或清除杂物; 3) 更换轴承
电机转但钻轴不转	1) 半圆键损坏; 2) 中间轴折断; 3) 电枢轴前端齿轮损坏	1) 修理更换半圆键; 2) 更换中间轴; 3) 更换电枢
电机外壳过热	1) 负荷过大; 2) 绕组受潮; 3) 装配不准确,电枢运转不灵活; 4) 电源电压过高或过低	1) 减轻负荷,磨锐钻头; 2) 对绕组进行干燥处理; 3) 检查修理电枢,重新装配; 4) 调整电源电压
换向器上产生火花或火花较大	1) 电枢短路或断路; 2) 电刷与换向器接触不良; 3) 换向器表面不光洁	1) 修理更换电枢; 2) 调整弹簧压力或更换电枢; 3) 清除杂物使换向器表面光洁

第四节　电工常用量具

电工在工作中,有时需要检验、检查导线的直径、管子的外径及管壁的厚度、金具和螺钉的长度等,根据不同的精度要求,采用不同的量具进行测量,其中常用的有游标卡尺、千分尺、百分表、钢直尺、卷尺等。

一、游标卡尺

游标卡尺用于测量器件的长、宽、高、深和圆环的内、外直径等。游标卡尺主要有一条尺身和一条可以沿尺身滑动的游标组成。游标和尺身分别构成内、外测量爪,内测量爪用于测量槽的宽度和管子的内径,外测量爪用于测量零件的厚度和管子的外径,深度尺用于测量槽和筒的深度。数字显示游标卡尺和带表游标卡尺如图 4-40 所示,规格见表 4-23。

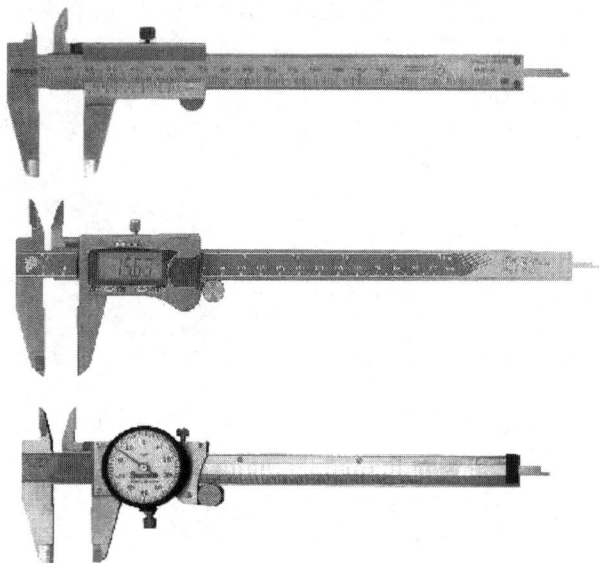

(a)

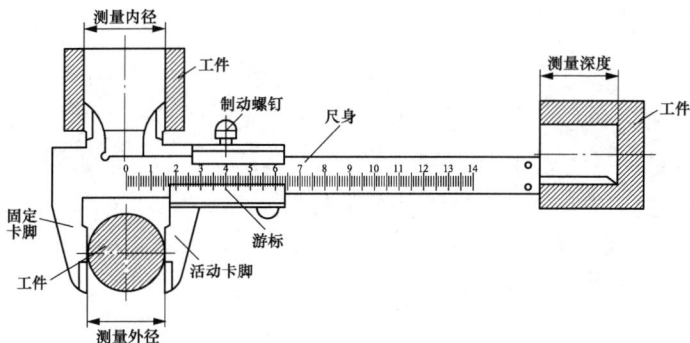

(b)

图 4-40　游标卡尺

（a）结构；（b）使用方法

表 4-23　　　　　　　　　　　　游标卡尺的规格　　　　　　　　　　　　mm

测量范围	0～125、0～200、0～300	0～500、300～1000	500～1500、1000～2000
读数值	0.02、0.05	0.02、0.05、0.1	0.05、0.1

　　在测量前，应做"0"标志检查，即将测量爪合在一起时，尺身的零刻度线与游标的零刻度线应重合。测量时，要用测量爪卡住被测物

体，松紧应适当；当需要将被测物体读数时，应旋紧紧固螺栓。测量结束读数时，要特别注意防止视觉误差，应正视，不可旁视。

不同型号的游标卡尺分度格数不同，游标长度也不一样，常见的有十分游标、二十分游标和五十分游标三种，但基本原理和读数方法是一样的，如图 4-41 所示。

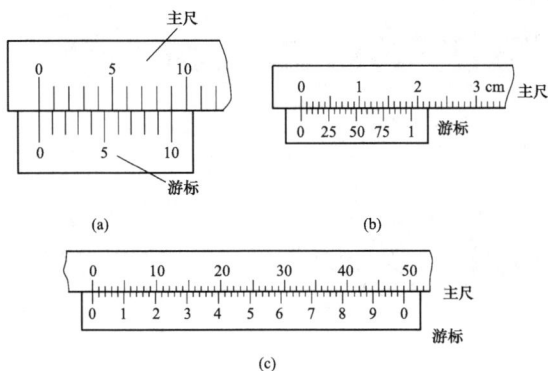

图 4-41　三种不同刻度的游标卡尺

（a）十分游标；（b）二十分游标；（c）五十分游标

例如，十分度的游标卡尺，其尺身的最小分度是 1mm，游标上有 10 个小的等分刻度，游标尺上每一小分度线之间的距离为 0.9mm，从 "0" 型开始，每向右一格，增加 0.1mm，即游标上每个刻度与尺身相应刻度均差 $\Delta x = 0.1$mm。当测量某物体长度时，游标卡尺卡住该物体，游标的 "0" 刻度线停在尺身的第 k 和 $k+1$ 个刻度之间（如图 4-42 所示），则物体长度 $L = k + \Delta L$。

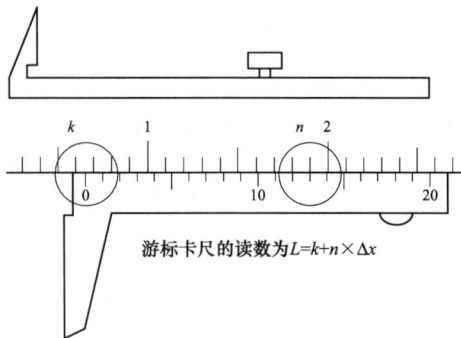

游标卡尺的读数为 $L = k + n \times \Delta x$

图 4-42　游标卡尺的读数

由于游标与尺身的每个刻度的差值为 Δx，将两排刻度进行对比，必然可以找到游标上某个刻度（设为第 n 个）与尺身上某刻度重合或最为接近的刻度，如图 4-40 上的 $n=4$ 处与尺身最为接近，则 $\Delta L = 0.1 \times 4 = 0.4$。一般而言，当游标上第 n 个刻度与尺身某一刻度重合时，尺身第 k 个刻度与游标"0"刻度线间的距离为 $\Delta L = n \Delta x$。待测物体长度由两部分读数构成：游标"0"刻度线指示部分，第 k 个刻度从尺身上读出；游标刻度与尺身重合部分，$\Delta L = n \Delta x$，从游标上读出（目前使用的游标上的刻度均为 n 与 Δx 相乘后的结果），即 $L = k + n \Delta x$。$k=6$，$n=13$，$\Delta x = 0.05$mm，所以测量结果为 $L = 6 + 13 \times 0.05 = 6.65$mm。

为了读数准确、快捷，最好使用数字显示或带表的游标卡尺。

二、外径千分尺

千分尺的精确度很高，一般可精确到 0.01mm。由测砧、测微螺杆、旋钮（微分筒）、微调旋钮、制动旋钮、固定刻度、可动刻度、尺架构成，其结构如图 4-43 所示。电工使用外径千分尺主要用来测量导线（漆包线）线芯的直径，规格见表 4-24。

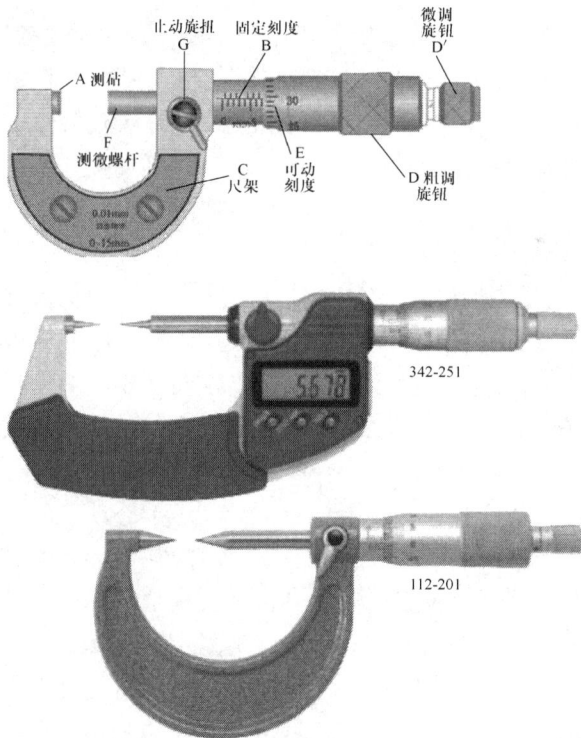

图 4-43　外径千分尺

91

表 4-24	外径千分尺的规格	mm
测量范围	0～25、25～50、50～75、75～100、100～125、125～150、150～175、175～200、200～225、225～250、250～275、275～300、300～400、400～500、500～600、600～700、700～800、800～900、900～1000、1000～1200、1200～1400、1400～1600、1600～1800、1800～2000、1000～1500、1500～2000	
读数值	0.01	

外径千分尺的固定套筒上有一轴向横刻线，它是微分筒上圆周刻度的读数准线。轴向横刻线的上（前）侧为 1mm 的分度刻线，另一侧是 0.5mm 的分度刻线，组成固定标尺。微分筒的棱边是固定标尺的读数准线。

1. 使用方法

测量前，应进行"0"点校正，漆包线应先除去漆膜。测量时，左手握住尺架上的绝热部分，右手转动旋钮（微分筒），将被测导线放在测砧和测微螺杆之间，然后转动旋钮，使之刚好夹住导线，再轻旋微调旋钮，听到测力装置发出"咔咔"响声后，将制动旋钮拨向左边，即可读数。

2. 读数方法

读数时，先读固定标尺上的数值，以微分筒棱边为准线，读出整数毫米值，若已露出相邻的 0.5mm 刻度线，则再加上 0.5mm。再读微分筒上的数值，它的分度值为 0.01mm，以轴向横刻线为准线，读出微分筒上的数值（包括估计值）。最后将两数相加即为被测导线的直径尺寸，如图 4-44 所示，其测量结果为 6.695mm。

三、百分表及千分表

百分表及千分表主要用来测量精密工件的几何形状及其相互位置的正确性，电工常用百分表测量电动机转轴、集电环、换向器等的外圆尺寸和形位误差，其结构如图 4-45 所示，规格见表 4-25。

使用时，将百分表安装在磁性表架上，然后转动表圈 4 和连在一起的表盘 5，使"0"位分度线与指针对齐，就可以使用了。

19.5×0.01=0.195mm

6.5mm

结果为：6.5+0.195=6.695mm

0.01mm

0~15mm

小数指示线　整数指示线

0.5mm

12+0=12mm

10.5+0=10.5mm

10+0.05=10.05mm

10.5+0.05=10.55mm

3.5+0.12=3.62mm

4.5+0.48=4.98mm

12+0.24=12.24mm

32.5+0.15=32.65mm

5+0.465=5.465mm

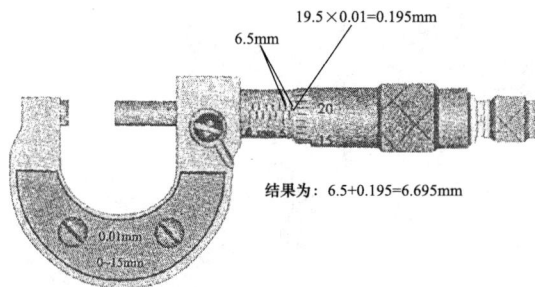

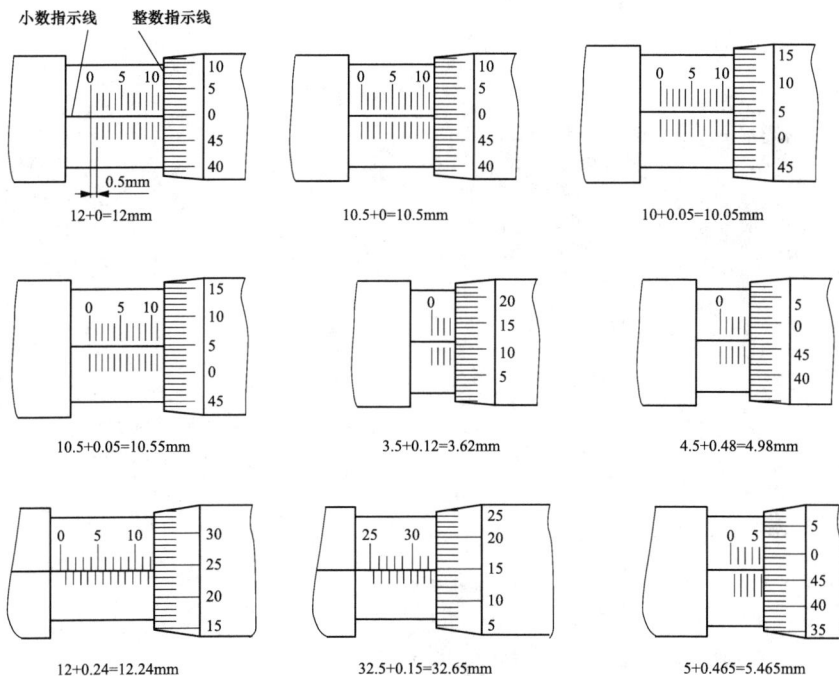

图 4-44　外径千分尺的测量读数

表 4-25	百分表及千分表的规格			mm
品种	百分表		千分表	
测量范围	0~3、0~5、0~10		0~1	0~2
读数值	0.01		0.001	0.005

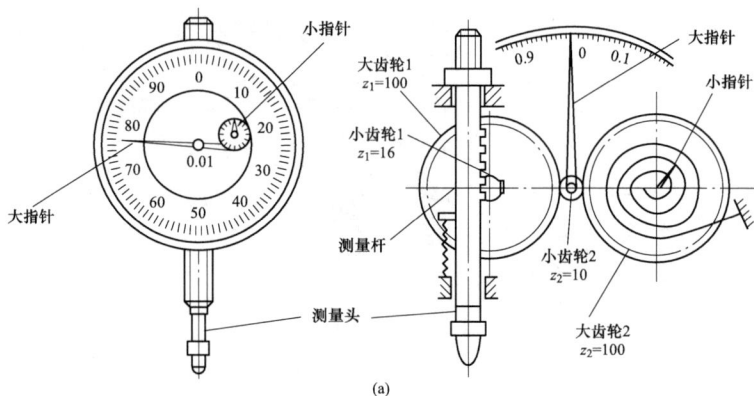

小指针

大齿轮1
$z_1=100$

小齿轮1
$z_1=16$

大指针

0.9 0 0.1

小指针

0.01

大指针

测量杆

小齿轮2
$z_2=10$

测量头

大齿轮2
$z_2=100$

(a)

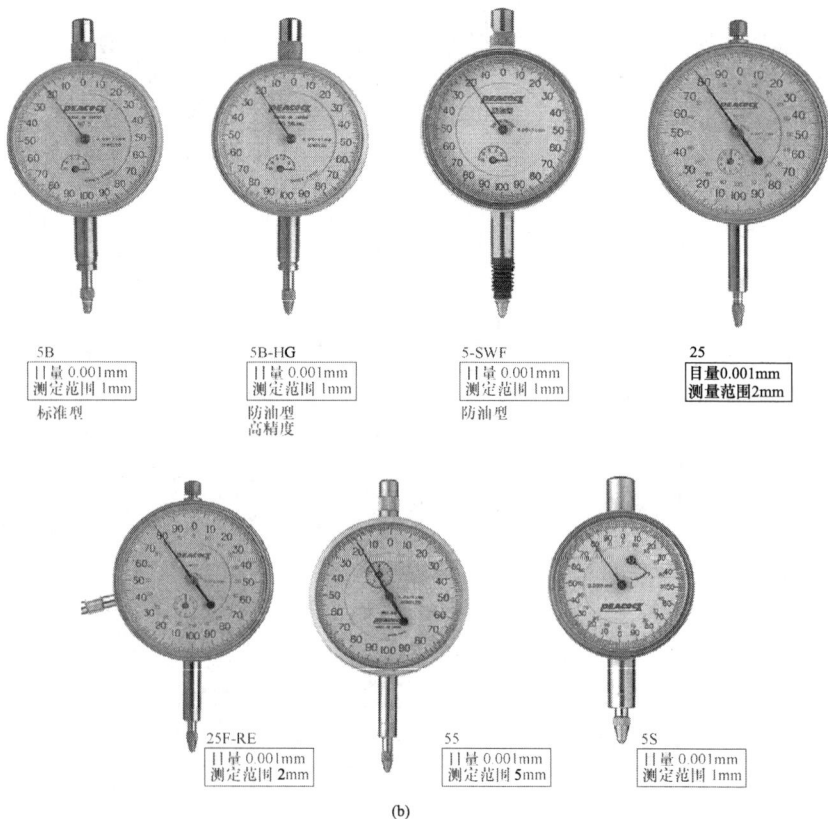

5B
目量 0.001mm
测定范围 1mm
标准型

5B-HG
目量 0.001mm
测定范围 1mm
防油型
高精度

5-SWF
目量 0.001mm
测定范围 1mm
防油型

25
目量0.001mm
测量范围2mm

25F-RE
目量 0.001mm
测定范围 2mm

55
目量 0.001mm
测定范围 5mm

5S
目量 0.001mm
测定范围 1mm

(b)

图 4-45 百分表的结构及类型

(a) 结构；(b) 类型

测量时，应轻轻提起测头，慢慢地放在被测工件的表面上，使测头与工件表面接触，表针便会示出数值。比如测量转轴外圆径向跳动量时，当表针示出最大值和最小值时，两数值之差便是转轴的径向跳动量。

四、钢直尺和卷尺

1. 钢直尺

钢直尺主要用来测量工件的尺寸，机械工人使用较多，电工常用来测量绕组的长度等。规格有 150、300、500、1000mm 几种，其最小刻度为毫米，如图 4-46 所示。

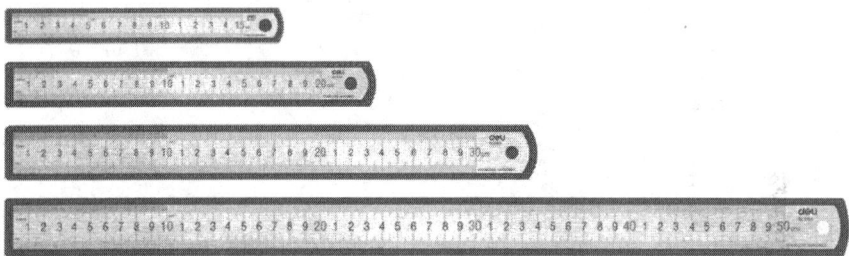

图 4-46　钢直尺

2. 钢卷尺

电工常用钢卷尺的规格有 1、2、3、5m 等，主要用来测量金具、螺栓等的长度以及电气元件的定位测量等，其最小刻度为毫米，如图 4-47 所示。

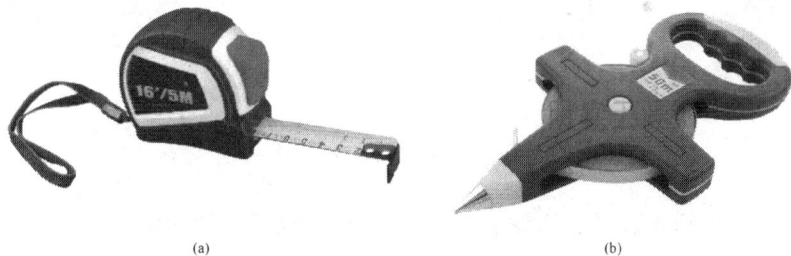

(a)　　　　　　　　　　　　　　　　(b)

图 4-47　钢卷尺
（a）普通钢卷尺；（b）架式钢卷尺

3. 布卷尺

布卷尺用于较长距离的尺寸测量，电工常用来测量线路的长度、挡距、电杆的定位等，规格有 10、15、20、30、50m 等，其最小刻度为厘米。如图 4-48 所示。

4. 测距仪

利用光、声音、电磁波的反射、干涉等特性，而设计的用于长度、距离测量的仪器。新型测距仪在长度测量的基础上，可以利用长度测量结果，对待测目标的面积、周长、体积、质量等其他参数进行科学计算，在工程应用、GIS 调查、军事等领域都有很广的应用范围。常见的测距仪从量程上可以分为短程、中程和高程测距仪；从测距仪采用的调制对象上可以分为光电测距仪、

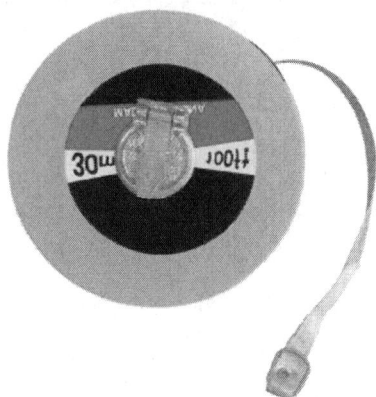

图 4-48　布卷尺

声波测距仪。结构如图 4-49 所示。

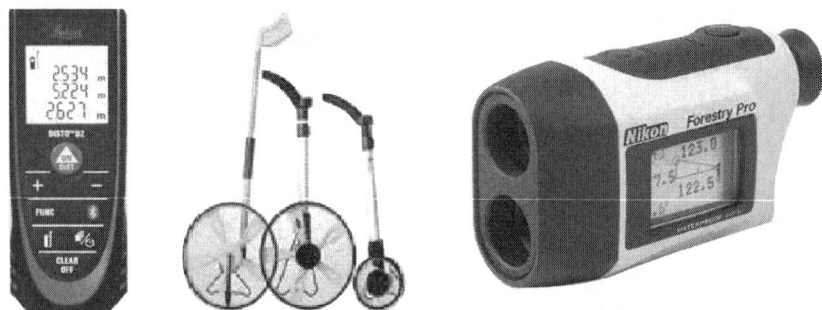

图 4-49　测距仪

第五节　安 全 工 器 具

电工安全工器具，是防止电工在安装维修或操作中发生触电、高处坠落、电弧灼伤等事故，确保作业人员安全的工具和器具。

电工安全工器具分为绝缘工器具和防护工器具两大类。绝缘工器具有绝缘手套、绝缘靴（鞋）、绝缘垫、绝缘棒、绝缘夹钳等，防护工器具有安全帽、安全带、携带型接地线、个人保安线、遮栏、标识牌、警示牌、护目镜等。

一、绝缘工器具

1. 绝缘手套

绝缘手套是采用特种橡胶制成的，是在高压电气设备上操作时的辅

助安全用具，也是低压电气设备带电作业时的基本安全用具，如图 4-50 所示。

绝缘手套的总长度不能少于 400mm，带上后应超出手腕 100mm。严禁用医疗、化工用的橡胶手套代替绝缘手套，绝缘手套也不能挪作他用。

绝缘手套的安全使用规则：

（1）使用前应检查绝缘手套是否破损漏气，破损漏气的绝缘手套禁止使用。检查方法如图 4-51 所示。

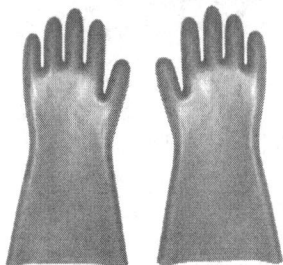

图 4-50 绝缘手套

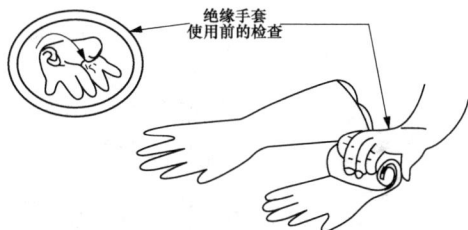

绝缘手套
使用前的检查

图 4-51 绝缘手套使用前的检查

（2）使用时应将衣袖套在绝缘手套里。

（3）使用后应将绝缘手套擦净晾干，内外都要撒上一些滑石粉，以免粘连，绝缘手套应存放在阴凉、通风的柜子里。

（4）绝缘手套必须定期检查，每半年做一次交流耐压试验和泄漏电流试验。

2. 绝缘靴（鞋）

绝缘靴（鞋）也是用特种橡胶制成的，是用来与大地保持绝缘的辅助安全用具，也是防护跨步电压的基本安全用具，如图 4-52 所示。

绝缘靴（鞋）的安全使用规则：

（1）不能用一般雨靴（鞋）代替绝缘靴（鞋），绝缘靴（鞋）也不能作雨靴（鞋）穿用。

（2）必须按规程规定穿用绝缘靴（鞋），平时不用时应存放在柜子里，禁止挤压。

（3）每半年做一次交流耐压试验和泄漏电流试验。

3. 绝缘垫

绝缘垫也是采用特种橡胶制成，是与大地保持绝缘的固定辅助安全用具，防止发生人身触电事故。绝缘垫一般铺设在开关柜周围的地面

图 4-52 绝缘靴和绝缘鞋

上，用来提高操作人员的对地绝缘，其厚度不应小于 5mm，最小尺寸不应小于 800mm×800mm。绝缘垫如图 4-53 所示。

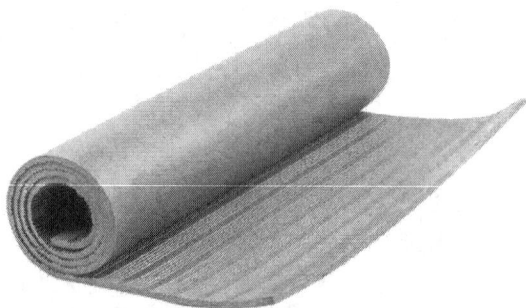

图 4-53 绝缘垫

绝缘垫应按规程规定进行检查试验，其试验周期为每 2 年一次。在低压配电室，如果配电柜周围铺有绝缘垫，操作人员在上面工作，可不使用绝缘手套和绝缘靴。绝缘垫应经常保持清洁，不用时应卷起来放在干燥的地方。禁止使用破损的绝缘垫。

4. 绝缘棒

绝缘棒又称绝缘拉杆、令克棒等，主要用来拉合 35kV 及以下高压跌落式熔断器，操作高压隔离开关，安装和拆除便携式接地线，进行电气测量和试验工作。

绝缘棒由工作部分、绝缘部分和握手三部分组成，如图 4-54 所示。工作部分由铜、铸钢或铝合金等金属材料制成，根据工作需要，可以做成不同的形状，安装在绝缘棒的顶端。为了防止操作时造成接地或相间短路，其工作部分的长度尽量做得短一些，一般为 50～80mm。绝缘部分和握手部分是由胶木、电木等材料制成，连接处用护环隔开，其长度视电压等级和工作环境的不同而定，绝缘棒和绝缘夹钳的最小长度见表 4-26。

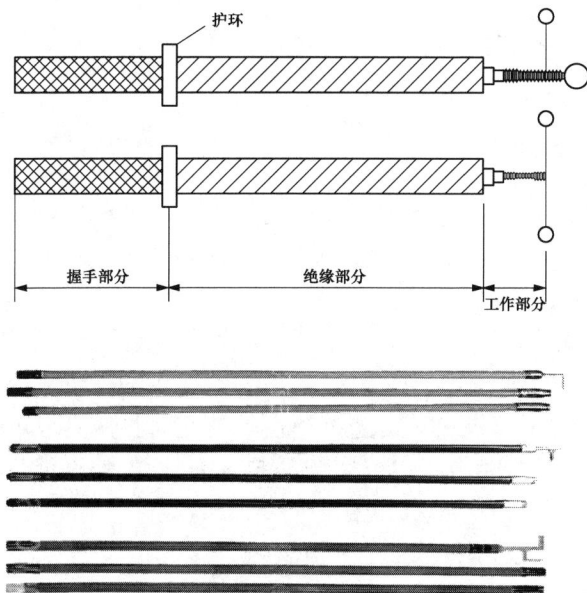

图 4-54　绝缘棒

5. 绝缘夹钳

绝缘夹钳是 35kV 及以下电力系统经常使用的基本安全用具，用来安装或拆除高压熔断器上的熔丝和其他类似的工作。

绝缘夹钳由工作钳口、绝缘部分和握手部分组成，各部分所用材料与绝缘棒相同，其工作钳口必须保证能夹紧熔断器。绝缘夹钳的结构如图 4-55 所示，绝缘和握手部分的最小长度见表 4-26。

图 4-55　绝缘夹钳

表 4-26　　　　　　　　　绝缘棒和绝缘夹钳的最小长度

电压	名称	户内设备（mm）		户外设备及线路（mm）	
		绝缘部分	握手部分	绝缘部分	握手部分
≤10kV	绝缘棒	700	300	1100	400
	绝缘夹钳	450	150	750	200
≤35kV	绝缘棒	1100	400	1400	600
	绝缘夹钳	750	200	1200	200

绝缘夹钳的安全使用规则：

（1）工作时应戴护目镜、绝缘手套，穿绝缘靴（鞋），或站在绝缘垫上。

（2）工作时精神要集中，身体要保持平衡。

（3）定期进行试验，其试验周期为每年一次。

二、防护工器具

1. 安全帽

安全帽是在工程施工中，防止坠落物砸伤头部，防止工作人员高空跌落，头部被撞击或头部遭受意外撞击的安全防护用具，可有效地保护人体头部免受或减轻伤害，被生产和施工企业强制采用，安全帽由帽壳、内衬和扣带组成，形状如图 4-56 所示。

安全帽的安全使用规则：

（1）电力施工人员工作时，必须按规程规定戴好安全帽。

（2）安全帽的内衬对坠落物起缓冲作用，因此安全帽的内衬必须保持完好，并与帽顶有一定距离，无内衬或帽壳损坏的安全帽禁止使用。

（3）戴安全帽时，安全帽的扣带要扣紧，防止工作时滑脱，受到连续坠落物的伤害和意外碰撞。

图 4-56　安全帽

2. 安全带

安全带是防止高处坠落的安全防护用具。一般电工使用的安全带是用尼龙化纤编织而成的，具有质量轻、柔性好、抗磨损便于机械化大批量生产的特点，并且有较高的绝缘强度，适宜于高空作业人员使用。

安全带由长短两根带子组成，短腰带系在高空作业人员的胯部上端作束紧用，使安全带与作业人员牢固地连在一起。长腰带则系在杆塔或其他牢固的构架上，以保障作业人员的工作安全。长腰带的长短可以根据攀登的对象不同自由调节，其外形如图4-57所示。安全带的拉力，一般不应低于225kg，禁止使用一般的绳带代替安全带。

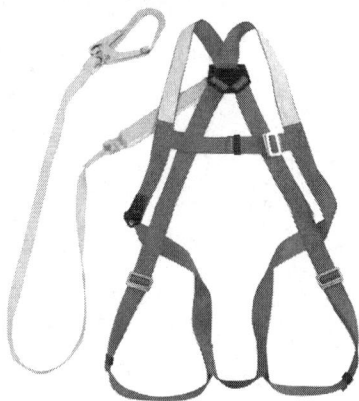

图 4-57　安全带

安全带的使用规则：

(1) 安全带使用前应进行检查，磨损严重的禁止使用。

(2) 安全带使用前应作载荷冲击试验，方法是：试验者束好安全带，并将长腰带系在电杆上，人站在地面上，猛烈向后用力，安全带应不断裂。

(3) 定期进行静负荷试验，其试验周期为每年一次。试验项目见《电力安全工作规程（线路部分）》。

(4) 安全带应高挂低用，严禁低挂高用。

3. 携带型接地线

携带型接地线是在对线路、设备进行停电检修或其他工作时，用来防止突然来电（如误操作合闸送电）和邻近高压带电线路、设备所产生的感应电压及电气设备上的剩余电荷对作业人员的危害，是作业现场保证工作人员安全必须采取的有效技术措施。方法是用携带型接地线将三相电源短路并可靠接地，携带型接地线如图4-58所示。

携带型接地线由线夹、短路软导线、接地夹头三部分组成，短路软导线必须采用有透明护套的多股软铜线，其截面积不准小于$25mm^2$，同时应满足装设地点短路电流的要求。严禁使用其他导线作接地线。

携带型接地线的安全使用规则：

(1) 装设接地线前应先验电，线路、设备经验明确无电压后，应立即装设接地线。线路应在工作地段两端挂接地线。

(2) 凡有可能送电到停电线路的分支线也要挂接地线。若有感应电

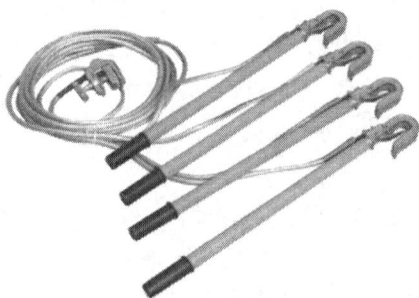

图 4-58 携带型接地线

压反映到停电线路上时应加挂接地线。

（3）装设接地线时，应先接接地端，后接导线端，接地线应接触良好，连接可靠。拆接地线的顺序与此相反。装、拆接地线均应使用绝缘棒。

（4）接地线应使用专用的线夹固定在导体上，禁止采用缠绕的方法进行接地或短路。

（5）同杆塔架设的多层电力线路挂接地线时，应先挂低压、后挂高压，先挂下层、后挂上层，先挂近侧、后挂远侧。拆除时顺序相反。

（6）携带型接地线的接地体，其截面积不准小于 $190mm^2$（直径为 16mm 的圆钢）。接地体在地面下的深度不准小于 600mm。对于土壤电阻率较高的地区，与采取增加接地体根数、长度、截面积或埋设深度等措施降低接地电阻。

4. 个人保安线

个人保安线是在工作地段有邻近、平行、交叉跨越及同杆塔架设线路，在需要接触或接近导线工作时，为防止停电检修线路上的感应电压伤人而必须采取的有效技术措施。个人保安线应使用有透明护套的多股软铜线，其截面积不准小于 $16mm^2$，且应带有绝缘手柄或绝缘部件。禁止用个人保安线代替接地线。

个人保安线的安全使用规则：

（1）个人保安线应在杆塔上接触或接近导线的作业前挂接，作业结束脱离导线后拆除。

（2）装设个人保安线应先接接地端，后接导线端，且应接触良好，连接可靠。拆个人保安线的顺序与此相反。个人保安线由工作人员负责自行装、拆。

（3）在杆塔或横担接地通道良好的条件下，个人保安线允许接在杆塔或横担上。

5. 遮（围）栏

遮（围）栏是在电气设备部分停电检修时，为防止作业人员走错位置，误入带电间隔及过分接近带电部分，或防止非工作人员进入危险区域的安全防护用具。遮（围）栏有固定遮（围）栏和临时遮（围）栏之分，如图 4-59 所示。

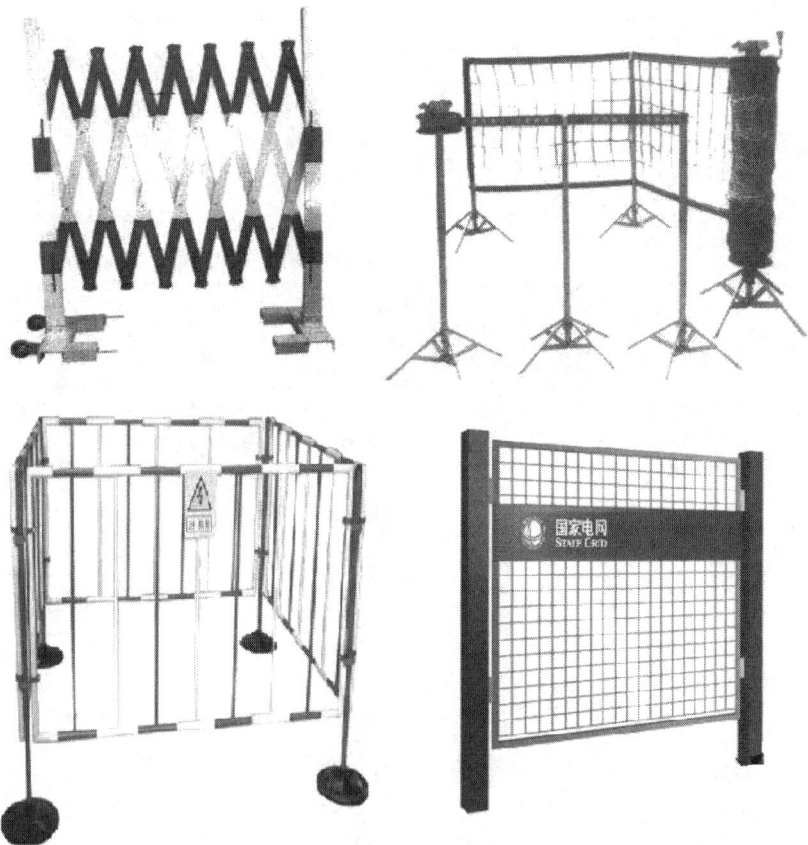

图 4-59　遮（围）栏

固定遮（围）栏常用钢材焊接，临时遮（围）栏可用干燥木材制作，有时也可以用绳子代替。遮栏的高度不应低于 1.8m，下部边缘距地面及两根栏条间的距离不应超过 0.1m，室内临时遮栏的高度不应低于 1.2m，户外变电装置的围墙的高度不应低于 2.5m。

6. 标示牌

标示牌属于警示类安全用具，它的用途是警告、禁止、提醒工作人员或非工作人员的某些动作行为。标示牌可分为禁止、允许和警告三类，如图 4-60 所示。

图 4-60　标示牌

标示牌的悬挂规定：

（1）一经合闸即可送电到线路、设备的断路器（开关）和隔离开关（刀闸）的操作把手上应悬挂"禁止合闸，线路有人工作"或"禁止合闸，有人工作"标示牌。

（2）在高压配电装置的构架、围墙上，变压器等电气设备的爬梯上，应悬挂"禁止攀登，高压危险"标示牌。

（3）在施工地点邻近带电设备的遮栏上、禁止通行的过道上、高压试验地点、工作地点邻近带电设备的横梁上，应悬挂"止步，高压危险"标示牌。

（4）在工作人员可以上下的构架、爬梯上应悬挂"从此上下"标示牌。

（5）室外工作地点围栏的出入口处，应悬挂"从此进出"标示牌。

（6）在接地刀闸与检修设备之间的断路器（开关）的操作把手上，应悬挂"禁止分闸"标示牌。

电工常用测量仪表及其计算

第一节 电工仪表基础知识

一、常用电工仪表的分类

常用电工仪表的分类见表 5-1。

表 5-1 常用电工仪表的分类

序号	分类项目	分　　类
1	按工作原理	磁电系、电磁系、电动系、感应系、整流系、铁磁电动系
2	按测量项目	电流表、电压表、功率表、功率因数表、电能表、欧姆表、频率表
3	按测量准确度	有 0.1、0.2、0.5、1.0、1.5、2.5、5.0 七级
4	按使用方法	安装式、携带式
5	按使用范围	有交流、直流、交直流三种

二、常用电工仪表的型号表示

常用电工仪表的型号表示由阿拉伯数字和英文字母组成，各部分含义为：

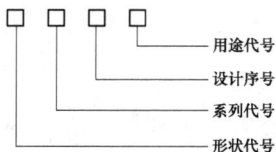

用途代号
设计序号
系列代号
形状代号

（1）形状代号表示仪表的外壳形状特征，方形为 1，矩形为 51，圆形为 81，槽形为 16。对于携带式仪表，则不用形状代号。第一位为组别号，用来表示仪表的不同系列。

（2）系列代号表示仪表的结构形式，见表 5-2。

表 5-2　　　　　　　　　　　　　电工仪表的系列代号

代号	C	D	E	G	L	Q	T	U	Z
系列	磁电	电动	热电	感应	整流	静电	电磁	光电	电子

（3）设计序号表示设计的顺序编号。

（4）用途代号表示测量的对象（项目），采用国际通用符号。如 A—电流表；V—电压表；W—功率表；VA—有功功率；var—无功功率；D—电能表；Ω—电阻表；Hz—频率表；Q—电桥；P—数字电能表；cosφ—功率因数表等。

例如：1T1-A 表示交流电磁式电流表，1T1-V 表示交流电磁式电压表，1D1-W 表示电动式功率表。前面第一个数字 1 表示仪表的形状为方形。

三、电工仪表盘面上的标志符号

在电工仪表的盘面上常有一些图形符号，用以表示该仪表的系列、测量对象、准确等级、使用条件、耐压标准等，了解这些标志符号的含义。对于正确选用电工仪表是十分必要的。电工仪表盘面上常用的标志符号和含义见表 5-3。

表 5-3　　　　　　　　电工仪表盘面上常用的标志符号和含义

分类	符号	名称	分类	符号	名称
电流种类	—	直流	工作位置	⊥	标度尺位置为垂直的
	∼	交流（单相）		⊓	标度尺位置为水平的
	≏	交直流	绝缘试验	☆	绝缘强度试验为 2kV；不写数字，表示试验电压为 500V
	≈	具有单元件的三相交流平衡负荷		↯	耐压强度 2kV
	≉	具有两元件的三相交流不平衡负荷	作用原理	⊓	磁电系仪表
	≊	具有三元件的三相四线不平衡交流负荷		⌇	电磁系仪表
准确度等级	1.5	以标度尺量限的百分数表示的准确度等级，例如 1.5 级	测量对象	Ⓐ	电流表
	⑴.⑤	以指示值的百分数表示的准确度等级，例如 1.5 级		Ⓥ	电压表
				Ⓦ	功率表
				kWh	电能表

106

分类	符号	名称	分类	符号	名称
作用原理		整流系仪表	防御能力		Ⅲ级防外磁场及电场
		电动系仪表	使用条件		B级仪表
		铁磁电动系仪表	端子符号		极性符号
		感应系仪表			接地端钮
		磁电系比率表			

图 5-1 为 1T1-A 型电流表盘面示意图。左上角注有"A"表示电流表；盘面左下角注有"～"的表示交流（单相）；指的是电磁系仪表；Ⅲ表示它具有Ⅲ级防外磁场、电场能力；Ⓑ表示它是 B 级仪表；⊥表示仪表需垂直安装；1.5 指本表准确度为 1.5级；GB 776—1965 表示它是依据国家标准 GB 776—1965 规定的技术条件制造的。起始分度线始端有一个黑圆点（标在 20A 刻度

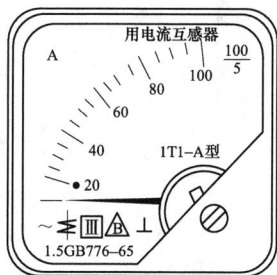

图 5-1　1T1-A 型电流表盘面示意图

边），叫有效刻度起点，在这个分度线以下的数值，其测量准确度不能保证。盘面右上角的 100/5 表示仪表需接 100/5 的电流互感器才能测量 100A 的电流（仪表本身允许直接通过的电流为 5A）。

第二节　电压表和电流表

一、直流电压表、电流表

1. 工作原理

直流电压表、电流表的测量机构属于磁电式。磁电式测量机构的磁场是永久磁铁产生的，线圈和转轴上的指针一起转动。当电流通入转动线圈后，线圈在磁场中受到电磁力的作用，产生顺时针方向的转动力矩。当转动力矩与反作用弹簧的制动力矩平衡时，线圈和指针即停留在

某一位置，指针的偏转角度与通过线圈的电流大小成正比。磁电式电压表、电流表就是根据这个原理制成的。由于线圈的电阻是固定的，由欧姆定律可知，通过线圈的电流与加在线圈两端的电压成正比，因此只要将刻度盘的电流刻度改成对应的电压值，即成为磁电式电压表。

由于磁电式测量机构的磁场是永久磁铁产生的，转动线圈所受的电磁力方向只决定于通入线圈的电流方向。因此，在使用磁电式仪表时，应当注意仪表的极性，电流必须从标有"＋"极的端子流入，否则指针将反方向偏转。另外当交变电流通入磁电式仪表时，由于转动部分具有惯性，指针只作微小振动，不能指示读数。所以，磁电式仪表不能直接测量交流。

2. 直流电压表的使用技能

直流电压表的基本电路如图 5-2 所示，磁电式电压表如果需要测量较高电压，就必须串联一个电阻值很大的附加电阻 R_{ad}。同一个磁电式测量机构串联不同数值的附加电阻，可以制成不同量程的电压表。

测量直流电压时，电压表接入电路以后，由于电压表支路通过有电流，减少了负荷上的电压降，因而引起被测电路之间的电压变化，为了减小这种影响，要求电压表的内阻越大越好。

要测量直流电路中某两点之间的电压，电压表必须与被测电路并联，并要注意正、负极性和量程，也就是说，电路的正极要接电压表的"＋"接线端子，电路的负极要接电压表的"－"接线端子。直流电压表的测量电路如图 5-3 所示。

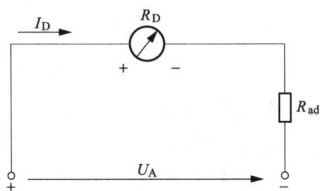

图 5-2　直流电压表的基本电路　　　图 5-3　直流电压表的测量电路

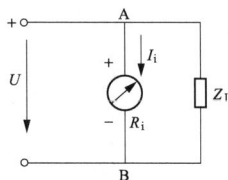

3. 直流电流表的使用技能

电流表的电流线圈具有一定的阻值，一般称之为内阻，当电流表串入被测电路以后，会使被测电流略有减小，这种因为接入电流表而引起的测量误差是不可避免的，但是要求这种影响越小越好，所以电流表的内阻一般都很小。

通入磁电式电流表的电流是经弹簧引入线圈的，由于弹簧和线圈的导线都很细，不允许通入较大的电流，因此它本身只能用作微安表或毫安表。如果测量较大的电流，需要在测量机构两端并联一个电阻值很小的分流电阻 R，如图 5-4 所示。并联分流电阻之后，通过测量机构的电流 I_i 只是被测电流 I 的一小部分，大部分电流则通过分流电阻。根据并联电路的电流分配规律，I_i 与 I 成正比，因此表盘上可以按比例标出被测电流 I 的数值。同一个磁电式测量机构并联不同数值的分流电阻，可以制成不同量程的电流表。

要测量直流电路中的电流，必须将电流表串联在被测电路中，电流表的"＋"接线端子要与电路的正极相连接，电流表的"－"接线端子通过负载与电路的负极相连接，即被测电流必须从电流表的"＋"接线端子进入，否则指针将要反转。直流电流表的测量电路如图 5-5 所示。

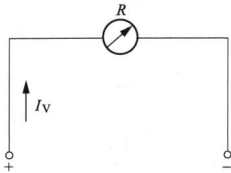

图 5-4　直流电流表的基本电路　　图 5-5　直流电流表的测量电路

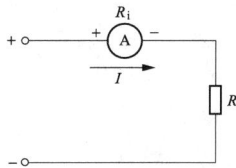

二、交流电压表、电流表

1. 工作原理

交流电压和电流的测量通常采用电磁式仪表。电磁式与磁电式仪表的区别在于电磁式仪表的磁场不是由永久磁铁产生的，而是由被测量的电流通过固定线圈产生。由于测量机构仅需使电流通过固定线圈，因此电流的引入比较方便。交流电流表的固定线圈可用较粗的导线绕制，可直接通入较大电流。交流电压表的固定线圈采用细绝缘铜线绕制而成，匝数很多，串接一个无感电阻后，标以电压刻度，即为电压表。因为串入的电阻比线圈的阻抗大得多，所以电磁式电压表的额定电流一般只有几十毫安。电压表的量限越高，所串入的电阻值应越大。

2. 交流电压表的使用

测量电压为 500V 及以下的交流低电压时，采用直接接入方式，即电压表直接与被测电路并联，并选好适当的量程和准确等级，无须注意接线端子的极性，其接线如图 5-6 所示。如果错误地把电压表串联到电路中，会产生较大的压降，使负载正常工作电压和电流都要降低乃至不能工作，同时也测不出需要的电压值。

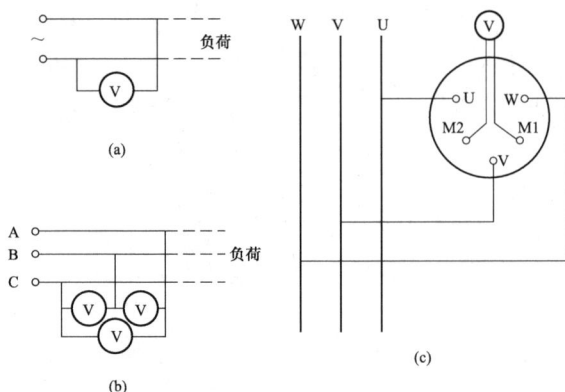

图 5-6　交流电压表直接接入

（a）单相电路；（b）三相电路；（c）用一只电压换相开关测量三相电压

　　测量 500V 以上的交流电压，应采用电压互感器，对于 10kV 以上的线路或设备，应选用次级电压为 100V 的电压互感器，其接线如图 5-7 所示。需要特别指出的是，电压互感器在运行状态下其二次绕组不能短路，原因是短路会使二次电路中出现极大的短路电流，使二次绕组严重发热而烧毁。另外二次绕组的一端应可靠接地，避免一、二次绕组间的绝缘击穿后，危及工作人员的安全。

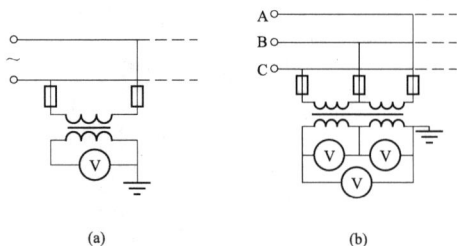

图 5-7　交流电压表经电压互感器接入

（a）单相电路；（b）三相电路

3. 交流电流表的使用

　　测量较小的交流电流采用直接接入方式，即将电流表直接串入被测电路中，并选好适当的量程和准确等级，其接线如图 5-8（a）所示。测量较大的交流电流，应采用电流互感器，其一次侧 L1、L2 串入被测电路，二次侧 K1、K2 接电流表。接线时要注意互感器的极性，一般一次电流从 L1 流向 L2 时，二次电流从 K1 流向 K2。可根据电路中的一次电流选择互感器的变比，电流表的变比与电流互感器的变比应一致，表盘是直接按互感器一次电流刻度的，可直接从表上读取被测电流，其接线

110

如图 5-8（b）、（c）所示。

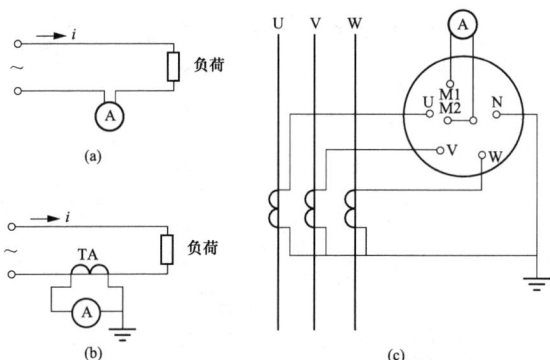

图 5-8　交流电流表的接线

（a）直接接入；（b）经电流互感器接入；（c）用一只电流换相开关测量三相电流

选用电流互感器时，其额定电压应与电路电压相符，其一次侧额定电流应等于或稍大于负荷电流，低压电流互感器二次绕组所接指示仪表不宜太多，一般不超过 3 块。

需要特别注意的是，电流互感器的二次侧绕组不能开路，在一次侧绕组有较大电流通过时，二次侧如果开路，会产生很高的电压，其峰值可达几千伏，这对运行和检修人员是很危险的，还可能造成铁芯强烈过热而损坏。为了保证工作人员和仪表的安全，电流互感器的二次线圈、铁芯、金属外壳都必须可靠接地。

常用电流表、电压表的型号和规格见表 5-4。

表 5-4　　　　　　　　常用电流表、电压表的型号和规格

名称		型号	系别	准确度等级	量限范围	备注
直流	电流表 电压表	1C2-$\frac{A}{V}$	磁电系	1.5	电流：1～500mA，1～10000A 电压：3～3000V	电流自 75A 起外附分流器；电压自 1000V 起带专用附加电阻
直流	电流表 电压表	1KC-$\frac{A}{V}$	磁电系	1.5 2.5	电流：1～10A，20～500A 电压：30～600V，无零位：20～30V，50～75V，100～150V，160～240V，170～250V，180～270V	指针端带有触点，可与控制电路相连，20～500A 需外附分流器

名称		型号	系别	准确度等级	量限范围	备注
直流	电流表电压表	6C2-$\frac{A}{V}$	磁电系	1.5	电流：1~500mA，1~50A，75~10000A 电压：1.5~600V，0.75~1.5kV	电流在 75~10000A 外附定值分流器 电压在 0.75~1.5kV 外附定值附加电阻
直流	电流表电压表	42C3-$\frac{A}{V}$	磁电系	1.5	电流：1~500mA，1~50A，75~10000A 电压：1.5~600V，0.75~1.5kV	电流在 75~10000A 外附定值分流器 电压在 0.75~1.5kV 外附定值附加电阻
直流	电流表电压表	C19-$\frac{A}{V}$	磁电系	0.5	电流：25~580mA，2.5~30A 电压：0.75~600V	另有 C13、C32、C40、C41、C48、C59 等型号
交流	电流表电压表	1T1-$\frac{A}{V}$	电磁系	2.5	电流：0.5~200A，5~10000A 电压：1.5~600V，1~380kV	电流 5~10000A 经电流互感器接通 电压 1~380kV 经电压互感器接通
交流	电流表电压表	6L2-$\frac{A}{V}$	整流系	1.5	电流：0.5~50A，5~10000A 电压：3~600V，1~380kV	电流 5~10000A 经电流互感器接通 电压 1~380kV 经电压互感器接通
交流	电流表电压表	42L6-$\frac{A}{V}$	整流系	1.5	电流：0.5~50A，5~10000A 电压：3~600V，1~380kV	电流 5~10000A 经电流互感器接通 电压 1~380kV 经电压互感器接通
交、直流	电流表电压表	T10-$\frac{A}{V}$	电磁系	0.2 0.5	电流：0~200mA，0~10A 电压：0~600V	另有 T19、T21、T22、T23、T25、T28、T51 等型号
	钳形交流电流表	T-301	整流系	2.5	0~250A，0~600A，0~1000A	另有 MG4 电流、电压表，MG26 电流、电压表，MG28 电流、电压表，MG31 袖珍型电流、电压表
	钳形交流电流、电压表	T-302	整流系	2.5	电流：0~1000A 电压：0~500V，0~600V	
	钳形交流电流、电压表	MG24	整流系	2.5	电流：0~50A，0~250A 电压：0~300~600V	

名称	型号	系别	准确度等级	量限范围	备注
钳形交、直流电流表	MG20	电磁系	5	0~100A、0~200A、0~300A、0~400A、0~500A、0~600A	另有 MG4 电流、电压表，MG26 电流、电压表，MG28 电流、电压表，MG31 袖珍型电流、电压表
	MG21	电磁系	5	0~750A、0~1000A、0~1500A	

三、钳形电流表

钳形电流表是能够在不断开电路的情况下测量电路电流的便携式仪表，又称卡表、钳表，具有方便、快捷的优点，多功能钳形电流表还具有万用表功能，是电工常用的测量仪表之一。常用的有指针式和数字式两种，数字式一般为多功能型。

1. 指针式钳形电流表的使用

指针式钳形电流表由电流互感器、钳形扳手和整流式磁电式仪表组成，其外形如图5-9所示。

使用方法和注意事项如下：

（1）测量前应先估测电流的大小，选择合适的量程，或先将量程开关置于最高挡，然后再根据读数大小选择量程，使读数在刻度线的1/2~2/3左右。必须注意，切换量程开关应在钳形电流表的钳口脱离导线以后进行，严禁测量时切换量程，牢记"套入导线后就不能切换量程"。

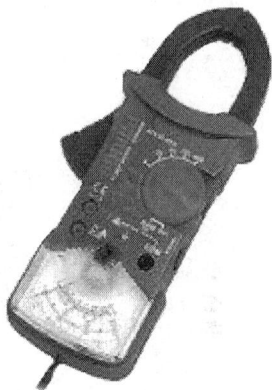

图 5-9　指针式钳形电流表

（2）被测导线应放在钳口中央，并使钳口动、静铁芯接触良好，如有振动噪声，可将钳口重新开合一次，或清除钳口动、静铁芯接触面上的污垢。

（3）测量单相线路电流时，只能钳入一相导线。被测导线应置于钳形窗口中央。测量三相线路的电流时，钳入一根相线，测量读数为该相线的电流；钳入两根相线，测量读数为第三相的电流；钳入三根相线时，如果三相电流平衡，则测量读数为零，若有读数则表示三相电流不平衡，其测量数值是中性线的电流。

（4）当被测电流较小，读数不准确时，如果条件允许，可把导线多绕几匝放进钳口内进行测量，此时实际电流值应为读数除以钳口内的导线匝数。

（5）钳形电流表适用于低压电路的测量。被测电路的电压不能超过钳形表规定的使用电压。测量时，应穿绝缘鞋，戴绝缘手套，测量和观察表计时，要特别注意人体、头部与带电体保持足够的安全距离。

（6）钳形电流表不能测量裸导线的电流。测量时应尽量避开裸露的接线端子及其他裸露部位。避不开时应用绝缘材料加以保护隔离，防止引起相间短路。同时应注意不得触及其他带电部分。

（7）测量完毕，应将量程开关拨到电流量程最大挡或空挡，以防下次使用时因忘记选择量程而烧坏电流表。

（8）多功能指针钳形表还具有测量电压、电阻、晶体管等功能，其使用方法见本章第五节指针式万用表的使用。

2. 数字式钳形电流表使用

数字式钳形电流表具有读数直观方便、准确度和分辨率高、体积小等优点，其外形和电流测量原理如图 5-10 所示。

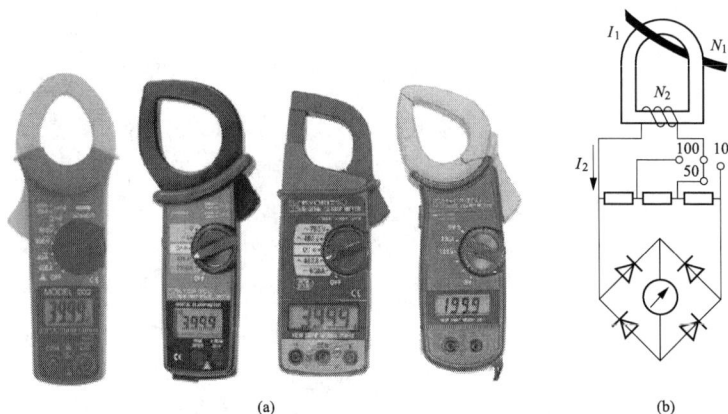

图 5-10　数字钳形电流表外形和电流测量原理

使用方法和注意事项如下：

（1）使用前应检查电池的电量，使用中也应当随时关注电量的情况，若发现电量不足（显示屏出现电量低提示符号）则应及时更换电池。

（2）数字钳形表的量程选择、导线的钳入方法、注意事项与指针式钳形表基本相同。

（3）在测量中，如果显示数字跳变不停，无法读取，难以确认实际测量数值，说明测量现场电磁干扰比较严重，应设法排除干扰，或改用指针式钳形电流表测量。

（4）观看测量数值时眼睛应正对显示屏，以免过于偏斜读错数值。还应当注意小数点的位置。

（5）数字钳形电流表有一个数据保持键"HOLD"，按下"HOLD"后，此时显示屏上将保持测量时的最后数据并被固定，并且显示屏上有"H"符号显示。按下数据保持键后，不能再进行测量。如要继续测量，需再按一下数据保持键。在测量现场光线较暗或不便观察时，可以按下该数据保持键，然后将钳形电流表拿到便于观察的明亮处读取测量数值。

（6）每次测量完毕，要把量程开关置于最大电流（最高交流电压）挡位，以防下次测量时，由于未经选择量程而造成仪表损坏。

常用钳形电流表的技术参数见表 5-5。

表 5-5　　　　　　　　　　常用钳形电流表的技术参数

名称	型号	仪表系列	准确度等级	测量范围
钳形交流电流、电压表	MG4	整流系	2.5	0～10～30～100～300～1000A 0～150～300～600V
钳形交、直流电流表	MG20	电磁系	5	0～100A、0～200A、0～300A 0～400A、0～500A、0～600A
钳形交、直流电流表	MG21	电磁系	5	0～750A、0～1000A 0～1500A
钳形交流电流、电压表	MG24	整流系	2.5	0～5～25～50A 0～300～600V 0～5～50～250A 0～300～600V
钳形交流电流、电压表	MG26	整流系	2.5	0～5～50～250A 0～300～600V
袖珍钳形多用表	MG27	整流系	2.5、5	交流电流：0～5～50～250A 交流电压：0～300～600V 直流电阻：0～300Ω

名称	型号	仪表系列	确准度等级	测量范围
钳形多用表	MG28	整流系	5	交流电流：0～5～25～50～100～250～500A 交流电压：0～50～250～500V 直流电流：0～0.5～10～100Ma 直流电压：0～50～250～500V 直流电阻：0～1～10～100kΩ
袖珍钳形交流电流、电压表	MG30	整流系	2.5	0～5～25～50A 0～300～600V 0～50～125～250A 0～300～600V
袖珍钳形多用表	MG31	整流系	5	交流电流：0～5～25～50A 交流电压：0～450V 直流电阻：0～50kΩ 交流电流：0～50～125～250A 交流电压：0～450V 直流电阻：0～50kΩ
袖珍钳形多用表	MG33	整流系	5	交流电流：0～5～50A 0～25～100A 0～50～250A 交流电压：0～150～300～600V 直流电阻：0～300Ω
钳形交流电流表	T301	整流系	2.5	0～10～25～50～100～250A 0～10～25～100～300～600A 0～10～30～100～300～1000A
钳形交流电流、电压表	T302	整流系	2.5	0～10～50～250～1000A 0～300～600V

第三节　功率表、功率因数表

一、功率表

功率表是用来测量电功率的电工仪表，可分为单相功率表和三相功率表、有功功率表和无功功率表。功率表一般都采用电动系测量机构。

1. 单相电功率的测量

利用功率表测量单相交流电路或直流电路电功率的接线如图 5-11 所示。测量高电压、大电流电路的电功率，则需要采用电压互感器和电流互感器，如图 5-12 所示。

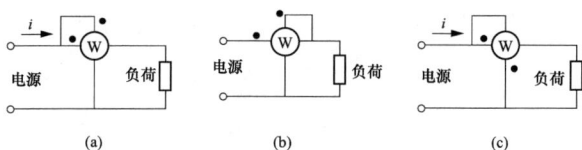

图 5-11　单相电功率的测量

（a）、（b）正确接线；（c）不正确接线

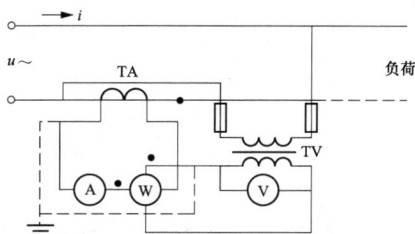

图 5-12　经电压互感器、电流互感器的功率表接线

（1）用三块单相功率表测量三相四线制电路电功率的接线如图 5-13 所示，电路总功率等于三只单相功率表之和。

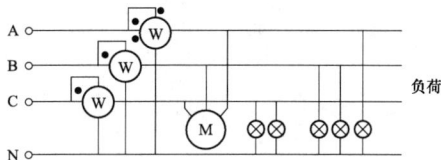

图 5-13　三块单相功率表测量三相四线电路功率

（2）用三相功率表测量三相电路电功率的接线如图 5-14 所示。

常用功率表的型号和规格见表 5-6。

2. 功率表的使用

（1）测量时，功率表的电流（固定）绕组串联接入被测量电路；电压（活动）绕组并联接入负荷电路，不能接错。

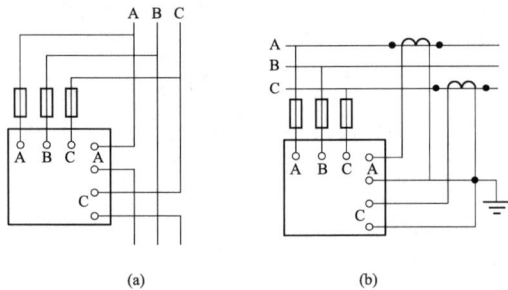

图 5-14 三相功率表的接线图

(a) 直接接入；(b) 经电流互感器接入

表 5-6 常用功率表的型号和规格

型号	名称	准确等级	量程	接入方式
1D1-W 1D5-W	三相有功功率表	2.5	1kW（5A，127V） 2kW（5A，220V） 3kW（5A，380V）	直接接通
			1.5～6000MW （5～10000A， 380V～380kV）	配用电流互感器和电压互感器
1D1-var 1D5-var	三相无功功率表	2.5	0.8kvar（5A，127V） 1.5kvar（5A，220V） 2.5kvar（38W，5A）	直接接通
1D1-var 1D5-var	三相无功功率表	2.5	0.8kvar～5000Mvar （5～10000A， 380V～380kV）	配用电流互感器和电压互感器
42L20-W 42L20-var	三相有功功率表 三相无功功率表	1.5 2.5	与 1D1-W、1D1-var 三相功率表相同	配用电流互感器和电压互感器
16L14-W 59L23-W	单、三相有功功率表	1.5	电压：380V～380kV U_N：单相220V、100V 三相380V、100V	外附功率变换器
16L14-var 59L23-var	三相无功功率表	1.5	电压：380V～380kV/100V 电流：5～10000A/5A	外附功率变换器
19D1-W	三相有功功率表	2.5	电压：127、220、380V 电流：5～10000A/5A	经电流互感器

（2）被测电路的功率、电压、电流要与功率表的功率、电压、电流相匹配，以免过载烧坏功率表的电压、电流绕组。

（3）注意功率表的极性。功率表电压、电流绕组上标有"＊"或"·"标记的称为发电机端，接线时，将标有"＊"或"·"电流端钮接到电源侧，另一端接到负荷侧；标有"＊"或"·"的电压端钮可接在功率表电流端钮的任一侧，另一个端钮则跨接在负荷的另一侧，如图5-11（a）、（b）所示。如果绕组的极性接反，如图5-11（c）所示，功率表的指针将反向偏转。

二、功率因数表

功率因数表又称作相位表，有单相和三相两种，安装在配电屏上的功率因数表一般都是三相的，目前还有携带式钳形功率因数表，使用十分方便。功率因数表的接线如图5-15所示。

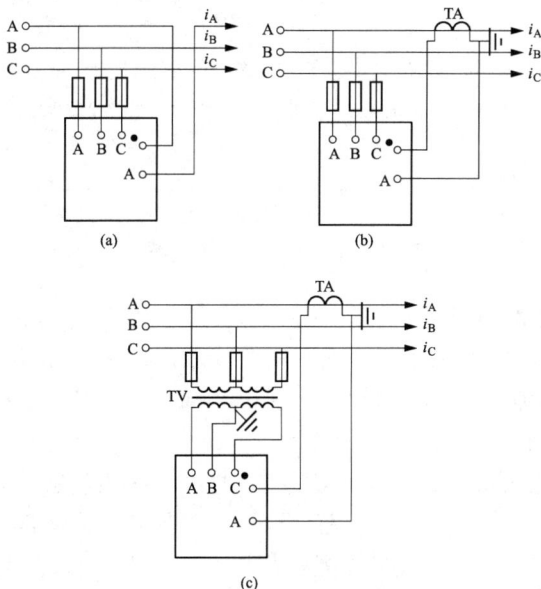

图 5-15　用 1D1—$\cos\varphi$ 型功率因数表接线图
（a）直接接入；（b）经电流互感器接入；
（c）经电压互感器、电流互感器接入

采用功率因数表测量功率因数时，需同时接入电压和电流，测量三相电路的功率因数时，需接入对称的三相电压和 A 相电流。部分常用功率因数表的型号和规格见表5-7。

表 5-7　　　　　　　　　部分常用功率因数表的型号和规格

名称	型号	准确等级	量程	外形尺寸（mm）	备注
功率因数表	1D1-cosφ 1D5-cosφ	2.5	cosφ：0.5～1～0.5 电流：5A 电压：100、110、127、220V	160×160×95	直流接入
功率因数表	1L1-cosφ 1L2-cosφ	2.5	cosφ：0.5～1～0.5 电流：5～10000A/5A 电压：100、127、220、380～380000/100V	160×160×95	直接接入或经互感器接入
单相功率因数表	44L1-cosφ 59L1-cosφ	2.5	cosφ：0.5～1～0.5 电流：5A 电压：100、220V	120×100×49.5	外附功率因数变换器
三相功率因数表	44L1-cosφ 59L1-cosφ	2.5	cosφ：0.5～1～0.5 电流：5A 电压：100、380V	120×100×49.5	外附功率因数变换器
携带式三相功率因数表	D31-cosφ	1.0	cosφ：0.5～1～0.5 电压：110/220/380V 电流：0.5～1、1～2、2.5～5、5～10A	266×193×133	携带式

第四节　电子式电能表

电子式电能表是以微电子电路为基础用来计量电能的一种电气测量仪表，由于没有转动元件又称静止式电能表。它主要是由输入级（主要是由电压或电流互感器、精密分压电阻或取样电阻组成）、乘法器、P/f 转换器和计数、显示、控制器组成。

电子式电能表的工作原理是：首先通过输入级将被测的高电压（一般为几十伏、几百伏）、大电流（几安、几十安）按比例变为电子线路能处理并与乘法器输入端相匹配的低电压（几伏、几十毫伏）、小电流（几毫安）信号，然后通过乘法器进行相乘变为功率，这时再通过 P/f 变换电路将乘法器输出的代表被测功率的电压（或电流）信号变为标准脉冲信号，这个信号的频率正比于被测功率的大小。这样，在单位时间内对脉冲计数，就可测得功率大小。通过计数、显示，控制器将与功率成正比的标准脉冲累计起来就可测得电能值，并显示出来。图 5-16 是电子式电能表的工作原理图。电子式电能表分为安装式电子电能表和标准式电子电能表。

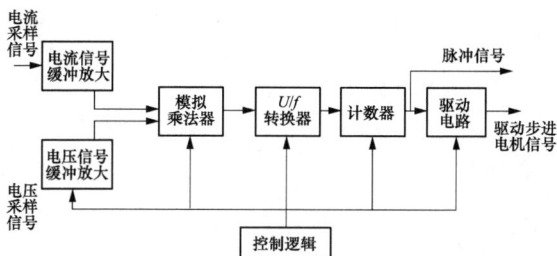

图 5-16　电子式电能表工作原理图

电子式电能表具有测量精度高、功耗低、稳定性好、故障率低、体积小、质量轻、防窃电等特点，随着电子技术的飞速发展，功能齐全的多功能、智能型电子式电能表已经投入使用，功耗高、灵敏度低的感应式电能表必将被电子式电能表所替代。

一、普通型电子电能表

普通型电子电能表只有单一的计量功能，没有其他延伸功能，供一般电力用户计量电能用。

1. 单相电子式电能表

单相电子式电能表（DDS）的原理框图如图 5-17 所示。图中实框部分为必有单元，虚框部分只有在用户需要时才配置。测量模块由电压采样器、电流采样器、乘法器、P/f 转换器、微处理器组成，是一种高度集成、速度较快、内存较小但接口电路齐全的微型计算机，由中央处理单元微处理器（CPU）、程序存储器（RUM）、数据存储器（RAM）、定时/计数器等组成，经微处理器处理的数据，由显示器显示出来供记录使用。

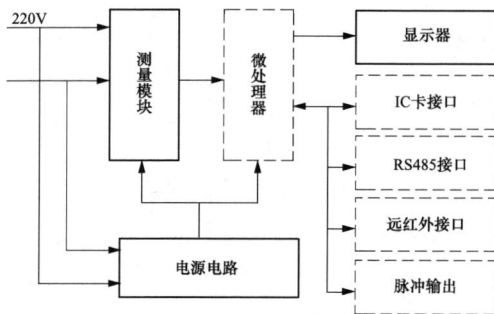

图 5-17　单相电子式电能表原理框图

2. 三相电子式电能表

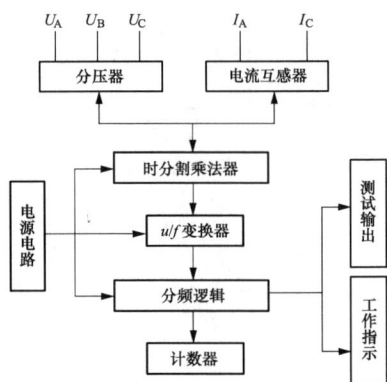

三相电子式电能表以大规模集成电路为基础，以现代微电子技术、计算机技术为核心和先进的 SMT 制造工艺设计生产的高准确度电能计量产品，其结构及原理框图如图 5-18 所示。功率计量部分采用进口大规模集成电路，主要有 A/D 转换、功率计算、电能累加、防潜动等部分组成，具有高可靠、高精度、低功耗的特点。

图 5-18 三相电子式电能表原理框图

电能表采用三相供电方式，三相三线表（DSS）只要有两相，三相四线表（DTS）有一相供电，就能正常工作。用户消耗的电能，通过对电压电流采样，将信号送至放大器和乘法器电路，乘积信号经过积分和 U/f 变换，再通过分频和功率驱动输出脉冲信号，带动步进计数器累计电量。

二、预付费电子式电能表

预付费电能表是在普通单相或三相电子式电能表的基础上增加了微处理器（包含在单片机系统中）、IC 卡接口、跳闸继电器以及液晶（数码管）显示器构成的。它通过 IC 卡进行预购电费和电量数据的传输，通过继电器自动进行欠费跳闸，停止供电，为抄表收费提供了有效手段，其原理框图如图 5-19 所示。预付费电能表有单相电能表（DDSY）、三相三线电能表（DSSY）和三相四线电能表（DTSY）三种型号。

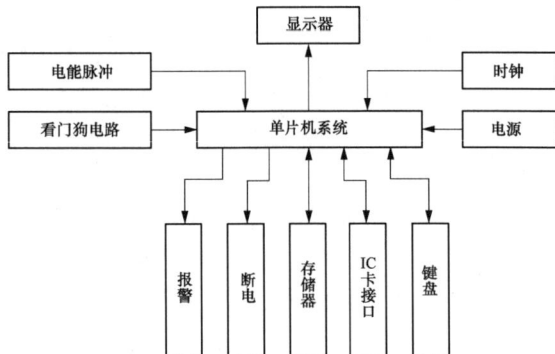

图 5-19 预付费电能表原理框图

1. 工作原理

预付费电能表使用的 IC 卡一般是接触型加密存储卡，可以重复使用。卡内的信息包括该用户电能表密码、所购电量等相关数据，通过读写系统可以将这些信息存入电能表单片机的存储器中。随着用电量的增加，数据测量单元将用电量与所购电量进行减法运算，并将剩余电量告示用户；当所购电量达到设定的余量时，单片机会输出警告信号，提醒用户购电；一旦所购电量用完，单片机即输出控制信号驱动控制继电器跳闸断开供电回路。如果用户将新购电量经过 IC 卡座输入电能表，数据处理单元读得数据后，即由单片机输出信号驱动控制继电器闭合而恢复供电。

在预付费电能表中，IC 卡技术是一个关键技术。IC 卡是集成电路卡（Intergrated Cirecuit card）的简称，它将集成电路镶在塑料卡上，具有接口电路简单、保密性好、不易损坏、存储容量大等优点。

2. 预付费电能表的主要功能

（1）先购电后用电，可设定剩余电量报警，预购电量用完自动停电。

（2）记忆功能。数据在停电后不丢失，恢复送电即可恢复。

（3）双向计量功能。能够精确计量正、反两个方向的功率，并以一个方向累计电量，因而具有防窃电功能。

（4）具有电隔离技术输出脉冲信号，发光二极管指示用电。

（5）液晶（数码管）轮流显示使用电量和剩余电量。

三、复费率电能表

复费率电能表又称多费率电能表或分时计量电能表。它是依据国家现行的电价政策，根据每天用电的峰、平、谷的实际情况，分时段进行计量，以作为分时电价结算的依据。有单相（DDSF）、三相三线（DSSF）、三相四线（DTSF）三种型号。

复费率电能表是在普通电子式电能表的基础上增加了微处理器（CPU）、时钟芯片、通信接口电路、液晶（数码管）显示器等构成的。它根据设置的时段参数对电能进行分时计量，并将其显示出来，同时通过数据通信接口传输数据，为实现用户用电电量分时计费提供了手段。

1. 工作原理

复费率电能表原理框图如图 5-20 所示。测量模块测量有功电能，并将功率脉冲发出。微处理器（CPU）接收到测量模块的功率脉冲进行电能累计，并且存入存储器中，同时读取时钟信号，按照预先设定的时段分时计量电能，并将数据输出到相应的显示器中，并且随时接收串行通信口的通信信号进行数据传输。

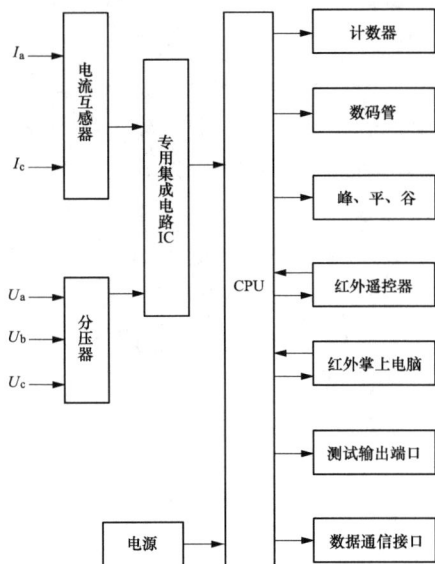

图 5-20　复费率电能表原理框图

2. 复费率电能表的主要功能

（1）分时、段计量。电能表具有 8 个时段，即 24h 内可任意编程为最多 8 个时段的尖峰、峰、平、谷四种费率分时计量，每个时段最小可设置为 15min。

（2）按月统计电量。为了方便用电管理，复费率电能表不仅具有电量累计功能，还可以存储当前和上月的数据。此时的"月"是指电费结算周期，它可以是公历月的任意一日，也可以是公历的月末 24 时。

（3）脉冲输出与通信接口。复费率电能表装有三个红色 LED（数码显示器），一个黄色 LED，一个绿色 LED，一个红外发射管和一个红外接收头。LED 从左至右分别显示峰、平、谷、通信、发射、脉冲及接收。使用通用红外手持终端（掌上电脑）可与电能表进行通信，也可通过 RS-485 通信接口与电能表实现远程通信，可完成自动抄表，参数设置和时钟校对等。

3. 复费率电能表使用方法

（1）设置参数、对时和通信地址。电能表出厂时，内部数据单元均已清零。电能表装有红色编程按钮（正常工作时应处于非编程状态）。

电量底度设置、时段设置、时钟设置等必须通过编程按钮并验证电能表密码后才有效。

（2）抄表。将抄表用的掌上电脑对准复费率电能表，输入电能表表号，选择抄表，即可实现抄表，或者利用 RS-485 接口也可进行抄表。

四、多功能电能表

多功能电能表是指由测量单元和数据处理单元等组成，除计量有功和无功电能外，还具有分时，测量需量、电压、电流、有无功功率、视在功率、功率因数、频率，事件记录、报警等多种功能的电能表。具有测量精度高、性能稳定、功耗低、易于实现管理功能的扩展、一表多用等特点，可用于用电自动化管理领域。有三相三线（DSSD）和三相四线（DTSD）两种型号。

1. 工作原理

三相电子式多功能电能表的工作原理框图如图 5-21 所示。电能表工作时，A、B、C 三相电压、电流经采样电路分别采样后，电压、电流模拟信号送至计量芯片进行处理，处理后的数字信号进入 CPU 进行电能量的计算和各项分析处理，并将处理过的数据根据需要送至显示、通信部分等数据输出单元。

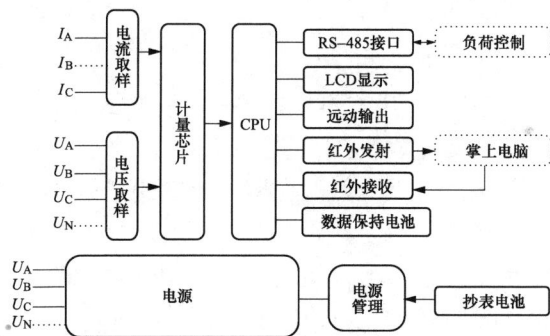

图 5-21 多功能电能表工作原理框图

2. 多功能电能表的主要功能

（1）计量功能。计量双向有功电量和双向无功电量，并可根据编程所设置的结算日结算本月用电量和分时电量数据及上月用电量和分时电量数据。

（2）复费率功能。一般设计为 4 种费率 20 个时段，最多可设置 5 套日时段表，全年最多可设置 14 个时区，节假日、周休日的日时段表用户可自行设置。

（3）最大需量功能。双向有、无功最大需量的测量和存储，记录最大需量出现的时间，并可根据编程所设置的需量把最大需量及最大需量出现时间结算为本月数据和上月数据。

（4）预付费功能。预付费功能与上面预付费电能表的功能相同。

（5）负荷监控功能。可通过编程设置费率段的功率限额，当某一费率段的用电负荷超过该费率段规定的功率限额时，电能表会根据设置的用户级别自动发出报警及跳闸信号。

（6）可测量电压、电流、有无功功率、视在功率、功率因数、频率等瞬时电气参数。

（7）可根据编程设置的日结算电量、最大需量、电压合格率等数据，具有电压合格率记录功能。

（8）显示功能。手动按显和自动循环显示，可循环显示 100 多项，可通过编程选取其中所需项目进行循环显示，可手动操作按键显示 200 多项数据。

（9）具有失电压、失电流、断相、停电、送电等事件的记录功能。

（10）脉冲输出功能。可灵活设置输出的脉冲类型，电能脉冲可用于校表。

（11）RS-485 串口通信功能。

（12）声光报警功能。用户可配置多种报警方式。

五、三相费控智能电能表

三相费控智能电能表是采用大规模集成电路、微电子技术、计算机芯片技术、现代通信技术而设计的新一代网络远程费控智能电能表。通过与电力负荷管理主站系统配合使用，可实现远程抄表、负荷控制、数据转发、异常报警等功能，从而适应现代化科学管理的需求。

有三相三线（DSZY）和三相四线（DTZY）两种型号。

1. 三相费控智能电能表的工作原理

电能表工作时，A、B、C 三相电压、电流经专用电能表高速集成电路处理，转换成相应的数字信息后，计算出各相电压、电流、功率、电能，CPU 中央处理器通过 SPI 口读取有关数据量，并通过程序处理求出各总电量、费率电量、需量、功率因数等。同时识别各相电压、电流有无异常并记录负荷曲线和相应的失电压、失电流状态。其原理框图如图 5-22 所示。

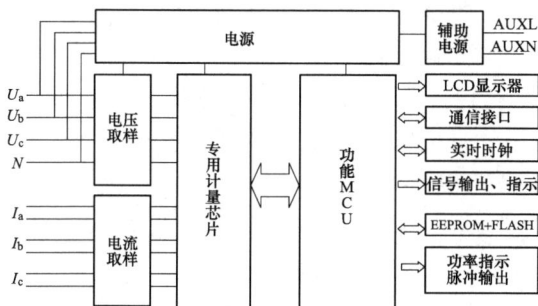

图 5-22　三相费控智能电能表原理框图

2. 三相费控智能电能表的主要功能

（1）计量功能。

1）分时计量双向有功电能、组合有功电能（组合有功计量方式可设置），并存储当前、上 1 结算日～上 12 结算日总、各费率电能。

2）分时计量四象限无功电能、组合无功（组合无功计量方式可设置），并存储当前、上 1 结算日～上 12 结算日总、各费率电能。

3）可计量分相双向有功电能，并存储当前、上 1 结算日～上 12 结算日双向有功电能。

（2）最大需量功能。

1）分时记录双向有功最大需量及发生时间，并存储当前、上 1 结算日～上 12 结算日总、各费率最大需量及发生时间。

2）最大需量周期 5、10、15、30、60min 可选。

（3）复费率功能。

1）可编程 4 种费率，14 个时段，8 个日时段表，14 个年时区，254 个公共假日，具有 2 套时区表和 2 套日时段表功能。

2）具有时段表和结算日时段表功能。

3）外置时钟芯片，具有日历、计时和周年自动切换功能，同时具备温度补偿功能。

（4）远程费控功能。

1）可接收系统主站下发远程控制命令来完成跳闸、分闸允许、报警、解除报警，保电、保电解除等操作。

2）系统主站可以使用参数设置，命令远程设置电能表中的某些参数，如费率时段表、电量结算日等。

3）支持数据回抄命令，使系统主站了解电能表的情况，以及密钥更新命令更新 ESAM 中的密钥。

（5）显示功能。

1）液晶显示，具有参数自动轮显功能，轮显的参数、时间、顺序可任意设置。

2）具有按键显示功能，显示内容、顺序可任意设置。

3）利用遥控器可查看任意一项数据内容。

4）具有背光功能，通过遥控器、按键操作和红外抄表可点亮背光，停电唤醒时背光不点亮。

（6）通信功能。

1）具有双 RS-485 接口、本地红外通信接口、远程 GPRS 通信接口，PC 机或掌上电脑可同时通过多个通信接口与电能表进行通信，真正实现多方通信互不干扰。

2）RS-485 接口与电能表内部实行电气隔离，并设计有防雷击电路。

（7）输出功能。

1）具有有、无功测试脉冲输出。

2）具有多功能输出功能，可实现 1Hz 时钟、需量周期更替信号、时段切换信号输出功能。

3）具有事件异常、故障异常报警输出功能。

（8）事件记录功能。

1）实时测量 A、B、C 三相电压、电流、功率等有效值及当前频率。

2）具有失电压、断相、失电流、电压逆相序、欠电压、过电压、过电流、电流不平衡、总功率因数超下限、停送电、编程、需量清零、校时等记录功能。

（9）特殊功能。

1）具有停电按键、红外唤醒功能，并且停电唤醒后可以红外抄表。

2）具有故障信息提示、报警功能。

3）具有定时冻结、瞬时冻结、约时冻结、日冻结和整点冻结（可选）功能。

4）电能表清零前数据记录功能。

5）密码闭锁功能，密码验证 3 次错误后，电能表将自动闭锁 24h。

6）负荷曲线记录和开盖记录功能。

六、电子式电能表的接线

电子式电能表无论是普通电能表，还是预付费电能表、复费率电能表、多功能电能表或费控智能电能表，其外部接线基本相同，接线端子盒接线端子的排列与感应式电能表基本相同，具体接线应以端子盒盖上的接线图为准。

（1）单相电子式电能表接线，如图5-23所示。

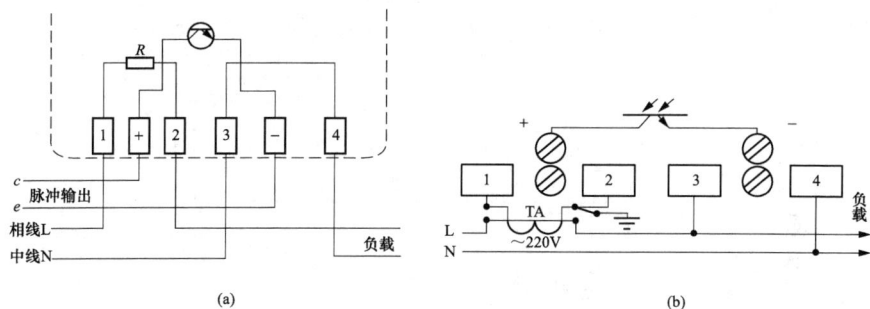

图 5-23　单相电子式电能表接线图
(a) 为直接接入式；(b) 为经电流互感器接入式

（2）三相三线电子式电能表接线（经电压、电流互感器接入），如图5-24所示。

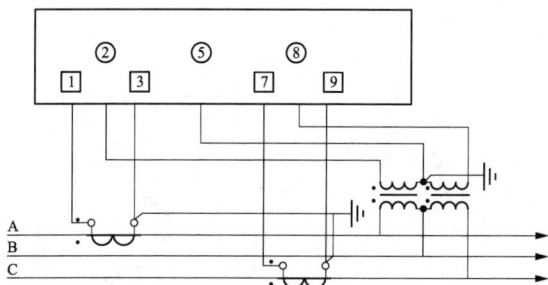

图 5-24　三相三线电子式电能表接线图（经电压、电流互感器接入）

（3）三相四线电子式电能表接线（经电压、电流互感器接入），如图5-25所示。

（4）三相四线电子式电能表接线（经电流互感器接入），如图5-26所示。

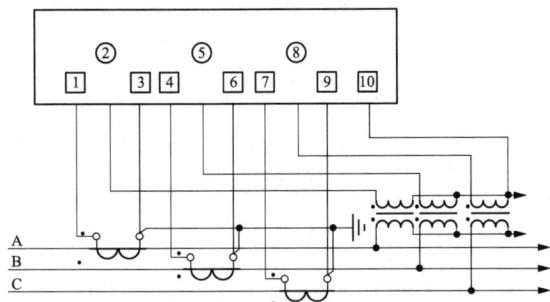

图 5-25　三相四线电子式电能表接线图（经电压、电流互感器接入）

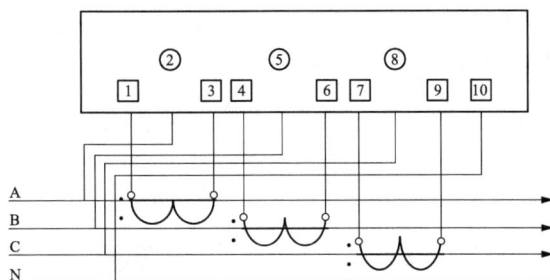

图 5-26　三相四线电子式电能表接线图（经电流互感器接入）

（5）三相四线电子式电能表接线图（直接接入）如图 5-27 所示。

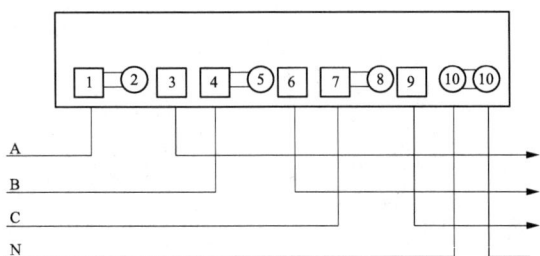

图 5-27　三相四线电子式电能表接线图（直接接入）

七、电能计量装置的配置

1. 电能计量装置的分类

电能计量装置按其计量电能的多少和变压器的容量分为Ⅰ、Ⅱ、Ⅲ、Ⅳ、Ⅴ五类，具体见表 5-8。

表 5-8   **电能计量装置的分类**

类别	计 量 对 象
第Ⅰ类	月平均用电量 500 万 kWh 及以上或变压器容量 10000kVA 及以上的高压计量装置
第Ⅱ类	月平均用电量 100 万 kWh 及以上或变压器容量 2000kVA 及以上的高压计量装置
第Ⅲ类	月平均用电量 10 万 kWh 及以上或变压器容量 315kVA 及以上的计量装置
第Ⅳ类	负荷容量 315kVA 以下的计量装置、其他非计费的计量装置
第Ⅴ类	单相供电的计量装置

电能计量装置的类别不同，对电能表和互感器的准确度等级要求也不相同。不同类别的电能计量装置所配置的电能表和互感器的准确度等级应不低于表 5-9 的规定。

表 5-9   **电能计量装置准确度等级的配置要求**

类别	准确度等级			
	有功电能表	无功电能表	电压互感器	电流互感器
第Ⅰ类	0.2S 或 0.5S	2.0	0.2	0.2S 或 0.2
第Ⅱ类	0.5S 或 0.5	2.0	0.2	0.2S 或 0.2
第Ⅲ类	1.0	2.0	0.5	0.5S
第Ⅳ类	2.0	3.0	0.5	0.5S
第Ⅴ类	2.0	—	—	0.5S

2. 电能表基本电流和最大额定电流的确定

（1）电能表经电流互感器接入，电流互感器的准确度等级为 0.5、0.5S 或 0.2、0.2S 时，如果电流互感器的二次额定电流为 5A，电能表的基本电流和最大额定电流应为 1.5(6)A；如果电流互感器的二次额定电流为 1A，电能表的基本电流和最大额定电流应为 0.3(1.2)A；

若负荷电流的变化幅值较大或负荷电流经常小于电流互感器额定电流的 30% 时，宜选用更宽负载的电能表。

（2）对于直接接入的电能表，应根据核定的报装容量来确定其最大额定电流，计算公式为

$$I_{max} = P / \sqrt{3} U_L \cos\varphi$$

式中：P 为经核定的报装容量，kVA；U_L 为线路线电压，kV；$\cos\varphi$ 为平均功率因数。

3. 互感器的配置

（1）额定电压。电流互感器的额定电压应大于或等于线路的额定电压，即 $U_e \geqslant U_L$。电压互感器一次侧的额定电压应大于 $0.9U_L$，小于 $1.1U_L$，即 $0.9U_L < U_L < 1.1U_L$。

（2）额定变比。电流互感器的额定变比，由额定一次电流与额定二次电流的比值决定。其额定二次电流一般为 5A 或 1A，额定一次电流可按最大负荷电流确定。电压互感器额定一次电压应满足电网电压的要求，额定二次电压应和计量仪表等二次设备的额定电压相一致。一般额定二次电压为 100V。

4. 计量装置二次回路导线的选择

计量装置二次回路必须使用铜质单芯绝缘导线或多芯控制电缆，不得使用软导线或铝芯线，并且中间不允许有接头。

计量装置二次电流回路的导线截面积，也就是电流互感器与电能表之间的连接导线，应按电流互感器的二次负荷计算确定，一般不小于 $4mm^2$。

电压互感器二次回路的导线截面积，由于电压互感器的负荷电流通过二次导线时会产生电压降，将造成电能表端电压对于二次绕组端电压量值和相位上的变化，产生电能表的测量误差，因此电压二次回路的导线截面积应不小于 $2.5mm^2$。

5. 电能计量装置的接线方式

（1）低压供电，负荷电流在 50A 及以下时，应采用单相或三相四线电能表直接接入方式；负荷电流在 50A 以上时，应采用单相或三相四线电能表经电流互感器接入方式。

（2）高供低计的配电变压器，应采用三相四线电能表经电流互感器接入方式。100kVA 及以上的配电变压器，还应安装无功电能表或多功能电能表。

（3）采用高供高计的配电变压器（315kVA 及以上），应采用多功能电能表经电流互感器、电压互感器接入方式。

（4）所有计费用的电流互感器二次侧接线应采用分相接线方式，非计费用电流互感器的二次侧接线可以采用星形或不完全星形接线方式。

八、电能计量装置的安装和运行维护技能

1. 电能表的安装技能

（1）电能表应安装在无磁场干扰影响、无腐蚀性气体的场所，环境温度不超过 $-20° \sim 50°$。

（2）电能表的安装高度：计量屏，电能表水平中心线距地面 0.6～1.8m，安装在墙壁上的计量箱为 1.6～2.0m。电能表的空间及表之间的距离应不小于 100mm（单相电能表不小于 30mm），电能表应垂直安装，倾斜应不大于 1°。

（3）高供低计的计量装置，计量点到变压器低压侧的电气距离不宜超过 20m。

（4）电能表接线时，必须严格按照接线盒内的接线图连接。三相电能表必须按正相序接线，三相四线电能表必须接中性线，电能表的中性线必须与电源中性线直接连通，不允许相互串联，不允许采用接地、接金属外壳等方式代替。接线时，接线盒外不得有导线的裸露部分，接线螺栓应紧固。

（5）电能计量装置的二次回路不得装设熔断器和切换开关。Ⅲ类及以上电能计量装置的二次回路中，宜安装能加封的专用试验接线端子盒，如图 5-28 所示。试验接线端子盒应具有带负荷现场校验、带负荷换表、防窃电功能。

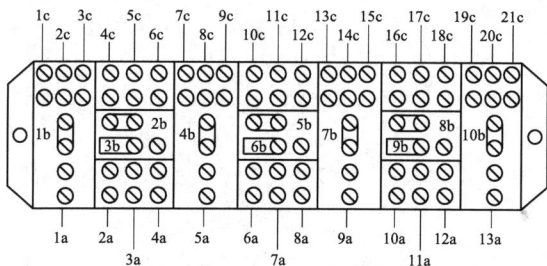

图 5-28　电能表试验接线端子盒

2. 电流互感器的安装技能

（1）电流互感器的安装位置要便于检查和更换，安装牢固并易于观察铭牌。同一组电流互感器的安装方向应一致，互感器的外壳必须可靠接地。

（2）电流互感器的二次侧不允许开路，对二次双绕组电流互感器如果只用一个绕组时，另一个绕组应可靠短接。

（3）额定电压 500V 的电流互感器二次侧可不接地，原因是：二次绕组接地后，整套装置一次回路对地绝缘水平降低，容易使有绝缘弱点的电能表或互感器在高电压作用（如受感应雷击）时损坏，从减少雷击损坏出发，二次绕组以不接地为好。另一原因是电能表、互感器和低压计量装置所使用的导线绝缘等级相同，能承受的最高电压基本一致。

（4）电流互感器的 L1 和 K1 为同极性接线端子，一次和二次侧接线应按同极性连接，即一次侧电流从 L1 流入，则二次侧应从 K1 流入。对于穿心式电流互感器，一次导线应从 L1 端穿入，二次侧电流从 K1 流入。

3. 电能计量装置二次回路的安装技能

（1）为了方便检查，电能计量装置 A、B、C 三相的连接导线，应分别采用黄、绿、红色线，中性线采用淡蓝色线，接地线采用黄、绿双色线。

（2）电能计量装置二次回路导线的敷设应排列有序、整齐美观、绑扎牢固。端子标号应清晰，不宜脱落。二次回路接线端子的相序排列应自上而下或自左至右，电流回路和电压回路的排列顺序为 A、B、C、N。导线与接线端子的连接必须牢固，保证接触良好。

（3）低压电能计量装置的电压线应单独接入，不与电流线合用。

（4）当需要在一组电流互感器的二次回路中安装多块电能表（如有功、无功、复费率、最大需量等），应遵循以下原则：

1）各电能表所有的同相的电流线圈串联，所有同相的电压线圈并联，接入相应的电流、电压回路；

2）每块电能表仍按本身的接线方式连接；

3）保证二次电流回路的总阻抗不超过电流互感器的二次额定阻抗值；

4）电压回路从母线到每个电能表接线盒之间的电压降，应符合规程要求。

目前推出的多功能电能表，将有功、无功、复费率、最大需量等多种测量功能集于一身，大大降低了接线的复杂性和劳动强度，应推广使用。

4. 电能计量装置的运行和维护技能

（1）电能表的轮换与检定周期，见表 5-10。

表 5-10 电能表的轮换与检定周期

电能表 类别	轮换周期		现场检验周期
	机械表	电子表	
第 I 类	4 年	5 年	3 个月
第 II 类	4 年	5 年	6 个月
第 III 类	4 年	5 年	每年
第 IV 类	5 年	5 年	—
第 V 类	10 年	5 年	—

（2）电能计量装置的巡视检查。

1）对运行中的电能计量装置应定期进行巡视检查，掌握运行状态，及时发现和消除计量装置的缺陷，防止计量差错的发生。

2）电能计量装置定期巡视检查周期：高压用户，每季度至少一次；低压用户，每个月至少一次。

3）检查内容：用电性质、用电容量、计量装置运行情况、封印是否正确完好等。

4）检查中发现用户计量装置有问题时，应做好记录，并及时报告相关人员进行处理。

5. 互感器和二次回路常见故障

（1）电流互感器开路，包括互感器绕组烧坏开路、二次回路断线、接触不良造成开路。三相负荷平衡时，开路一相，测量误差慢 1/3。此故障可通过检查接线或用钳形电流表测量一次电流判断。

（2）电流互感器短路。短接互感器二次侧属窃电行为，三相负荷平衡时，短接一相，测量误差慢 1/3，可通过检查接线发现。

（3）互感器极性接反。三相负荷平衡时，接反一相，测量误差慢 2/3，接反两相电能表倒转。此故障测量一、二次电流变比正常，可通过检查接线及测量误差发现。属于互感器内部故障或标注错误的应进行更换。

（4）二次回路接触不良，可造成互感器二次开路或二次阻抗增大，误差不合格。

（5）互感器变比不正确。造成此故障的原因是铭牌标注错误或用户窃电故意更换，可通过测量一、二次电流进行比对发现。

（6）电压回路故障，包括电压回路断线或接触不良，造成电能表缺相、三相负荷平衡时，缺一相，测量误差慢 1/3，可通过检查接线和现场测量电压发现。

电压回路的另一故障是电压相序接反，可通过检查接线发现。

第五节 万 用 表

万用表是一种多功能、多量程的便携式检测仪表，用来测量交直流电压、电阻、较小的直流电流、电容、电感、音频电平等电量参数，能对半导体元件进行测试，在电工、电子、电信等行业应用广泛。常用指针式万用表的型号和规格见表 5-11。

表 5-11　　　　　　　　常用指针式万用表的型号和规格

型号	测量范围		灵敏度或压降	准确度等级
500 型	直流电压	0～2.5～10～50～250～500V	20000Ω/V	2.5
		2500V	4000Ω/V	4.0
	交流电压	0～10～50～250～500V	4000Ω/V	4.0
		2500V	4000Ω/V	5.0
	直流电流	0～50μA～1～10～100～500mA	≤0.75V	2.5
	直流电阻	0～2kΩ～20kΩ～200kΩ～2MΩ ～20MΩ	10Ω 中心	2.5
	音频电平	−10～+22dB（45Hz～1kHz）		
MF-10 型 高灵敏度	直流电压	0～0.5～1～2.5～10～50～100V	100000Ω/V	2.5
		0～250～500V	20000Ω/V	
	交流电压	0～10～50～250～500V	20000Ω/V	4.0
	直流电流	0～10～50～100μA～1～10 ～100～1000mA	<0.5V	2.5
	直流电阻	0～2kΩ～20kΩ～200kΩ～2MΩ ～20MΩ～200MΩ	10Ω 中心	2.5
	音频电平	−10～+22dB		4.0
MF-35 型 精密级	直流电压	75mV（50μA）		1.5
		0～1～2.5～10～25～100～250 ～500～1000V		1.0
	交流电压	0～2.5V		2.5
		0～10～50～250～500～1000V		1.5
	直流电流	0～50～250μA～1～5～25 ～100mA～1～5A		1.0
	交流电流	0～2.5mA		2.5
		0～25～250mA～1～5A		1.5
	直流电阻	D.Ω（低电阻）	2.4Ω 中心	1.5
		1Ω、10Ω、100Ω、1kΩ、 10kΩ	15Ω 中心	1.0
	音频电平	−10～+10dB		

型号	测量范围		灵敏度或压降	准确度等级
MF-30型 袖珍式	直流电压	0～1～5～25V	20000Ω/V	2.5
		0～100～500V	5000Ω/V	2.5
	交流电压	0～10～100～500V	5000Ω/V	4.0
	直流电流	0～50～500μA～5～50～500mA	<0.75V	2.5
	直流电阻	0～4kΩ～40kΩ～400kΩ～4MΩ ～40MΩ	25Ω中心	2.5
	音频电平	-10～+22dB		4.0

一、指针式万用表的使用

1. 熟悉表盘

万用表使用前，必须熟悉盘
面上各部件的作用，分清表盘上
各条刻度尺所对应的测量值。图
5-29为MF-30型指针式万用表的
盘面。图中最上面第一条刻度线
的右边标有"Ω"，表示这是电阻
刻度线。盘面上的第二条刻度线
是电压和电流的公用刻度线，电
压、电流的测量数值都从该刻度
线读取。有的万用表还有其他刻
度线，分别适用于不同的测量对
象，如三极管放大倍数（h_{FE}）、音
频电平（dB）等，表盘上都有明
确标示。读数时，应在对应量程
的刻度尺上读取。

图5-29 指针式万用表的盘面

2. 零位调整

测量前，要先检查万用表指针是否在刻度线左侧的零位上，如果不
在零位，可以调整表盖中央的机械零位调整器使指针指向零位。

3. 接线插孔的选用

万用表一般有"+""-"两个插孔，有的万用表除了上述两个插
孔外，还有"2500V""5A"等插孔，是供测量较高电压和较大的直流
电流用的。一般情况下，在测量电压、电流和电阻时，将红表笔插入

"＋"接线插孔中，黑表笔插入"－"接线插孔中。有2500V、5A插孔的万用表，在测量高电压和大电流时，将红表笔插入"2500V"或"5A"插孔中，黑表笔不动，但应将万用表放在绝缘良好的物体上，操作时注意安全。

4. 正确选择转换开关的位置

根据电阻（Ω）、交流电压（～V）、直流电压（—V）、直流电流（—mA）等测量对象应将转换开关转到相应的位置上，不能放错位置，如测量交流电压应转到相应的交流电压挡位范围。

5. 正确选择量程

根据被测电量的大致范围，将转换开关转至该种类的适当量程上。应使指针停在刻度线的1/2～2/3左右，测量结果较为准确。

6. 电阻测量

把转换开关转到"Ω"挡位置。测量前，先将两表笔短接，调整表盘上的"Ω"零位调节旋钮，使指针指向"Ω"刻度线右边的零位。然后把表笔分开，接在被测电阻两端，使指针停在刻度线的1/2～2/3左右，刻度线上读取的数值，还要乘上所选量程的倍率，才是被测电阻的阻值。如用$R\times100$挡测得某电阻刻度尺上的读数为4，则实际阻值为$4\times100=400\Omega$。

7. 交流电压测量

把转换开关转到"～V"位置，两表笔与被测电路并联。测量前应先估测电压的大小，选择合适的量程，或先将量程开关置于最高挡，然后再根据读数大小选择量程，使指针停在刻度线的1/2～2/3左右。有时，从刻度线上找不到相对应的转换开关量程，如交流电压转换开关量程最高为1000V，而电压、电流刻度线最大指示值为250V，读数时，应将刻度线上的读数乘以转换开关量程值与刻度线最大指示值之比的倍数。如用500V电压量程测电压，在250刻度尺上读数为200V，则实际电压应为$200\times(500/250)=400$V。

8. 直流电压测量

把转换开关转到"—V"位置，两表笔与被测电路并联，红表笔接正极，黑表笔接负极。测量方法与交流电压的测量相同。

9. 直流电流测量

把转换开关转到"—mA"位置，两表笔串接在测电路中。红表笔接正极，黑表笔接负极。测量前应先估测电流的大小，选择合适的量程，或先将量程开关置于最高挡，然后再根据读数大小选择量程，使指

针停在刻度线的 $1/2 \sim 2/3$ 左右。

万用表使用注意事项：

（1）测量较高电压和大电流时，不能带电切换量程开关。万用表使用完毕，要把量程开关放到交流电压的最高挡。

（2）万用表最忌转换开关在电阻或电流挡位上去测电压，这样极易损坏万用表。在频繁更换测量对象时，更容易发生上述失误。因此使用万用表要养成一个习惯，就是在测量前再看一下转换开关的位置，以防止失误的发生。

二、数字式万用表的使用（以 DT890B 型万用表为例）

数字式万用表以其测量精度高测试功能多、量程范围宽、自身耗电小、保护功能完善、可靠性高、读数方便快捷等优点，日益受到业内人士的欢迎。特别是近年来价格不断下降，已成为电子电气工作者的首选仪表。其外观如图 5-30 所示，DT890 系列数字万用表的技术参数见表 5-12。

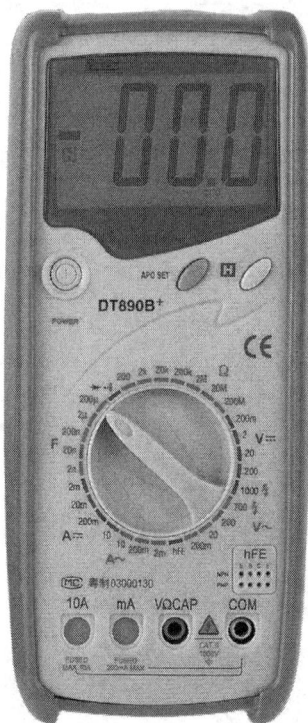

图 5-30　数字式万用表外观

表 5-12　　　　　　**DT890 系列数字万用表的技术参数**

测量项目	量程	准确度	分辨率	注
直流电压	200mV	±0.5%读数±1 字	0.1mV	输入阻抗：10MΩ
	2V		1mV	
	20V		10mV	
	200V		0.1V	
	1000V	±0.8%读数±2 字	1V	
直流电流	200μA	±0.8%读数±1 字	0.1μA	
	2mA		1μA	
	20mA		10μA	
	200mA	±1.2%读数±1 字	0.1mA	
	10A	±2%读数±5 字	10mA	
交流电压 40～200Hz	200mV	±1.2%读数±3 字	0.1mV	输入阻抗：10MΩ
	2V	±0.8%读数±3 字	1mV	
	20V		10mV	
	200V		100mV	
	700V	±1.2%读数±3 字	1V	
交流电流 40～200Hz	2mA	±1.0%读数±3 字	1μA	
	20mA		10μA	
	200mA	±1.8%读数±3 字	100μA	
	10A	±3%读数±7 字	10mA	
电容	2000pF	±2.5%读数±3 字	1 pF	
	20nF		10pF	
	200nF		100pF	
	2μF		1nF	
	20μF		10nF	
电阻	200Ω	±0.8%读数±3 字	0.1Ω	开路电压：<700mV
	2kΩ	±0.8%读数±1 字	1Ω	
	20kΩ		10Ω	
	200kΩ		100Ω	
	2MΩ		1kΩ	
	20MΩ	±1.0%读数±2 字	10kΩ	

1. 使用方法：

（1）直流电压测量。先将红表笔插入"V/Ω"插孔，黑表笔插入"COM"插孔，然后，将转换开关置于"±DCV"量程范围，根据所测直流电压的大小，选择适当的量程，将转换开关旋至相应挡位，将两表笔与被测电路并联，即可从显示屏上读取所测直流电压值。如果显示屏只显示1，表示所测电压已超出该挡量程，应将转换开关量程调高。

（2）交流电压测量。除将转换开关置于"ACV"量程范围外，其他操作与直流电压测量相同。

（3）直流电流测量。黑表笔插入"COM"插孔，根据所测电流的大小将红表笔插入"mA"插孔或"20A"插孔，将转换开关旋置 DCA 位置，选择适当的量程，并将两表笔串入待测电路，即可从显示屏上读取所测直流电流值。如果显示屏只显示1，表示所测电流已超出该挡量程，应将转换开关量程调高。

（4）交流电流测量。除将转换开关置于"ACA"量程范围外，其他操作与直流电流测量相同。

（5）电阻测量。先将红表笔插入"V/Ω"插孔，黑表笔插入"COM"插孔，然后，将转换开关置于"Ω"量程范围的适当挡位，两表笔接电阻或电路两端，即可从显示屏上读取所测直流电阻值。如果被测电阻超出所选量程的最大值，将显示1应调高量程。如果选到最大量程仍显示1，则被测对象可能断路。数字万用表没有调整装置，短路两表笔，200Ω 挡将有一些数字显示，这是表笔线本身及插件的接触电阻，应从测出的数值中减去这些数字。

（6）电容测量。数字万用表设有专门的电容测试插孔，测量时把转换开关置于"C"量程范围的适当挡位，电容两端插入测试孔，即可从显示屏上读取所测电容值。如果挡位选择合适，而仍显示1，则电容器有可能断路。DT890B 型数字万用表电容挡的最大测量值为 $20\mu F$，测试较大容量的电容器时，稳定读数需要一定的时间。2000P 挡位在没有电容器插入时，往往会有数字显示，这是电路的杂散电容，应从测出的数值中减去这些数字。

（7）线路通断测试。先将红表笔插入"V/Ω"插孔，黑表笔插入"COM"插孔，将转换开关置于蜂鸣器位置，两表笔接待测线路两端，如内置蜂鸣器发声，则表示线路通路。

（8）二极管测试。检查二极管正向压降时，红表笔插入"V/Ω"插孔，黑表笔插入"COM"插孔，将转换开关置于二极管符号位置，红表笔接二极管正极，黑表笔接二极管负极。两表笔开路电压为 2.8V（典型值），测试时电流为 1 ± 0.5mA。测锗管时应显示 $0.150\sim0.300$V，测硅管时应显示 $0.550\sim0.700$V。

（9）三极管电流放大倍数 hFE 的测量。把量程转换开关置于 hFE 挡位，根据被测三极管的种类把"PNP"或"NPN"三极管的集电极、基极、发射极分别插入"hFE"专用的相应插孔（C、B、E）内，即可从显示屏上读取所测三极管的电流放大倍数。

2. 数字万用表使用注意事项

（1）万用表所测电压、电流不应超过其规定的电压或电流，插孔旁有明确提示，否则内部电路将受损。

（2）严禁在测试过程中切换转换开关，特别是在电压或电流测量过程中。如需切换，须在表笔脱离电路之后进行，以防电弧烧坏量程开关。

（3）测量电容时，应先将电容器放电，以免损坏表内电路。

（4）测量电阻时，严禁带电测量。

（5）每次测量结束要及时关闭电源开关。

（6）当显示屏上出现电池电压过低告警指示（电池符号）时，要及时更换电池，以免影响测量准确度。

（7）万用表长期不用时，应将表内电池取出。

（8）不能在阳光直射、高温环境中使用或保存数字万用表，否则容易损坏其液晶显示屏。

（9）数字万用表一旦出了问题，要请专业人员修理，严禁乱动表内元件。

第六节 绝缘电阻表和接地电阻测试仪

一、绝缘电阻表

绝缘电阻表又称为兆欧表，俗称摇表，因其测量的电阻值在兆欧级，故名兆欧表。是一种测量电气设备、线路、电缆等绝缘电阻的便携式仪表。具有体积小、质量轻、携带使用方便等特点。测量绝缘电阻时，对被测的绝缘体加以规定的较高试验电压，以渗漏过绝缘体的电流大小来确定它的绝缘性能，用以判定绝缘是否损坏，其外形如图 5-31 所示。电工常用的绝缘电阻表有 500、1000、2500V 三种，其型号和规格见表 5-13。

(a)

(b)

(c)

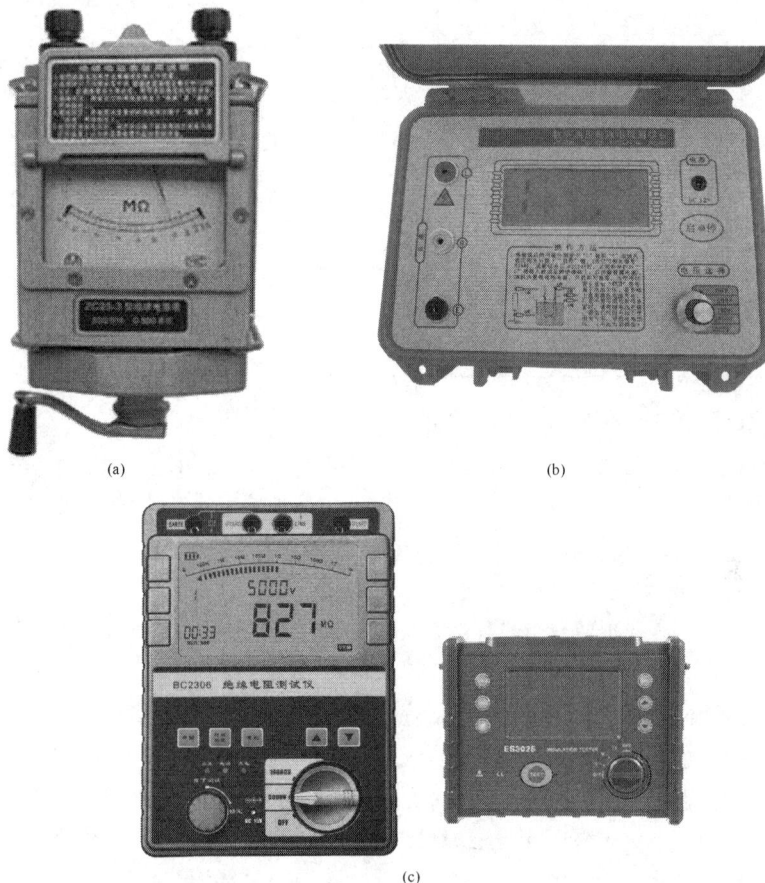

图 5-31　绝缘电阻表

（a）ZC25-3 型手摇绝缘电阻表；（b）数字高压绝缘电阻测试仪；（c）携带型绝缘电阻表

表 5-13　　　　　　　　常用绝缘电阻表的型号、规格

型号	准确度等级	额定电压（V）	测量范围（MΩ）	电源方式	外形尺寸（mm）
ZC-7	1	500	0～1000	手摇直流发电机	170×110×125
		1000	0～5000		
		2500	0～10000		
ZC11-3	1	500	0～2000	手摇发电机	200×115×130
ZC11-4		1000	0～5000		
ZC11-5		2500	0～10000		
ZC11-8		500	0～1000		
ZC11-10		2500	0～2000		

型号	准确度等级	额定电压 （V）	测量范围 （MΩ）	电源方式	外形尺寸 （mm）
ZC13-3	1.5	500	0～100	市电 220V 交流电源，半导体整流器	220×130×120
ZC13-4		1000	0～200		
ZC25-3	1	500	0～500	手摇发电机	210×120×150
ZC25-4		1000	0～1000		
ZC40-4	1	500	0～1000		
ZC40-5	1	1000	0～2000		
ZC40-6	1.5	2500	0～5000		

ZC 型绝缘电阻表的使用注意事项：

（1）合理选用绝缘电阻表的电压等级。绝缘电阻表的电压等级应按电气设备电压等级选用。一般额定电压在 500V 以下的设备，选用 500V 或 1000V 的绝缘电阻表；额定电压在 500V 以上的设备，选用 1000V 或 2500V 的绝缘电阻表。

（2）正确选择绝缘电阻的量限范围。绝缘电阻表的表盘刻度有两个极端"0"和"∞"，一般刻度上还有两个点把整个刻度划分为三段，中间区段精度较高，两边区段精度较低，所以要求测量时绝缘电阻表的指针应在精度高又清晰的中间区段或接近中间区段处。由于测量时被测物所处的环境、温度、湿度等条件的不同，因此所选用的绝缘电阻表要考虑量限范围。在干燥的北方或测试较新的设备，选用 500V 电压等级时，要选择上限为 2000MΩ，中间区段为 2～200MΩ 的绝缘电阻表。在潮湿地点或测试陈旧的设备，应选择上限为 100MΩ，中间区段为 0.2～20MΩ 的绝缘电阻表，如图 5-32 所示。

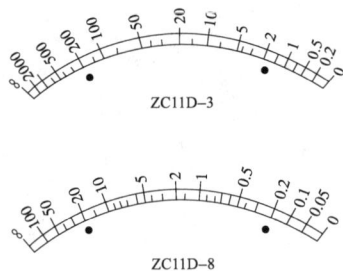

图 5-32　绝缘电阻表的刻度盘

（3）测量前必须将被测设备的电源全部切断，并进行充分放电，特別是电容性电气设备，以保证人身和设备的安全。

（4）用干净的布或棉纱将被测物表面擦干净，以消除污物或潮湿对表面绝缘的影响。

（5）测量前应对所选用的绝缘电阻表进行开路和短路试验。表放水平位置，在未接测试线以前，先慢慢转动绝缘电阻表手柄，指针应指向∞位置；再将"L"和"E"两个接线端钮短路，慢慢转动绝缘电阻表手柄，指针应指向"0"位置。

（6）正确接线。绝缘电阻表的测试线必须采用绝缘良好的两根单芯多股软线，最好使用表计专用测量线。"L"是线路端钮，测试时接被测设备；"E"是地线端钮，测试时接设备外壳或接地；"G"是屏蔽端钮（即保护环），测试时接设备的保护屏蔽部分如电缆芯线的绝缘层。用以消除因表面泄漏引起的测量误差。接线端子"L"和"E"不能反接，否则会产生较大的测量误差。电缆绝缘电阻的测量接线如图 5-33 所示。

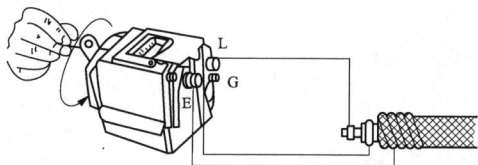

图 5-33　电缆绝缘电阻的测量接线

（7）测量时测量线要分开，不可互绞。

（8）绝缘电阻表要放置在远离电场和磁场，操作人员要与带电部位保持安全距离。

（9）绝缘电阻表测量时顺时针摇动摇把，要均匀用力，逐渐使转速达到 120r/min（以听到表内"嗒嗒"声为准）。待调速器发生滑动后，即可得到稳定的读数。一般采用 1min 后的读数为宜。如果被测物的电容量特别大，应在绝缘电阻表指针稳定后再读取数据。

（10）在绝缘电阻表没有停止转动和测试设备没有放电以前，不可用手触及测试设备和进行拆除导线的工作。

（11）在测量有电容的设备或线路的绝缘电阻时，读取数值后应先将绝缘电阻表线路接线端钮"L"的连线断开后，再减速停止转动，以防止被测试设备向绝缘电阻表反充电而损坏仪表。

二、接地电阻测试仪

接地电阻测试仪俗称接地摇表，是用于测量各种电气设备接地装置接地电阻的便携式仪表，也可用于一般低电阻的测量。常用接地电阻测量仪的型号和规格见表 5-14。接地电阻测试仪如图 5-34 所示。

表 5-14 常用接地电阻测量仪的型号和规格

名称	型号	准确等级	量程	外形尺寸（mm）
接地电阻测量仪	ZC-8	5	0～1～10～100（低阻） 0～10～100～1（高阻）	170×110×164
	ZC-29	5	0～1～100～1000	
	ZC-69	5	低阻：0～1～10～100（ ） 高阻：0～10～100～1（ ）	102×125×105
晶体管接地电阻测量仪	ZC-34	2.5	0～10～100～1000	

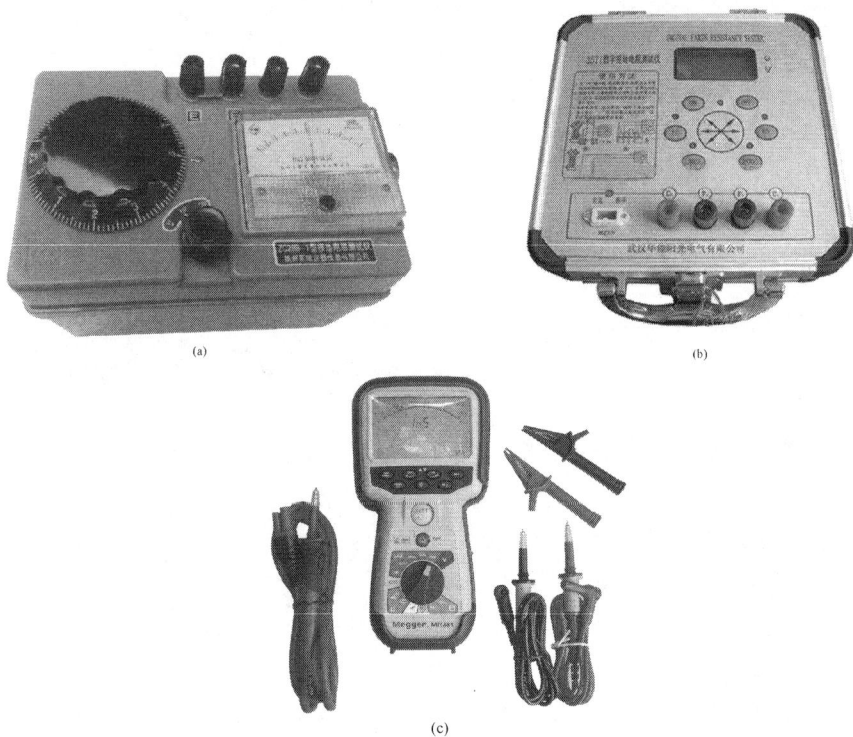

图 5-34 接地电阻测试仪

（a）ZC-29 型接地电阻测试仪；（b）数字接地电阻测试仪；

（c）携带型接地电阻测试仪；

1. 接地电阻测试仪使用前的检查（以 ZC-29 为例）

接地电阻测试仪使用前应对机械零位、电气零位、灵敏度、示值、测试导线进行检查，以保证测量的准确性。

（1）机械零位调整。将接地电阻测试仪放在平整的地方，调整检流计的机械零位调整螺丝，使检流计的指针指向零位。

（2）电气零位检查。用导线将 C、P、E、E4 个接线端子连在一起，测量标度盘 RS 设在"0"，量程转换开关置于"×1"及"×10"，此时摇动手柄，指针应该指在"0"位。若不指"0"，则此测试仪应进行修理。

当量程开关置于"×0.1"时，摇动手柄，这时指针可能会偏离"0"位，此值很小，约 2 小格左右，且稳定不变，此值即为电气零位偏离值，测量时应从测量结果中减去偏离值。例如：检查电气零位时，置"×0.1"挡，指针偏离"0"位，此时转动测量标度盘 RS，使检流计指针指零。若指针指零时，滑线电阻为 0.02Ω，假定测得接地电阻为 3.96Ω，那么实际值为 $3.96-0.02=3.94\Omega$。

（3）灵敏度检查。该项检查用于判断接地电阻测试仪的灵敏度是否合格。方法是：用导线将 C、P、E、E4 个接线端子连在一起，测量标度盘 RS 设放在"1Ω"位置，量程转换开关置于"×0.1"挡，摇动手柄，若指针偏离零位 4 小格以上，则此测试仪灵敏度合格；如量程转换开关置于"×1"及"×10"挡时，偏离格数应该大于"×0.1"挡。

（4）示值检查。把 C 和 P 短接，E 和 F 短接，将标准电阻箱（如 ZX25a，$0.01\sim 11111.11\Omega$，0.02 级）接在 E 和 P 端子上，如图 5-35 所示，摇动手柄的同时，转动 RS，使检流计指针指零，此时接地电阻测试仪的示值和电阻箱示值差异不应超过接地电阻测试仪的准确度等级。

（5）测试导线检查。接地电阻测试仪附有三条导线，40m、20m、5m 各一根。

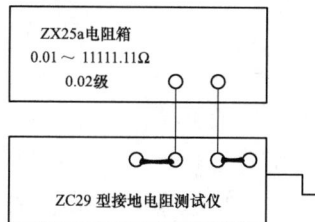

图 5-35　接地电阻测试仪示值检查

如果导线受损阻值变大，就会造成较大的测量误差。用图 5-35 的方法，用导线代替标准电阻箱就可检查出导线是否完好。

2. 接地电阻测试仪的使用

（1）测量前，应把被测接地装置的接地引下线断开，然后进行测量。测量接线如图 5-36 所示。E' 为被测接地极，通过 5m 导线接到接地电阻测试仪的接地端钮 "E"（C_2、P_2）上；P' 为电位接地探针，通过 20m 导线接到接地电阻测试仪的 "P"（P_1）端钮上；C' 为电流接地探针，通过 40m 导线接到接地电阻测试仪的 "C"（C_1）端钮上。接地极 E'、电位接地探针 P'、电流接地探针 C' 三者成一条直线并相距 20m，P' 一定要插在 E' 和 C' 之间。两探针分别插入地下 400mm。

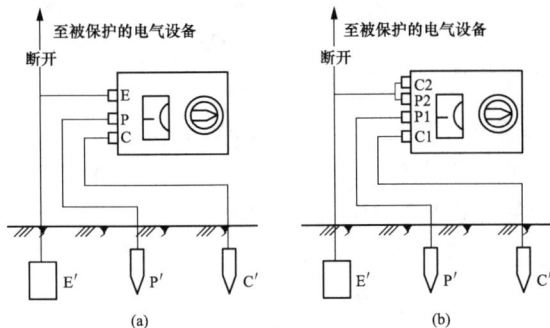

图 5-36　测量接地电阻的接线

(a) 三个端钮；(b) 四个端阻

（2）将表盘上的量程转换开关置于最大倍数，右手慢慢转动发电机摇把，左手同时旋转测量标度盘，待检流计的指针指在中心线时，加快摇动使转速达到 120r/min，同时调整测量标度盘，使指针稳定地指在中心红线上。这时测量标度盘的读数与倍率标度的乘积，就是所测接地电阻值。

（3）如果测量标度盘的读数小于 1，应将倍率标度置于较小的一挡，重新调整测量标度盘，直到得到正确读数。

（4）当检流计的灵敏度过高时，可将电位探针插入土壤的深度调浅一些；当灵敏度不够时，可在电位探针和电流探针处注水使其湿润。

3. 特殊场合接地电阻的测量

在用接地电阻测试仪测量接地电阻时，操作规程要求电压探棒和接地极相距 20m，电流探棒与接地极相距 40m，并且三点位于同一直线上，如图 5-37（a）所示。接地电阻测试仪一般都配有两根探棒和长度分别为 20m 和 40m 的专用导线，这种接地电阻测试仪适用于小型接地装置，如配电变压器的接地装置、建筑物的防雷接地装置、住宅小区变电站的接地装置等。

如果距接地极 20m 以外是建筑物，电流探棒无法打入距被测接地极 40m 的地下，可采取如图 5-37（b）、（c）所示的方法。图 5-37（b）是将电压探棒和电流探棒分别置于被测接地极的两侧；图 5-37（c）则是使三者呈三角形布置，被测接地极与探棒之间皆相距 20m。通过试验，采用图 5-37（b）、（c）方法的测量结果与图 5-37（a）的布置，用同一台接地电阻测试仪测量同一接地极，结果是一样的。

当接地极周围是混凝土地面时，可采用以下方法：将两块平整的钢板（250mm×250mm）放在混凝土地面上，在钢板与混凝土地面之间浇水，测试线夹在钢板上，其测量结果与将探棒打入地下测量的结果基本相同。

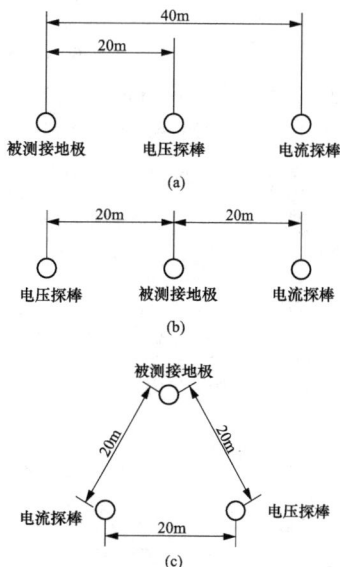

图 5-37 特殊场合接地电阻的测量

当利用建筑物基础桩作为接地网时，近地端未做断开点，利用柱子内的主钢筋作为防雷引下线通至建筑物顶，工程结束后，其防雷装置的接地电阻可采用以下方法测量。

可用一根导线，一端接在建筑物顶女儿墙的防雷带上。另一端接到地面接地电阻测试仪的"E"端钮上，电压探棒距接地网 20m，电流探棒距接地网 40m，且三者在一条直线上，此时测得的电阻，减去从女儿墙上引下的导线的电阻，加上测试仪制造厂提供的 5m 测试线的电阻，即为该接地网的接地电阻。

4. 用"四端钮"接地电阻测试仪测土壤电阻率

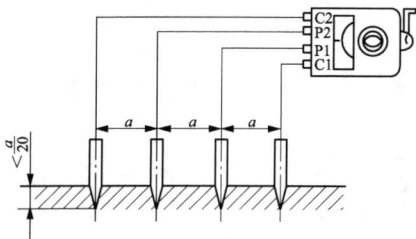

图 5-38 测量土壤电阻率的接线

用有四个端钮的接地电阻测试仪测土壤电阻率的接线，如图 5-38 所示。土壤电阻率为

$$\rho = 2\pi a R$$

式中：ρ 为土壤电阻率，$\Omega \cdot cm$；a 为探针间距离，cm；R 为接地电阻测试仪测得数值，Ω。

149

5. 用接地电阻测试仪测量小阻值电阻

在变压器、电动机检修中，一般要测量直流电阻，由于阻值较小，用万用表测量不准确，按要求需要用直流电桥测量。在没有直流电桥的情况下，可用接地电阻测试仪测量小阻值电阻，测量方法如下：

接地电阻测试仪的接线端钮 C1 与 P1、C2 与 P2 分别短接并各引出一根导线（三端钮接地电阻测试仪将接线端钮 P 与 C 短接，引出一根导线，从 E 端钮上引出一根导线），引出的两根导线分别接到待测电阻的电气元件上。然后用右手摇动测试仪手柄，使转速达到 $120r/min$，同时用左手旋转测量标度盘，待检流计指针稳定地指在中心红线上时，读取测量标度盘的指示值，再乘以倍率，即为所测电气元件的电阻值。

第七节 直流电桥及相序表

直流电桥是用来测量电气设备绕组电阻或触头接触电阻的一种灵敏度和精确度都比较高的测量仪器，对于变压器或电动机的绕组电阻，阻值在 $1\sim1000\Omega$ 之间的，应采用单臂电桥（惠斯登电桥），对于变压器分接开关和断路器开关触头间的接触电阻，阻值在 1Ω 以下的，应采用双臂电桥（凯尔文电桥）。电桥由标准电阻、检流器和电池组成。常用单、双臂电桥的型号及测量范围见表 5-15。

表 5-15　　　　　　常用单、双臂电桥的型号及测量范围

电桥名称	型号	级别	测量范围 （Ω）	用途
单双 两用桥	QJ16	0.02	单桥 $100\sim10^6$ 双桥 $10^6\sim100$	测量电阻和作为 0.02 级精密电阻箱
单双 两用桥	QJ17	0.02	单桥 $100\sim10^6$ 双桥 $10^{-6}\sim100$	测量直流电阻
携带式 直流单桥	QJ23	0.2	$1\sim999\ 900$，保证精度范围 $1\sim99\ 990$	测量直流电阻
携带式 直流双桥	QJ26	0.2	$10^{-4}\sim11$	测量直流低阻用
直流 单双桥	QJ32	0.05	单桥 $10\sim10^6$ 双桥 $10^{-5}\sim100$	直流电阻精密测量
高阻电桥	QJ38	0.05	$10^5\sim10^{16}$	测量高阻元件、绝缘电 阻及微电阻

电桥名称	型号	级别	测量范围 （Ω）	用途
线路电桥	QJ43	0.1	1～999 900，保证精度范围 10～9999	测量直流电阻，电缆故障点及线路故障测试之用
双臂电桥	QJ44	0.5～1.0	10^{-6}～11	测量电工产品绕组直流电阻

一、单臂电桥

单臂电桥的工作原理如图 5-39 所示。R_1、R_2、R_3 为可变标准电阻，R_X 为被测电阻，G 为检流计（磁电系高灵敏表头），E 为直流电源。测量时先按合电源按钮 SG，再按合检流计按钮 SP，并调节 R_1、R_2、R_3，使检流计中通过的电流为零，电桥达到平衡状态，这时 R_1、R_2、R_3 与 R_X 有如下关系：

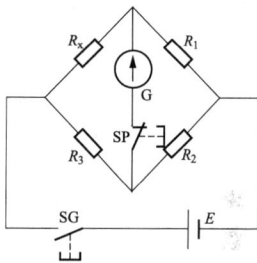

图 5-39 单臂电桥的工作原理

$$R_X R_2 = R_1 R_3$$

则
$$R_X = R_1/R_2 \cdot R_3$$

R_1、R_2 称为比率臂，R_3 称为比较臂。在电桥中，R_1/R_2 是作在一起的，通过一个转换开关可变换 R_1/R_2 的比值，称为比率旋钮。

图 5-40 为 QJ23 携带式单臂电桥的面板示意图，左上角就是比率旋钮，共有 0.001、0.01、0.1、1、10、100、1000 七个挡位。面板右边是四个比较臂，分别是×1Ω、×10Ω、×100Ω、×1000Ω，每个比较臂的可调范围为 0～9。

面板右下方标有"R_X"的两个端钮是用来连接被测电阻的，当使用外接电源时，可接在面板左上角标有"G"的两个端钮上，面板左下角标有"外接"的两个端钮，是供使用外置检流计用的，采用外接检流计时，应用连接片将内置检流计短接，然后将外置检流计接在"外接"端钮上。

单臂电桥的使用注意事项：

（1）将面板上的"外接"端钮短接，然后打开检流计的止动器，如果指针不在零位，应调整机械调零装置使指针指零。

（2）将被测电阻接到"R_X"两端钮上，因为被测电阻 R_X 等于电桥

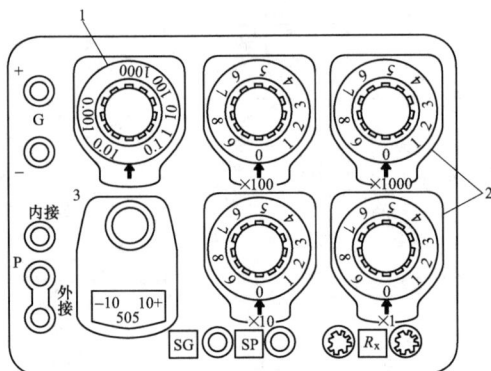

图 5-40　QJ23 单臂电桥的面板示意图

比率臂的比率乘以比较臂的电阻 R_3，所以将被测电阻接入电桥的测量端钮之后，应参考表 5-16 选择合适的比率臂比率，再调节比较臂的电阻 R_3（使四个读数盘充分利用，以提高测量精度）。

表 5-16　　　　　　被测电阻估计值与比率臂的选择关系

被测电阻（Ω）	1～10	10～100	100～1000	1000～10000	10000～100000
比率臂的比率	0.001	0.01	0.1	1	10

（3）先按下电源按钮 SG，然后再按下检流计按钮 SP，接通电源和检流计，同时调节比较臂电阻读数盘，若检流计指针向"＋"偏转，应加大电阻，若向"—"偏转，应减小电阻，直到检流计指针指零为止，这时便可读取被测电阻值，被测电阻等于"比率"乘以比较臂的电阻。

（4）当被测电阻具有较大的电感时（如变压器或电动机绕组电阻），为防止自感电动势对检流计的冲击，应在按下电源按钮 SG 1min 后，再按下检流计按钮 SP，等检流计指针稳定后才能读取数据。测量后，应先打开检流计按钮 SP，再打开电源按钮 SG。

（5）测量工作结束后，电源按钮 SG、检流计按钮 SP 都应处于断开位置，并应关闭检流计的止动器，或将检流计的"内接"端钮短接，防止检流计因振动而受损。

二、双臂电桥

双臂电桥克服单臂电桥的不足，采用双臂引入方式，能测量 1Ω 以下的低值电阻，面板如图 5-41 所示。以 QJ42 型为例，其使用方法与单

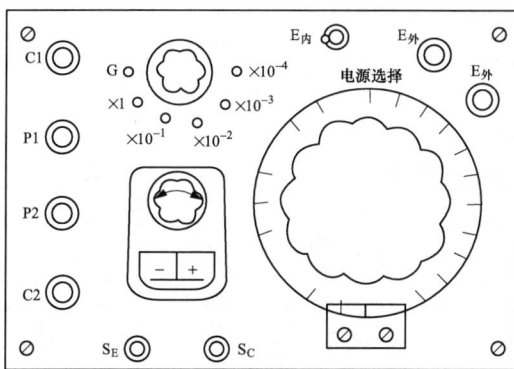

(a)

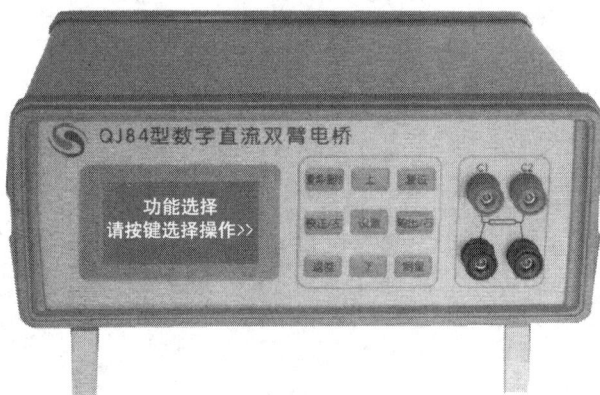

(b)

图 5-41　双臂电桥的面板示意图

（a）QJ42 型双臂电桥；（b）QJ84 数字直流双臂电桥

153

臂电桥基本相同，不同之处是面板上被测电阻有四个接线端钮，C1、C2为电流端钮，P1、P2为电压端钮。接线时，电压引线应靠近被测电阻，C1端钮和P1端钮、C2端钮和P2端钮不能绞合，均应直接接到电阻上。

双臂电桥的使用注意事项：

（1）测量时，先松开检流计按钮，再松开电源按钮，以免感性电阻产生感应电动势损坏检流计。

（2）如果不知道电阻大小，可将倍率量程旋钮置于"×1"挡进行粗略测量，然后按测量值调整到合适量程。

（3）被测电阻的电压端和电流端应与双臂电桥的电压端钮和电流端钮正确连接，接头要牢固。

（4）双臂电桥测量时电流较大，因此操作要快，测量结束及时关闭电源。

三、相序表

三相电动机在试车时发现与所带机械要求的旋转方向不一致时，须将三相电源引线中的任意两相调换一下即可改变电动机的转向。但是有的机械设备只能按设计的方向运转，是不允许反向运行的，这就要求电动机一通电就按照机械设备要求的方向运转。另外三相电能表的接线，规程规定必须按正相序接入。在这种情况下，就必须使用相序表测出三相电源的相序，再根据需要进行正相序或逆相序的连接。

XZ-1型相序表是一种常用的便携式相位指示器，其结构与外形如图5-42所示。相序表内部有一台小型电动机，电动机转子上安装着一个能自由旋转的铝质圆盘，圆盘上涂有黑白相间的扇形条纹以便识别转向。

相序表的使用注意事项：

（1）测量相序时，将三根连接线接在相序表的三个接线端钮上，鳄鱼夹接三相交流电源，如图5-43所示。合上开关Q，按动按钮SB，圆盘应立即旋转，旋转的方向与相序表面板上标出的箭头所指方向（顺时针方向）相同，即表示三相交流电源的相序与相序表接线端钮所标的A(L1)、B(L2)、C(L3)相序相同，系正相序（正转）。反之，圆盘转向与箭头所指方向相反，即为逆相序（反转）。调换其中任意两个鳄鱼夹所接电源，则可改变相序。

（2）测量出三相相序（正或逆）以后，电动机的相序A(L1)、B(L2)、C(L3)必须按照相序表接线端钮的标记接线，这样，电动机才会按需要的转向运行。

(a)

(b)

(c)

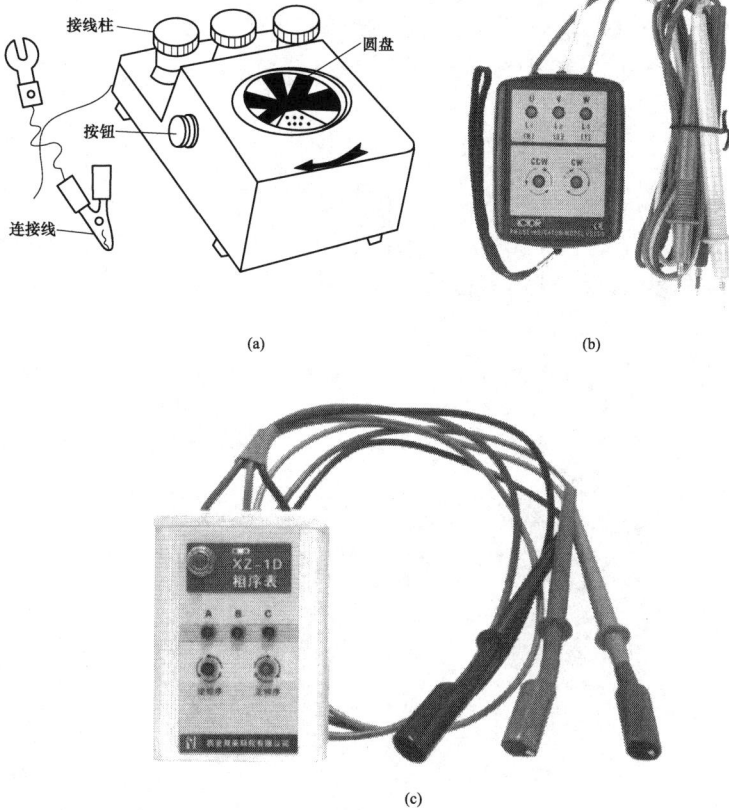

图 5-42　相序表的结构与外形

（a）XZ-1 型相序表；（b）XZ-1d 型相序表；（c）XZ-1D 型相序表

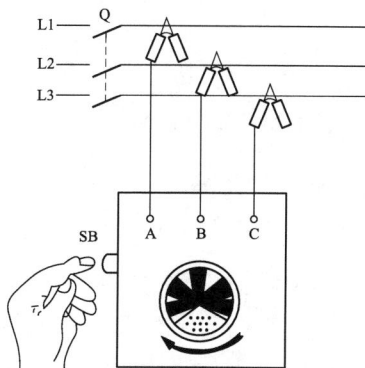

图 5-43　相序表的接线

（3）使用 XZ-1 型相序表时，必须水平放置，不可倾斜。因为倾斜超过 30°时，相序表的铝质圆盘有可能被卡住或碰坏。

（4）测量时，相序表的按钮不可按得时间太长，一般不应超过 5s。

第八节 经 纬 仪

经纬仪是测量角度用的仪器，由绕水平轴旋转的望远镜、垂直刻度盘和水平刻度盘组成，在各种工程测量中应用广泛，电力工程常用来测量线路的角度和确定杆塔的位置。其构造如图 5-44 所示。

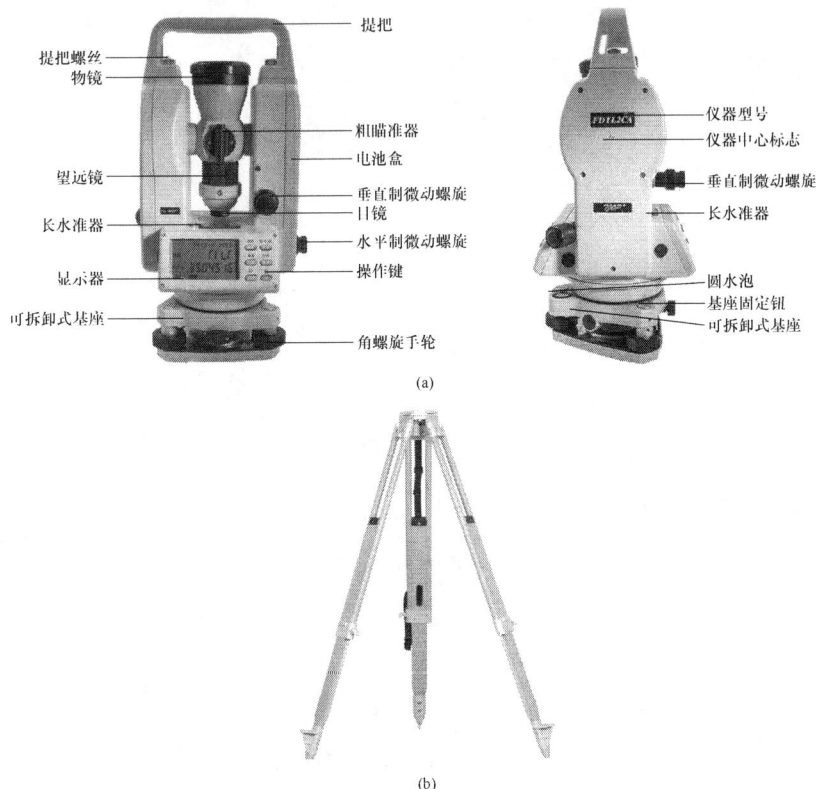

左图标注：
提把
提把螺丝
物镜
粗略瞄准器
电池盒
垂直制微动螺旋
目镜
望远镜
水平制微动螺旋
长水准器
操作键
显示器
可拆卸式基座
角螺旋手轮

右图标注：
仪器型号
仪器中心标志
垂直制微动螺旋
长水准器
圆水泡
基座固定钮
可拆卸式基座

(a)

(b)

图 5-44　经纬仪与三脚架

（a）经纬仪；（b）三脚架

一、经纬仪使用的常用术语和测量工具

1. 常用术语

（1）视距。经纬仪架设点至被测物之间的距离称为视距，可利用经纬仪视场内准线的上、下线（也称上丝、下丝）所截取塔尺上的数值

差，乘以视距常数（通常为 100）得出。

（2）标高。是根据设定的三角点引至被测点的海拔。对小型线路，可以从起点自设某一数值为基准，测定线路各点的相对高程。

（3）中丝。在经纬仪的望远镜筒内，有三条水平横线（准线），其中中间的一条横线称为中丝。

（4）转点。当经纬仪从某一标桩位转移到另一标桩位进行测量时，称为转点。

（5）中心桩。中心桩有线路中心桩和杆塔中心桩之分。线路中心桩是在线路中心轴线上设置的标桩，杆塔中心桩为杆塔所在位置中心标桩，也称杆位桩或塔位桩。

（6）直线桩。是直线杆塔的中心轴线标桩，应在两个转角桩之间的直线路径的中心轴线上。

（7）转角桩。是转角杆塔的位置标桩，它位于线路上两个相邻的不同直线段的交点上。

（8）辅助桩。当上述标桩不能满足施工要求时，为方便施工而补设的标桩。

2. 测量用具

（1）标桩。常采用方形木材制作，是线路测量时的标记和目标。

（2）标杆，俗称花杆，主要用来指示测量点，上面涂有红白相间的油漆，以利在远处发现和看清目标。有木质、铝合金和玻璃纤维等几种，直径 3～4cm，长度有 1.5、2m 和 3m 几种规格，可制成整根式、抽拉式或分段式。

（3）塔尺。也称测尺，是测量地形高差和视距的工具。

二、经纬仪的使用

1. 操作步骤

（1）调平。调平的目的是使经纬仪处在水平位置上，其操作方法是：

1）打开支撑经纬仪的三脚架，拉出三条架腿使它们基本等长，拧紧三脚架腿的蝴蝶螺栓；将三脚架支在标桩的上方，使其上平面基本水平，架头的中心基本铅垂对准标桩，然后将三脚架三条腿的尖端踩入地中使其稳固。

2）利用三脚架上部的固定螺栓，将经纬仪固定在三脚架上。首先用脚螺旋把经纬仪基座上的圆式水准器水泡调整为居中，然后再调整管式水准器的水泡使之居中。调整的方法是用手向内或向外缓缓旋转与管式水准器平行的两个脚螺旋，当水准器水泡居中后，再将经纬仪旋转90°，向内或向外缓缓旋转第三只脚螺旋，使水准器水泡居中。这样反复进行多次，直至经纬仪转至任何方向，圆式或管式水准器的水泡均居中，此时经纬仪即为调平。

（2）对中。对中的目的是使经纬仪的中心轴线和标桩的中心点（圆钉头）在同一铅垂线上。对中工作必须在经纬仪调平以后进行。

经纬仪的对中工作分为粗对中和精对中。粗对中是在精度要求不太高的情况下，用测锤挂在经纬仪基座下部中心的挂钩上，经过调整，使测锤尖对准标桩中心的钉头即可。测量精度要求高时，应采用精对中方法。精对中又称光学对中，即用经纬仪下部设置的光学对中器进行对中，使对中器镜中的圆圈或十字线在滑动经纬仪的过程中，准确地与标桩上的钉头重合。如测锤或光学对中器镜头的十字线偏离标桩中心少许，可调整经纬仪位置再进行对中工作。若偏离较多，则需要重新调整三脚架位置。在实际操作中，有时为了迅速找到目标，可同时使用上述两种方法。

（3）瞄准。在经纬仪调平、对中后，就可以瞄准被测物进行测量工作。在瞄准被测物体前，应先把经纬仪的望远镜对向天空或附近的浅色物体，调整望远镜的目镜，使镜中十字分划线清晰无重影，然后用望远镜上的光学粗瞄准器大致对准被测目标，旋紧度盘和望远镜上的制动螺旋，顺时针或逆时针转动望远镜上的调焦筒，使被测目标物像清晰，再操作度盘和望远镜上的微动螺旋，使之精确地对准目标。

2. 注意事项

（1）经纬仪的内包装箱为塑料包装箱，仪器从箱内取出或放回时要小心。应轻拿轻放，一手握扶轴座，一手握住三角基座，切勿握扶望远镜。

（2）经纬仪在三脚架上安装时，要一手握扶轴座，一手旋动三脚架的中心螺旋，防止仪器滑落，卸下时也应如此。

（3）外露的光学零件表面如有灰尘时，可用软毛刷轻轻刷去，如有水气或油污，可用镜头纸或脱脂板轻轻地擦净，切不可用手帕、衣服擦拭光学零件表面。

（4）在更换测量地点时，如果距离较近，经纬仪可连同三脚架一起搬动，但须小心，最好把三脚架挟在肋下，仪器放在前面，用手保护，应避免扛在肩上行走。如果距离较远，应取下仪器放入包装箱内移动。

（5）在严寒冬季测量时，室内外温差较大，经纬仪在搬进或搬出室内时，应隔一段时间后才能开箱。

（6）经纬仪在不用时应保存在干燥、清洁、通风良好的室内，室内温度应控制在$-20 \sim +45 ℃$之间。

（7）经纬仪的包装箱应经常更换干燥剂，应使干燥剂的湿度小于20%。在包装箱内还要放置防霉药片以免仪器生霉。

第九节　电工测量仪表的计算

一、电工测量指示仪表的误差与准确度计算

（一）误差的计算

1. 绝对误差

测量值与被测量的实际值之间的差值称为测量的绝对误差，用Δ表示，其计算公式为

$$\Delta = A_x - A_0 \tag{5-1}$$

式中：Δ为绝对误差；A_x为测量值（仪表指示值）；A_0为被测量电量的实际值。

2. 相对误差

绝对误差Δ与被测量电量的实际值A_0之间比值的百分数称为测量的相对误差，用γ表示，其计算公式为

$$\gamma = \Delta / A_0 \times 100\% \tag{5-2}$$

在实际工作中，往往很难得到被测量电量的实际值，一般用测量值A_x代替实际值A_0计算出近似值。它是误差计算中最常用的计算方法。

$$\gamma = \Delta / A_x \times 100\% \tag{5-3}$$

3. 引用误差

绝对误差Δ与仪表测量上限A_m之间比值的百分数称为测量的引用误差，用γ_m表示，其计算公式为

$$\gamma_m = \Delta / A_m \times 100\% \tag{5-4}$$

（二）仪表准确度计算

当仪表在规定条件下工作时，在标度尺工作部分的全部分度线上，可能出现的最大基本误差的百分数，称为仪表的准确度等级。在测量仪表中，单向标度尺是最常使用的指示仪表，它的准确度是以标度尺工作部分量限的百分数表示的，如果用K表示它的准确度等级，其计算公式为

$$\pm K\% = \Delta m / A_m \times 100\% \tag{5-5}$$

式中：Δm为以绝对误差表示的最大基本误差；A_m为测量上限。

最大绝对误差

$$\Delta m = \pm K\% \times A_{\mathrm{m}} \tag{5-6}$$

最大相对误差

$$\gamma = \Delta m / A_{\mathrm{m}} \times 100\% = (\pm K\% \times A_{\mathrm{x}} / A_{\mathrm{x}}) \times 100\% \tag{5-7}$$

【例 5-1】 用两个伏特表测量大小不同的电压，一个在测量 200V 时，绝对误差为 2V，另一个在测量 10V 时，绝对误差为 0.5V，计算它们的相对误差各是多少？哪一种表的测量准确度高一些？

解 相对误差

$$\gamma_1 = \Delta / A_0 \times 100\% = 2/200 \times 100\% = 1\%$$
$$\gamma_2 = \Delta / A_0 \times 100\% = 0.5/10 \times 100\% = 5\%$$

200V 的电压表虽然绝对误差比 10V 电压表大，但它的相对误差 0.1%确比 10V 电压表的相对误差 5%小，因此 200V 的电压表测量的准确度高一些。

【例 5-2】 由准确度为 0.5 级、量限为 5A 的电流表，在规定条件下测量某一电流值，电流表的读数为 2.5A，计算测量结果的准确度为多少（即计算测量结果的相对误差）？

解 最大绝对误差

$$\Delta m = \pm K\% \times A_{\mathrm{m}} = (\pm 0.005) \times 5 = \pm 0.025 \ (\mathrm{A})$$

最大相对误差

$$\gamma = \Delta m / A_{\mathrm{x}} \times 100\% = \pm 0.025/2.5 \times 100\% = \pm 1\%$$

二、电工仪表量程的扩大计算

（一）扩大电流表量程的计算

1. 采用并联分流电阻的方法来扩大量程

对于磁电系电流表常采用并联分流电阻的方法来扩大量程，就是在电流表内部测量机构上并联分流电阻，适用于 50A 以下的电流测量。其电路如图 5-45 所示。

当被测电流在 50A 以上时，由于分流电阻发热严重，影响测量机构的正常工作，而且体积也很大，一般将分流电阻做成单独的装置，称为"外附分流器"，它与电流表的连接如图 5-46 所示。

分流电阻的计算公式

$$R = r / (n-1) \tag{5-8}$$

式中：R 为并联分流电阻值，Ω；r 为电流表内阻，Ω；n 为量程扩大倍数（不一定是整数，但必须大于1）。

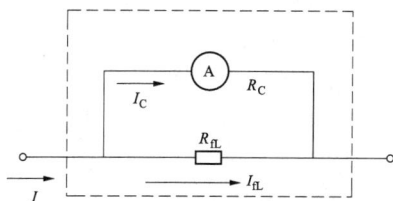

图 5-45   扩大电流表量程的接线图

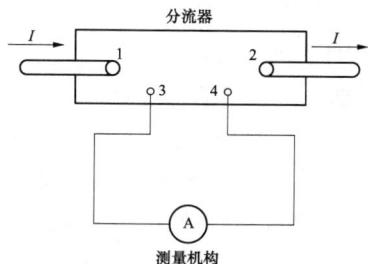

图 5-46   扩大电流表量程外附
分流器的连接

【例 5-3】   有一个磁电系电流表，其满刻度偏转电流为 $500\,\mu A$，内阻 $r=200\,\Omega$，要把它改成量限为 1A 的电流表，计算应该并联一个多大的分流电阻？

解   扩大量程的倍数

$$n=1A/500\,\mu A=1000000\,\mu A/500\,\mu A=2000$$

分流电阻

$$R=r/(n-1)=200/(2000-1)\approx0.1(\Omega)$$

2. 采用电流互感器扩大量程

对于电磁系、电动系交流电流表，被测电流在 50A 以上，常采用附加电流互感器的方法扩大量程，扩大量程时，选用不同变流比的互感器与电流表配接，这时，被扩大的量程等于原电流表的量程与互感器变流比的乘积。

（二）扩大电压表量程的计算

采用串联附加电阻的方法扩大量程对于直流电压表和交流电压表都适用，其附加电阻的阻值为

$$R=r(n-1) \tag{5-9}$$

式中：R 为串联附加电阻值，Ω；r 为电压表内阻，Ω；n 为量程扩大倍数。

如果不知道电压表的内阻，而知道电压表的满标电流，可用下式计算串联附加电阻值。

$$R=(U_2-U_1)/I_C \tag{5-10}$$

【例 5-4】   有一电压表的量程为 100V，其内阻为 $2000\,\Omega$，根据需要将量程扩大为 500V，计算须串联多大的附加电阻？

解   需要扩大的倍数为

161

$$n = 500/100 = 5$$

附加电阻为

$$R = r(n-1) = 2000 \times (5-1) = 8000 \ (\Omega)$$

三、用电量的计算

电能的测量可以使用电能表，测量有功电能，使用有功电能表，测量无功电能，则使用无功电能表。

1. 直接式电能表用电量的计算

$$实际用电量 = 本月抄见电量 - 上月抄见电量 \qquad (5-11)$$

2. 经电流互感器接入的电能表用电量计算

实际用电量 = （本月抄见电量 - 上月抄见电量）× 电流互感器变比

$$(5-12)$$

3. 经电流互感器、电压互感器接入的电能表用电量计算

实际用电量 = （本月抄见电量 - 上月抄见电量）× 电流互感器变比 ×

电压互感器变比 $\qquad (5-13)$

【例 5-5】 某小区居民上月抄见电量为 506kWh，本月抄见电量为 758kWh，该居民本月实际用电量是多少？

解 实际用电量 = 本月抄见电量 - 上月抄见电量

$$= 758 - 506$$
$$= 252 \ (kWh)$$

【例 5-6】 某商店使用 1.5(6)A、电压 380/220V 的电能表计量电能，经电流互感器接入，变比为 100/5，上月抄见电量为 1254kWh，本月抄见电量为 1537kWh，计算该商店本月实际用电量。

解 实际用电量 = （本月抄见电量 - 上月抄见电量）× 电流互感器变比

$$= (1537 - 1254) \times 100/5$$
$$= 5660 \ (kWh)$$

【例 5-7】 某工厂车间采用 1.5(6)A、电压 100V 的电能表计量电能，经电流互感器、电压互感器接入，变流比为 200/5，变压比为 10000/100 上月抄见电量为 165kWh，本月抄见电量为 315kWh，计算该车间本月实际用电量。

解 实际用电量 = （本月抄见电量 - 上月抄见电量）× 电流互感器变比 × 电压互感器变比

$$= (315 - 165) \times 200/5 \times 10000/100$$
$$= 300000 \ (kWh)$$

电线与电缆及其计算

电线、电缆的作用是输送和传导电能，广泛应用在室内外、高低压、交直流电路、电器中。

第一节 裸 导 线

电工常用的裸导线有裸绞线、裸母线。

裸绞线常用于高低压室外架空线路，分为铝绞线（LJ）、钢芯铝绞线（LGJ）和防腐钢芯铝绞线（LGJF）三种。其中，铝绞线用于受力不大、档距较小的架空线路；钢芯铝绞线适用于受力和档距较大的高低压架空线路；防腐钢芯铝绞线适用于沿海、咸水湖、化学工业等周围有腐蚀性物质的高低压架空线路。型号中的 L 表示铝材料，J 表示绞线，G 表示钢芯，F 表示防腐。型号后边的数字表示导线的标称截面积，单位是 mm²。

裸母线主要用作变、配电设备的连接导体，材料有铜、铝两种，常用的是矩形母线，俗称铜排（TMY）、铝排（LMY）。型号中的 T 表示铜材料，L 表示铝材料，M 表示母线，Y 表示硬质。型号后边的数字×数字表示母线的宽度×厚度，单位是 mm。

常用裸导线的型号、名称及用途见表 6-1。

表 6-1　　　　　　　常用裸导线的型号、名称及用途

型号	名称	用途
TY	硬圆铜线	用于电线、电缆、电磁线的制作
LY	硬圆铝线	
TR	软圆铜线	
LR	软圆铝线	
LYB	半硬圆铝线	

型号	名称	用途
LJ	铝绞线	用于高低压架空线路
TJ	铜绞线	
LGJ	钢芯铝绞线	
TBY	硬扁铜线	用于电动机、变压器等线圈的绕制
TBR	软扁铜线	
LBY	硬扁铝线	
LBBY	半硬扁铝线	
LBR	软扁铝线	
LMY	软铝母线	用于高低压变、配电装置的连接
TMY	硬铜母线	

1. 常用铝绞线的技术参数（见表 6-2）

表 6-2 **铝绞线（LJ）的主要技术参数**

标称截面积 (mm²)	结构根数/直径 (根/mm)	外径 (mm)	直流电阻 (Ω/km)	计算质量 (kg/km)	环境温度 25℃ 载流量 (A)
16	7/1.7	5.1	1.802	43.5	105
25	7/2.15	6.45	1.127	69.6	135
35	7/2.5	7.5	0.833 2	94.1	170
50	7/3	9	0.578 6	135.5	215
70	7/3.6	10.8	0.401 8	195.1	265
95	7/4.16	12.48	0.300 9	260.5	325
120	19/2.85	14.25	0.237 3	333.5	375
150	19/3.15	15.75	0.194 5	407.4	440
185	19/3.5	17.5	0.157 4	503	500
240	19/4	20	0.120 5	656.9	610
300	37/3.2	22.4	0.096 89	820.4	680
400	37/3.7	25.9	0.072 47	1097	830
500	37/4.16	29.12	0.057 33	1387	980

2. 钢芯铝绞线（LGJ）和防腐钢芯铝绞线（LGJF）的技术参数（见表 6-3）

表 6-3 　 钢芯铝绞线（LGJ）和防腐钢芯铝绞线（LGJF）的主要技术参数

标称截面积铝/钢（mm²）	结构根数/直径（根/mm）		外径（mm）	直流电阻不大于（Ω/km）	计算质量（kg/km）	环境温度 25℃，导线温度 70℃载流量（A）
	铝	钢				
16/3	6/1.85	1/1.85	5.55	1.779	65.2	86
25/4	6/2.32	1/2.32	6.96	1.131	102.6	115
35/6	6/2.72	1/2.72	8.16	0.823	141	130
50/8	6/3.20	1/3.2	9.6	0.594 6	195.1	161
70/10	6/3.80	1/3.8	11.4	0.421 7	275.2	194
95/15	26/2.15	7/1.67	13.61	0.305 8	380.8	248
120/7	18/2.90	1/2.9	14.5	0.242 2	379	282
150/8	18/3.20	1/3.2	16	0.198 9	461.4	320
185/10	18/3.60	1/3.6	18	0.157 2	584	372
240/30	24/3.60	7/2.4	21.6	0.118 2	922.2	429
300/15	42/3.00	7/1.67	23.01	0.097 24	939.8	483
400/20	42/3.51	7/1.95	26.91	007 104	1296	585
500/35	45/3.75	7/2.50	30	0.058 12	1642	662
630/45	45/4.20	7/2.80	33.6	0.046 38	2060	766

注　LGJF 型的质量，应在表中计算质量的基础上增加防腐材料的质量，钢芯涂防腐材料的增加 2%，铝、钢各层间涂防腐材料的增加 5%。

3. 矩形母线的技术数据（见表 6-4 和表 6-5）

表 6-4 　 矩形铝母线（LMY）载流量 　 A

尺寸（宽 mm×厚 mm）	交流（每相）				直流（每极）			
	1 片	2 片	3 片	4 片	1 片	2 片	3 片	4 片
15×3	165	—	—	—	165	—	—	—
20×3	215	—	—	—	215	—	—	—
25×3	265	—	—	—	265	—	—	—
30×4	365	—	—	—	370	—	—	—
40×4	480	—	—	—	480	—	—	—
40×5	540	—	—	—	545	—	—	—

尺寸 (宽 mm×厚 mm)	交流（每相）				直流（每极）			
	1 片	2 片	3 片	4 片	1 片	2 片	3 片	4 片
50×5	665	—	—	—	670	—	—	—
50×6	740	—	—	—	745	—	—	—
60×6	870	1350	1720	—	880	1555	1940	—
80×6	1150	1630	2100	—	1170	2055	2460	—
100×6	1425	1935	2500	—	1455	2515	3040	—
60×8	1025	1680	2180	—	1040	1840	2330	—
80×8	1320	2040	2620	—	1355	2400	2975	—
100×8	1625	2390	3050	—	1690	2945	3620	—
120×8	1900	2650	3380	—	2040	3350	4250	—
60×10	1155	2010	2650	—	1180	2110	2720	—
80×10	1480	2410	3100	—	1540	2735	3440	—
100×10	1820	2860	3650	4150	1910	3350	4160	5650
120×10	2070	3200	4100	4650	2300	3900	4860	6500

表 6-5　　　　　　　　　**矩形铜母线（TMY）载流量**　　　　　　　A

尺寸 (宽 mm×厚 mm)	交流（每相）				直流（每极）			
	1 片	2 片	3 片	4 片	1 片	2 片	3 片	4 片
15×3	210	—	—	—	210	—	—	—
20×3	275	—	—	—	275	—	—	—
25×3	340	—	—	—	340	—	—	—
30×4	475	—	—	—	475	—	—	—
40×4	625	—	—	—	625	—	—	—
40×5	700	—	—	—	705	—	—	—
50×5	860	—	—	—	870	—	—	—
50×6	955	—	—	—	960	—	—	—
60×6	1125	1740	2240	—	1145	1990	2495	—
80×6	1480	2110	2720	—	1510	2630	3220	—

尺寸 (宽 mm×厚 mm)	交流（每相）				直流（每极）			
	1 片	2 片	3 片	4 片	1 片	2 片	3 片	4 片
100×6	1810	2470	3170	—	1875	3245	3940	—
60×8	1320	2160	2790	—	1345	2485	3020	—
80×8	1690	2620	3370	—	1755	3095	3850	—
100×8	2080	3060	3930	—	2180	3810	4690	—
120×8	2400	3400	4340	—	2600	4400	5600	—
60×10	1475	2560	3300	—	1525	2725	3530	—
80×10	1900	3100	3990	—	1990	3510	4450	—
100×10	2310	3610	4650	5300	2470	4325	5385	7250
120×10	2650	4100	5200	5900	2950	5000	6250	8350

TMY、LMY 型母线载流量的温度校正系数（见表 6-6）。

表 6-6　　　　TMY、LMY 型母线载流量的温度校正系数

环境温度（℃）	10	15	20	25	30	35	40
校正系数	1.15	1.11	1.05	1.00	0.94	0.88	0.81

第二节　绝缘电线

绝缘电线主要用于低压网络布线和电气设备接线，目前常用的绝缘电线是塑料绝缘电线，包括架空绝缘电线和地埋线，橡皮绝缘电线已逐渐淡出市场，生产厂家也很少生产，因此本书对橡皮绝缘电线不再介绍。

塑料绝缘电线采用的绝缘材料是聚氯乙烯和聚乙烯，具有较好的抗酸、碱腐蚀性能，适用于额定电压 1000V 以下的动力和照明线路的固定敷设，电线长期允许工作温度，BV—105 不超过 105℃，其他型号不超过 70℃，电线的敷设温度不低于 0℃。

聚氯乙烯绝缘电线的结构如图 6-1 所示。

1. 绝缘电线的型号、名称和用途（见表 6-7）

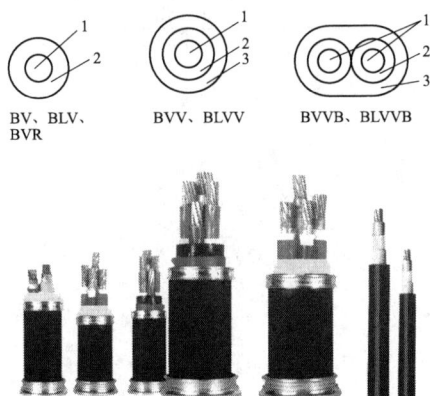

图 6-1 聚氯乙烯绝缘电线结构

1—导体（铜或铝）；2—聚氯乙烯绝缘层；3—聚氯乙烯护套

表 6-7 　　　　　　　　绝缘电线的型号、名称和用途

型号	名　称	用　途
BV	铜芯聚氯乙烯绝缘电线	适用于交流 750V 及以下电气设备的连接
BVV	铜芯聚氯乙烯绝缘聚氯乙烯护套电线	
BVR	铜芯聚氯乙烯绝缘软线	
BLV	铝芯聚氯乙烯绝缘电线	
BLVV	铝芯聚氯乙烯绝缘聚氯乙烯护套电线	
BLVR	铝芯聚氯乙烯绝缘软线	
BX	铜芯橡胶绝缘电线	适用于交流 500V 及以下、直流 1000V 及以下电气设备的连接
BXR	铜芯橡胶绝缘软线	
BLX	铝芯橡胶绝缘电线	
RVB	铜芯聚氯乙烯绝缘平型软线	适用于 500V 及以下移动式电气设备的连接
RVS	铜芯聚氯乙烯绝缘绞型软线	
RVZ	铜芯聚氯乙烯绝缘聚氯乙烯护套软线	
RFB	铜芯复合物绝缘平型软线	适用于 500V 及以下电气设备的连接
RFS	铜芯复合物绝缘绞型软线	
JV	铜芯聚氯乙烯绝缘架空电线	适用于 1000V 及以下经济较发达、人口较密集的城镇供电区
JY	铜芯聚乙烯绝缘架空电线	
JLV	铝芯聚氯乙烯绝缘架空电线	
JHLV	铝合金聚氯乙烯绝缘架空电线	
JLY	铝芯聚乙烯绝缘架空电线	
JHLY	铝合金聚乙烯绝缘架空电线	

型号	名 称	用 途
NLV	农用铝芯聚氯乙烯绝缘地埋线	适用于农村500V及以下配电线路和电气设备地下直埋敷设
NLVV	农用铝芯聚氯乙烯绝缘聚氯乙烯护套地埋线	
NLYV	农用铝芯聚氯乙烯绝缘聚乙烯护套地埋线	
NLVV-H	农用铝芯聚氯乙烯绝缘聚氯乙烯护套地埋线	适用于寒冷地区
NLVV-Y	农用铝芯聚氯乙烯绝缘聚氯乙烯护套地埋线	适用于白蚁活动地区

2. 绝缘电线的技术参数

（1）BV、BLV 型绝缘电线的技术参数（见表 6-8）。

表 6-8　　　　　　BV、BLV 型绝缘电线的技术参数

标称截面积（mm²）	导体线芯结构		绝缘厚度（mm）	环境温度25℃导线温度70℃载流量（A）			
	根数	直径（mm）		BV		BLV	
				单芯	双芯	单芯	双芯
1	1	1.13	0.7	20	16	15	12
1.5	1	1.37	0.7	25	21	19	16
2.5	1	1.76	0.8	34	26	26	22
4	1	2.24	0.8	45	38	35	29
6	1	2.73	0.9	56	47	43	36
10	7	1.33	1	85	72	66	56
16	7	1.7	1	113	96	87	73
25	7	2.12	1.2	146	123	112	95
35	7	2.5	1.2	180	151	139	117
50	19	1.83	1.4	225	188	173	145
70	19	2.14	1.4	287	240	220	185
95	19	2.5	1.6	350	294	254	214

（2）BVV、BLVV 型绝缘电线的技术参数（见表 6-9）。

表 6-9　　　　　　　　BVV、BLVV 型绝缘电线的技术参数

标称截面积 (mm²)	导体线芯结构		绝缘厚度 (mm)	护套厚度（mm）		环境温度 25℃导线温度 70℃架空敷设的载流量（A）					
	根数	直径 (mm)		单、双芯	三芯	BVV			BLVV		
						单芯	双芯	三芯	单芯	双芯	三芯
1	1	1.13	0.6	0.7	0.8	20	16	13	15	12	10
1.5	1	1.37	0.6	0.7	0.8	25	21	16	19	16	12
2.5	1	1.76	0.6	0.7	0.8	34	26	22	26	22	17
4	1	2.24	0.6	0.7	0.8	45	38	29	35	29	23
6	1	2.73	0.8	0.8	1	56	47	36	43	36	28
10	7	1.33	0.8	1.0	1.2	85	72	55	66	56	43

（3）BVR、BLVR 型绝缘软线技术参数（见表 6-10）。

表 6-10　　　　　　　　BVR、BLVR 型绝缘软线技术参数

标称截面积 (mm²)	导体线芯结构		绝缘厚度 (mm)	环境温度 25℃导线温度 70℃架空敷设的载流量（A）			
	根数	直径 (mm)		BVR		BLVR	
				单芯	双芯	单芯	双芯
1	7	0.43	0.7	20	16	15	12
1.5	7	0.52	0.7	25	21	19	16
2.5	19	0.41	0.8	34	26	26	22
4	19	0.52	0.8	45	38	35	29
6	19	0.64	0.9	56	47	43	36
10	49	0.52	1.0	85	72	66	56
16	49	0.64	1.0	113	96	87	73
25	98	0.58	1.2	146	123	112	95
35	133	0.58	1.2	180	151	139	117
50	133	0.68	1.4	225	188	173	145

（4）RVB、RVS 型绝缘平型、绞型软线技术参数（见表 6-11）。

表 6-11　　　**RVB、RVS、RFB、RFS 型绝缘平型、绞型软线技术参数**

标称截面积 (mm²)	导体线芯结构		绝缘厚度 (mm)	载流量 (A)
	芯数×根数	直径（mm）		
0.2	2×12	0.15	0.6	4
0.3	2×16	0.15	0.6	6
0.4	2×23	0.15	0.6	8
0.5	2×28	0.15	0.6	10
0.75	2×42	0.15	0.7	13
1	2×32	0.2	0.7	20
1.5	2×48	0.2	0.7	25
2	2×64	0.2	0.8	30
2.5	2×77	0.2	0.8	34

（5）架空绝缘电线的载流量（见表 6-12）。

表 6-12　　　　　　　**架空绝缘电线的载流量**

标称截面积 (mm²)	导体单线根数	载流量（A）		
		铜芯	铝芯	铝合金芯
16	7	102	79	73
25	7	138	107	99
35	7	170	132	122
50	7	209	162	149
70	7	266	207	191
95	19	332	257	238
120	19	384	299	276
150	19	442	342	320
185	19	515	399	369
240	19	476	476	440

（6）农用地埋线的技术参数（见表 6-13）。

表 6-13 农用地埋线的技术参数

标称截面积（mm²）	导体线芯结构		绝缘电阻（MΩ/km）不小于				载流量（A）
	根数	直径（mm）	NLYV、NLYY NLYV-H、NLYV-Y		NLVV、NLVV-Y		
			20℃	70℃	20℃	70℃	
4	1	2.25	600	300	8	0.008 5	31
6	1	2.76			7	0.007	40
10	7	1.35			7	0.008 5	55
16	7	1.7			6	0.005 8	80
25	7	2.14			5	0.005	105
35	7	2.52			5	0.004	135
50	19	1.79			5	0.004 5	165
70	19	2.14			5	0.003 5	205
95	19	2.52			5	0.003 5	250

（7）不同环境温度时载流量的校正系数（见表 6-14）。

表 6-14 不同环境温度时载流量的校正系数

环境温度（℃）	5	10	15	20	25	30	35	40	45
校正系数	1.225	1.172	1.118	1.060	1.000	0.935 4	0.866 0	0.790 6	0.707 1

第三节　常　用　电　缆

电力系统所使用的电缆按用途来分，可分为电力电缆和控制电缆，由导体（线芯）、绝缘层、屏蔽层和保护层四部分组成。电缆的产品型号由汉语拼音字母和阿拉伯数字组成，其字母和数字的含义见表 6-15。

表 6-15 电缆型号的字母与数字含义

用途	导线材料	绝缘	内护层	特性	外护层	
					第一个数字	第二个数字
电力电缆（省略） K—控制电缆 Y—移动电缆	T—铜芯（一般省略） L—铝芯	Z—纸绝缘 X—橡胶绝缘 V—聚氯乙烯绝缘 Y—聚乙烯绝缘 YJ—交联聚乙烯绝缘	Q—铅包 L—铝包 H—橡套 V—聚氯乙烯护套 Y—聚乙烯护套	D—不滴流 P—贫油式 C—重型 F—分相铅包	1—麻皮 2—钢带铠装 3—细钢丝铠装 4—粗钢丝铠装	0—裸钢带（裸钢丝） 1—纤维绕包 2—聚氯乙烯护套 3—聚乙烯护套

一、电力电缆

电力电缆的作用是传输和分配电能，常用于发电厂和变电站的引出线路、城市地下电网、工矿企业和住宅小区的内部供电以及水下输电线路。

电力电缆按电压等级可分为中、低压电力电缆（35kV 及以下）、高压电缆（110kV～220kV）、超高压电缆（500kV～800kV）以及特高压电缆（1000kV 及以上）。

1. 电力电缆的型号表示

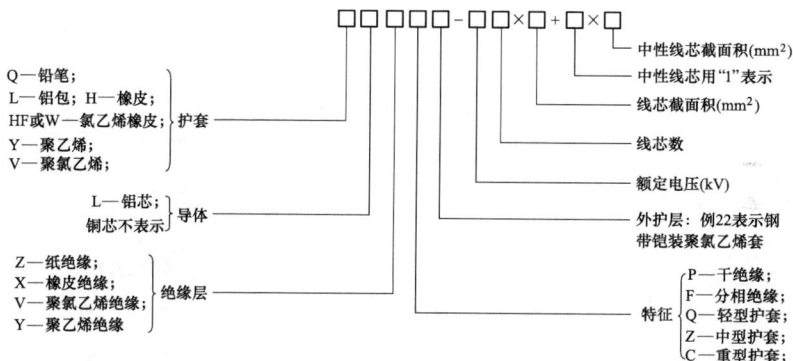

2. 聚氯乙烯电力电缆

聚氯乙烯绝缘电缆制造工艺比较简单，绝缘性能好。具有敷设不受落差限制、便于施工、安装简单、应用方便。敷设、连接及运行维护也比较方便。允许在工作温度不超过＋65℃，环境温度不低于－40℃的条件下使用。其中塑料护套的 VV、VLV 型电缆和细钢丝铠装的 VV3、VLV3 型电缆，可以敷设在室内、隧道及管道中。钢带铠装的 VV2、VLV2 型电缆，可以敷设在地下，能承受机械力的作用，但不能承受大的拉力。

聚氯乙烯电力电缆的绝缘层采用热塑性聚氯乙烯材料挤包制成，并采用聚氯乙烯材料作电缆护套，聚氯乙烯材料化学性能稳定、不易燃烧、原料来源较为丰富、价格相对便宜；耐腐蚀性能好等特点，是目前使用量最多的电力电缆。多用于 10kV 以下的中低压系统。

聚氯乙烯电力电缆有 1 芯、2 芯、3 芯和 3＋1 芯等多种，其结构如图 6-2 所示。

（1）常用聚氯乙烯电力电缆的型号及用途（见表 6-16）。

图 6-2 聚氯乙烯电力
电缆结构图

1—导线；2—聚氯乙烯绝缘；
3—聚氯乙烯内护套；4—铠装层；
5—填料；6—聚氯乙烯外护套

表 6-16　　　　常用聚氯乙烯电力电缆的型号及用途

型号	名　　　称	用　　途
VV	铜芯聚氯乙烯绝缘聚氯乙烯护套电力电缆	敷设在室内、电缆沟或管道内，不能承受机械拉力
VLV	铝芯聚氯乙烯绝缘聚氯乙烯护套电力电	
VV22	铜芯聚氯乙烯绝缘聚氯乙烯护套钢带铠装电力电缆	敷设在室内、隧道内或直埋于土壤中，能承受机械拉力
VLV22	铝芯聚氯乙烯绝缘聚氯乙烯护套钢带铠装电力电缆	
VV23	铜芯聚氯乙烯绝缘聚乙烯护套钢带铠装电力电缆	敷设在室内、隧道内或直埋于土壤中，能承受机械拉力
VLV23	铝芯聚氯乙烯绝缘聚乙烯护套钢带铠装电力电缆	
VV32	铜芯聚氯乙烯绝缘聚氯乙烯护套细钢丝铠装电力电缆	敷设在室内、隧道内或直埋于土壤中，能承受机械拉力
VLV32	铝芯聚氯乙烯绝缘聚氯乙烯护套细钢丝铠装电力电缆	
VV33	铜芯聚氯乙烯绝缘聚乙烯护套细钢丝铠装电力电缆	敷设在室内、隧道内或直埋于土壤中，能承受机械拉力
VLV33	铝芯聚氯乙烯绝缘聚乙烯护套细钢丝铠装电力电缆	
VV42	铜芯聚氯乙烯绝缘聚氯乙烯护套粗钢丝铠装电力电缆	敷设在室内、隧道内或直埋于土壤中，能承受机械拉力
VLV42	铝芯聚氯乙烯绝缘聚氯乙烯护套粗钢丝铠装电力电缆	

型号	名　称	用　途
VV43	铜芯聚氯乙烯绝缘聚乙烯护套粗钢丝铠装电力电缆	敷设在室内、隧道内或直埋于土壤中，能承受机械拉力
VLV43	铝芯聚氯乙烯绝缘聚乙烯护套粗钢丝铠装电力电缆	

（2）铝芯聚氯乙烯电缆在空气中敷设的载流量（见表 6-17）。

表 6-17　　　　　铝芯聚氯乙烯电缆在空气中敷设的载流量

主线芯截面积（mm²）	中性线截面积（mm²）	1kV（3+1芯）电缆的载流量（A）				6～10kV（3芯）电缆的载流量（A）			
		25℃	30℃	35℃	40℃	25℃	30℃	35℃	40℃
4	2.5	23	21	19	18				
6	4	30	28	25	23				
10	6	40	37	34	31	43	40	37	34
16	6	54	50	46	42	56	52	48	44
25	10	73	68	63	57	73	68	63	57
35	10	92	86	79	72	90	84	77	71
50	16	115	107	99	90	114	106	98	90
70	25	141	131	121	111	143	133	123	113
95	35	174	162	150	137	168	157	145	132
120	35	201	187	173	158	194	181	167	153
150	50	231	215	199	182	223	223	192	176
185	50	266	248	230	210	256	256	221	202
240						301	301	260	238

注　铜芯电缆的载流量可按表中数值乘以 1.3。

（3）铝芯聚氯乙烯电缆直埋敷设的载流量（见表 6-18）。

表 6-18　　　　　铝芯聚氯乙烯电缆直埋敷设的载流量

主线芯截面积（mm²）	中性线截面积（mm²）	1kV（3+1芯）电缆的载流量（A）			6～10kV（3芯）电缆的载流量（A）		
		20℃	25℃	30℃	20℃	25℃	30℃
4	2.5	31	29	27			
6	4	39	37	35			

主线芯截面积（mm²）	中性线截面积（mm²）	1kV（3+1芯）电缆的载流量（A）			6~10kV（3芯）电缆的载流量（A）		
		20℃	25℃	30℃	20℃	25℃	30℃
10	6	53	50	47	52	49	46
16	6	69	65	61	67	63	59
25	10	90	85	79	86	81	76
35	10	116	110	103	108	102	95
50	16	143	135	126	134	127	119
70	25	172	162	152	163	154	145
95	35	207	196	184	193	182	171
120	35	236	223	208	221	209	196
150	50	266	252	236	248	237	202
185	50	300	284	265	286	270	252
240					332	313	292

注 铜芯电缆的载流量可按表中数值乘以 1.3。

3. 交联聚乙烯电力电缆

交联聚乙烯绝缘电缆是用交联聚乙烯作为电缆的绝缘，用聚氯乙烯作为保护层（护套）的电力电缆。交联聚乙烯是将聚乙烯经过交联处理而形成的一种新型塑料，具有绝缘性能强、耐热性能好等优点，应优先选用，图 6-3 是交联聚乙烯绝缘电缆结构示意图。

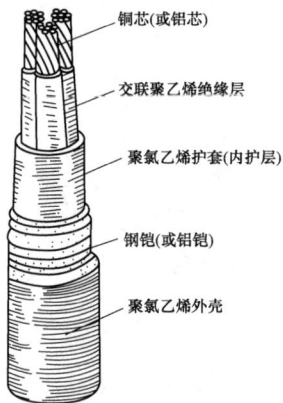

铜芯(或铝芯)
交联聚乙烯绝缘层
聚氯乙烯护套(内护层)
钢铠(或铝铠)
聚氯乙烯外壳

图 6-3 交联聚乙烯绝缘电缆结构示意图

（1）常用交联聚乙烯电力电缆的型号及用途（见表6-19）。

表 6-19 　　　　　　　　交联聚乙烯电力电缆的型号及用途

型号	名　称	用　途
YJV	铜芯交联聚乙烯绝缘铜带屏蔽聚氯乙烯护套电力电缆	隧道、电缆沟、管道、架空及地下直埋敷设
YJLV	铝芯交联聚乙烯绝缘铜带屏蔽聚氯乙烯护套电力电缆	
YJSV	铜芯交联聚乙烯绝缘铜丝屏蔽聚氯乙烯护套电力电缆	室内、电缆沟、隧道及地下直埋，能承受外力，但不能承受大的拉力
YJLSV	铝芯交联聚乙烯绝缘铜丝屏蔽聚氯乙烯护套电力电缆	
YJV22	铜芯交联聚乙烯绝缘铜带屏蔽钢带铠装聚氯乙烯护套电力电缆	地下直埋、水下及竖井敷设能承受机械外力，并能承受相当的拉力
YJLV22	铝芯交联聚乙烯绝缘铜带屏蔽钢带铠装聚氯乙烯护套电力电缆	
YJV32	铜芯交联聚乙烯绝缘铜带屏蔽细钢丝铠装聚氯乙烯护套电力电缆	
YJLV32	铝芯交联聚乙烯绝缘铜带屏蔽细钢丝铠装聚氯乙烯护套电力电缆	
YJSV32	铜芯交联聚乙烯绝缘铜丝屏蔽细钢丝铠装聚氯乙烯护套电力电缆	地下直埋、水下及竖井敷设能、承受机械外力，并能承受较大的拉力
YJLSV32	铝芯交联聚乙烯绝缘铜丝屏蔽细钢丝铠装聚氯乙烯护套电力电缆	
YJV42	铜芯交联聚乙烯绝缘铜带屏蔽粗钢丝铠装聚氯乙烯护套电力电缆	
YJLV42	铝芯交联聚乙烯绝缘铜带屏蔽粗钢丝铠装聚氯乙烯护套电力电缆	地下直埋、水下及竖井敷设能、承受机械外力，并能承受较大的拉力
YJSV42	铜芯交联聚乙烯绝缘铜丝屏蔽粗钢丝铠装聚氯乙烯护套电力电缆	
YJLSV42	铝芯交联聚乙烯绝缘铜丝屏蔽粗钢丝铠装聚氯乙烯护套电力电缆	
YJY	铜芯交联聚氯乙烯绝缘聚乙烯护套电力电缆	地下直埋、水下及竖井敷设能、承受机械外力，并能承受相当的拉力，防潮性好
YJLY	铝芯交联聚氯乙烯绝缘聚乙烯护套电力电缆	
YJQ41	铜芯交联聚氯乙烯绝缘铅包聚乙烯护套电力电缆	水底敷设，能承受一定拉力
YJLQ41	铝芯交联聚氯乙烯绝缘铅包聚乙烯护套电力电缆	

型号	名　　称	用　　途
YJQ02	铜芯交联聚乙烯绝缘铅包聚乙烯护套电力电缆	地下直埋、水下及竖井敷设能、承受机械外力和较大的拉力，但不能承受压力
YJLQ02	铝芯交联聚乙烯绝缘铅包聚乙烯护套电力电缆	
YJLW02	铜芯交联聚乙烯绝缘皱纹防水层铝包聚乙烯护套电力电缆	地下直埋、水下及竖井敷设，能承受机械外力和较大的拉力，并能承受压力
YJLLW02	铝芯交联聚乙烯绝缘皱纹防水层铝包聚乙烯护套电力电缆	

（2）铝芯交联聚乙烯电力电缆的载流量（见表 6-20）。

表 6-20　铝芯交联聚乙烯电力电缆的载流量（环境温度 25℃）

导线截面积（mm²）	在空气中敷设的载流量（A）			在地下直埋的载流量（A）		
	6kV	10kV	20～35kV	6kV	10kV	20～35kV
6	48					
10	60	60		70		
16	85	80		95	90	
25	100	95	85	110	105	90
35	125	120	110	135	130	115
50	155	145	135	165	150	135
70	190	180	165	205	185	165
95	220	205	180	230	215	185
120	255	235	200	260	245	210
150	295	270	230	295	275	230
185	345	320		345	325	250
240				395	375	

（3）铜芯交联聚乙烯电力电缆在空气中敷设的载流量（见表 6-21）。

表 6-21　铜芯交联聚乙烯电力电缆在空气中敷设的载流量

线芯数×截面积（mm²）	6～10kV 电缆载流量（A）				35kV 单芯电缆载流量（A）
	25℃	30℃	35℃	40℃	25℃
3×16	127	122	116	111	
3×25	166	159	152	145	
3×35	200	192	184	175	

线芯数×截面积	6～10kV 电缆载流量（A）				35kV 单芯电缆载流量（A）
（mm²）	25℃	30℃	35℃	40℃	25℃
3×50	243	233	223	213	272
3×70	294	282	270	258	332
3×95	351	337	322	308	395
3×120	407	391	374	357	453
3×150	467	448	429	410	516
3×185	530	509	487	465	583
3×240	616	591	566	541	682

（4）铜芯交联聚乙烯电力电缆在地下直埋敷设的载流量（见表6-22）。

表 6-22　　铜芯交联聚乙烯电力电缆在地下直埋敷设的载流量

线芯数×截面积	6～10kV 电缆载流量（A）			35kV 单芯电缆载流量（A）
（mm²）	20℃	25℃	30℃	25℃
3×16	127	123	118	
3×25	162	157	150	
3×35	194	187	179	
3×50	235	227	218	223
3×70	281	271	260	268
3×95	333	321	308	316
3×120	377	364	349	359
3×150	427	412	395	404
3×185	480	463	444	449
3×240	549	529	508	518

4.油浸纸绝缘电力电缆

油浸纸绝缘电缆具有耐压强度高、耐热性能好、使用寿命长等优点，但也有制造工艺复杂、敷设要求高等缺点。尤其低温敷设时，电缆需经过预先加热，施工比较困难。电缆连接和电缆头制作要求很高，当电缆在高低差较大的场所敷设时，由于电缆中油的流动，低端常因积油而产生很大的静压力，致使电缆终端头或铅包被胀裂，造成漏油；而高端则由于油的流失造成绝缘干枯而损坏，其结构如图 6-4 所示。

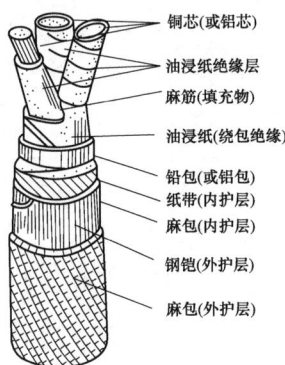

铜芯(或铝芯)

油浸纸绝缘层

麻筋(填充物)

油浸纸(绕包绝缘)

铅包(或铝包)

纸带(内护层)

麻包(内护层)

钢铠(外护层)

麻包(外护层)

图 6-4　油浸纸绝缘电缆结构示意图

（1）油浸纸绝缘电力电缆的型号及用途（见表 6-23）。

表 6-23　　　　　油浸纸绝缘铅包电力电缆的型号及用途

型号	名　　　称	用　途
ZQ	铜芯纸绝缘铅包电力电缆	在室内、电缆沟中及管道内敷设，不能承受机械外力作用，对铅护层有中性环境
ZLQ	铝芯纸绝缘铅包电力电缆	
ZQ1	铜芯纸绝缘铅包麻被电力电缆	在土壤中直埋敷设，不能承受机械外力作用，对铅护层有中性环境
ZLQ1	铝芯纸绝缘铅包麻被电力电缆	
ZQ(P)2	铜芯纸绝缘（滴干绝缘）铅包钢带铠装麻被电力电缆	在土壤中直埋敷设，能承受机械外力作用，但不能承受大的拉力
ZLQ(P)2	铝芯纸绝缘（滴干绝缘）铅包钢带铠装麻被电力电缆	
ZQ(P)20	铜芯纸绝缘（滴干绝缘）铅包裸钢带铠装麻被电力电缆	在室内、电缆沟中及管子内敷设，能承受机械外力作用，但不能承受大的拉力
ZLQ(P)20	铝芯纸绝缘（滴干绝缘）铅包裸钢带铠装麻被电力电缆	
ZQ(P)3	铜芯纸绝缘（滴干绝缘）铅包裸细钢丝铠装麻被电力电缆	在土壤中直埋敷设，能承受机械外力作用，并能承受相当的拉力
ZLQ(P)3	铝芯纸绝缘（滴干绝缘）铅包裸细钢丝铠装麻被电力电缆	
Q(P)30	铜芯纸绝缘（滴干绝缘）铅包裸细钢丝铠装电力电缆	在室内及矿井中敷设，能承受机械外力作用，并能承受相当的拉力
ZLQ(P)30	铝芯纸绝缘（滴干绝缘）铅包裸细钢丝铠装电力电缆	

型号	名称	用途
ZQ(P)4	铜芯纸绝缘（滴干绝缘）铅包粗钢丝铠装麻被电力电缆	在水中敷设，能承受机械外力作用，并能承受相当的拉力
ZLQ(P)4	铝芯纸绝缘（滴干绝缘）铅包粗钢丝铠装麻被电力电缆	
ZQ(P)F2	铜芯纸绝缘（滴干绝缘）分相铅包钢带铠装电力电缆	同 ZQ(P)2、ZLQ(P)2
ZLQ(P)F2	铝芯纸绝缘（滴干绝缘）分相铅包钢带铠装电力电缆	
ZQ(P)F20	铜芯纸绝缘（滴干绝缘）分相铅包裸钢带铠装电力电缆	同 ZQ(P)20、ZLQ(P)20
ZLQ(P)F20	铝芯纸绝缘（滴干绝缘）分相铅包裸钢带铠装电力电缆	
ZQ(P)F4	铜芯纸绝缘（滴干绝缘）分相铅包粗钢丝铠装麻被电力电缆	同 ZQ(P)4、ZLQ(P)4
ZLQ(P)F4	铝芯纸绝缘（滴干绝缘）分相铅包粗钢丝铠装麻被电力电缆	

（2）油浸纸绝缘铅包不滴流电力电缆的型号及用途（见表6-24）。

表 6-24　　油浸纸绝缘铅包不滴流电力电缆的型号及用途

型号	名称	用途
ZQD3	铜芯纸绝缘铅包细钢丝铠装麻被不滴流电力电缆	在空气及土壤中敷设，能承受机械外力作用，并能承受相当的拉力
ZLQD3	铝芯纸绝缘铅包细钢丝铠装麻被不滴流电力电缆	
ZQD30	铜芯纸绝缘铅包裸细钢丝铠装不滴流电力电缆	在室内及矿井中敷设，能承受机械外力作用，并能承受相当的拉力
ZLQD30	铝芯纸绝缘铅包裸细钢丝铠装不滴流电力电缆	
ZQD4	铜芯纸绝缘铅包粗钢丝铠装不滴流电力电缆	在水中或能承受较大拉力的线路中敷设
ZLQD4	铝芯纸绝缘铅包粗钢丝铠装不滴流电力电缆	

（3）油浸纸绝缘铝包电力电缆的型号及用途（见表6-25）。

表 6-25   **油浸纸绝缘铝包电力电缆的型号及用途**

型号	名　称	用　途
ZL	铜芯纸绝缘铝包电力电缆	在干燥的室内、电缆沟、管道中或架空敷设，不能承受机械外力作用，且对铝护层有中性环境
ZLL	铝芯纸绝缘铝包电力电缆	
ZL11	铜芯纸绝缘铝包麻被一级防腐电力电缆	在对铝护层有腐蚀的土壤中敷设，不能承受机械外力作用
ZLL11	铝芯纸绝缘铝包麻被一级防腐电力电缆	
ZL(P)12	铜芯纸绝缘（滴干绝缘）铝包钢带铠装麻被一级防腐电力电缆	在对铝护层有腐蚀的土壤中敷设，能承受机械外力作用，但不能承受大的拉力
ZLL(P)12	铝芯纸绝缘（滴干绝缘）铝包钢带铠装麻被一级防腐电力电缆	
ZL(P)120	铜芯纸绝缘（滴干绝缘）铝包裸钢带铠被一级防腐电力电缆	在对铝护层有腐蚀的室内、电缆沟、管道中敷设，能承受机械外力作用，但不能承受拉力
ZLL(P)120	铝芯纸绝缘（滴干绝缘）铝包裸钢带铠装一级防腐电力电缆	
ZL(P)13	铜芯纸绝缘（滴干绝缘）铝包细钢丝铠装麻被一级防腐电力电缆	在对铝护层有腐蚀的土壤或水中敷设，能承受机械外力作用，并能承受相当的拉力
ZLL(P)13	铝芯纸绝缘（滴干绝缘）铝包细钢丝铠装麻被一级防腐电力电缆	
ZL(P)130	铜芯纸绝缘（滴干绝缘）铝包裸细钢丝铠装一级防腐电力电缆	在对铝护层有腐蚀的室内、电缆沟、管道中或矿井内敷设，能承受机械外力作用，并能承受相当的拉力
ZLL(P)130	铝芯纸绝缘（滴干绝缘）铝包裸细钢丝铠装一级防腐电力电缆	
ZL(P)14	铜芯纸绝缘（滴干绝缘）铝包粗钢丝铠装麻被一级防腐电力电缆	在对铝护层有腐蚀的水中敷设，能承受较大的拉力
ZLL(P)14	铝芯纸绝缘（滴干绝缘）铝包粗钢丝铠装麻被一级防腐电力电缆	
ZL(P)22	铜芯纸绝缘（滴干绝缘）铝包钢带铠被二级防腐电力电缆	在对铝护层和钢带有严重腐蚀的环境中敷设，能承受机械外力作用，但不能承受大的拉力
ZLL(P)22	铝芯纸绝缘（滴干绝缘）铝包钢带铠装二级防腐电力电缆	
ZL(P)23	铜芯纸绝缘（滴干绝缘）铝包细钢丝铠被二级防腐电力电缆	在对铝护层和钢带有严重腐蚀的环境中敷设，能承受机械外力作用，并能能承受相当的拉力
ZLL(P)23	铝芯纸绝缘（滴干绝缘）铝包细钢丝铠装二级防腐电力电缆	

型号	名　　称	用　途
ZL(P)24	铜芯纸绝缘（滴干绝缘）铝包粗钢丝铠被二级防腐电力电缆	在对铝护层和钢带有严重腐蚀的环境中敷设，能承受机械外力作用，并能承受较大的拉力
ZLL(P)24	铝芯纸绝缘（滴干绝缘）铝包粗钢丝铠装二级防腐电力电缆	

（4）油浸纸绝缘电力电缆的载流量，见表 6-26。

表 6-26　　　　三芯铝导线油浸纸绝缘电力电缆的载流量

电缆截面积（mm²）	6kV 电缆载流量（A）（电缆线芯允许最高温度 65℃）		10kV 电缆载流量（A）（电缆线芯允许最高温度 65℃）	
	空气中敷设	土中直埋	空气中敷设	土中直埋
10	48	53		
16	65	71	60	67
25	85	93	80	79
35	100	111	95	101
50	125	138	120	123
70	155	169	145	145
95	190	200	180	180
120	220	231	205	211
150	255	266	235	242
185	295	302	270	272
240	345	346	325	312

5. 橡胶绝缘电力电缆

橡胶绝缘电缆一般在低压电力线路中使用。橡胶绝缘柔性好，易弯曲，有弹性，移动方便，常作移动电缆用。其中的聚氯乙烯护套的 XV 和 XLV 电缆，可以敷设在室内、隧道及管道中，不能承受机械力的作用。钢带铠装的 XV2 和 XLV2 和电缆，可以在地下敷设，能承受机械力的作用，但不能承受大的拉力。

（1）常用橡胶绝缘电力电缆的型号、名称及用途（见表 6-27）。

表 6-27   常用橡胶绝缘电力电缆的型号、名称及用途

型号	名称	用途
XV	铜芯橡胶绝缘聚氯乙烯护套电力电缆	在室内、电缆沟、管道中敷设，不能承受机械外力作用
XLV	铝芯橡胶绝缘聚氯乙烯护套电力电缆	
XV_{22}	铜芯橡胶绝缘聚氯乙烯护套钢带铠装电力电缆	在地下敷设能承受一定机械外力，但不能承受大的拉力
XLV_{22}	铝芯橡胶绝缘聚氯乙烯护套钢带铠装电力电缆	
XQ	铜芯橡胶绝缘裸铅包电力电缆	在室内、电缆沟、管道中敷设，不能承受振动和机械外力作用
XLQ	铝芯橡胶绝缘裸铅包电力电缆	
XQ_2	铜芯橡胶绝缘铅包钢带铠装电力电缆	同 XV_{22}、XLV_{22}
XLQ_2	铝芯橡胶绝缘铅包钢带铠装电力电缆	
XQ_{20}	铜芯橡胶绝缘铅包裸钢带铠装电力电缆	在室内、电缆沟、管道中敷设，不能承受大的拉力
XLQ_{20}	铝芯橡胶绝缘铅包裸钢带铠装电力电缆	
YQ、YQW	铜芯橡胶绝缘轻型橡套电力电缆	用于 250V 以下移动式电气设备，YQW 具有耐寒和一定的耐油性能
YZ、YZW	铜芯橡胶绝缘中型橡套电力电缆	用于 500V 以下移动式电气设备，能承受相当的机械外力作用，YQW 具有耐寒和一定的耐油性能
YC、YCW	铜芯橡胶绝缘重型橡套电力电缆	同 YZ，能承受相当的机械外力作用，YQW 具有耐寒和一定的耐油性能
YH	电焊机用铜芯软电缆	电焊机二次侧导线

（2）额定电压为 500V 的三芯橡胶绝缘电力电缆在环境温度为 25℃、允许最高温度为 65℃的载流量，见表 6-28。

表 6-28   500V 的三芯橡胶绝缘电力电缆允许最高温度为 65℃的载流量

电缆截面积 (mm^2)	25℃铜芯电缆载流量（A）		25℃铝芯电缆载流量（A）	
	地下直埋	空气中敷设	地下直埋	空气中敷设
1.5	24	19		
2.5	34	25		
4	44	35	34	27

电缆截面积	25℃铜芯电缆载流量（A）		25℃铝芯电缆载流量（A）	
（mm²）	地下直埋	空气中敷设	地下直埋	空气中敷设
6	53	42	41	32
10	80	55	62	42
16	102	75	80	60
25	134	95	102	75
35	160	120	125	90
50	200	145	156	110
70	245	180	187	140
95	294	220	227	170
120	342	260	262	200
150	387	305	298	235
185	445	350	342	270

（3）移动式橡套软电缆在环境温度为 25℃、允许最高温度为 65℃ 的载流量，见表 6-29。

表 6-29　　　　　　　　移动式橡套软电缆的载流量

电缆截面积	YZ、YZW 型电缆载流量（A）			YC、YCW 型电缆载流量（A）			
（mm²）	2 芯	3 芯	4 芯	单芯	2 芯	3 芯	4 芯
0.75	14	12	11				
1.0	17	14	13				
1.5	21	18	18				
2.0	26	22	22				
2.5	30	25	25	37	30	26	27
4	41	35	35	47	39	34	34
6	53	45	45	52	51	44	44
10				75	74	63	63
16				112	98	84	84
25				148	135	115	116
35				183	167	142	143
50				226	208	176	177

6. 充油电力电缆

充油电力电缆型号由产品系列代号和结构代号组成。自容式充油电缆的系列代号为 CY，外护层结构从里到外用加强层、铠装层、外被层的代号组合表示，外护层代号含义见表 6-30。充油电力电缆的绝缘类别、导电线芯、内护层代号及各代号的排列次序以及产品表示方法与其他电力电缆相同。如 CYZQ102220/1×400 表示该电缆系铜芯、纸绝缘、铅包、铜带径向加强，聚氯乙烯护套、额定电压 220kV、单芯、截面积为 400mm^2 的自容式充油电力电缆。

（1）充电电力电缆外护层的代号含义。

表 6-30　　　　　　　充电电力电缆外护层的代号含义

加强层		铠装层		外被层	
代号	含义	代号	含义	代号	含义
1	铜带径向加强	0	无铠装	1	纤维层
2	不锈钢带径向加强	4	粗钢丝	2	聚氯乙烯护套
3	铜带径向窄铜带纵向加强				
4	不锈钢带径向窄不锈钢带纵向加强				

（2）自容式充油电力电缆的型号名称及用途见表 6-31。

表 6-31　　　　　　自容式充油电力电缆的型号名称及用途

型　号	名　　称	用　途
CYZQ$_{102}$	铜芯纸绝缘铅包铜带径向加强，聚氯乙烯护套自容式充油电力电缆	在隧道、土壤中敷设，能承受机械外力作用，敷设落差不超过 30m
CYZQ$_{302}$	铜芯纸绝缘铅包铜带径向及纵向加强，聚氯乙烯护套自容式充油电力电缆	在落差超过 30m、小于 120m 的隧道、竖井中，能承受较大的拉力
CYZQ$_{141}$	铜芯纸绝缘铅包铜带径向加强、钢丝铠装自容式充油电力电缆	在水下或竖井中敷设，能承受较大的拉力

7. 架空电力电缆

架空电力电缆的型号名称及用途（见表 6-32）。

表 6-32   架空电力电缆的型号名称及用途

型号	名　称	用　途
JkV	铜芯聚氯乙烯绝缘架空电力电缆	用于电力传输的架空敷设
JKLV	铝芯聚氯乙烯绝缘架空电力电缆	
JKY	铜芯聚乙烯绝缘架空电力电缆	
JKLY	铝芯聚乙烯绝缘架空电力电缆	
JKYJ	铜芯交联聚乙烯绝缘架空电力电缆	
JKLYJ	铝芯交联聚乙烯绝缘架空电力电缆	
JKTRYJ	软铜芯交联聚乙烯绝缘架空电力电缆	用于变压器引下线
JKLYJ/Q	铝芯交联聚乙烯绝缘轻型架空电力电缆	用于电力传输的架空敷设
JKLGYJ	钢芯铝绞线交联聚乙烯绝缘架空电力电缆	用于电力传输的架空敷设，并能承受相当的拉力
JKLGYL/Q	钢芯铝绞线交联聚乙烯绝缘轻型架空电力电缆	

二、控制电缆

控制电缆用于电气装置的控制、保护、测量、信号等二次回路中，也可用于自动控制系统的电气连接，在电力系统、工矿企业等部门的直流或交流 50~60Hz 领域应用很广泛。为了保证二次系统的可靠性和稳定性，控制电缆一般采用铜芯。与电力电缆相比，控制电缆线芯数量多，截面积小。由于二次回路的电压都不高（高电压须经过电压互感器变为低电压），因此控制电缆的额定电压都在 1000V 以下。应根据二次回路中电流和电压损耗的大小、需用芯线的根数来选择，控制电缆型号中第一个汉语拼音字母 K 表示控制的意思。

1. 控制电缆的型号表示（见表 6-33）

表 6-33   控制电缆的型号表示

代号	绝缘材料	护套屏蔽类型	外护层材料	派生特性
K—控制电缆	Y—聚乙烯 V—聚氯乙烯 X—橡胶 YJ—交联聚乙烯 F—氟塑料	Y—聚乙烯 V—聚氯乙烯 F—氯丁橡胶 Q—铅套 P—编织屏蔽	02—聚氯乙烯护套 03—聚乙烯护套 20—裸钢带铠装 22—钢带铠装聚氯乙烯护套 23—钢带铠装聚乙烯护套 29—内钢带铠装 30—裸细钢丝铠装 32—细钢丝铠装聚氯乙烯护套 33—细钢丝铠装聚乙烯护套	80—耐热 80℃ 105—耐热 105℃ 1—铜丝缠绕屏蔽 2—铜带缠绕屏蔽

2. 控制电缆的型号与名称（见表 6-34）

表 6-34 控制电缆的型号与名称

型　号	名　称
KVV	聚氯乙烯绝缘聚氯乙烯护套控制电缆
KVY	聚氯乙烯绝缘聚乙烯护套控制电缆
KVYP	聚氯乙烯绝缘铜丝编织总屏蔽聚乙烯护套控制电缆
$KVYP_1$	聚氯乙烯绝缘铜丝缠绕总屏蔽聚乙烯护套控制电缆
$KVYP_2$	聚氯乙烯绝缘铜带绕包总屏蔽聚乙烯护套控制电缆
KYY	聚乙烯绝缘聚乙烯护套控制电缆
KYYP	聚乙烯绝缘铜丝编织总屏蔽聚乙烯护套控制电缆
$KYYP_1$	聚乙烯绝缘铜丝缠绕总屏蔽聚乙烯护套控制电缆
$KYYP_2$	聚乙烯绝缘铜带绕包总屏蔽聚乙烯护套控制电缆
KYY_{23}	聚乙烯绝缘钢带铠装聚乙烯护套控制电缆
KYY_{30}	聚乙烯绝缘裸细铜丝铠装聚乙烯护套控制电缆
KYY_{33}	聚乙烯绝缘细铜丝铠装聚乙烯护套控制电缆
KYV	聚乙烯绝缘聚氯乙烯护套控制电缆
KYVP	聚乙烯绝缘铜丝编织总屏蔽聚氯乙烯护套控制电缆
$KYVP_1$	聚乙烯绝缘铜丝缠绕总屏蔽聚氯乙烯护套控制电缆
$KYVP_2$	聚乙烯绝缘铜带绕包总屏蔽聚氯乙烯护套控制电缆
KYV_{22}	聚乙烯绝缘钢带铠装聚氯乙烯护套控制电缆
KYV_{32}	聚乙烯绝缘细铜丝铠装聚氯乙烯护套控制电缆
KXV	橡胶绝缘聚氯乙烯护套控制电缆
KXV_{22}	橡胶绝缘钢带铠装聚氯乙烯护套控制电缆
KXY_{23}	橡胶绝缘钢带铠装聚乙烯护套控制电缆
KXF	橡胶绝缘氯丁橡套控制电缆
KXQ	橡胶绝缘裸铅包控制电缆
KXQ_{02}	橡胶绝缘铅包聚氯乙烯护套控制电缆
KXQ_{03}	橡胶绝缘铅包聚乙烯护套控制电缆
KXQ_{20}	橡胶绝缘铅包裸钢带铠装控制电缆

3. 同心式控制电缆的技术参数（见表 6-35）

表 6-35 同心式控制电缆的主要技术参数

控制电缆型号	额定电压 U_0/U （V）	线芯标称截面积（mm^2）				
		0.5～1	1.5	2.5	4	6～10
		芯　　数				
KYY、KYYP kVY、KYYP$_2$ KYV、KYVP KYVP$_2$、KXV KVYP、KVYP$_2$ KVV	600/1000 或 300/500	2、4、5、6、7、8、10、12、14、16、19、24、30、37、44、48、52、61	2、4、5、6、7、8、10、12、14、16、19、24、30、37、	4、5、6、7、8、10、12、14、	4、5、6、7、8、10、
KVYP$_1$、KVVP$_1$ KYYP$_1$、KYVP$_1$	300/500	4、5、6、7	—	—	—	—
KV$_{22}$、KY$_{23}$	600/1000 或 300/500	6～61	4～61	4～37	4～14	4～10
KV$_{23}$、KX$_{22}$ KX$_{23}$、KYY$_{30}$ KY$_{32}$、KY$_{33}$ KYP$_{32}$、	600/1000 或 300/500	10～61	16～61	6～37	6～14	6～10

第四节　电　磁　线

电磁线是绕制电动机、变压器、仪表等线圈的绝缘导线，分为漆包线、无机绝缘电磁线、绕包线和特种电磁线四类。

一、漆包线

漆包线漆膜均匀、光滑柔软，有利于线圈的自动化绕制，广泛应用于中小型或微型电工产品中，QZ 漆包线的产量占全部漆包线产量的 80% 左右，使用面极为广泛。漆包线的型号、名称规格及用途见表 6-36。

表 6-36 漆包线的型号、名称规格及用途

型号	名　　称	规格（mm）	耐热等级	用　　途
Q	油性漆包圆铜线	0.02～2.50	A	中、高频线圈及仪表等线圈

型号	名称	规格（mm）	耐热等级	用途
QQ	缩醛漆包圆铜线	0.02～2.5	E	普通中小型电机、微电机绕组、油浸变压器绕组和电气仪表等线圈
QQL	缩醛漆包圆铝线	0.06～2.5		
QQS	彩色缩醛漆包圆铜线	0.02～2.5		
QQB	缩醛漆包扁铜线	a 边 0.8～5.6		
QQLB	缩醛漆包扁铝线	b 边 2～18		
QA-1	聚氨酯漆包圆铜线	0.015～1	E	要求 Q 值稳定的高频线圈，电视机线圈和仪表使用的微细线圈
QA-2	彩色聚氨酯漆包圆铜线			
QH	环氧漆包圆铜线	0.06～2.5	E	油浸变压器绕组和耐化学品腐蚀、耐潮湿电机的绕组
QZ	聚酯漆包圆铜线	0.02～2.5	B	干式变压器绕组、通用中小型电动机绕组和电气仪表线圈
QZL	聚酯漆包圆铝线	0.06～2.5		
QZS	彩色聚酯漆包圆铜线	0.06～2.5		
QZB	聚酯漆包扁铜线	a 边 0.8～5.6		
QZLB	聚酯漆包扁铝线	b 边 2～18		
QZY	聚酯亚胺漆包圆铜线	0.06～2.5	F	干式变压器绕组、高湿电机和制冷设备电机的绕组和电气仪表线圈
QZYB	聚酯亚胺漆包扁铜线	a 边 0.8～5.6 b 边 2～18		
QXY	聚酰胺酰亚胺漆包圆铜线	0.06～2.5	C (200℃)	高温重负荷电机、牵引电机、制冷设备电机、密封式电机、干式变压器绕组和电气仪表线圈
QXYB	聚酰胺酰亚胺漆包扁铜线	a 边 0.8～5.6 b 边 2～18		
QY	聚酰亚胺漆包圆铜线	0.02～2.5	C (220℃)	耐高温电机、干式变压器绕组，密封式继电器、电子线路线圈
QYB	聚酰亚胺漆包扁铜线	a 边 0.8～5.6 b 边 2～18		
QAN	自黏直焊漆包圆铜线	0.1～0.44	E	微型电机、仪表的线圈，电子线路线圈、无骨架线圈

型号	名　称	规格（mm）	耐热等级	用　途
QHN	环氧自黏性漆包圆铜线	0.1～0.51	E	仪表和电器的线圈、无骨架线圈
QATMC	无磁性聚氨酯漆包圆铜线	0.02～0.2	E	J 精密仪表和电器的线圈，如测振仪、磁通表等

注　规格一栏中，圆线规格用线芯直径表示，扁线以线芯窄边（a）、宽边（b）长度表示。

二、无机绝缘电磁线

无机绝缘电磁线的绝缘层采用无机材料陶瓷、氧化铝膜组成，并经有机绝缘浸渍后烘干填孔，其特点是耐高温、耐辐射，主要用于高温、辐射场合，其型号、名称、规格及用途见表 6-37。

表 6-37　　　　无机绝缘电磁线的型号、名称、规格及用途

型号	名称	规格（mm）	用　途
YML	氧化膜圆铝线	0.05～5	干式变压器绕组、起重机电磁铁和高温制动器线圈，并用于耐辐射场合
YMLC	氧化膜扁铝线	a 边 1.0～4 b 边 2.5～6.3	
YMLB			
YMLBC			
YMLD	氧化膜铝带（箔）	厚 0.08～1 宽 20～900	
TC	陶瓷绝缘线	0.06～0.5	用于高温及有辐射的场合

注　规格一栏中，圆线规格用线芯直径表示，扁线以线芯窄边（a）、宽边（b）长度表示。

三、绕包线

绕包线用天然丝、玻璃丝、绝缘纸或合成薄膜等紧密绕包在导线芯上，形成绝缘层，或在漆包线上再绕包一层绝缘层，一般用于大中型电工产品中，其型号、名称、规格及用途见表 6-38。

表 6-38　　　　绕包线的型号、名称、规格及用途

型号	名称	规格（mm）	耐热等级	用　途
Z	纸包圆铜线	1～5.6	A	适用于变压器绕组，价格低廉
ZL	纸包圆铝线	1～5.6		
ZB	纸包扁铜线	a 边 0.9～5.6		
ZLB	纸包扁铝线	b 边 2～18		

型号	名称	规格（mm）	耐热等级	用途
SBEC	双玻璃丝包圆铜线	0.25～6	B	适用于电机、电器的绕组
SBELC	双玻璃丝包圆铝线	0.25～6		
SBECB	双玻璃丝包扁铜线	a 边 0.9～5.6 b 边 2～18		
SBECLB	双玻璃丝包扁铝线			
QZSBCB	单玻璃丝包聚酯漆包扁铜线	a 边 0.9～5.6 b 边 2～18	B	适用于电机、电器的绕组
QZSBLCB	单玻璃丝包聚酯漆包扁铝线			
QZSBECB	双玻璃丝包聚酯漆包扁铜线			
QZSBELCB	双玻璃丝包聚酯漆包扁铝线			
QZSBC	单玻璃丝包聚酯漆包圆铜线	0.53～2.5		
SBEG	硅有机漆双玻璃丝包圆铜线	a 边 0.9～5.6 b 边 2～18	H	适用于电机、电器的绕组
SBEGB	硅有机漆双玻璃丝包扁铜线			
SE	双丝包圆铜线	0.05～2.5	A	适用于仪表、电信设备的线圈和采矿电缆的线芯等
SQ	单丝包油性漆包圆铜线			
SQZ	单丝包聚酯漆包圆铜线			
SEQ	双丝包油性漆包圆铜线			
SEQZ	双丝包聚酯漆包圆铜线			

注 规格一栏中，圆线规格用线芯直径表示，扁线以线芯窄边（a）、宽边（b）长度表示。

四、铜漆包线的规格与安全载流量（见表 6-39）

表 6-39　　　　　　　　铜漆包线的规格与安全载流量

标称直径 (mm)	外皮直径 (mm)	截面积 (mm²)	线质量 (kg/km)	$j=2.5A/mm^2$ 时，导线容许载流量 (A)	$j=3A/mm^2$ 时，导线容许载流量 (A)	每厘米可绕匝数 (匝)	每立方厘米可绕匝数 (匝)	20℃时的电阻值 (Ω/km)
0.06	0.085	0.002 8	0.025 2	0.007	0.008 4	117	13 689	6440
0.07	0.095	0.003 8	0.034 2	0.009 5	0.011 4	105	11 025	4730
0.08	0.105	0.005	0.044 8	0.012 5	0.015 0	95	9025	3630
0.09	0.115	0.006 4	0.056 7	0.016	0.019 2	86	7395	2860
0.1	0.125	0.007 9	0.07	0.019 7	0.023 7	80	6400	2240
0.11	0.135	0.009 5	0.085	0.023 7	0.028 5	74	5476	1850
0.12	0.145	0.011 3	0.101	0.028 2	0.033 9	68	4624	1550
0.13	0.155	0.013 3	0.118	0.033 2	0.039 9	64	4096	1320
0.04	0.165	0.015 4	0.137	0.038 5	0.046 2	60	3600	1140
0.15	0.18	0.017 7	0.158	0.044 2	0.053 1	55	3025	994
0.16	0.19	0.020 1	0.179	0.050 2	0.060 3	52	2704	873
0.17	0.2	0.027 7	0.202	0.056 7	0.068 1	50	2500	773
0.18	0.21	0.025 4	0.227	0.064	0.076 2	47	2209	688
0.19	0.22	0.028 4	0.253	0.071	0.085 2	45	2025	618
0.2	0.23	0.031 5	0.28	0.078 7	0.094 5	43	1849	558
0.21	0.24	0.034 7	0.309	0.086 7	0.104	41	1681	507
0.23	0.27	0.041 5	0.37	0.103	0.124	37	1369	423
0.25	0.29	0.049 2	0.437	0.123	0.147	34	1156	357
0.27	0.31	0.057 3	0.51	0.143	0.171	32	1024	306
0.29	0.33	0.066	0.589	0.165	0.198	30	900	266
0.31	0.35	0.075 5	0.673	0.188	0.226	28	784	233
0.33	0.37	0.085 5	0.762	0.213	0.256	27	729	205
0.35	0.39	0.096 2	0.857	0.24	0.288	25	625	182
0.38	0.42	0.113 4	1.01	0.283	0.34	23	529	155
0.41	0.45	0.132	1.17	0.33	0.396	22	484	133
0.44	0.48	0.152 1	1.35	0.38	0.456	20	400	115
0.47	0.51	0.173 5	1.54	0.433	0.52	19	361	101
0.49	0.53	0.188 6	1.67	0.471	0.565	18	324	93.1
0.51	0.56	0.204	1.82	0.51	0.612	17	317	85.9
0.53	0.58	0.221	1.96	0.552	0.663	17.2	295	79.3
0.55	0.6	0.238	2.11	0.595	0.714	16.6	275	73.9
0.57	0.62	0.255	2.26	0.637	0.765	16.1	259	68.7

标称直径（mm）	外皮直径（mm）	截面积（mm²）	线质量（kg/km）	$j=2.5A/mm^2$ 时，导线容许载流量（A）	$j=3A/mm^2$ 时，导线容许载流量（A）	每厘米可绕匝数（匝）	每立方厘米可绕匝数（匝）	20℃时的电阻值（Ω/km）
0.59	0.64	0.273	2.43	0.682	0.819	15.6	243	64.3
0.62	0.67	0.302	2.69	0.755	0.906	14.8	222	57.9
0.64	0.69	0.322	2.89	0.805	0.966	14.4	207	54.6
0.67	0.72	0.353	3.14	0.882	1.05	13.8	190	49.7
0.69	0.74	0.374	3.33	0.935	1.12	13.5	182	46.9
0.72	0.77	0.407	3.72	1.01	1.22	12.9	166	43
0.74	0.8	0.43	3.83	1.07	1.29	12.5	156	40.8
0.77	0.83	0.466	4.15	1.16	1.39	12	144	37.6
0.8	0.86	0.503	4.48	1.25	1.5	11.6	134	34.9
0.83	0.89	0.541	4.78	1.35	1.62	11.2	125	32.4
0.86	0.92	0.581	5.17	1.45	1.74	10.8	117	30.2
0.9	0.96	0.636	5.67	1.59	1.99	10.4	108	27.5
0.93	0.99	0.679	6.05	1.69	2.03	10.1	102	25.8
0.96	1.02	0.724	6.45	1.81	2.17	9.8	96	24.2
1	1.08	0.785	7	1.96	2.35	9.25	85.6	22.4
1.04	1.12	0.849	7.87	2.12	2.54	8.92	79.5	20.6
1.08	1.16	0.916	8.16	2.29	2.74	8.62	74.3	19.2
1.12	1.2	0.986	8.78	2.46	2.95	8.33	69.4	17.75
1.16	1.24	1.057	9.41	2.64	3.17	8.06	65	16.6
1.2	1.28	1.131	10	2.84	3.35	7.81	61	15.5
1.25	1.33	1.227	10.9	3.06	3.68	7.51	56.4	14.3
1.3	1.38	1.327	11.8	3.31	3.98	7.24	52.4	13.2
1.35	1.43	1.431	12.7	3.57	4.29	7	49	12.2
1.4	1.48	1.539	13.7	3.84	4.61	6.75	45.56	11.4
1.45	1.53	1.651	14.7	4.12	4.95	6.53	42.44	10.6
1.5	1.58	1.767	15.7	4.41	5.3	6.32	39.94	9.89
1.56	1.64	1.911	17	4.77	5.73	6.09	37.08	9.18
1.62	1.7	2.06	18.3	5.15	6.18	5.88	34.57	8.5
1.68	1.76	2.22	19.7	5.55	6.66	5.68	32.26	7.92
1.74	1.82	2.38	21.1	5.95	7.14	5.49	30.14	7.36
1.81	1.9	2.57	22.9	6.42	7.71	5.26	27.66	6.83
1.88	1.97	2.78	24.7	6.95	8.34	5.07	25.70	6.3
1.95	2.04	2.99	26.6	7.47	8.97	4.9	24.01	5.87
2.02	2.11	3.2	28.5	8	9.6	4.73	22.37	5.48

标称直径 (mm)	外皮直径 (mm)	截面积 (mm²)	线质量 (kg/km)	$j=2.5A/mm^2$ 时，导线容许载流量 (A)	$j=3A/mm^2$ 时，导线容许载流量 (A)	每厘米可绕匝数 (匝)	每立方厘米可绕匝数 (匝)	20℃时的电阻值 (Ω/km)
2.1	2.2	3.46	30.8	8.65	10.3	4.54	20.61	5.06
2.26	2.36	4.01	35.7	10	12	4.23	17.89	4.38
2.44	2.54	4.67	41.6	11.6	14	3.93	15.44	3.75
2.63		5.43	48.4	13.5	16.2			3.23
2.83		7.00	56	17.5	21			2.79
3.05		8.14	65.1	20.3	24.4			2.4
3.28		9.4	75.3	23.5	28.2			2.08
3.53		10	87.2	27.2	32.7			1.8
3.8		12.63	101	31.5	37.9			1.55
4.1		14.7	117	36.7	44.1			1.33
4.5		17.71	141	44.2	53.1			1.1
4.8		20.16	161	50.4	60.4			0.968
5.2		23.66	189	59.1	70.9			0.829

注 j 为电流密度。

第五节 光 缆

光缆即纤维光缆，它是利用电/光和光/电转换来传输电信号的。有的光缆还有其他用途，例如有的光缆中包含有绝缘导线，有的光缆可以兼作架空线路的接地线，称为复合地线光缆，有的光缆中还配置有其他元件。

光缆的种类很多，主要有架空光缆、直埋光缆、管道光缆、水下光缆、海底光缆、室内光缆、设备内光缆、特殊光缆和软光缆等。

光缆除在通信系统使用外，在电力系统的应用也越来越多，特别是在高压输电线路的继电保护系统作为在线路两端传输继电保护信号应用较多。如果采用复合地线光缆，将光缆架设在高压架空线的顶端，可以起到线路地线的作用。

一、光缆的结构

光缆的基本结构包括传输信号的导光纤维（简称光纤）部分、外部保护层部分和承受拉力的抗张部分，一般由纤芯和包层组成。纤芯位于光缆的中间部位，它的折射率比周围包层的折射率略高，光信号主要经纤芯传输，包层为信号提供反射边界和光隔离，同时又有一定的机械保护作用。为了提高光缆的机械强度，在包层外面还加有起增强作用的被复层。光缆的结构如图 6-5 所示。

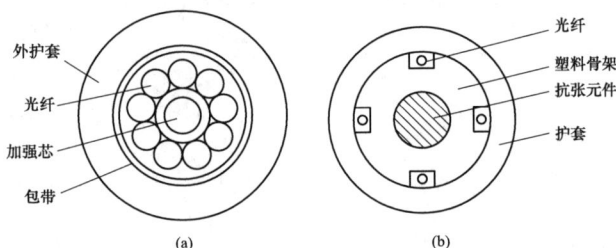

图 6-5　光缆的结构图

（a）绞合式（b）骨架式

二、光缆的型号和规格

光缆型号的表示

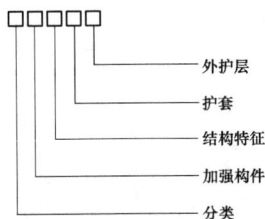

1. 型号中的具体代号

（1）分类代号。

GY——通信用室外光缆；

GD——通信用光电综合光缆；

GM——通信用移动式光缆；

GS——通信用设备内光缆；

GJ——通信用室内光缆；

GH——通信用海底光缆；

GT——通信用特殊光缆。

（2）加强构件代号。

无符号——金属加强构件；

F——非金属加强构件。

（3）结构特征代号。

D—光纤带结构（无符号为光纤护套被覆结构）；

J—光纤紧套被覆结构；

X—中心管被覆结构；

C—骨架槽结构；

T—油膏填充式结构（无符号为干式阻水结构）；

R—充气式结构；

C—自承式结构；

B—扁平形状；

E—椭圆形状；

Z—阻燃。

（4）护套代号。

Y—聚乙烯；V 聚氯乙烯；U—聚氨酯；

A—铝与聚乙烯粘结护套（简称 A 护套）；

S—钢与聚乙烯粘结护套（简称 S 护套）；

L—铝护套；G—钢护套；Q—铅护套。

（5）外护层代号。

铠装层：0—无铠装；2—绕包双钢带；3—单细圆钢丝；

33—双细圆钢丝；44—双粗圆钢丝；5—皱纹钢带。

外被层式护套：1—纤维；2—聚氯乙烯；

3—聚乙烯；4—聚乙烯加覆尼龙套。

2. 光缆的规格

光缆的规格表示方法是在型号后面空一格以后，用规格特征的代表符号和数字表示，具体内容较多，使用时可查阅专门手册。

光缆型号规格表示举例：

GYGTA24B1.1 表示骨架填充式铝—聚乙烯粘结护套通信用室外光缆，有 24 根 B1.1 类单模光纤。

GYTA5312Aia＋5×4×0.9 表示金属加强构件油膏填充式铝—聚乙烯粘结护套皱纹钢带铠装聚乙烯护套的通信室外光缆，有 12 根 Aia 类二氧化硅系渐变型多模光纤和 5 个用于远供电及监测的铜线径为 0.9mm 的 4 线组。

三、光缆的传输原理

光缆通信系统的基本传输原理如图 6-6 所示，其基本原理是：在发送端，将电信号转换为光信号，光信号经光缆传输到接收端，在接收端再将光信号转换为电信号。通过电/光——光/电的转换，达到传输信号的目的。

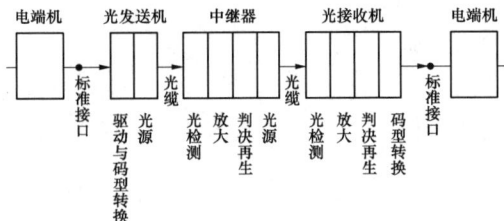

图 6-6　光缆通信系统的传输原理

光缆接头的制作需要使用专门的设备进行。

四、光缆传输特点

（1）传输频带宽，适合高速数字通信的需要。

（2）传输距离多数受衰减限制而不受带宽限制。

（3）传输衰减小，无中继的最远可达上百千米。

（4）光纤很细，直径只有数十微米至几百微米，光缆的整体尺寸和质量都比传输同样容量的其他电缆小得多。

（5）光纤是绝缘体，不像金属导线易受周围的影响和干扰。

（6）光纤由石英玻璃、塑料一类材料制成，材料丰富，用其代替电缆可节省大量的金属和其他材料。

（7）光缆用途广泛，除通信领域外，在包括光纤传感器在内的非通信领域也能应用。

第六节　电线、电缆截面积选择计算

一、电线、电缆截面积选择的原则

正确选择导线截面积是保证各级电力线路及电气设备正常运行、安全运行和经济运行的关键，其选择的原则是：

（1）通过导线的负荷电流不能超过有关规程规范规定的数值。

（2）电压损耗不得超过允许值。

（3）机械强度符合规定。

（4）有色金属消耗量少，投资省。

对于不同电压等级的线路，选择导线截面积的方法（侧重点）也有所不同。

（1）对 35kV 以上的架空线路，线路的导线截面积需先按经济电流密度选择，然后校验其发热条件、允许电压损失及机械强度。导线发热只需对特殊运行方式和事故情况加以校验，而电压损耗不是决定性条件，可以采取适当的调压措施来解决，机械强度一般都能满足要求。

（2）对于 35kV 以下的线路，导线截面积的选择应主要考虑电压损耗。

1）对于低压动力线路，由于其负荷电流较大，所以应先按发热条件选择截面积，然后再校验其电压损失和机械强度。

2）对于低压照明线路，因它对电压质量要求较高，所以应先按允许电压损失条件选择截面积，然后再对发热条件和机械强度加以校验。

二、按发热条件选择导线截面积

由于电流的热效应，电流在导线中通过会使温度升高，温度过高会加速导线的老化，尤其在导线的接头处，氧化作用会使电阻增大，温度升高，机械和电气性能变坏。当温度超过一定数值时，将会造成绝缘损坏而引发短路事故。各类导线都有一定的允许温度，通常规定裸导线的最高允许温度是 70℃，电缆线的允许温度是 80℃，绝缘导线的允许温度是 65℃。导线的发热温度不能超过允许数值。

1. 选择条件

$$I_Y \geqslant I_{JS} \tag{6-1}$$

式中：I_Y 为导线的允许载流量，A；I_{JS} 为通过导线的计算负荷电流，A。

导线的温度与导线的载流量、环境温度、阳光照射及散热条件有关。选择导线截面积时，应把它们的因素考虑在内，必要时可根据有关规定进行修正。导线的最高允许温度和载流量的修正系数见表 6-40 和 6-41。

表 6-40 　　　　　　　　**导线的最高允许工作温度**

导 线 种 类	导线最高允许工作温度（℃）
橡胶绝缘电线（500V）	65
塑料绝缘电线（500V）	70
交联聚乙烯绝缘电力电缆（1～3kV）	90
聚氯乙烯绝缘电力电缆（1～6kV）	70
通用橡胶软电缆（500V）	65
橡胶绝缘电力电缆（500V）	65
裸铝、铜绞线或母线	70
乙丙橡胶绝缘电缆	90

表 6-41　　　　　　　　　导线载流量的温度修正系数

导线最高允许温度 (℃)	实际环境温度时的载流量修正系数											
	-5	0	+5	+10	+15	+20	+25	+30	+35	+40	+45	+50
80	1.24	1.20	1.17	1.13	1.09	1.04	1.00	0.95	0.90	0.85	0.80	0.74
70	1.29	1.24	1.20	1.15	1.11	1.05	1.00	0.94	0.88	0.81	0.74	0.67
65	1.32	1.27	1.22	1.17	1.12	1.06	1.00	0.94	0.87	0.79	0.71	0.61
60	1.36	1.31	1.25	1.20	1.13	1.07	1.00	0.93	0.85	0.76	0.66	0.54
55	1.41	1.35	1.29	1.23	1.15	1.08	1.00	0.91	0.82	0.71	0.58	0.41
50	1.48	1.41	1.34	1.25	1.18	1.09	1.00	0.89	0.78	0.63	0.45	—

2. 选择方法

首先查出相应导线的允许载流量（一般为 25℃时的载流量），再从表 6-44 中查出实际环境温度时的载流量修正系数，两者相乘即为实际环境温度时的导线载流量，将此载流量与线路的计算电流相比较，实际环境温度时的导线载流量应大于或等于线路的计算电流。

三、按电压损失选择导线截面积

由于导线本身存在阻抗，当有电流通过时，不可避免地会产生电压损失。线路越长、负荷电流越大、导线越细，电压损失越大。

1. 高压配电线路导线截面积的选择

$$\Delta U = U_1 - U_2 = (PR + QX)/U_e \qquad (6\text{-}2)$$

式中：ΔU 为线路电压损失，V；U_1 为线路首端电压，V；U_2 为线路末端电压，V；P 为线路有功功率，kW；Q 为线路无功功率，kvar；R 为线路电阻，Ω；X 为线路电抗，Ω；U_e 为线路额定电压，kV。

为取值和计算方便，也可采用下面简化计算公式

$$\Delta U = \Delta U_0 PL \qquad (6\text{-}3)$$

式中：ΔU_0 为电压损失系数（见表 6-42）；L 为线路长度，km。

表 6-42　　　　　　　架空线路电压损失系数（ΔU_0）

电压 (kV)	损失系数（V/kW·km）						阻抗（Ω/km）	
	$\cos\varphi$	0.85	0.80	0.75	0.70	0.65	电阻	电抗
6	LJ—16	0.375	0.379	0.388	0.398	0.408	1.98	0.398
	LJ—25	0.253	0.262	0.270	0.279	0.289	1.28	0.385
	LJ—35	0.192	0.200	0.208	0.217	0.226	0.92	0.375

电压 (kV)	损失系数 (V/kW·km)						阻抗 (Ω/km)	
	$\cos\varphi$	0.85	0.80	0.75	0.70	0.65	电阻	电抗
6	LJ—50	0.144	0.152	0.160	0.168	0.177	0.64	0.363
	LJ—70	0.113	0.120	0.128	0.136	0.145	0.46	0.349
	LJ—95	0.092	0.099	0.106	0.114	0.123	0.34	0.339
	LJ—120	0.079	0.086	0.094	0.101	0.110	0.27	0.332
10	LJ—16	0.223	0.228	0.233	0.238	0.244	1.98	0.398
	LJ—25	0.152	0.157	0.162	0.167	0.173	1.28	0.385
	LJ—35	0.115	0.120	0.125	0.030	0.136	0.92	0.375
	LJ—50	0.086	0.091	0.096	0.101	0.106	0.64	0.363
	LJ—70	0.068	0.072	0.077	0.082	0.087	0.46	0.349
	LJ—95	0.055	0.059	0.064	0.069	0.074	0.34	0.339
	LJ—120	0.048	0.052	0.056	0.061	0.066	0.27	0.332

电压损失百分数 $\Delta U\%$ 为

$$\Delta U\% = \Delta U/U_e \times 100\% \tag{6-4}$$

式中：ΔU 为电压损失，V；U_e 为线路额定电压，V。

2. 低压线路导线截面积的选择

线路的电压损失是由线路的电阻和电抗两部分引起的，而低压线路中电阻值较大，电抗值较小，可忽略不计，计算公式为

$$\Delta U\% = PL/CS \times 100\% \tag{6-5}$$

或

$$S = PL/C\Delta U\% \tag{6-6}$$

式中：$\Delta U\%$ 为电压损失百分数，%；P 为线路有功功率，kW；L 为线路长度，m；C 为电压损失系数（见表 6-43）；S 为导线截面积，mm^2。

表 6-43 低压线路电压损失系数 (C)

线路电压 (V)	配电方式	电压损失系数	
		铜导线	铝导线
380/220	三相四线制	77	46
220	单相制	12.9	7.7

四、按经济电流密度选择导线截面积

导线的截面积越大，电能损耗越小，但有色金属用量增大，使线路

的造价提高。所以从经济角度着眼，综合考虑线路投资、降低年运行费用、节省导线等方面因素，从而确定的符合总的经济利益的导线截面积，叫作经济截面积。经济截面积通过的电流密度，叫经济电流密度。我国目前规定采用经济电流密度，作为选择导线截面积的依据，即使电能损耗小，又不过多增加线路投资和有色金属耗用量。经济电流密度的数值见表 6-44。表 6-44 中年最大负荷利用小时数可按表 6-45确定。

表 6-44   **经济电流密度 J 值（A/mm²）**

线路种类	导体材料	年最大负荷利用小时		
		3000 以下	3000～5000	5000 以上
架空线路和母线	铝	1.65	1.15	0.90
	铜	3.00	2.25	1.75
电缆线路	铝	1.92	1.73	1.54
	铜	2.50	2.25	2.00

表 6-45   **各类负荷的年最大利用小时**

负荷类型	户内照明及生活用电	企业用电			农业用电
		单班制	两班制	三班制	
年最大利用小时 T（h）	2000～3000	1500～2200	3000～4500	5000～7000	2500～3000

按经济电流密度选择导线截面积的公式如下

$$S = I_{js}/J \tag{6-7}$$

式中：S 为经济截面积，mm^2；I_{js} 为计算负荷电流，A；J 为经济电流密度，A/mm^2。

按经济电流密度选择导线截面积的方法，一般只用于高压线路、母线和特大电流的低压线路，但只使用 3～5 年的临时性高压线路除外。

五、按导线的机械强度选择的导线截面积

导线自身有一定的质量，还要承受风雪和覆冰等外力，为防止断线事故，导线必须有足够的机械强度。只要导线的截面积不小于其最小允许截面积，就可满足机械强度的要求。导线的最小允许截面积见表 6-46。

表 6-46	导线的最小允许截面积		mm²

导线种类	高压配电线路		低压线路（380/220V）
	居民区	非居民区	
铝及铝合金线	35	25	16
钢芯铝线	25	16	16
铜线	16	16	10
绝缘铜线			2.5（户外沿墙敷设）
绝缘铜线			4（户外其他方式）
绝缘铝线			4（户外沿墙敷设）
绝缘铝线			10（户外其他方式）

【例 6-1】 新建一条 10kV 配电线路，计划输送的最大有功功率为 800kW，功率因数为 0.8，线路长度为 10km，允许电压损失为 7%，试选择铝绞线的截面积。

解 首先选择 LJ-50（或 LGJ-50）的导线进行试算，从表 6-42 查得 $\Delta U_0 = 0.091$，则

$$\Delta U = \Delta U_0 PL = 0.091 \times 800 \times 10 = 728(\text{V})$$
$$\Delta U\% = (\Delta U/U_e \times 1000) \times 100\% = (728/10 \times 1000) \times 100\%$$
$$= 7.28\% > 7\%$$

首次计算结果，电压损失大于 7%，说明 LJ（LGJ）-50 不能满足要求。选择 LJ（LGJ）-70 导线，重新计算。查表 6-42 得 $\Delta U_0 = 0.072$

$$\Delta U\% = (\Delta U/U_e \times 1000) \times 100\% = (\Delta U_0 PL/U_e \times 1000) \times 100\%$$
$$= (0.072 \times 800 \times 10/10 \times 1000) \times 100\%$$
$$= 5.76\% < 7\%$$

二次计算结果表明，选择 LJ（LGJ）-70 导线符合电压损失的要求。

校验其发热条件和机械强度。线路架设时的环境温度为 20℃。查电工手册 LJ-70 导线的允许载流量为 265A，查表 6-41 的温度修正系数为 1.05，LJ-70 导线环境温度为 20℃时的允许载流量为 265×1.05＝278A。线路的最大电流为 $I = P/(\sqrt{3} U\cos\varphi) = 800/(1.73 \times 10 \times 0.8) = 58\text{A} < 278\text{A}$，满足要求。查表 6-46 校验机械强度，70mm² > 35mm²，符合要求。因此该线路选择 LJ（LGJ）-70 导线是合适的。

【例 6-2】 新建一条 0.4kV 的三相四线制低压线路，负荷功率为 20kW，线路长度为 500m，允许电压损失为 7%，应选多大规格的钢芯铝绞线？

解　查表 6-43 得 $C=46$。

$$S = PL/C\Delta U\% = 20 \times 500/46 \times 7 = 31.1(\text{mm}^2)$$

应选择 35mm^2 的钢芯铝绞线。

线路架设时的环境温度为 30℃。LGJ-35 导线环境温度为 30℃ 时的允许载流量为 $170 \times 0.94 = 160\text{A}$，满足要求。机械强度也符合要求，所以该线路选择 LGJ-35 导线是合适的。

【例 6-3】　一条 10kV 架空线路，计算负荷为 1280kW，功率因数为 0.9，年最大负荷利用小时为 4200h，采用 LGJ 钢芯铝绞线。试选择其经济截面积，并校验其发热条件和机械强度。

解　计算负荷电流

$$I_{js} = P/(\sqrt{3}U\cos\varphi) = 1280/(1.73 \times 10 \times 0.9) = 82(\text{A})$$

查表 5-11 得经济电流密度 $J = 1.15\text{A/mm}^2$。

经济截面积

$$S = I_{js}/J = 82/1.15 = 71(\text{mm}^2)$$

应选择型号为 LGJ-70mm² 的钢芯铝绞线。

线路架设时的环境温度为 30℃。按照 [例 6-1]、[例 6-2] 的方法校验其发热条件和机械强度，均满足要求，故该线路选择 LGJ-70 导线是合适的。

六、母线的选择计算

发电厂和变、配电站输送电能用的总导线称为母线。通过它把发电机、变压器或整流器输出的电能分配、输送给变电站或用户及用电设备。

母线大多采用矩形的铜排或铝排，其安装方式多为横设或立设。横设母线的允许载流量较立设的小 $5\sim8\%$，但能承受较大的机械作用力。

1. 母线截面积的选择

母线截面积的选择一般采用经济电流密度法，计算公式为

$$S_m = I_{js}/J \qquad (6\text{-}8)$$

式中：S_m 为母线的截面积，mm^2；I_{js} 为计算负荷电流，A；J 为经济电流密度，A/mm^2。

2. 母线力稳定校验

当发生三相短路时，中间相母线所受的力最大，其弯曲力矩为：

母线采用三个支柱绝缘子支持时

$$M = F^{(3)}L/10 \qquad (6\text{-}9)$$

母线采用四个及以上支柱绝缘子支持时

$$M = F^{(3)}L/8 \tag{6-10}$$

式中：M 为母线所受最大弯曲力矩，$kg \cdot cm$；$F^{(3)}$ 为三相短路时母线所受力，kg；L 为母线同一相支柱绝缘子之间的距离，cm。

母线弯曲时产生的应力为

$$\sigma = M/\omega \tag{6-11}$$

式中：σ 为母线所受应力，$kg \cdot cm^2$；ω 为母线截面积系数。

当母线立放时，$\omega = b^2h/6$；横放时，$\omega = bh^2/6$。式中 b 和 h 分别为母线的厚度和宽度（cm）。如果母线为圆形，$\omega = 0.1d^3$，d 为圆母线的直径（cm）。

计算出 σ 后，应当满足 $\sigma \leqslant \sigma_{YX}$，即满足力稳定条件。

式中：σ_{YX} 为母线的允许应力（$kg \cdot cm^2$），铜为 1400，铝为 $500 \sim 700$。

当不能满足上述力稳定条件时，可采取减小支柱绝缘子之间的距离 L，改变母线安装方式，增大母线截面积及相间距离等措施解决。

3. 母线的热稳定校验

校验适应短路热稳定条件的最小允许截面积，当满足 $S > S_{min}$ 时，即表示通过热稳定校验。

常用母线的技术参数见表 6-47。

表 6-47　　　　　　　常用母线的技术参数

| 母线尺寸（mm） | | 铜　排 | | 铝　排 | |
宽度	厚度	重量（kg/m）	允许电流（A）	重量（kg/m）	允许电流（A）
20	3	0.53	275	0.16	215
25	3	0.67	340	0.2	265
30	4	1.07	475	0.32	365
40	4	1.42	625	0.43	480
40	5	1.78	700	0.54	540
50	5	2.22	860	0.68	665
50	6	2.67	955	0.81	740
60	6	3.2	1125	0.97	870
80	6	4.27	1480	1.3	1150
100	6	5.33	1810	1.62	1425
60	8	4.27	1320	1.3	1025
80	8	5.69	1690	1.73	1320
100	8	7.11	2080	2.16	1625
60	10	5.33	1475	1.62	1150
80	10	6.71	1900	2.16	1480
100	10	8.89	2400	2.7	1900

七、低压架空线路导线截面积选择的简便计算

1. 380/220V 架空线路导线截面积选择计算

（1）口诀：

> 架空铝线选粗细，先算输电负荷距。
>
> 三相荷距乘以四，单相要乘二十四。
>
> 机械强度保安全，十六以下不能选。

（2）计算公式

$$S_{3+N} = 4PL \qquad\qquad (6\text{-}12)$$

$$S_{1+N} = 24PL \qquad\qquad (6\text{-}13)$$

式中：S_{3+N} 为 380/220V 三相四线制架空线路铝导线截面积，mm^2；S_{1+N} 为单相 220V 架空线路铝导线截面积，mm^2；P 为输电负荷，kW；L 为输电距离，km。

【例 6-4】 新建一条 380/220V 三相四线制低压线路，线路长 0.85km，输送负荷 20kW，允许电压损失 5%，计算所需铝导线的截面积。

解

$$S_{3+N} = 4PL = 4 \times 20 \times 0.85 = 68 (mm^2)$$

可选用 70mm^2 的钢芯铝绞线。

【例 6-5】 某学校需架设一条 220V 的单相照明线路，负荷 5kW，供电距离 200m，允许电压损失 5%，计算所需铝导线的截面积。

解

$$S_{1+N} = 24PL = 24 \times 5 \times 0.2 = 24 \ (mm^2)$$

可选用 25mm^2 的铝绞线。

2. 380V 三相动力架空线路导线截面积选择计算

（1）口诀：

> 三相动力架空线，经验公式选截面积。
>
> 千瓦百米铜除五，千瓦百米铝除三。

（2）计算公式

$$S_{OU} = PL/5 \qquad\qquad (6\text{-}14)$$

$$S_{Al} = PL/3 \qquad\qquad (6\text{-}15)$$

式中：S_{OU} 为采用铜导线的截面积，mm^2；S_{Al} 为采用铝导线的截面积，mm^2；P 为输电负荷，kW；L 为输电距离，百米。

【例 6-6】 某石料加车间安装有 380V 动力负荷 50kW，车间距配电变压器 300m，计算所需铝导线、铜导线的截面积。

解

$$S_{Al} = PL/3 = 50 \times 3 \div 3 = 50 (mm^2)$$
$$S_{OU} = PL/5 = 50 \times 3 \div 5 = 30 (mm^2)$$

应选用 50mm² 钢芯铝绞线或 35mm² 的铜绞线

3. 电动机配用导线的选择计算

电动机配用导线的选择，可按下面口诀计算选择，方便快捷。

（1）口诀。

多大导线配电机，截面积系数相加知。

二点五加三四加四，六以上加五记仔细。

九五线反配九零机，百二线适配一百机。

（2）说明。

此口诀为 380V 三相异步电动机引线截面积选配计算口诀，电动机引线为铝芯绝缘线（BLX 或 BBLX），三根导线同穿一管敷设，所选配导线截面积是按环境温度 35℃考虑的，因此截面积数值略偏大，导线经得起电动机短时过载。根据本口诀，使用简单的加（减）法，就可以很快地计算出电动机配用导线的截面积。

"二点五加三四加四"说的是 2.5mm² 的铝芯绝缘线，可以配 2.5＋3＝5.5kW 及以下容量的电动机，4mm² 的铝芯绝缘线，可以配 4＋4＝8kW 电动机（实际产品为 7.5kW）。"六以上加五记仔细"说的是 6～70mm² 共 7 个等级导线截面积，各加系数 5，便可得出所配电动机的千瓦数。

"九五线反配九零机，百二线适配一百机"说的是从 95mm² 铝芯绝缘线开始往上排，电动机所配导线不再是截面积和系数相加的关系，95mm² 的导线只可以配 90kW 的电动机，120mm² 的导线可配 100kW 的电动机。依次类推，例如 150mm² 的导线可以配 125kW 的电动机。

铝芯绝缘线可配电动机最大容量，根据口诀可列出表格，见表 6-48。

表 6-48　　　　　铝芯绝缘线可配电动机最大容量

导线截面积 (mm²)						4	6	10	16	25	35	50		70	95	120
系数	+3					+4	+5								−5	−20
电机容量 (kW)	旧	0.8	1.1	1.5	2.2	3	4	5.5	7.5	10	13	17	22	30	40	55	75	100
	Y	0.75	1.1	1.5	2.2	3	4	5.5	7.5	11	15	18.5	22	30	37	45	55	75	90

绝 缘 材 料

第一节　绝缘材料分类

在各种电气设备中，绝缘材料的作用是使带电体与其他部件相互隔离，并具有机械支撑、固定以及灭弧、散热、改善电场的电位分布和保护导体的作用。绝缘材料有较高的绝缘电阻和耐压强度，有较好的耐热性、导热性及较高的机械强度，并且便于加工。

一、绝缘材料的分类

1. 物理状态

绝缘材料按其物理状态来分，可分为气体绝缘材料、液体绝缘材料、固体绝缘材料三大类。常见的气体绝缘材料有空气、氮气、氢气、六氟化硫气体和氟化氢（氟利昂）气体；常用的液体绝缘材料有变压器油、断路器油、电容器油和电缆油等矿物油；常用的固体绝缘材料有塑料、橡胶、玻璃、电工陶瓷、云母制品、绝缘漆、绝缘胶、绝缘纸、纤维制品以及漆布、漆管和绑扎带等绝缘纤维浸渍制品。

2. 耐热等级

绝缘材料根据使用环境、电压高低、电动力和电场、机械振动等因素，按正常运行条件下的允许最高工作温度分为 Y、A、E、B、F、H、C 七级，称为耐热等级，具体见表 7-1。

表 7-1　　　　　　　　　　绝缘材料的耐热等级

级别	绝 缘 材 料	极限工作温度（℃）
Y	木材、棉花、纸、纤维等天然的纺织品，以醋酸纤维和聚酰胺为基础的纺织品，以及易于热分解和熔点较低的塑料（酚醛树脂）	90

级别	绝 缘 材 料	极限工作温度（℃）
A	工作于矿物油中的和用油或油树脂复合胶浸过的 Y 级材料、漆包线、漆布、漆丝及油性漆、沥青漆	105
E	聚酯薄膜和 A 级材料复合、玻璃布、油性树脂漆、聚乙烯缩醛高强度漆包线、乙酸乙烯耐热漆包线	120
B	聚酯薄膜、经合适树脂浸渍涂覆的云母、玻璃纤维、石棉等制品、树脂漆、聚酯漆包线	130
F	以有机纤维材料补强和石棉带补强的云母片制品、玻璃丝、石棉、玻璃漆布、以玻璃丝布和石棉纤维为基础的层压制品、以无机材料作补强和石棉带补强的云母粉制品、化学热稳定性较好的聚酯和醇酸类材料、复合硅有机聚酯漆	155
H	无补强或以无机材料为补强的云母制品、加厚的 F 级材料、复合云母、有机硅云母制品、有机漆、硅有机橡胶聚酰亚胺复合玻璃布、复合薄膜、聚酰亚胺漆	180
C	耐高温有机黏合剂和浸渍剂及无机物如石英、石棉、云母、玻璃、电瓷材料等	＞180

二、绝缘材料的性能特点

绝缘材料并不是绝对不导电的，在外力场的作用下，也会发生电导、极化、损耗、击穿等现象，在长期使用的条件下，还会逐渐老化。不同的电气设备对绝缘材料性能的要求各有侧重，高压设备用的绝缘材料要求有高的击穿强度和低的介质损耗；而机械强度、耐热等级、断裂伸长率则是低压设备对绝缘材料的主要要求，电容器要求有高的介电常数以提高比特性。

三、影响绝缘材料性能的因素

（1）击穿电压、电气强度。在某一个强电场下绝缘材料发生破坏，失去绝缘性能而呈导电状态，称为击穿。击穿时的电压称为击穿电压。电气强度是在规定条件下发生击穿时电压与承受外施电压的两极间距离之比，也就是单位厚度所承受的击穿电压。对于绝缘材料来说，其击穿电压、电气强度的值越高越好。

（2）绝缘电阻、电阻率。电阻是电导的倒数，电阻率是单位体积的电阻。材料导电性能越差，其电阻越大。对绝缘材料而言，总是希望电阻率尽量大。

（3）耐燃烧性。耐燃烧性是指绝缘材料接触火焰时抵制燃烧或离开火焰时阻止继续燃烧的能力。为了提高绝缘材料的安全性，人们总是通过各种技术手段，改善和提高绝缘材料的耐燃烧性，耐燃烧性越高越好。

（4）耐电弧性。耐电弧是指在规定的试验条件下，绝缘材料耐受沿其表面的电弧作用的能力。试验时采用交流高压小电流，借高压在两极间产生的电弧作用，使绝缘材料表面形成导电层所需的时间来判断绝缘材料的耐电弧性。时间越长，其耐电弧性越好。

（5）抗拉强度。抗拉强度是在拉伸试验中，试样承受的最大拉伸应力。拉伸试验是绝缘材料力学性能试验应用最广、最有代表性的试验。

（6）相对介电常数和介质损耗角正切。绝缘材料的用途有两个，电网络各部件的相互绝缘和电容器的介质。前者要求相对介电常数小，后者要求相对介电常数大，而两者都要求介质损耗角正切小，尤其是在高频、高压下应用的绝缘材料，为使介质损耗小，都要求采用介质损耗角正切小的绝缘材料。

（7）密封度。对油和水的密封隔离比较好。

第二节　气体、液体绝缘材料和绝缘漆

一、气体绝缘材料

1. 天然气体绝缘材料

常用的天然气体材料有空气、氮气、氢气、二氧化碳气体等。其性能见表 7-2。

表 7-2　　　　　　　　　天然气体绝缘材料的性能

性　能	空气	氮气	氢气	二氧化碳
分子量	20	28	2	44
密度（g/L）20℃、98kPa 条件下	1.17	1.25	0.08	—
沸点（0℃）	−196	−195.6	−252.8	−78.7
黏度（Pa·s）	1.8×10^{-5}	1×10^{-5}	8.6×10^{-4}	1.4×10^{-5}
热导率［W/(m·K)(100℃)］	0.031 4	0.025 6（30℃）	0.043	
临界温度（℃）	−140.7	−147.1	−240	31
临界压力（kPa）		3394.38	1296.96	7396.73
电容率	1.000 59	1.000 58	1.000 27	1.000 96
直流介电强度（kV/cm）	33	33	19.8	29.7

（1）空气。空气是混合气体，含有氧气、氮气、氩气、二氧化碳气体、水蒸气、工业废气和其他少量稀有气体等，常态下空气的击穿强度约为 30kV/cm。当其压力增大时，击穿电压明显升高，因此压缩空气可作电气设备的绝缘或灭弧介质。当空气的压力降至 $10^{-3} \sim 10^{-5}$ Pa 的高真空状态时，即成为真空间隙绝缘，应用于高压真空开关、真空断路器和各种电子管等。

（2）氮气。氮气是不活泼的中性气体，电器中常用氮气的纯度应在99.5％以上。主要用作电容器的介质以及变压器、电力电缆和通信电缆的保护气体，用以防止绝缘油氧化、潮气侵入，并抑制热老化。

（3）氢气。氢气的密度小，具有很强的导热性，但其绝缘强度仅为空气的60％，又易燃易爆，所以主要用作汽轮发电机的冷却介质。为了防止氢气发生爆燃，其纯度应为95％以上。

2. 合成气体绝缘材料

电工常用的合成气体绝缘材料有六氟化硫（SF_6）和氟化氢（氟利昂）气体。

（1）六氟化硫（SF_6）。六氟化硫是一种无色无味、无毒、化学性能稳定、不燃不爆的气体，具有良好的绝缘和灭弧性能，在电场中其击穿强度约为空气的3倍，灭弧能力约为空气的100倍，在高压断路器中得到广泛应用。电工用六氟化硫，其纯度应在99.95％以上。

（2）氟化氢（氟利昂）。氟化氢气体的特点是无毒、无腐蚀性、不燃、击穿强度高、化学及热稳定性好，但污染环境，使用时应注意。

二、液体绝缘材料

液体绝缘材料有矿物油、合成油和植物油三类，使用最多的是矿物绝缘油，主要用于变压器、油断路器、电容和电缆等电气设备中。液体绝缘材料的作用是通过浸渍和填充，消除空气和气隙，从而提高击穿强度并改善了电气设备的散热条件，在油断路器中，液体绝缘材料还具有灭弧作用。国产矿物油的类型、性能和应用范围见表7-3。

三、绝缘漆

绝缘漆是以高分子聚合物为基础，在一定条件下固化为绝缘膜的一种绝缘材料。

1. 漆包线漆

漆包线漆是用于浸渍、涂覆金属导线的一种绝缘漆，主要品种有缩醛漆、聚氨酯漆、聚酯漆、聚酯亚胺漆、聚酯胺亚胺漆等。另外，还有水溶性漆、热熔性涂料以及具有自粘性、耐冷媒、耐高温的特种漆包线漆，各种漆包线漆的性能见表7-4。

2. 硅钢片漆

硅钢片漆是专门用来涂覆硅钢片的，使用它可以降低涡流损耗，增加耐腐蚀和防锈能力。硅钢片漆的性能见表7-5。

3. 常用绝缘漆的主要特性和用途（见表7-6）

表7-3 国产矿物油的类型、性能和应用范围

项 目		变压器油 10型	变压器油 25型	变压器油 45型	电容器油 1型	电容器油 2型	电缆油 高压充油	电缆油 35kV油
启动黏度 ($\times 10^{-6}$ m²/s)	20℃	≤30	≤30	≤30	30~45	37~45	8~18	
	50℃	7.5~9.6	8.5~9.6	6~9.6	9~12	9~12	3.5~6	
闪点 (℃, 不低于)		135	135	135	135	135	125	250
凝点 (℃, 不高于)		-10	-25	-45	-45	-45	-60	-12
酸值 (mg/g 以 KOH 计量, 不大于)		0.03	0.03	0.03	0.02	0.02	0.008	0.01
灰分 (%, 不大于)		0.005	0.005	0.005	0.005	0.004		
体积电阻率 (Ω/m)						10^{10}~10^{13}(20℃)		
介质损耗角正切值 (50Hz)	20℃	≤0.005	0.000 5~0.005	0.005 (70℃)	≤0.005	≤0.005	≤0.001 5	0.01~0.013
	100℃	0.002 5~0.025	0.001~0.025		≤0.002(10^3Hz)	≤0.002(10^3Hz)		
介电常数 (50Hz, 20℃)						2.1~2.3		
介电强度 (kV/mm, 20℃)		16~18	18~21		20~23	20~23	≥20	14~16
应用范围		油浸式变压器、互感器用,应根据环境温度选择不同凝点的相应型号。45型变压器油通常又作为油断路器的绝缘和灭弧介质			用于充填和浸渍电力电容器		用于110~330kV级充油电力电缆	用于35kV浸纸绝缘电力电缆

表 7-4

各种漆包线漆的性能

名　称		聚乙烯醇缩甲醛漆包线漆143	聚酯漆包线漆1730	改性聚酯漆包线漆1740	聚氨酯漆包线1736	水溶性聚酯亚胺漆17531D	聚酯酰亚胺漆包线漆1753HM3	聚酯胺胺漆包线漆1756	聚酰亚胺漆包线漆D070, 191
黏度 4 号杯 (s)		≥500 (28℃)	75~150 (30℃)	40~100 (25℃)	20~35 (23℃)	20~30 (23℃)	固态	130~230 (30℃)	180~300 (25℃)
固体含量* (%)		≥20	≥31	≥30	≥30	48±2		≥25	12~16
耐刮 (N)	平均值		≥40	13.2	4.1	7.2	7.2	9.2	
	最低值		≥30	11.2	3.5	6.1	6.1	7.8	
弹性			3d	1d	1d	1d	1d	1d	
热冲击			6d	3d	2d	2d	2d	2d	
击穿电压 (kV)		≥40MV/m	≥3.6	≥5.3	≥2.5	≥3.5	≥3.5	≥4.8	≥70MV/m
软化击穿温度 (℃)			≥200	≥240	≥170	≥265	≥265	≥320	
耐热等级		E	B	F	B	H	H	H	C

注　表中 * 为质量分数，d 为漆包线的直径。

表 7-5

硅钢片漆的性能

名 称	油性硅钢片漆 1611	氨基醇酸硅钢片漆 132	环氧脂酚醛硅钢片漆 133	环氧酚醛硅钢片漆 9162	二甲苯醇酸硅钢片漆 9163	聚胺酰亚胺硅钢片漆 D061	二苯醚环氧酚醛硅钢片漆 164-1	水溶性酚醛半无机硅钢片漆
黏度 4 号杯 (s)	≥70 (20℃)		60~100 (20℃)	50~80 (25℃)	30~70 (20℃)	≥70 (25℃)	30~120 (20℃)	30~40 (20℃)
固体含量* (%)	60±3	49~55	44±3	≥35	≥50	21±3	55±5	≥50
漆膜干燥时间 (min)	≤12 (210℃)	≤5 (160℃)	≤40 (180℃)	≤40 (180℃)	≤12 (210℃)	≤10 (200~210℃)	≤40 (180℃)	1.5~2 (315℃)
耐油性 (h)	≥24 (105℃)	≥24 (105℃)	≥24 (155℃)	≥24 (155℃)	≥24 (105℃)		≥24 (105℃)	
体积电阻率 (Ω/m) 常态	≥1×10^11	≥1×10^11	≥1×10^12	≥1×10^12	≥1×10^13	≥1×10^11	≥1×10^12	≥1×10^14
体积电阻率 (Ω/m) 高温			≥1×10^9 (155℃)	≥1×10^9 (155℃)		≥1×10^9 (180℃)		
介电强度 (MV/m)			≥50	≥50	≥70	≥50	≥50	
耐热等级	B	B	F	F	F	H	F	F

第七篇

表7-6 **常用绝缘漆的主要特性和用途**

型号	名称	颜色	溶剂	漆膜干燥条件			耐热等级	主要用途
				类型	温度（℃）	时间（h）		
1010	沥青漆	黑色	200号溶剂	烘干	105±2	6	A	用于浸渍电机定子转子绕组及其他不耐油的电器零部件
1011			二甲苯			3		
1210	沥青漆	黑色	200号溶剂	烘干	105±2	10	A	用于电机绕组覆盖，系晾干漆、干燥快，在不耐油处可以代替晾干灰瓷漆使用
1211			二甲苯	气干	20±2	3		
1012	耐油性清漆	黄至褐色	200号溶剂	烘干	105±2	2	A	用于浸渍电机、电器绕组
1030	醇酸清漆	黄至褐色	甲苯及二甲苯	烘干	120±2	2	B	用于浸渍电机、电器绕组，也可作覆盖漆和胶黏剂
1032	三聚氰胺醇酸漆	黄至褐色	200号溶剂	烘干	105±2	2	B	用于热带型电机、电器绕组浸渍
			二甲苯					
1033	三聚氰胺环氧树脂浸渍漆	黄至褐色	二甲苯和丁醇	烘干	120±2	2	B	用于湿热带电机、变压器、电工仪表绕组浸渍及电器零部件表面覆盖
1320	覆盖瓷漆	灰色	二甲苯	烘干	105±2	3	E	用于电机、电器绕组的覆盖及各种绝缘零部件的表面装饰
1321			二甲苯	气干	20±2	24		
1350	硅有机覆盖漆	红色	二甲苯	烘干	180		H	适用于H级电机、电器绕组的表面覆盖，可先在110～120℃下预热，然后在180℃烘干
			甲苯					
1610	硅钢片漆		煤油	烘干	210±2	≤12min	A	系高温（450～550℃）快干燥
1611								

第三节　常用固体绝缘材料

一、橡胶

橡胶是一种有机高分子聚合物，具有弹性和较大的延伸率，具有良好的绝缘性能，耐磨、不透水、不透气，是电线、电缆常用的绝缘材料，有天然橡胶和合成橡胶两大类。

天然橡胶是由橡树割取的胶乳，经稀释、过滤、滚压和干燥等工序制成。合成橡胶又称人工橡胶，选用具有类似天然橡胶性质的高分子聚合物制成，其耐油性和耐燃性比天然橡胶好，原料易得，可大规模生产，具有广阔的发展前景。

橡胶的主要品种有天然橡胶、丁苯橡胶、丁基橡胶、乙丙橡胶、氯丁橡胶、丁腈橡胶、氯磺化聚乙烯、氟橡胶和硅橡胶等。

1. 常用橡胶绝缘材料的品种和性能（见表 7-7）

表 7-7　　　　　常用橡胶绝缘材料的品种和性能

性能	天然橡胶	丁苯橡胶	乙丙橡胶	丁基橡胶	氯丁橡胶	丁腈橡胶	氯磺化聚乙烯	硅橡胶	氟橡胶
密度 （g/cm³）	0.92～0.96	0.94	0.86	0.91	1.23～1.25	0.96～1.02	1.12～1.28	0.97	1.85
脆化温度 （℃）	−50～−60	−30～−60	−40～−60	−40～−55	−35～−55	−15～−40	−40～−60	−70～−115	−35～−45
工作温度 （℃）	60～65	65～70	80～90	80～85	70～80	80～85	90～105	180～200	200
耐辐射剂量 （rad）	5×10^6	10^6	—	10^6	10^7	—	5×10^7	10^8	10^6～10^7
伸长率 （%）	750～850	400～800	300～800	400～800	400～900	450～700	100～600	200～600	100～500
体积电阻率 （Ω·cm）	10^{15}～10^{16}	10^{15}	10^{15}～10^{16}	10^{16}～10^{17}	10^{10}～10^{11}	10^{10}	10^{14}	10^{12}～10^{13}	10^{12}～10^{13}
介电强度 （kV/mm）	≥20	≥20	30～40	25～30	10～20	15～20	15～20	20～30	20～25
介电常数 （10^3 Hz）	2.3～3	2.9	3～3.5	1～2.4	7.5～9	13	7～10	3～3.5	
热导率 （W/m·K）	0.167	0.293		0.083	0.209	0.125		0.251	
耐水性	优	优	优	优	良	良	良	优	优
阻燃性	差	差	差	差	良	差	良	良	良

2. 常用橡胶绝缘材料的用途及注意事项

（1）天然橡胶。天然橡胶具有良好的绝缘、机械性能，回弹性好，主要用作电线、电缆的绝缘和护套。其缺点是耐热性差、易老化、易燃、不耐油和溶剂。

（2）丁苯橡胶。丁苯橡胶是丁二烯和苯乙烯的共聚物。它的电气性能与天然橡胶相似，但机械性能差，主要用作电缆的绝缘材料，与天然橡胶等比混合使用，可作 6kV 级电缆绝缘。

（3）丁基橡胶。丁基橡胶是异丁烯的聚合物，其耐热性、耐大气老化、耐电晕性和其他电气性能均优于天然橡胶和丁苯橡胶，用作电力电缆、控制电缆、船用电缆和电机引线的绝缘材料，电压等级可达 35kV。缺点是硫化困难、强度低、弹性小、不耐矿物油和溶剂。

（4）乙丙橡胶。乙丙橡胶是乙烯和丙烯的共聚物，具有优良的电气性能，其耐热、耐大气老化、耐臭氧均优于丁基橡胶。主要用作高压电力电缆、控制电缆、船用电缆和电机引线的绝缘材料。

（5）丁腈橡胶。丁腈橡胶是丁二烯和丙烯腈的共聚物，具有优良的耐油、耐溶剂性能，适宜作油井电缆护套和电器引线的绝缘，但不宜在户外使用。

（6）氯丁橡胶。氯丁橡胶是以丁二烯为原料制得的合成橡胶，具有良好的耐大气老化、耐臭氧、耐油性和耐溶剂性，适宜作油井和内燃机电缆护套，以及电机、电器引线的绝缘材料。

（7）硅橡胶。硅橡胶具有优良的电气、耐热、耐电弧性能，但机械性能较差。分为加热硫化型和室温硫化型两大类。

加热硫化型硅橡胶主要用作船舶控制电缆和航空电线的绝缘以及作为 F 级和 H 级绝缘的电机、电器引线的绝缘材料；同时采用模压成型的硅橡胶，可作为中型高压电机的主绝缘；自黏性硅橡胶可作为高压电机的耐热配套绝缘材料。

室温硫化型硅橡胶广泛用作电器绝缘、密封包覆、胶黏和保护材料。

（8）氟橡胶。氟橡胶具有很高的耐热、耐油、耐有机溶剂以及耐化学腐蚀等性能，主要用作特种电线、电缆的护套材料。在电缆制作中，主要采用 26 型氟橡胶。适用于高温以及有有机溶剂、化学腐蚀的场合。

（9）氯磺化聚乙烯。氯磺化聚乙烯是聚乙烯、二氧化硫的反应产物。它的电气性能、耐热老化、耐大气老化、耐臭氧、耐化学腐蚀等性能都比氯丁橡胶好，同时，耐磨性能好，抗张强度高，阻燃性和耐电晕性良好。缺点是耐寒性差。可用作电缆、电线的护套材料。能与矿物油、植物油接触，可长期用于户外。

二、电工塑料

电工塑料是合成树脂、填料和各种添加剂等制成的。根据合成树脂的成分，塑料可分为热固性和热塑性两大类。比较常用的仪表、电动工具外壳，电线、电缆的绝缘和护套等都是热塑性塑料，如 ABS 塑料、聚乙烯、聚氯乙烯、聚丙烯、氟塑料等。

1. ABS 塑料

ABS 塑料由苯乙烯、丁二烯和丙烯腈共聚而成，具有良好的综合性能，调整 ABS 三种成分的配比，可制成高抗冲击型、中抗冲击型和耐热型产品，适用于制造各种仪表、电动工具外壳、支架等绝缘部件。

2. 电线、电缆用热塑型塑料

（1）聚乙烯。聚乙烯按密度分为低密度、中密度和高密度三种，主要用于电力电缆和控制电缆的绝缘。

（2）聚氯乙烯。聚氯乙烯是由聚氯乙烯树脂和添加剂加工而成，具有优良的电气、机械性能，耐潮、耐化学性、耐电晕性好，不易燃，可作电线、电缆的绝缘护套（用作绝缘时，其电压等级为 10kV）及电缆金属护套的外护层。

（3）聚丙烯。聚丙烯的物理力学性能优于聚乙烯，电气性能与聚乙烯相当，可用于通信电缆和油井电缆的绝缘。

（4）氟塑料。氟塑料具有优良的耐热性、耐磨性、耐溶剂性、耐辐射性等，可用作航空、石油、化工、电力、通信等领域的电线、电缆绝缘。

电线、电缆用热塑型塑料的性能见表 7-8。

三、绝缘子

绝缘子在架空输电线路中主要起支撑导线和绝缘作用，常用的有针式绝缘子、蝶式绝缘子、悬式绝缘子、拉紧绝缘子、棒式绝缘子、瓷横担等，按使用电压不同分为高压绝缘子和低压绝缘子；按制造材料的不同又有陶瓷绝缘子、玻璃钢绝缘子、合成绝缘子和半导体绝缘子之分。

1. 高压绝缘子

高压针式绝缘子主要用于 10kV 及以下架空线路直线段杆塔，其主要技术参数见表 7-9。高压蝶式绝缘子主要用于 10kV 及以下架空线路耐张杆塔，其主要技术参数见表 7-10。高压悬式绝缘子主要用于 10kV 及

表 7-8

电线、电缆用热塑型型塑料的性能

名称	聚氯乙烯 PVC 绝缘级	聚氯乙烯 PVC 护套级	聚乙烯 PE LDPE	聚乙烯 PE HDPE	聚乙烯 PE XLPE	聚丙烯 PP	氟塑料 F-4*	氟塑料 F-46	氟塑料 F-40	氟塑料 F-2	氟塑料 F-3	氟塑料 PVDF	聚酰胺 Nylon	氯化聚醚	聚氨酯弹性体 PU	乙烯共聚物 EVA	乙烯共聚物 EEA
相对密度（典型值）	1.45	1.25	0.92	0.95	0.92	0.91	2.15	2.16	1.70	1.76	2.14	1.76	1.04	1.4	1.15	0.93	0.94
硬度（典型值）	D95	D33	R10	R50	R45	R100	D55	D55	D70	D75	R112	D80	R118	R100	A87	A84	A86
长期工作温度（℃）	60~105	60~90	70	75	90	110	260	200	150	130	150	150	105	120	90	70	70
抗拉强度（典型值）(MPa)	18	12	13	25	17	30	22	22	40	60	35	50	70	40	40	10	11
断裂伸长率（典型值）(%)	200	300	550	500	400	550	250	300	250	300	150	300	250	120	550	650	650
体积电阻率（Ω·m，不小于）	10^{11}	10^7	10^{14}	10^{13}	10^{13}	10^{14}	10^{15}	10^{15}	10^{14}	10^{12}	10^{15}	10^{10}	10^{12}	10^{13}	10^{15}	10^{14}	10^{15}
介电强度（kV/mm，不小于）	20	16	28	28	28	28	20	22	18	30	20	12	15	16		20	20
相对介电常数 50Hz	5.5		2.3	2.3	2.3	2.2	2	2.1	2.5	8.4	2.6	8	3.5	3		3.2	2.8
相对介电常数 10^3Hz	5		2.3	2.3	2.3	2.2	2	2.1	2.5				3.5	3		3	2.8
相对介电常数 10^6Hz	4		2.3	2.3	2.3	2.2	2	2.1	2.5	7.7	2.6	7	3.5	3		2.8	2.7

* 可溶性四氟乙烯 PFA 性能与 F-4 相似。

以下架空线路耐张杆塔，35kV 及以上线路的直线段杆塔和耐张杆塔，其主要技术参数见表 7-11。高压瓷横担主要用于 35kV 及以下架空线路直线段杆塔，其主要技术参数见表 7-12。架空线路拉紧绝缘子的技术参数见表 7-13。

表 7-9 **高压针式绝缘子的技术参数**

型号	额定电压 (kV)	爬电距离 (mm)	工频电压 (V)			50%全波电击闪络电压 (kV)	主要尺寸 (mm)			
			干闪络	湿闪络	击穿		瓷件高度	瓷件直径	螺纹直径	安装长度
P-6W	6	150	50	28	65	70	90	125	M16	80
P-6T	6	150	50	28	65	70	90	125	M16	35
P-6M	6	150	50	28	65	70	90	125	M16	140
P-10T	10	195	60	32	78	80	105	145	M18	35
P-10M	10	185	60	32	78	80	105	145	M18	140
P-10MC	10	185	60	32	78	80	105	145	M16	165
PQ-10T	10	250	70	45	110	110	133	140	M20	40
PQ-10M	10	250	70	45	110	110	133	140	M20	140
PQ-10MC	10	250	70	45	110	110	133	140	M20	165
P-15T	15	280	75	45	98	118	120	190	M20	40
P-15M	15	280	75	45	98	118	120	190	M20	140
P-15MC	15	280	75	45	98	118	123	190	M20	165
P-20T	20	370	86	57	111	140	165	228	M20	45
P-20M	20	370	86	57	111	140	165	228	M20	180
P-35T	35	560	120	80	156	175	200	280	M20	45
P-35M	35	560	120	80	156	175	200	280	M20	210
PQ-35T	35	685	140	90	185	195	245	305	M22	45
PQ-35M	35	685	140	90	185	195	245	305	M22	225
PQ-10L	10	255					133	140	—	
PQ-10LT	10	255					133	140	M20	
PQ1-10T	10	450					165	228	M20	
PQ1-10M	10	450					165	228	M20	
PQ1-10L	10	450					165	228	M20	
PQ1-10LT	10	450					165	228	M20	
PQ1-10BT	10	450					165	228	M20	
PQ1-10BL	10	450					165	228	M20	
PQ1-10BLT	10	450					165	228	M20	

表 7-10　　　　　　　　　高压蝶式绝缘子的技术参数

型号	额定电压 (kV)	工频电压 (kV)			主要尺寸 (mm)			机械破坏 负荷 (kN)	参考质量 (kg)
		干闪	湿闪	击穿	直径	高度	内孔径		
E-1		45	27	78	150	180	26	20	3
E-3		38	23	65	130	150	26	20	2.2
E-6	6	50	28	65	150	145	26	20	1.8
E-10	10	60	32	78	180	175	26	20	3.5

表 7-11　　　　　　　　　高压悬式绝缘子的技术参数

型号	工频电压 (kV)			50%冲击闪 络电压 (kV)	爬电距离 (mm)	主要尺寸 (mm)			机械破坏 负荷 kN
	干闪	湿闪	击穿			高度	盘径	连接尺寸	
XP-4C	60	30	90	115	200	140	190	13C	40
X-3	60	30	90		200	140	200	14	40
X-3C	60	30	90		200	146	200	14	40
XP-6	75	45	110	120	280	146	255	16	60
XP-6C	75	45	110	120	280	146	255	13C	60
X-4.5	75	45	110	120	280	146	255	16	60
X-4.5C	75	45	110	120	280	146	255	13C	60
XP-7	75	45	110	120	280	146	255	16	70
XP-7C	75	45	110	120	280	146	255	13C	70
XP-10	75	45	110	120	280	146	255	16	100
XP-16	75	45	110	120	290	155	255	20	160
XP-21	80	50	120	130	320	170	280	24	210
XP-30	80	50	120	130	320	195	320	24	300
XP-40C	60	30	90	115	200	140	190	13C	40
XP-60	75	45	110	120	280	146	255	16	60
XP-60C	75	45	110	120	280	146	255	16C	60
XP-70	75	45	110	120	280	146	255	16	70
XP-70C	75	45	110	120	280	146	255	16C	70
XP-100	75	45	110	120	290	146	255	16	100
XP-160	75	45	110	120	290	155	255	20	160

表 7-12 高压瓷横担的技术参数

型号	额定电压 (kV)	50%全波电击闪络电压 (kV)	工频湿闪络电压 (kV)	爬电距离 (mm)	弯曲破坏负荷 (kN)	主要尺寸 (mm)		
						绝缘距离	安装孔径	线槽宽度
SC-185		185	50	320	2.5	315	18	22
SC-185Z		185	50	320	2.5	315	18	22
S-185	10	185	50	320	2.5	315	18	22
S-185Z		185	50	320	2.5	315	18	22
SC-210		210	60	380	2.5	365	18	22
SC-210Z		210	60	380	2.5	365	18	22
S-210	10	210	60	380	2.5	365	18	22
S-210Z		210	60	380	2.5	365	18	22
SC-280		280	100	600	3.5	490	22	26
SC-280Z		280	100	600	3.5	490	22	26
S-280	35	280	100	700	5.0	490	22	26
S-280Z		280	100	700	5.0	490	22	26
S-380		380	160	1060	5.0	700	22	26
S-380Z	63	380	160	1060	5.0	700	22	26
S-450		450	180	1250	5.0	820	22	26
S-450Z		450	180	1250	5.0	820	22	26
S-610	110	610	250	1760	5.0	1150	26	260
S-10/2.5		165		320	2.5	315	18	
S1-10/2.5		185		320	2.5	365	18	
S-10/5		165		380	5.0	320	18	
S-35/5	10	250		700	5.0	490	22	
S2-35/5	35	265		1120	5.0	520	22	
S4-35/5		280		800	5.0		22	

表 7-13 架空线路拉紧绝缘子的技术参数

型 号	结构形式	机械破坏负荷 (kN)	主要尺寸 (mm)		
			直径	长度	连接尺寸
J-0.5	蛋形	5	30	38	
J-1	蛋形	10	38	50	
J-2	蛋形	20	53	72	
J-2.5	四角形	45	64	90	14
J-9	八角形	90	88	172	25

型 号	结构形式	机械破坏负荷 (kN)	主要尺寸（mm）		
			直径	长度	连接尺寸
152001	四角形	90	86	140	25
153001	八角形	70	73	140	22
153002	八角形	160	115	216	38
153003	八角形	160	115	280	38

2. 低压绝缘子

低压绝缘子是指用于额定电压低于 1000V 的低压配电线路中的绝缘子。其产品有针式绝缘子、蝶式绝缘子、鼓形绝缘子等。低压针式绝缘子的主要技术参数见表 7-14。

表 7-14　　　　　　　　低压针式绝缘子的主要技术参数

型号	瓷件弯曲负荷 (kN)	主要尺寸（mm）				工频电压（kV）		参考质量 (kg)
		瓷件高度	伞径	螺纹直径	安装长度	干闪	湿闪	
PD-1T	7.8	80	80	16	35	35	15	1.05
PD-1M	7.8	80	80	16	110	35	15	1.3
PD-2T	4.9	66	70	12	35	30	12	0.15
PD-2M	4.9	66	70	12	105	30	12	0.52
PD-2W	4.9	66	70	12	55	30	12	0.55

低压蝶式绝缘子和线轴式绝缘子的主要技术参数见表 7-15。

表 7-15　　　　　低压蝶式绝缘子和线轴式绝缘子的主要技术参数

型号		主要尺寸（mm）			机械破坏负荷 (kN)	工频电压（kV）		弯曲破坏负荷 (kN)
		瓷件高度	伞径	内孔直径		干闪	湿闪	
蝶式	ED-1	90	100	22	11.8	22	10	0.75
	ED-2	75	80	20	9.8	18	9	0.4
	ED-3	65	70	16	7.8	16	7	0.25
	ED-4	50	60	16	4.9	14	6	0.15
线轴式	EX-1	90	85	22	14.7	22	9	0.83
	EX-2	75	70	20	11.7	18	8	0.5
	EX-3	65	65	16	9.8	16	6	0.38
	EX-4	50	55	16	6.8	14	5	0.2

低压鼓形绝缘子的技术参数见表 7-16。

表 7-16			低压鼓形绝缘子的技术参数		
型号	额定电压 （kV）	主要尺寸（mm）			参考质量 （kg）
		直径	高度	孔径	
G-25	0.5	22	25	7	0.03
G-38		30	38	8	0.06
G-50		36	50	9	0.14
G-60		45	60	10	0.2
G-65		50	65		0.22
G-75		66	75		0.45

四、电工黏带

电工黏带有薄膜黏带、织物黏带和无底材黏带三类。薄膜黏带是在薄膜的一面或两面涂以胶黏剂制成；织物黏带是以玻璃布或棉布为底材涂以胶黏剂制成；无底材黏带是由硅橡胶或丁基橡胶和填料、硫化剂等混炼、挤压而成。电工常用黏带的特性和用途见表 7-17。

表 7-17			电工常用黏带的特性和用途
名称	常态击穿强度 （kV/mm）	厚度 （mm）	特性和用途
聚乙烯 薄膜黏带	＞30	0.22～0.26	具有一定的电气性能和机械性能，柔软性好，粘结能力强，但耐热性低于 Y 级，用于一般电线接头的绝缘包扎
聚乙烯薄膜 纸黏带	＞10	0.1	包扎服帖，使用方便，可代替黑胶布带作电线接头的绝缘包扎
聚氯乙烯 薄膜黏带	＞10	0.14～0.19	具有一定的电气性能和机械性能，较柔软，粘结能力强，但耐热性低于 Y 级，用于电压为 500～6000V 电线接头的绝缘包扎
聚酯 薄膜黏带	＞100	0.055～0.17	机械强度高，耐热性较好，可用于半导体元件的密封绝缘和电机绕组绝缘
环氧玻璃 黏带	＞6	0.17	具有较高的电气性能和机械性能，可作变压器铁芯的绑扎材料，属 B 级绝缘
有机硅 玻璃黏带	＞0.6	0.15	具有较好的电气性能和机械性能，有较高的耐热性、耐寒性和耐潮性，可用于 H 级电机、电器的绕组绝缘和导线连接绝缘
硅橡胶 玻璃黏带	3～5		具有较好的电气性能和机械性能，有较高的耐热性、耐寒性和耐潮性，柔软性较好，可用于 H 级电机、电器的绕组绝缘和导线连接绝缘

224

五、云母制品

云母是一种矿物质，它的特性是绝缘、耐高温、物理化学性能稳定，具有良好的隔热性、弹性和韧性，广泛应用于建材、塑料和电气绝缘等工业。在工业上用得最多的是白云母，其次是金云母。常用绝缘云母制品的规格和用途见表 7-18。云母玻璃的性能指标见表 7-19。

表 7-18　　　　　　　　常用绝缘云母制品的规格和用途

名称	型号	耐热等级	击穿强度（kV/mm）	厚度（mm）	特性及用途
醇酸纸云母带	5430	B	16～25	0.1、0.13、0.16	耐热性较好，但防潮性较差可作直流电动机电枢绕组和低压电机绕组的绝缘
醇酸绸云母带	5432	B	16～25	0.13、0.16	
醇酸玻璃云母带	5434	B	16～25	0.1、0.13、0.16	
环氧树脂玻璃粉云母带	5437-1	B	20～35	0.14、0.17	热弹性较好，但介质损耗较大，可作电机匝间和端部绝缘
醇酸纸柔软云母板	5130	B	15～30	0.15、0.2～0.25、0.3～0.5	用于低压交、直流电机槽衬和端部层间绝缘
醇酸纸柔软粉云母板	5130-1	B	16-25	0.15、0.2～0.25、0.3～0.5	
环氧树脂柔软粉云母板	5136-1	B	>15	0.15、0.2～0.25、0.3～0.5	用于电机槽绝缘和匝间绝缘
环氧树玻璃柔软粉云母板	5137-1	B	>25	0.15、0.2～0.25、0.3～0.5	用于电机槽绝缘和端部层间绝缘

表 7-19　　　　　　　　云母玻璃的性能指标

序号	性能名称	云母玻璃	合成云母玻璃
1	相对密度	2.65～2.8	2.6～3.8
2	抗弯强度（N/cm^2）	7600～8600	8500～10000
3	相对介电常数（10^6 Hz）	6.5	6.8～9.8
4	介质损耗角正切值（10^6 Hz）	1.3×10^{-3}～5×10^{-3}	1.3×10^{-3}～2.3×10^{-3}
5	耐热性（℃）	300～350	350～650
6	击穿强度（kV/min）	14～20	13～20

六、绝缘层压制品

绝缘层压制品是以纤维制品作底材，经过浸渍或涂覆不同的胶黏剂，热压或卷制而成的层状结构的绝缘材料。可以按使用要求，制成具有优良电气性能、机械性能和耐热、耐油、耐霉、耐电弧、耐电晕等不同特性的绝缘制品，产品主要有层压板、管、棒和其他特殊型材。

绝缘层压制品的型号和用途见表7-20～表7-23。

表 7-20   有机层压板的型号和用途

名　称	型号	耐热等级	性能及用途
酚醛层压纸板	3020	E	具有较高的介电性能、机械强度、良好的耐油性，适用于制作对介电性能要求较高的电机、电气设备的绝缘构件，可以在变压器油中使用
酚醛层压纸板	3021	E	适用于对机械性能要求较高的电机、电气设备的绝缘构件，可以在变压器油中使用
酚醛层压纸板	3022	E	具有一定的耐湿性，适用于制作潮湿条件下工作的电气设备的绝缘构件
酚醛层压纸板	PECP1	E	力学性能高，介电性能好，适于机械方面使用
酚醛层压纸板	PECP2	E	具有高的电性能，适用于工频高压
酚醛层压纸板	PFCP4	E	高温下电性能稳定，适于电气及电子方面应用
环氧酚醛层压纸板	9309 H323	E	具有介质损耗低、电气强度高、耐油等性能，适用于制作电压互感器、电机、电气设备的绝缘构件，可以在变压器油中使用
酚醛层压布板	PFCC3	E	适用于机械方面制作小零件用
酚醛层压布板	PFCC4	E	适用于机械和电气方面制作小零件（细布）

表 7-21   无机层压板的型号和用途

名称	型号	耐热等级	性能及用途
三聚氰胺层压玻璃布板	D324	E	具有较高的力学性能，优良的耐电弧性能和介电性能，适宜制作电机、电气设备的绝缘件及耐电弧构件
三聚氰胺耐电弧面板	3.28	E	具有优良的耐电弧性能和力学性能，适宜制作金属封闭式开关设备的相间隔离板性能
三聚氰胺层压玻璃布板	9326	B	在潮湿条件下具有良好的介电性能，适宜制作电机、电气设备的绝缘结构件
灯头板	J-344 J-338	B	具有较高的介电性能、机械强度和耐湿性，以及较好的冲剪加工性
环氧层压玻璃布板	EPCC2	B	具有较高的耐燃性，并在较湿的条件下介电性能稳定，适宜制作电机、电气设备的绝缘结构件

名称	型号	耐热等级	性能及用途
不饱和聚酯玻璃纤维模塑板	D370 9801	F	具有较高的耐电性，适合制作高压电器的绝缘结构件，价格较低
环氧三胺玻璃布波纹板	D341	F	高温下永久变形小，适宜作大型发电机定子绕组的固定材料
半导体层压玻璃布板	3241	F	具有半导体性能，适宜作大型电机槽间的防晕材料
不饱和聚酯玻璃纤维模塑角板	9601-1	F	适合制作高压开关电器的隔护板及其他绝缘结构件

表 7-22 层压管的型号和用途

名称	型号	耐热等级	性能及用途
酚醛层压纸管	3250	E	具有较高的介电性能和一定的机械强度，适宜制作电气设备的结构件
酚醛布圆管	3173		适宜作绝缘材料和其他机械零部件
环氧酚醛层压玻璃布管	3641	B	具有结构致密，吸水性小，电气、力学性能高等特点，适宜制作电气设备的绝缘结构件
真空压力浸胶环氧玻璃布管	388-1-1	B	具有很高的介电、力学性能，管的内外涂一层耐 SF_6 气体保护层，适宜作高压断路器的绝缘结构件
真空压力浸胶涤纶布管	357	B	具有很高的介电、力学性能，并有良好的耐 SF_6 气体性能，适宜作 SF_6 高压断路器的绝缘结构件
环氧酚醛层压玻璃布管	3640	F	具有较高的电气和力学性能，并可在潮湿环境和变压器油中使用，适宜制作电气设备的绝缘结构件
二苯醚层压玻璃布管	H370	H	具有较高的介电性能和机械强度，适宜制作 H 级电气设备的结构件
双马来酰亚胺玻璃布管	9364	H	具有较高的耐热、介电、热态力学性能，适宜作高温和特种电气设备的绝缘结构件
聚胺酰亚胺层压玻璃布管	D410	H	具有优良的耐热、介电、热态力学性能等，适宜作高温和特种电气设备的绝缘结构件

表 7-23 层压棒的型号和用途

名称	型号	耐热等级	性能及用途
酚醛层压纸棒	3720	E	具有高的电气性能和一定的力学性能，并可在变压器油中使用，适宜制作电机、电气设备的绝缘结构件
酚醛层压布棒	3721	E	具有较高的力学性能，并可在变压器油中使用，适宜制作电气设备的绝缘结构件
酚醛层压布棒	3725	E	适宜在电气和机械方面使用，可精密加工
真空压力浸胶环氧玻璃布棒	373	B	具有很高的电气、力学性能，适宜作高压电气设备的绝缘结构件
真空压力浸胶玻璃布棒	374	B	具有高的电气、力学性能，耐 SF_6 气体，适宜作 SF_6 全密封组合电器和氧化锌避雷器的绝缘结构件
环氧酚醛层压玻璃布棒	3840	F	具有高的电气和力学性能，并可在潮湿环境和变压器油中使用，适宜制作电气设备的绝缘结构件
聚胺—酰亚胺层压玻璃布棒	D370	H	具有很高的电气和力学性能，以及良好的耐辐射性，适宜作工作条件苛刻及 H 级电气设备的绝缘结构件

七、绝缘纸和绝缘纸板

纸是由植物纤维、矿物纤维或这些纤维的混合物，经过一定的工艺加工成型，标准重量小于 $225g/m^2$ 的称为纸，标准重量大于 $225g/m^2$ 的称为纸板。电工绝缘用纸的种类、型号和用途见表 7-24，低压电缆纸的性能指标见表 7-25。

表 7-24 电工绝缘用纸的种类、型号和用途

种 类	型 号	性能及用途
低压电缆纸	DLZ-08	具有光滑平整的表面，含碱量低，介电性和耐折度高，专供 35kV 以下的电力电缆、控制电缆及电器零部件中作绝缘使用
	DLZ-12	
	DLZ-17	
电话纸	DH-40	专供电信电缆中绝缘和云母箔作补强材料用
	DH-50	
	DH-75	
缠绕纸	JCH-7	具有均匀的吸胶性能，纵向抗张强度高，供制造酚醛纸管
	JCH-6	
	JCH-5	

种　类	型　号	性能及用途
浸渍纸	JZ-50	供制造酚醛纸管
	JZ-60	
	JZ-70	
青壳纸 （空气介质电绝缘纸板）	DK-50/50	用于电机、仪表的衬垫绝缘
	DK-75/25	
	DK-100/00	
弹性纸 （油介质电绝缘纸板）	DY-00/100	用于不高于 95℃ 的变压器油中绝缘
	DY-50/50	
	DY-100/00	
电容器纸	A	主要用于电子工业电容器
	B	主要用于电力电容器

表 7-25　　　　　　　低压电缆纸的性能指标

序号	性能名称		型　号		
			DL-08	DL-12	DL-17
1	厚度（mm）		0.08 ± 0.005	0.12 ± 0.007	0.17 ± 0.01
2	紧度（g/cm²）		0.7	$0.7\sim0.9$	$0.7\sim0.9$
3	透气度（mL/min）		＜25	＜25	＜25
4	抗张力（N）	纵向	＞90	$160\sim180$	$220\sim280$
		横向	＞4.5	$7\sim8$	＞11
5	伸长率（%）	纵向	＞2	$2\sim2.2$	$2\sim2.1$
		横向	＞6	$6\sim7.2$	$6\sim7$
6	耐折度往返次数		＞1000	$2000\sim3000$	$2000\sim3000$
7	灰分（%）		＜1	＜1	＜1
8	水分（%）		$6\sim9$	$6\sim9$	$6\sim9$
9	水抽出物 pH 值		$7\sim9.5$	$7\sim9.5$	$7\sim9.5$

导 磁 材 料

磁性是物质的一种基本属性，导磁材料是具有强磁性的物质。

变压器、电动机、仪表和电磁铁等，是利用电磁感应原理制造的电气设备，它们都需要导磁材料构成磁通回路。为了获取高的磁通密度和系统的磁能，要求导磁材料具有高的磁导率和低的损耗，还要有较好的机械加工性能。

导磁材料按其特征和用途分为软磁材料和硬磁材料（永磁材料）两大类。电工产品中应用最广的是软磁材料。

（1）软磁材料。软磁材料具有很小的矫顽力，同时在较强磁场中具有很大的磁导率，易磁化、剩磁小，主要用作变压器、电动机等的铁芯导磁体，如硅钢板、铁镍合金、电磁纯铁、软磁铁氧体等。

（2）硬磁材料。硬磁材料具有较大的矫顽力和剩磁感应强度，但磁导率不高。主要用作储藏和提供磁能的永久磁铁，如磁电式仪器用的钨钢和铬钢；测量仪表和微机用的铝镍铁、铝镍钴等合金。

导磁材料是生产、生活中广泛使用的材料，在电子技术、国防科技和其他科学领域中都有重要作用。

第一节 硅 钢 板

硅钢板是一种含碳极低的硅铁软磁合金，一般含硅量为 $0.5\%\sim 4.5\%$，主要用来制作各种变压器、发电机和电动机的导磁铁芯。按制造工艺不同，分为热轧和冷轧两种类型。冷轧硅钢板又分为取向和无取向两类。热轧硅钢板用于变压器、电动机、发电机；冷轧取向硅钢板主要用于变压器，冷轧无取向硅钢板主要用于电动机和发电机。热轧硅钢板的规格与电磁性能见表 8-1，冷轧单取向硅钢板的规格与电磁性能见

表 8-2，冷轧无取向硅钢板的规格与电磁性能见表 8-3。

表 8-1　　　　　　　　　热轧硅钢板的规格与电磁性能

牌号	厚度（mm）	最小磁感应强度（T）			最大铁损（W/kg）	
		B_{25}	B_{50}	B_{100}	$P_{10/50}$	$P_{15/50}$
DR530-50	0.5	1.51	1.61	1.74	2.2	5.3
DR510-50	0.5	1.54	1.64	1.76	2.1	5.1
DR490-50	0.5	1.56	1.66	1.77	2	4.9
DR450-50	0.5	1.54	1.64	1.76	1.85	4.5
DR420-50	0.5	1.54	1.64	1.76	1.8	4.2
DR400-50	0.5	1.54	1.64	1.76	1.65	4
DR4400-50	0.5	1.45	1.57	1.71	2	4.4
DR405-50	0.5	1.5	1.61	1.74	1.8	4.05
DR536-50	0.5	1.45	1.56	1.68	1.6	3.6
DR315-50	0.5	1.45	1.56	1.68	1.35	3.15
DR290-50	0.5	1.44	1.55	1.67	1.2	2.9
DR265-50	0.5	1.44	1.55	1.67	1.1	2.65
DR360-35	0.35	1.46	1.57	1.71	1.6	3.6
DR325-35	0.35	1.5	1.61	1.74	1.4	3.25
DR320-35	0.35	1.45	1.56	1.68	1.35	3.2
DR280-35	0.35	1.45	1.56	1.68	1.15	2.8
DR255-35	0.35	1.44	1.54	1.66	1.05	2.55
DR225-35	0.35	1.44	1.54	1.66	0.9	2.25
DR1750G-35	0.35	1.44	—	—	—	—
DR1250G-20	0.2	1.42	—	—	—	—
D1100G-10R	0.1	1.4	—	—	—	—

注　B_{25}、B_{50}、B_{100} 表示当磁场强度分别为 25A/cm、50A/cm、100A/cm 时，基本换向磁化曲线上的磁感应强度。

$P_{10/50}$、$P_{15/50}$ 表示波形为正弦波，频率分别为 50Hz 和 400Hz，磁感应强度峰值分别为 1.01 和 0.75 时，每千克材料的功率损耗。

表 8-2　　　　　　　　冷轧单取向硅钢板规格与电磁性能

公称厚度（mm）	牌号	最小磁感应强度（T）	最大铁损（W/kg）
0.30	DQ122G-30	1.88	1.22
	DQ133G-30	1.88	1.33

公称厚度（mm）	牌号	最小磁感应强度（T）	最大铁损（W/kg）
0.30	DQ133-30	1.79	1.33
	DQ147-30	1.77	1.47
	DQ162-30	1.74	1.62
	DQ179-30	1.71	1.79
	DQ196-30	1.68	1.96
0.35	DQ126G-35	1.88	1.28
	DQ137G-35	1.88	1.37
	DQ151-35	1.77	1.51
	DQ166-35	1.74	1.66
	DQ183-35	1.71	1.83
	DQ200-35	1.68	2
	DQ230-35	1.63	2.3

表 8-3 冷轧无取向硅钢板的规格与电磁性能

公称厚度（mm）	牌号	最小磁感应强度（T）	最大铁损（W/kg）
0.35	DW270-35	1.58	2.7
	DW310-35	1.6	3.1
	DW360-35	1.61	3.6
	DW435-35	1.65	4.35
	DW500-35	1.65	5
	DW550-35	1.66	5.5
0.50	DW315-50	1.58	3.15
	DW360-50	1.6	3.6
	DW400-35	1.61	4
	DW465-50	1.65	4.65
	DW540-35	1.65	5.4
	DW620-50	1.66	6.2
	DW800-50	1.69	8
	DW1050-50	1.69	10.5
	DW1300-50	1.69	13
	DW1550-50	1.69	15.5

第二节　电磁纯铁

电磁纯铁的主要特点是饱和磁感应强度高，冷加工性能好，但电阻率低，铁损耗高，因此一般用于直流磁极。电磁纯铁的化学成分与一般用途见表 8-4。

表 8-4　　　　　电磁纯铁的化学成分与一般用途

牌号 名称	牌号 代号①	化学成分（质量分数）（%）≤ C	Si	Mn	P	S	Al	Ni	Cr	Cu	一般用途
电铁3 电铁3高	DT3 DT3A	0.04	0.2	0.3	0.02	0.02	0.5	0.2	0.1	0.2	不保证磁时效的一般电磁元件
电铁4 电铁4高 电铁4特 电铁4超	DT4 DT4A DT4E DT4C	0.3	0.2	0.3	0.02	0.02	0.15～0.5	0.2	0.1	0.2	在一定时效工艺下，保证无时效的电磁元件
电铁5 电铁5高	DT5 DT5A	0.04	0.2～0.5	0.3	0.02	0.02	0.3	0.2	0.1	0.2	不保证磁时效的一般电磁元件
电铁6 电铁6高 电铁6特 电铁6超	DT6 DT6A DT6E DT6C	0.03	0.3～0.5	0.3	0.02	0.02	0.3	0.2	0.1	0.2	在一定时效工艺下，保证无时效，磁性能较稳定的电磁元件

① DT3、DT4 为铝静纯铁；DT5、DT6 为硅铝静纯铁。序号后的字母表示电磁性能等级，即 "A" 为高级；"E" 为特级；"C" 为超级。

高压电器及其计算

　　高压电器是指 10kV 及以上线路的开关电器、保护电器、测量电器等，它包括断路器、负荷开关、隔离开关、熔断器、避雷器等，是电力系统的关键设备。

　　高压电器是电力系统的重要组成部分，使用量大面广，分布在电力网络各级电压系统中。在电能生产、传输、分配和使用过程中，高压电器在电力系统中起着控制、保护及测量等重要作用，其性能直接影响到电力系统的稳定和安全运行，正确选择高压电器是电力线路和设备安全、稳定运行的关键，在经济效益和社会效益上有着重要意义。

　　高压电器的选择应遵循以下原则：

　　（1）安全性。

　　（2）经济性。

　　（3）能在额定电流下长期运行，其温升符合国家标准，并且具有一定的短时过载能力。

　　（4）能承受短路电流的热效应和电动力效应而不致损坏。开关电器应能可靠地关合和开断规定的电流。

　　（5）提供保护和测量的电器精度应符合规程规定。

　　（6）绝缘可靠性好，既能承受工频最高电压的长期作用，又能承受过电压的短期作用。

　　（7）应能满足使用场所额定电压、最高工作电压、额定电流、额定短路开断电流、短时热稳定电流、动稳定电流和关合电流的要求。

　　（8）高压电器，特别是户外工作的高压电器应能承受一定自然条件的作用。

第一节 断 路 器

一、真空断路器

真空断路器不用油和气体作绝缘介质，具有维护检修工作量小、使用寿命长、运行安全可靠等优点，有户外和户内两种形式。

1. 真空断路器的质量要求

(1) 密封部分元件合格，无渗漏现象。

(2) 触头接触良好，各相导电回路的直流电阻不应大于 $80\mu\Omega$。

(3) 三相分合闸要保证同期，不同期性不应大于 2ms。

(4) 操作试验合格，操动机构灵活可靠，各传动部件动作准确，无卡滞、变形现象。

(5) 各项电气试验合格，导电部分之间，导电部分与外壳之间的绝缘电阻符合规程要求。

真空断路器的外形和安装尺寸如图 9-1 所示。

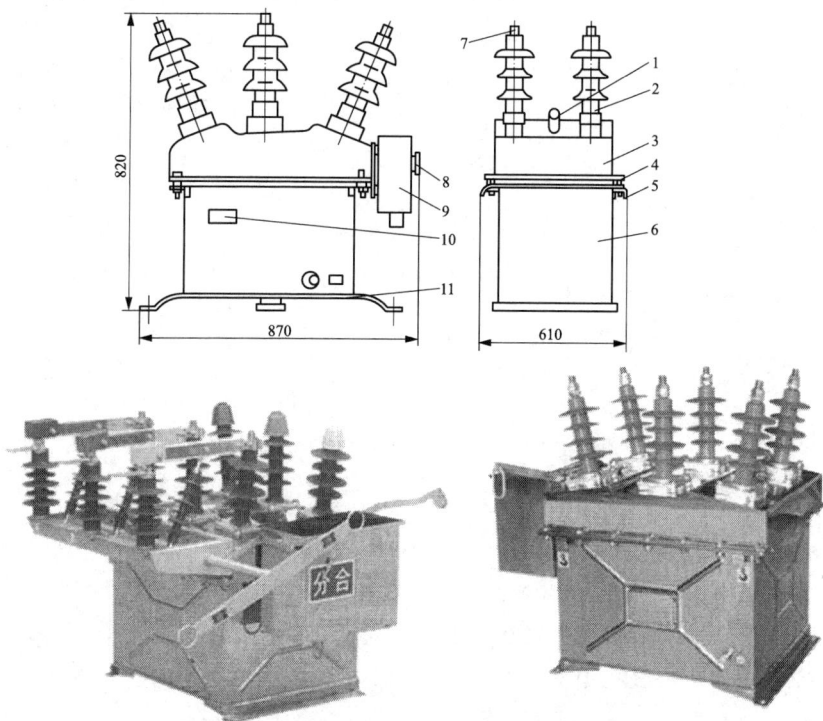

图 9-1 ZW8-12 型真空断路器的外形和安装尺寸

1—吊环；2—硅橡胶管；3—箱盖；4—密封件；5—起吊耳环；6—箱体；7—导电杆；
8—分合闸指标；9—操动机构；10—铭牌；11—吸湿器

2. 10kV 真空断路器

常用 10kV 真空断路器的技术参数，见表 9-1。

表 9-1 **常用 10kV 真空断路器的技术参数**

型号	额定电压 (kV)		额定电流 (A)	额定开断电流 (kA)	最大关合电流峰值 (kA)	热稳定电流 (kA)	额定短路电流开断次数 (次)	机械寿命 (次)	合闸时间 (s)	固有分闸时间 (s)
	额定	最大								
ZN₁₂-10 I	10	11.5	1250	31.5	80	(4s) 31.5	50	10000	≤0.075	≤0.065
ZN₁₂-10 II	10	11.5	1600	31.5	80	(4s) 31.5	50	10000	≤0.075	≤0.065
ZN₁₂-10 III	10	11.5	2000	31.5	80	(4s) 31.5	50	10000	≤0.075	≤0.065
ZN₁₂-10 IV	10	11.5	2500	31.5	80	(4s) 31.5	50	10000	≤0.075	≤0.065
ZN₁₂-10 V	10	11.5	1600	40	100	(3s) 40	30	10000	≤0.075	≤0.065
ZN₁₂-10 VI	10	11.5	2000	40	100	(3s) 40	30	10000	≤0.075	≤0.065
ZN₁₂-10 VII	10	11.5	3150	40	100	(3s) 40	30	10000	≤0.075	≤0.065
ZN₁₂-10 VIII	10	11.5	1600	50	125	(3s) 50	8	6000	≤0.075	≤0.065
ZN₁₂-10 IX	10	11.5	2000	50	125	(3s) 50	8	6000	≤0.075	≤0.065
ZN₁₂-10 X	10	11.5	3150	50	125	(3s) 50	8	6000	≤0.075	≤0.065
ZN-10c/630	10	11.5	630	20	50	(4s) 20			≤0.15	≤0.06
ZN-10c/1250	10	11.5	1250	31.5	80	(4s) 31.5			≤0.15	≤0.06
ZN-10c/1600	10	11.5	1600	40	100	(4s) 40			≤0.15	≤0.06
ZN-10c/2000	10	11.5	2000	31.5	80	(4s) 31.5			≤0.15	≤0.06
ZN-10c/3150	10	11.5	3150	40	100	(4s) 40			≤0.15	≤0.06
ZW-10/630-16	10	11.5	630	16	40	(4s) 16	30	10000		
ZN₁₂-35/1250	35	40.5	1250	25	63	(4s) 25	20	10000	≤0.09	≤0.075
ZN₁₂-35/2000	35	40.5	2000	31.5	80	(4s) 31.5	20	10000	≤0.09	≤0.075

3. 真空断路器的使用和维护

（1）过电压保护。真空断路器开断较小电流，特别是开断空载变压器励磁电流等小感性电流时，往往会出现截流而产生截流过电压，并且截流值越大，产生的过电压越高。对于截流或重燃过电压，需要装设性能较好的金属氧化物避雷器或阻容保护装置来预防。

（2）真空灭弧室的巡视和真空度的检测。真空灭弧室管内的真空度

236

通常是在 $10^{-4} \sim 10^{-6}$ Pa 之间，随着真空断路器开断次数增多和灭弧室使用时间的增长，以及外界因素的作用，其真空度逐步下降，下降到一定程度将会影响真空断路器的开断能力和耐压水平。因此，真空断路器在使用过程中必须定期检查灭弧室管内的真空度，检查方法是：

1) 对玻璃外壳真空灭弧室，可以定期目测巡视检查。正常情况下内部的屏蔽罩等部件表面颜色应很明亮，在开断电流时发出浅蓝色弧光。当真空度严重下降时，内部颜色就会变得灰暗，开断电流时将发出暗红色弧光。

2) 每三年进行一次工频耐压试验（10kV 真空断路器应为 42kV）。当动、静触头在保持额定开距的条件下，如果耐压值很低，而且经多次放电老炼后，耐压值仍达不到规定的耐压水平，则说明真空灭弧室的真空度已严重下降，不能再继续使用。

（3）分合闸速度的测量。新断路器在投运前应测量分合闸速度，这样做不仅可以收集原始技术资料，同时也可以及时发现产品质量上的一些问题，以便及时采取措施。

4. 真空断路器常见故障及处理方法

真空断路器常见故障及处理方法见表 9-2。

表 9-2　　　　　　　真空断路器常见故障及处理方法

故障现象	故障原因	处理方法
电动合闸合不上	铁芯与拉杆松动	调整铁芯位置，卸下静铁芯即可调整，使之手力可以合闸，合闸终结时，掣子与滚轮间应有 1～2mm 的间隙
合闸合空	掣子口合距离太小，未过死点	将调整螺钉向外调，使掣子过死点，调整完毕，应将螺钉紧固，并用红漆点封
电动不能脱扣	1) 掣子扣得太多；2) 分闸线圈的连接线松脱；3) 操作电压低	1) 将螺钉向里调，并将螺钉紧固；2) 检查分闸回路，接好线圈连接线；3) 调整操作电压
合、分闸线圈烧坏	辅助开关接点接触不良	用砂纸打磨接点或更换辅助开关

二、六氟化硫断路器

六氟化硫断路器是用 SF_6 气体作为绝缘和灭弧介质的断路器，具有开断能力强、噪声小、不检修周期长、无火灾危险、适用于频繁操作等

237

优点。

六氟化硫断路器的外形和安装尺寸如图 9-2 所示。

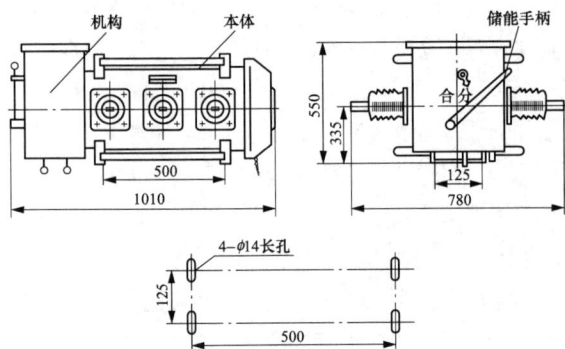

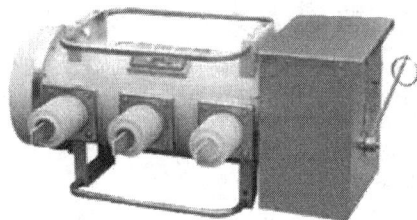

图 9-2　LW3-10 型六氟化硫断路器的外形和安装尺寸

1. 六氟化硫断路器技术参数

六氟化硫断路器的技术参数，见表 9-3。

表 9-3　　　　　　　　六氟化硫断路器的技术参数

型号	额定电压（kV）	最高工作电压（kV）	额定电流（A）	额定短路开断电流（kA）	额定关合电流（峰值）（kA）	4s 热稳定电流（kA）	电寿命开断额定短路电流次数	机械寿命（操作次数）	额定绝缘水平（kV）		SF₆ 气体工作压力 20℃（MPa）	
									工频耐压 1min	雷电冲击全波	额定	最低
LW-10	10	11.5	200 400 630	6.3、8 12.5、16	16、20 31.5、40	6.3、8 12.5、16	30、15	3000	42	75	0.35	0.25
LN₂-10	10	12	1250	25	63	25	10	10000	42	75	0.55	0.5
LN₂-35	35	40.5	1250	16	40	16	8	10000	80	185	0.65	0.59
LW-35	35	40.5	1600	25	63	25	10	3000	80	185	0.45	0.4

238

2. 六氟化硫断路器的安装与维护

（1）安装在水泥电杆上的六氟化硫断路器，电杆的埋设应牢固、可靠，断路器操作时，水泥电杆和构架应无明显的晃动现象。

（2）断路器外壳应可靠接地。

（3）断路器的接线端子（瓷套）在接线时不允许拉动，并保证在正常情况下不受外力。需要注意的是，在搬运和安装六氟化硫断路器时，绝不允许抬断路器的接线端子（瓷套），以免瓷套受力折断，破坏密封，造成漏气，导致断路器不能使用。

（4）断路器的安装位置应便于观察表压，便于维护和操作。

（5）六氟化硫断路器的巡视、清扫周期与线路相同。绝缘电阻的测量每两年进行一次，大修周期不应超过 5 年，操作频繁的断路器应缩短大修周期。

（6）用 2500V 绝缘电阻表测量绝缘电阻，绝缘电阻不应低于 100MΩ。

（7）每相导电回路电阻值测量，电阻值不宜大于 $500\mu\Omega$。

（8）工频耐压试验，10kV 断路器为 38kV，试验 1min。

（9）断路器接地电阻的测量至少每两年进行一次，应在干燥天气进行。

（10）六氟化硫断路器在出厂时各参数已调整到最佳状态，用户通常不必进行调整，只作一般维护工作。

3. 操动机构常见故障及处理方法

操动机构常见故障及处理方法见表 9-4。

表 9-4 操动机构常见故障及处理方法

故障现象	故障原因	处理方法
合闸铁芯动作，但顶不动机构，断路器拒动	1）合闸铁芯顶杆顶偏； 2）机构不灵活； 3）电机储能回路未储能； 4）驱动棘爪与棘轮间卡死	1）调整连扳到顶杆中间； 2）检查机构联动部分； 3）检查储能电机行程开关及其回路； 4）调整电机凸轮到最高行程后，调整棘爪与棘轮间隙至 0.5mm 不卡死为宜
合闸铁芯和机构已动作，但断路器拒动	1）主轴与拐臂连接用圆锥销钉被切断； 2）合闸弹簧疲劳； 3）脱扣联板动作后不复位或复位缓慢； 4）脱扣机构未锁住	1）更换销钉； 2）更换弹簧； 3）检查脱扣联板弹簧是否失效，机构主轴有无窜动； 4）调整半轴与扇形板的搭接量

続表

故障现象	故障原因	处理方法
合闸跳跃	半轴与扇形板的搭接太少	适当调整，使其正常
合闸铁芯不能动作	1）失去电源； 2）合闸回路开路； 3）铁芯卡滞	1）检查电源； 2）检查合闸回路； 3）检查处理
分闸铁芯不能动作，断路器拒分	1）分闸回路不通； 2）分闸铁芯卡滞； 3）失去电源	1）检查分闸回路； 2）检查处理； 3）检查电源
分闸铁芯已经动作，断路器拒分	1）分闸弹簧疲劳； 2）分闸拐臂与主轴销钉切断； 3）半轴与扇形板的搭接太多	1）更换弹簧； 2）更换销钉； 3）适当调整半轴与扇形板的间隙使其正常
分、合闸速度不够	1）分、合闸弹簧疲劳； 2）机构动作不正常； 3）本体内部卡滞	1）更换弹簧； 2）检查原因予以排除； 3）退回生产厂家解体检查

三、少油断路器

油断路器是利用油作为绝缘和灭弧介质的断路器，根据用油量的多少分为多油断路器和少油断路器。除个别地方还有少量少油断路器在运行外，大部分已退出运行。

1. 少油断路器的特点

（1）用油量减少，使防爆炸性能大大提高。

（2）断路器采用逆流原理，其静触头在上部，动触头在跳闸过程中自上而下运动，燃弧时电弧不断地与冷油接触，降低了电弧与触头的温度，使热游离大为减弱；断路过程中，被电弧高温分解出来的气体向上运动，有利于将带电质点排出弧道，使弧隙介质电强度得到迅速恢复；动触头向下运动时，下面的一部分新鲜油被挤进灭弧室，造成附加油流，形成机械压力油吹灭弧作用，这对熄灭小电流电弧很有利。

（3）断路器采用纵横吹和机械油吹联合作用的灭弧结构，断开大、中、小电流的熄弧时间基本相等，一般不超过 0.02s。

（4）体积小、质量轻、检修工作量少，切断最大短路电流 5～6 次不需检修。

（5）在油箱无油的情况下，不能进行分、合闸试验。

2. SN10 系列少油断路器的技术参数（见表 9-5）

表 9-5　　　　　　SN10 系列少油断路器的技术参数

型号	电压（kV）		额定电流（A）	额定断流容量（MVA）		额定开断电流（kA）		最大关合电流（kA）		热稳定电流（kA）			固有分闸时间（s）	合闸时间（s）
	额定	最大		6kV	10kV	6kV	10kV	峰值	有效值	1s	4s	5s		
SN$_2$-10	10		400 600 1000	200	350	20	20	52	30	30		20	0.1	0.23
SN$_4$-10G	10	11.5	5000 6000		1800		105	300	173	173		120	0.15	0.65
SN$_3$-10	10	11.5	2000 8000		400 400	23 24		75	43.5	43.5		30	0.14	0.5
SN$_{10}$-10I			630 1000			20	16	40 (50)		16 (20)			0.06	0.2
SN$_{10}$-10II	10	11.5	1000				31.5	79		31.5				
SN$_{10}$-10III			1250 2000 3000				43 (31.5)	130		43			0.06 0.07 0.09	
SN$_{11}$-10	10	11.5	600 1000		350	20		52	30	30		20	0.05	0.23

注　SN$_{10}$-10I 最大关合电流 10kV 时为 40kA，6kV 时为 50kA，热稳定电流 10kV 时为 16kA，6kV 时为 20kA。

3. 少油断路器的运行维护

（1）经常对断路器进行巡视，巡视内容是：油位应在规定的标准线上，油色应正常，无渗油现象，壳体、油阀、油位计等处是否清洁等。

（2）绝缘套管应无破裂、闪络放电痕迹和电晕现象，表面应无脏污。

（3）各部位的连接应接触良好，应无过热及腐蚀现象。

（4）分、合闸指示器标志是否清楚，位置是否正确，与指示灯的指示应一致。

（5）操动机构应保持灵活可靠，无卡滞现象，应定期给转动部分加润滑油。

（6）安装在室外的断路器，操作箱防雨应严密，铁件无锈蚀。

第二节 负 荷 开 关

负荷开关是在额定电压、额定电流下接通和切断电路的高压电器，它不能切断短路电流，通常与高压熔断器配合使用，由负荷开关切断正常的负荷电流，由熔断器切断故障时的短路电流。

一、10kV 户外型负荷开关的外形尺寸和技术参数

（1）10kV 户外型负荷开关的外形尺寸，如图 9-3 所示。

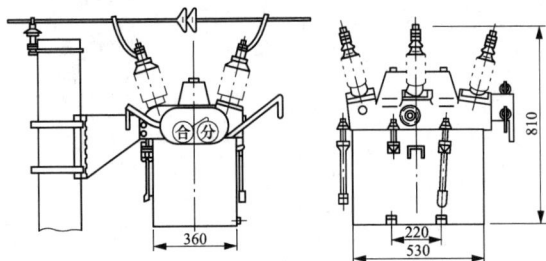

图 9-3　FW2-10 型负荷开关的外形尺寸

（2）10kV 户外型负荷开关的技术参数，见表 9-6。

表 9-6　　　　　　　　10kV 户外型负荷开关的技术参数

型号	额定电压 (kV)	额定电流 (A)	额定开断电流 (kA)	外形尺寸（长×宽×高）(mm)	质量 (kg)
FW1-10	10	400	0.8	694×412×642	66～80
FW2-10	10	100	1.5	530×412×875	124
		200			
		400			
FW4-10	10	200	0.8	500×630×547	114
		400			
FW5-10	10	200	1.5	790×730×860	75
FW6-10	10	200	0.8	670×364×760	80
		400			
FW7-10	10	20	5.8	826×530×640	70
FW8-10	10	40	6.3	810×520×480	43

二、负荷开关的使用与维护

（1）负荷开关在出厂前均经过严格调整和试验，因此在一般情况下，不需要重新调整。投入运行前，应将绝缘套管擦拭干净，进行几次空载分、合闸操作，触头系统和操动机构均应无任何卡滞、卡死现象。

（2）负荷开关的连接母线配置应合适，不应使负荷开关受到来自母线的机械应力。母线的固定螺栓应拧紧，母线采用铝导体时应采用铜铝过渡线夹，并保证接触良好。

（3）负荷开关的操作一般比较频繁，应注意预防紧固件在多次操作后松动。当操作次数达到规定的限度时，必须安排检修。触头受电弧烧蚀而损坏的应进行检修，损坏严重的要更换。

（4）对油浸式负荷开关要经常检查油位，缺油时应及时注油，预防因严重缺油在操作时引起爆炸。

（5）产气式负荷开关在检修以后，要按规定调整行程和分闸时闸刀张开的角度。

（6）负荷开关的金属外壳应可靠接地，其接地电阻应符合规程规定。

第三节　隔　离　开　关

隔离开关无灭弧能力，主要用于在无负荷电流的情况下接通或切断电路，不允许带负荷拉、合闸。隔离开关能造成可见的空气间隙，以保证检修时的工作安全。

一、常用 10kV 隔离开关的外形尺寸和技术参数

（1）GN-10 型户内式隔离开关和 GW9-10 型户外式隔离开关的外形尺寸如图 9-4 和图 9-5 所示。

（2）常用 10kV 隔离开关的技术参数，见表 9-7。

表 9-7　　　　　　　　常用 10kV 隔离开关的技术参数

型号	额定电压 (kV)	额定电流 (A)	极限通过电流峰值 (kA)	5s 热稳定电流 (kA)	质量 (kg)	操动机构形式	备注
GN6-10T/400	10	400	40	14	27		
GN6-10T/600	10	600	52	20	29	CS6-1	
GN6-10T/1000	10	1000	75	30	50		
GN8-10T/200	10	200	25.5	10	38	CS6-1	
GN8-10T/400	10	400	52	14	39	或	
GN8-10T/600	10	600	52	20	41	CS6-1T	

型号	额定电压 (kV)	额定电流 (A)	极限通过电流峰值 (kA)	5s 热稳定电流 (kA)	质量 (kg)	操动机构形式	备注
GW1-10/200	10	200	7	7	20		单极质量
GW1-10/400	10	400	14	14	20	CS8-1	
GW1-10/600	10	600	20	20	21		
GW9-10G/200	10	200	15	5	13		单极质量
GW9-10G/400	10	400	25	14	13		
GW9-10G/600	10	600	35	20	14		

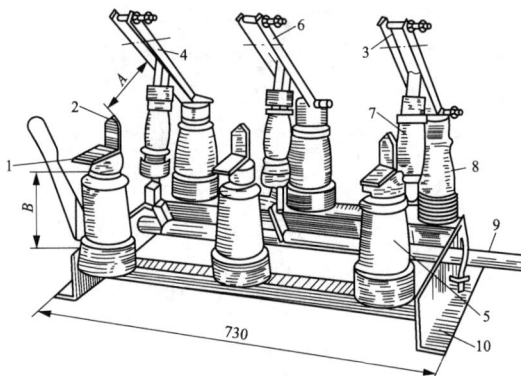

图 9-4　GN-10 型户内式隔离开关的外形

1—连接板；2—静触头；3—接触条；4—夹紧弹簧；5、8—支持绝缘子；
6—镀锌钢片；7—拉杠绝缘子；9—传动主轴；10—底架

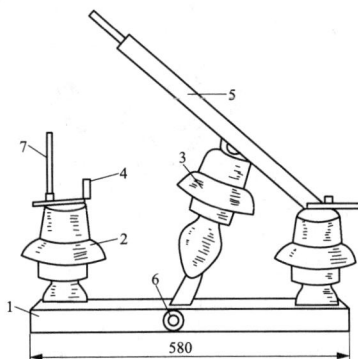

图 9-5　GW9-10 型户外式隔离开关的外形

1—支架；2—绝缘子；3—活动绝缘子；4—定触点；5—动触头；6—转动轴；7—弧角

二、隔离开关的操作

（1）当接到调度命令，断开某线路或者设备时，必须先断开该线路或设备的断路器，然后才能操作隔离开关；送电时，则先将隔离开关合闸，然后再合断路器。

（2）某些场合的断路器前后都装有隔离开关，停电拉闸时应按照断路器、负荷侧隔离开关、母线侧隔离开关的顺序操作；送电合闸时的操作顺序与此相反，严防带负荷操作隔离开关。

（3）在有多路出线的变电站进行停电操作时，应先拉各分路断路器和隔离开关，然后再拉总电源的断路器和隔离开关；送电操作时则先合总电源隔离开关和断路器，然后再合分路隔离开关和断路器。

（4）操作隔离开关时，除了认真检查断路器的位置外，还必须检查工作时的接地线是否拆除，并认真核对线路或设备名称、编号，认真执行监护、复诵制度。

（5）隔离开关操作合闸时，动作要迅速果断，但应避免大力撞击，合闸时发现有电弧，应立即将刀闸合上，不要再拉开，以免造成电弧短路事故。

（6）隔离开关手动拉闸时，应小心谨慎，首先要检查断路器是否断开，也就是检查断路器操动机构指示是否在"分"的位置。机械联锁装置是否复位，即锁定销能否拉出。开关柜有观察孔的，还应检查断路器的储能弹簧是否松弛。拉闸时用力要缓慢稳重，当刀闸刚刚拉开的瞬间发现有电弧或者电弧比预料的大得多时，则应立即将刀闸重新合上，不得再拉。

（7）隔离开关与相应断路器之间应有可靠的联锁装置，即当断路器在"合闸"位置时，隔离开关的操作手柄应被锁住而不能操作，此时切忌强行拉隔离开关，否则会损坏隔离开关造成事故。带有接地刀闸的隔离开关，其接地刀片与动刀片之间也应有联锁装置。

第四节　跌落式熔断器

跌落式熔断器在 10kV 高压系统中，常作为配电变压器和线路的过负荷和短路保护，并对停电及检修电气设备或线路起到隔离作用，跌落式熔断器拉开后有一个明显的断开点。

一、跌落式熔断器的外形和技术参数

（1）RW10-10F 型和 RW11-10 型跌落式熔断器的外形如图 9-6 和图 9-7 所示。

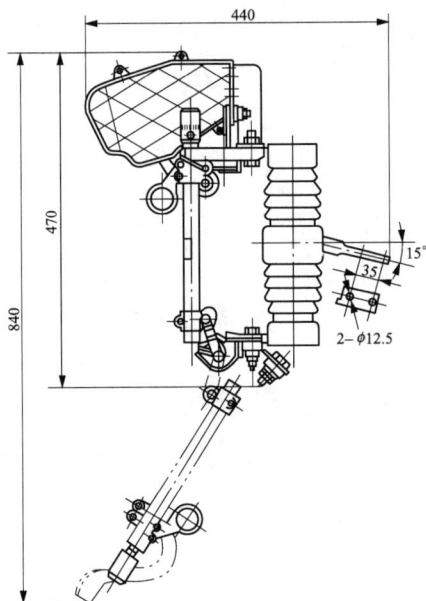

图 9-6　RW10-10F 型跌落式熔断器的外形

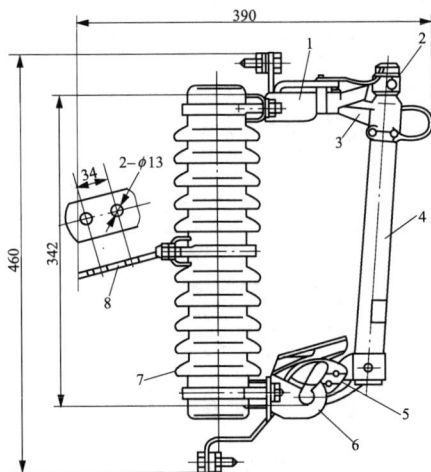

图 9-7　RW11-10 型跌落式熔断器的外形

1—上静触头；2—释压帽；3—上动触头；4—熔管；5—下动触头；

6—下支座；7—绝缘子；8—安装板

（2）跌落式熔断器的技术参数，见表 9-8。

表 9-8 跌落式熔断器的技术参数

型号	额定电压 (kV)	额定电流 (A)	额定开断电流 (kA)		分合负荷电流 (A)	熔丝额定电流 (A)	单只质量 (kg)
			上限	下限			
RW3-10/50		50				2、3、5、7.5、	5.7
RW3-10/100	10	100				10、15、25、	6.7
RW3-10/200		200				30、40、50	7.7
RW4-10/50		50				1、2、3、5、	4.2
RW4-10/50		100				7.5、10、	4.5
RW4-10/50	10	200				15、25、30、	5.72
RW4-10G/50		50				40、50、60、	4.8
RW4-10G/50		100				75、100	4.95
RW7-10/50		50					6
RW7-10/100	10	100					6
RW7-10/200		200					7
RW10-10F/50		50					
RW10-10F/100	10	100					
RW10-10F/200		200					
RW11-10/100						1、2、3、5、	6.5
RW11-10F/100		100	6.6	0.15		6、8、10、12、	7
RW11-10W/100	10				100	15、25、30、	8.7
RW11-10/200						40、50、65、	6.8
RW11-10F/200		200	12.5	0.27		80、100、125	8.5
RW11-10W/200							9

二、跌落式熔断器的安装与操作技能

（1）跌落式熔断器安装时应使熔管与垂直线成 15°～30°夹角。

（2）跌落式熔断器各相间的安装距离不应小于 0.5m。

（3）跌落式熔断器下端的对地距离不宜小于 4.5m。

（4）对下方电气设备的水平距离不应小于 0.5m。

操作跌落式熔断器时，应有人监护，使用合格的绝缘棒和绝缘手套、穿绝缘靴，戴防护眼镜。

操作时动作要果断、准确而又不要用力过大、过猛。对 RW3-10型，拉闸时应往上顶鸭嘴；对 RW4-10 型，合闸时应将绝缘棒金属钩穿入操作环，令其绕轴向上转动到接近上静触头的地方，稍加停顿，看到上动触头确已对准上静触头，即果断而迅速地向斜上方推，使上动触头与上静触头接触良好，并被锁紧机构锁在这一位置，然后轻轻退出绝缘棒。

运行中如果触头接触处吱吱打火，大多是熔管的动触头与上静触头配合不合适、接触不好或锁紧机构有缺陷、受到强烈振动引起，应找出原因进行维修。

如果在合闸后熔管随即落下，原因是熔丝过紧，在合闸过程中熔丝断开。如果在运行中熔丝熔断，就应该查明原因后，再换上熔丝合闸。

第五节　避　雷　器

避雷器是防止雷电侵入波造成危害的保护设备，当雷电侵入波沿线路侵入时，避雷器能及时将雷电流导入大地中，防止电气设备遭受雷击。

一、阀型避雷器

1. 阀型避雷器的构造和工作原理

阀型避雷器主要有火花间隙和阀片电阻串联而成，封装在密封瓷套管内，连接在导线与大地之间，如图 9-8 所示。

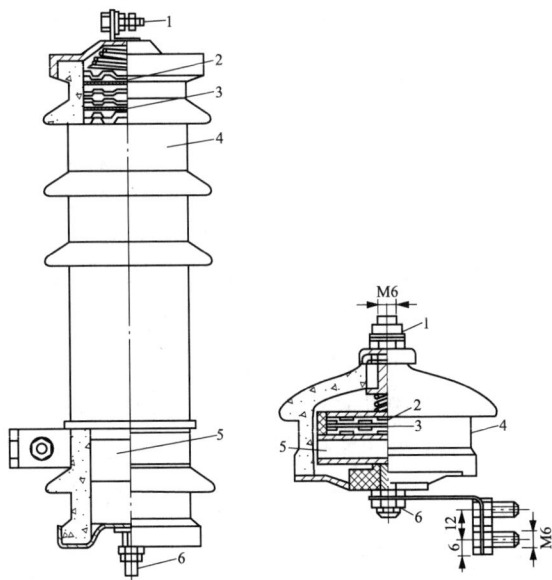

图 9-8　阀型避雷器的构造

（1）火花间隙：由多个单元间隙串联而成，每个间隙由两个冲压成的黄铜片电极，其间用 0.05～1mm 的云母垫圈隔开构成。每个单元间隙形成均匀的电场，在冲击电压作用下的伏秒特性平斜，能与被保护设备绝缘达到配合。在正常情况下，火花间隙使阀片电阻及黄铜片电极与电力系统隔开，而在受过电压击穿后半个周波（0.01s）内，能将工频续流电弧熄灭。

（2）阀片电阻：是由金刚砂和水玻璃等混合后在一定温度下烧结而成的、直径为 55～100mm 的圆饼，阀片的两面涂有铝粉，以使阀片之间接触良好，其侧面涂有无机绝缘涂料以防沿面闪络。阀片是多孔性的，容易受潮变质，故需装在密封的瓷套中。它具有良好的伏安特性，当雷电流通过阀片电阻时，其电阻甚小，产生的残压（火花间隙放电以后，雷电流通过阀片电阻泄入大地，在阀片电阻上产生的电压降）不会超过被保护设备的绝缘水平。当雷电流通过后，其电阻自动变大，将工频续流峰值限制在 80A 以下，以保证火花间隙可靠灭弧。

阀型避雷器的工作原理：阀片电阻是非线性元件，线路正常运行时呈高电阻，线路与大地隔绝；当线路出现雷电过电压时，火花间隙被击穿，此时，阀片呈低电阻，雷电流通过阀片电阻泄入大地，限制过电压幅值，从而起到了保护电气设备的作用。雷电过电压消失后，阀片电阻又迅速地变得很大，恢复到正常工频电流对地不导通的状态。它就像一个自动阀门，对工频电流和雷电流分别起着闭和开的作用，所以把它叫作阀型避雷器。

阀型避雷器的放电间隙，是由多个平板间隙串联组成的。避雷器的额定电压越高，其串联的间隙也越多。由于每个间隙所形成的电容，以及对地存在着杂散电容的影响，使得分布在每个间隙上的电压很不均匀，很不稳定，这样就影响了避雷器的特性。为了克服这一缺点，可在火花间隙上并联分路电阻。这样，在工频电压作用下，分路电阻中的电流比流过间隙中电容电流大，因此，电压分布主要取决于并联电阻值，从而使间隙上的电压分布得到改善。但在冲击电压作用下，由于频率很高，容抗变小，使间隙上电压分布又变得不均匀，使冲击放电电压降低。因此并联电阻的作用是既保证了一定的工频放电电压，又降低了冲击放电电压，使避雷器的保护性能得到改善。

阀型避雷器的型号主要有 FS 型、FZ 型和 FCD 型三种，型号中字母的含义是：F—阀型，S—线路，Z—站用，D—电机，C—磁吹。

2. 阀型避雷器安装前的检查

（1）避雷器瓷件表面有无裂纹、破损、脱釉和闪络痕迹。

(2) 避雷器的胶合及密封情况是否良好。

(3) 向不同方向摇动，内部应无响声。

(4) 避雷器的额定电压与线路或设备的电压是否相符。

(5) 产品试验是否合格，有无试验合格证。

3. 避雷器的安装

(1) 避雷器用作保护变电站的主变压器时，通常是安装在变电站的母线上。如果母线是分段运行，则每段母线都需安装一组避雷器。当用来保护配电变压器时，应尽量靠近被保护设备，一般不宜大于 5m。

(2) 安装在配电变压器台架上的避雷器，为了方便拆装，宜安装在跌落式熔断器的下端。

(3) 3～10kV 避雷器带电部分与相邻导线和金属构架的距离不应小于 0.35m，底座对地面的距离不应小于 2.5m。

(4) 避雷器的上下引线不应过紧或过松，截面积不应小于：铜线 16mm² (3～10kV) 或 4mm² (0.4kV)；铝线 25mm² (3～10kV) 或 6mm² (0.4kV)，引线不许有接头。避雷器的上下端引线都要压接牢固，保证接触良好。为了防止螺栓松动，最好用弹簧垫圈或双螺母，并用双垫片把引线夹在中间。引下线与接地极连接时应附杆而下。

(5) 安装前必须对避雷器进行工频交流耐压试验和直流泄漏试验以及绝缘电阻测定。绝缘电阻用 2500V 绝缘电阻表测量，绝缘电阻不应低于 2500MΩ。试验、测量不合格者，禁止使用。

4. 阀型避雷器的运行维护

(1) 每年雷雨季节前，应对阀型避雷器进行一次绝缘电阻测量。

(2) 避雷器投运后，应经常检查瓷套管是否完好，表面有无污染、裂纹或破损。

(3) 避雷器的上下引线连接是否松动。

(4) 每次雷雨过后，应检查避雷器有无闪络痕迹，引线和接地线有无烧损现象。

(5) 经常检查接地线是否接触良好。

二、管型避雷器

管型避雷器由产气管、内部间隙和外部间隙三部分组成，如图 9-9 所示。产气管可用纤维、有机玻璃或塑料制成，内部间隙装在产气管的内部，一个电极为棒型，另一个电极为环形。外部间隙装在管型避雷器与带电线路之间。正常情况下它将管型避雷器与带电线路绝缘起来。

管型避雷器的工作原理：当线路遭受雷击时，大气过电压使管型避雷器的外部间隙和内部间隙击穿，雷电流泄入大地。接着供电系统的工频续流在管子内部间隙处发生强烈的电弧，使管子内壁的材料燃烧，产生大量灭弧气体。由于管子容积很小，这些气体的压力很大，因而从管口喷出，强烈吹弧，在电流经

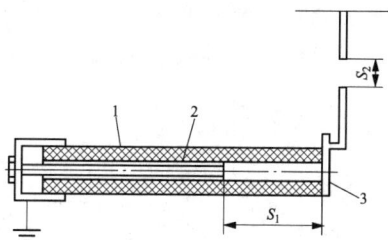

图 9-9　管型避雷器的构造
1—产气管；2—内部电极；3—外部电极；
S_1—内部间隙；S_2—外部间隙

过零值时，电弧熄灭。这时外部间隙的空气恢复了绝缘，使管型避雷器与系统隔离，恢复系统的正常运行。

由于管型避雷器放电时是依靠电力系统的短路电流在管内产生气体来消弧的，那么，如果电力系统的短路电流很大，产生的气体就很多，压力很大，这样就有可能使管型避雷器的管子爆炸；如果电力系统的短路电流很小，产生的气体就较少，这样就不能达到消弧的目的，并可能使管型避雷器因长期通过短路电流而烧毁。因此，为了保证管型避雷器可靠地工作，在选择管型避雷器时，其开断续流的上限，应不小于管型避雷器安装处短路电流最大有效值（考虑非周期分量）；开断续流的下限，应不大于管型避雷器安装处短路电流可能最小值（不考虑非周期分量）。

三、氧化锌避雷器

氧化锌避雷器由具有较好的非线性伏安特性的氧化锌电阻片组装而成，在正常工作电压下，具有极高的电阻而呈绝缘状态，在雷电过电压的作用下，则呈现低电阻状态，泄放雷电流，使与避雷器并联的电气设备的残压，被抑制在设备绝缘安全值以下，待有害的过电压消失后，迅速恢复高电阻而呈绝缘状态，从而有效地保护了电气设备的绝缘免受过电压的损害。

氧化锌避雷器与阀型避雷器相比具有动作迅速、通流容量大、残压低、无续流、结构简单、可靠性高、寿命长、维护简便、对大气过电压和操作过电压都起保护作用等优点。

在 10kV 系统中，氧化锌避雷器较多地并联在真空开关上，以便限制截流过电压。由于氧化锌避雷器长期并联在带电的母线上，必然会长期通过泄漏电流，使其发热，甚至导致爆炸。因此，有的工厂已经开始

生产带间隙的氧化锌避雷器，这样就可以有效地消除泄漏电流。

氧化锌避雷器及其安装如图 9-10 所示。

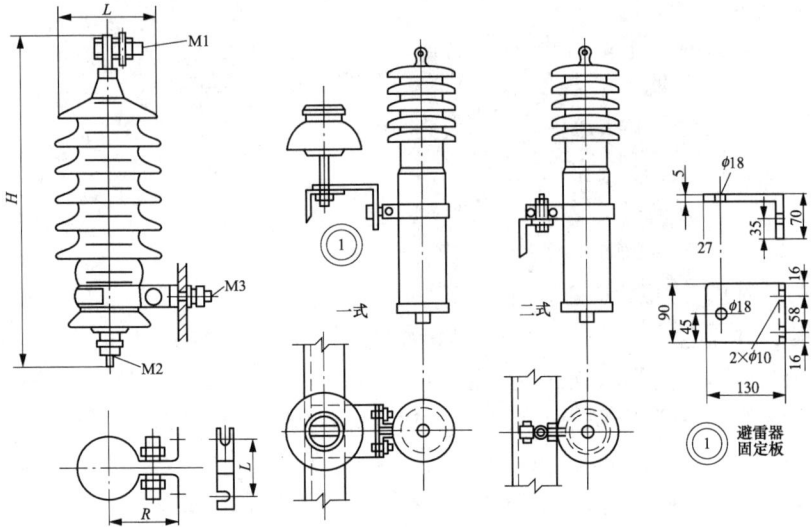

图 9-10　氧化锌避雷器及其安装

1. 氧化锌避雷器的技术参数（见表 9-9）

表 9-9　　　　　　　　　　氧化锌避雷器的技术参数

型号	系统额定电压（kV）	避雷器额定电压（kV）	避雷器持续运行电压（kV）	直流1mA 参考电压（kV）	标称放电电流下残压（kV）	持续运行电压下电流（μA）	用途
Y3W-0.28	0.22	0.28	0.24		1.3		配电线路
Y3W-0.5	0.38	0.50	0.42		1.2		
Y3W-0.5/2.3	0.38	0.5	0.42		2.3		变压器
Y5W-7.6/24	6.0	7.6	4.0		24		
Y5W-12.7/50	10	12.7	6.7		50		电容器
Y5W3-12.7/40	10	12.7	6.7		40		电缆头
Y5W4-12.7	10	12.7	6.7		40		
YH5WS-12.7/50	10	12.7	6.6	≥25	≤50	≤100	

注　表中数值均为有效值。

2. 氧化锌避雷器的使用条件

(1) 适用于户内或户外。

（2）环境温度不高于 45℃，不低于－40℃。

（3）海拔不超过 2000m（Y5C 型不超过 1000m），高原型不超过 3500m。

（4）交流系统的频率范围为 48～62Hz。

（5）最大风速为 35m/s。

（6）地震烈度为 8 度以下。

（7）引线拉力为 299N，35kV 以上产品为 490N。

第六节　高压电器的选择计算

一、高压电器选择计算

（1）按工作电压选择。高压电器的额定电压 U_e 应大于或等于所在电路的额定电压 U_{DLe}，即

$$U_e \geqslant U_{Dle} \tag{9-1}$$

（2）按工作电流选择。高压电器的额定电流 I_e 应大于或等于通过电器的计算电流 I_{js}，即

$$I_e \geqslant I_{js} \tag{9-2}$$

（3）短路的热稳定条件

$$I_t^2 t \geqslant I_\infty^2 t_j \tag{9-3}$$

式中：I_t 为热稳定电流，kA；I_∞ 为短路稳态电流，kA；t 为热稳定时间，s；t_j 为短路假想时间，s。

在无限大容量系统中，$t_j = t_d + 0.05$，当 t_d 大于 1s 时，取 $t_j = t_d$（t_d 为短路时间，s）。

（4）短路的动稳定条件。三相短路时电动力最大，校验电器元件的动稳定都采用三相短路冲击电流 $i_c^{(3)}$

$$i_{max} \geqslant i_c^{(3)} \tag{9-4}$$

（5）断路器的选择。高压断路器是电力系统中最重要的开关设备，它不仅应能安全地切合负载电流，而且更重要的是可靠而迅速地切断短路电流。

$$S_{dL} \geqslant S_d \tag{9-5}$$

（6）高压熔断器额定电流选择。熔断器的额定电流 I_e 应大于或等于其中装设的熔体额定电流 I_{rte}

$$I_e \geqslant I_{rte} \tag{9-6}$$

（7）高压熔断器熔体额定电流选择

1) 保护变压器的熔体选择。保护变压器的熔断器熔体额定电流 I_e 应躲过变压器允许的过负荷涌流（可达变压器额定一次电流 I_{1e} 的 $1.2\sim$ 1.3 倍）和励磁电流（可达 I_{1e} 的 $8\sim10$ 倍，但随后衰减），所以保护变压器的熔体额定电流一般按下式选择

$$I_e \geqslant (1.5\sim2)I_{1e} \qquad (9\text{-}7)$$

容量在 100kVA 及以下者，高压熔丝按变压器高压侧额定电流的 $2\sim3$ 倍选择，即

$$I_e = (2\sim3)I_{1e} \qquad (9\text{-}8)$$

高压熔丝的熔体通常是铜、银合金丝，其规格最小为 3A。当变压器容量在 20kVA 及以下时，其高压熔丝可选用 3A 的熔丝。

2) 保护高压线路的熔体选择。保护高压线路的熔断器熔体额定电流 I_e 应躲过线路可能出现的过负荷电流和尖峰电流，计算公式如下

$$I_e = (1.3\sim1.5)I_{js} \qquad (9\text{-}9)$$

3) 保护并联电容器的熔体选择。保护并联电容器的熔断器熔体额定电流 I_e 应躲过并联电容器的合闸涌流。按 GB 50227—2008《并联电容器装置设计规范》规定：I_e 不应小于电容器额定电流 I_{ce} 的 1.43 倍，且不宜大于 I_{ce} 的 1.55 倍，即

$$I_e = (1.43\sim1.55)I_{ce} \qquad (9\text{-}10)$$

4) 保护电压互感器的熔体选择。保护电压互感器的熔断器熔体额定电流取

$$I_e = 0.5A \qquad (9\text{-}11)$$

（8）保证电流互感器准确度的条件

$$P_{eTA} \geqslant I_{2e}^2 \left(\sum r + R + 0.1\right) \qquad (9\text{-}12)$$

式中：P_{eTA} 为电流互感器在某一准确度下的额定容量，W；I_{2e} 为电流互感器二次侧额定电流，A；$\sum r$ 为继电器和测量仪表电流线圈总电阻，Ω；R 为连接导线的电阻，Ω；0.1 为接触电阻，Ω。

（9）保证电压互感器准确度的条件

$$S_e \geqslant S_{fz} \qquad (9\text{-}13)$$

式中：S_e 为电压互感器的额定容量，VA；S_{fz} 为电压互感器二次侧连接负载所消耗的功率，VA。

在实际应用中，要注意将负载在电压互感器二次侧分配平衡，电压互感器和负载的连接导线的截面积不能小于 1.5mm^2。

低压电器及其计算

低压电器是指交流和直流电压在 500V 以下的电力线路中起保护、控制及调节作用的电气设备和元件。就其用途和所控制的对象可分为两类：

（1）配电电器。包括刀开关、转换开关、熔断器、自动开关和保护继电器等，用于低压配电系统，要求在系统发生故障时动作准确，工作可靠，有足够的热稳定性和动稳定性。

（2）控制电器。包括接触器、启动器、控制器、控制继电器、调压器、主令电器、电阻器（变阻器）、电磁铁等，主要用于电力传动系统，要求工作可靠、寿命长、体积小、质量轻。

低压电器的正确选用应注意：

（1）安全性。低压电气的选用应保证线路和用电设备的可靠运行，保障生产和生活的正常进行。

（2）经济性。经济性包括电器本身的经济价值和使用电器所产生的价值，前者要求选择合理、适用；后者要求在运行中必须可靠，不致因故障造成停产或损坏设备，危及人身安全而造成经济损失。

第一节 熔 断 器

熔断器是最简单的短路保护电器。熔断器是根据电流的热效应原理工作的。它的熔体采用低熔点的金属丝或金属片制成，串联接入被保护电路中，在正常情况下相当于导线，当发生短路或严重过载时，熔体产生过量的热而熔化，自动将电路断开，保护电路不致遭受大的损害，保证安全用电。

一、常用低压熔断器

1. RC1A 系列无填料瓷插式熔断器

RC1A 系列无填料瓷插式熔断器，俗称瓷插入保险，用于交流

50Hz、额定电压 380V、额定电流 200A 以下的低压电路中作短路保护和严重过载保护。RC1A 系列熔断器由瓷座、瓷插件、静触头、动触头和熔丝组成，其结构如图 10-1 所示。

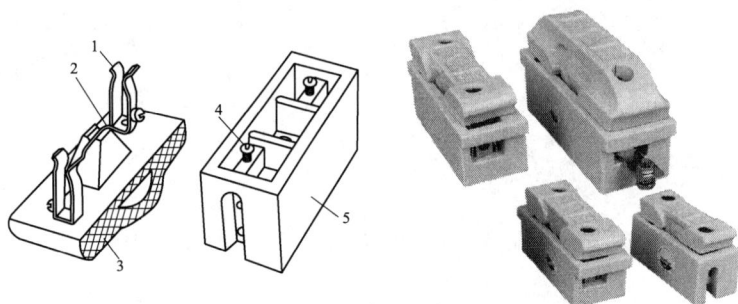

图 10-1　RC1A 系列熔断器

1—动触头；2—熔丝；3—瓷盖；4—静触头；5—瓷座

瓷插式熔断器的主要技术参数见表 10-1。

表 10-1　　　　　RC1A 系列无填料瓷插式熔断器的技术参数

熔断器额定电流（A）	熔体额定电流（A）	熔体材料	熔体直径或厚度（mm）	极限分断能力（A）	功率因数 $\cos\varphi$
5	1，2		0.52	250	
	3，5		0.71		
10	2	软铅丝	0.52	500	0.8
	4		0.82		
	8		1.08		
	10		1.25		
15	12，15		1.98		
30	20		0.61	1500	0.7
	25		0.71		
	30		0.8		
60	40	铜丝	0.92	3000	0.8
	50		1.07		
	60		1.2		
100	80		1.33		
	100		1.8		
200	120	变截面积冲制铜片	0.2		
	150		0.4		
	200		0.6		

2. RM10 系列无填料密封式熔断器

RM10 系列无填料密封式熔断器是一种可拆卸熔断器，当熔体熔断后，可将熔管拔出，拆开更换熔体。RM10 系列熔断器由熔管、熔体和插座组成，用于交流电压 500V 以下，直流电压 440V 以下的线路中，作为短路和连续过载保护之用，如图 10-2 所示，其技术参数见表 10-2。

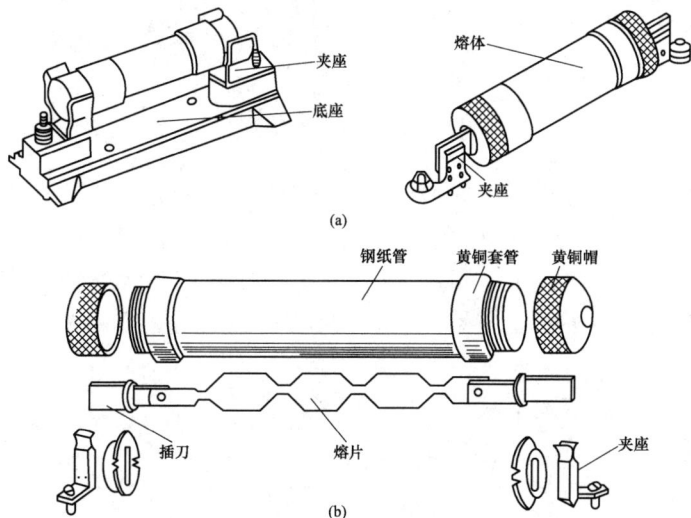

图 10-2　RM 系列熔断器

(a) 外形；(b) 结构

表 10-2　　　　　　　　　**RM10 系列熔断器技术参数**

产品型号	额定电压 （V）	额定电流 （A）	熔体电流（A）	极限分断能力 （A）
RM10-15		15	6、10、15	1200
RM10-60		60	15、20、25、35、45、60	1500
RM10-100	220	100	60、80、100	10000
RM10-200	380	200	100、125、160、200	10000
RM10-350	500	350	200、225、260、300、350	10000
RM10-600		600	350、430、500、600	12000
RM10-1000		1000	600、700、850、1000	12000

3. RL6 系列有填料螺旋式熔断器

RL6 系列螺旋式熔断器由底座、瓷帽、瓷套、熔芯、接线端子组成，适用于电压 500V 以下的电路，作短路和过载保护之用，如图 10-3 所示。

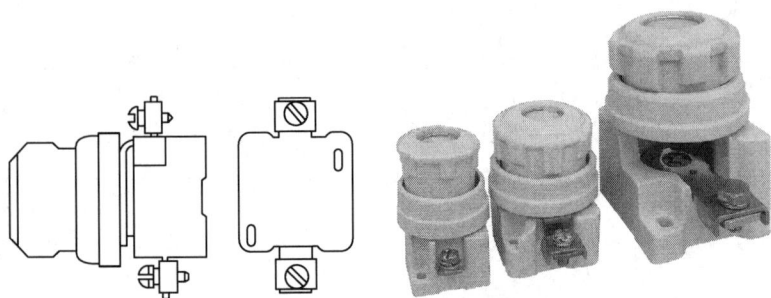

图 10-3　RL 系列熔断器

熔芯内装有熔丝、石英砂填料和熔断指示器（红色），当熔丝熔断后，指示器跳出，可以通过瓷帽的玻璃窗口观察到。石英砂导热性好、热容量大，填充在熔丝周围，能使电弧迅速熄灭。熔体熔断后应更换整个熔芯，因此为了安全，熔断器的电源进线应接在底座的中心接线端子上。

RL6 系列螺旋式熔断器的技术参数见表 10-3。

表 10-3　　　　　　　**RL6 系列螺旋式熔断器的技术参数**

型号	额定电压（V）	额定电流（A）		额定分断能力（A）	外形尺寸（宽×高×深）（mm）	用途
		熔断体支持性	熔断体			
RL6-25/2			2			
RL6-25/4			4			
RL6-25/6			6			
RL6-25/10		25	10		43×80×66	适用于交流50Hz、额定电压至500V、额定电流至200A 的配电电路，作短路或过载保护之用
RL6-25/16			16			
RL6-25/20	500		20	50		
RL6-25/25			25			
RL6-63/35			35			
RL6-63/50		63	50		54×82×89	
RL6-63/63			63			
RL6-100/80		100	80		75×115×121	
RL6-100/100			100			

4. RT0 系列有填料密封管式熔断器

RT0 系列有填料密封管式熔断器由底座和熔管两部分组成，熔管由熔体、熔断指示器、石英砂填料和触刀组成，熔体用紫铜片冲制而成。熔断器附有一只绝缘冲制手柄，可以在无负荷电流通过时带电更换熔管。其结构如图 10-4 所示，技术参数见表 10-4。

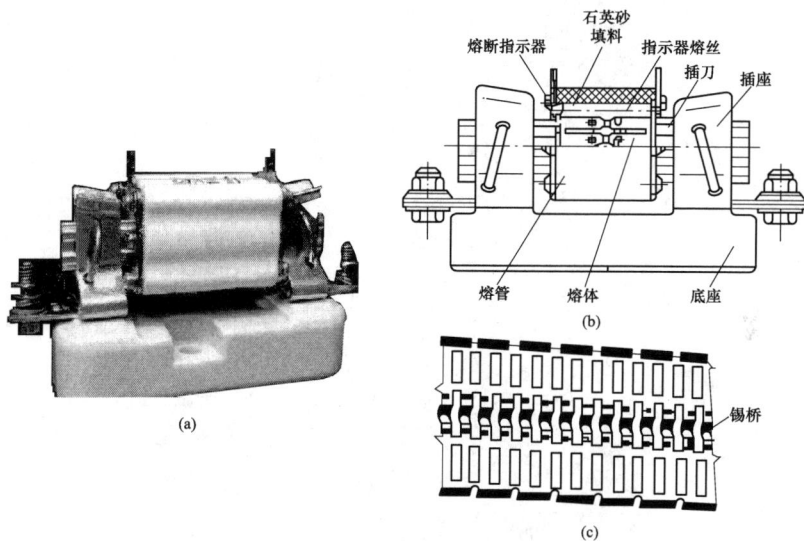

图 10-4　RT0 系列熔断器

表 10-4　　　　RT0 系列有填料密封管式熔断器的技术参数

型号	额定电压 (V)	额定电流 (A)	熔体额定电流 (A)	极限分断能力 (kA)	用途
RT0-100	交流 380 直流 400	100	30、40、50、60、80、100	交流 50 直流 25	适用于交流 50Hz、380V 的电力网，作短路或过载保护之用
RT0-200		200	80、100、120、150、200		
RT0-200		400	150、200、250、300、350、400		
RT0-400		600	350、400、450、500、550、600		

5. RT16 系列有填料密封管式熔断器

RT16 系列有填料密封管式熔断器是我国引进德国 AEG 公司制造技术生产的一种高分断能力熔断器（NT 系列），适用于 660V 及以下的电力网络和配电装置作短路和过载保护之用。

　　该系列熔断器由熔管、熔体、底座三部分组成。熔管为高强度陶瓷，内装优质石英砂。熔体采用优质材料，功耗小，性能稳定，两端装有刀型触头，更换熔管时应使用操作手柄进行操作，其结构如图 10-5 所示，技术参数见表 10-5。

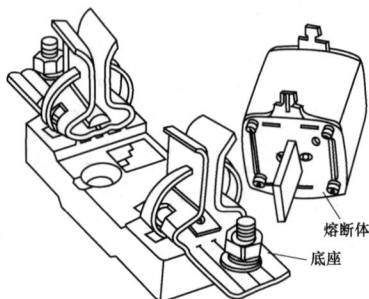

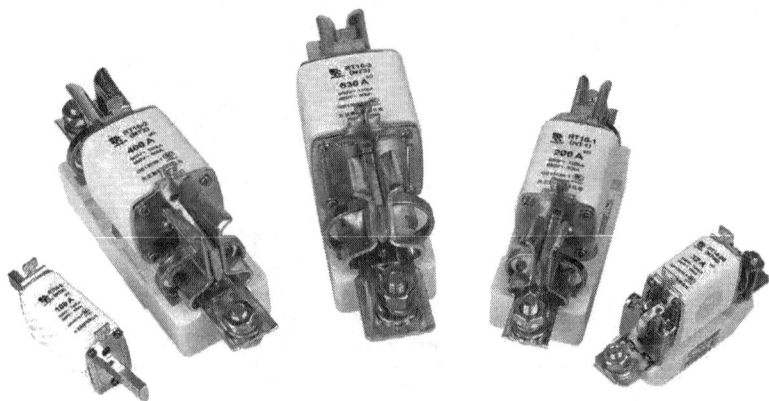

图 10-5　RT16 系列熔断器

表 10-5　　　　　　　　RT16 系列有填料密封管式熔断器

型号	额定电压 (V)	熔断器额定电流（A）	熔体额定电流（A）	额定分断能力（kA）	功率因数 $\cos\varphi$
RT16-100	500	160	4、6、10、16、20、25、32、36、40、50、63、80、100、125、160	120	0.1～0.2
	660			50	
RT16-160	500		6、10、16、20、25、32、40、50、63、80、100	120	
	660			50	
	500		125、160	120	
RT16-250	500	250	80、100、125、160、200	120	
	660			50	
	500		224、250	120	

型号	额定电压 (V)	熔断器额定电流 (A)	熔体额定电流 (A)	额定分断能力 (kA)	功率因数 $\cos\varphi$
RT16-400	500	400	125、160、200、224、250、300、315	120	0.1～0.2
	660			50	
	500		355、400	120	
RT16-630	500	630	315、355、400、425	120	
	660			50	
	500		500、630	120	
RT16-1000	380	1000	800、1000	120	

6. RS、RLS 系列快速熔断器

RS、RLS 系列快速熔断器分别是 RT0 和 RL1 系列的派生系列，外形与 RT0 和 RL1 系列基本相同，所不同的是熔体采用变截面积银片（含银量不少于 99.9%），以达到快速熔断的要求。快速熔断器主要用于半导体整流元件或装置的短路保护。由于半导体过载能力很低，只能在极短的时间内承受较大的电流，因此要求熔断器具有快速熔断的特性，这是普通熔断器不能替代的。

二、熔断器的安装和使用

（1）熔断器内所装熔体的额定电流应小于或等于熔断器的额定电流，而不能大于熔断器的额定电流。

（2）在配电线路中，要求前一级熔体的额定电流应比后一级熔体的额定电流大，以防止发生越级动作而扩大故障停电的范围。

（3）配电变压器低压侧熔体的额定电流按低压侧额定电流稍大一些选择。

（4）照明和电热设备线路熔体的额定电流，总熔体的额定电流应等于电能表额定电流的 0.9～1 倍；支路熔体的额定电流应等于支路上所有电气设备额定电流总和的 1～1.1 倍。

（5）交流电动机线路熔体的额定电流，对于单台鼠笼式异步电动机，熔体的额定电流应等于电动机额定电流的 1.5～2.5 倍；对于多台鼠笼式异步电动机，熔体的额定电流应等于其中功率最大的一台电动机的额定电流的 1.5～2.5 倍，再加上其余电动机的额定电流的总和。

（6）交流电焊机线路熔体的额定电流，可按下面方法进行估算：

对于 220V 的电焊机，熔体的额定电流应等于电焊机功率千伏安数的 6 倍；对 380V 的电焊机，熔体的额定电流应等于电焊机功率千伏安数的 4 倍。

（7）熔断器的最大分断能力应大于被保护线路或设备上的最大短路电流。

（8）安装时应保证熔体的触刀和刀座、连接导线与接线端子接触良好，以避免因接触不良、熔体温度升高发生误动作。

（9）安装熔丝时，熔丝应沿螺钉顺时针方向弯过来，压在垫圈下，要保证接触良好；同时应注意不能使熔丝受到机械损伤，以免减少熔丝的截面积而产生误动作。

（10）更换熔体时，一定要切断电源，将开关拉开，不要带电工作，以免发生触电。在一般情况下，不允许带电插、拔熔断器，因为熔断器的触刀和夹座没有灭弧装置，不能用来切断负荷电流。如因工作需要带电更换熔断器的熔体时，必须先断开负荷，再进行更换。

（11）螺旋式熔断器安装时，应将电源进线接在瓷底座的中心接线端子上，出线接在螺纹壳的接线端子上。

第二节 刀开关和转换开关

一、刀开关

刀开关是一种带有楔形刀刃触头、结构比较简单的、分合电路的电器，根据结构的不同，可用于不频繁地接通和分断额定电流以下的线路或设备，如小型电动机、照明设备等，也可以作为隔离开关，在低压配电系统隔离电源，在线路和设备检修时有明显的断开点，保证检修时的工作安全。

刀开关按极数分为单极、双极和三极三种，常用的是双极和三极；按操作方式分为手柄直接操作、杠杆—手操作、电动操作、气动操作四种类型；按合闸方向分为单投和双投两种；按结构不同分为开启式、封闭式、熔断器式、隔离开关等四种。

（一）开启式负荷开关

开启式负荷开关又称瓷底胶盖闸刀开关，简称闸刀开关，适用于 380V 及以下线路中，作为照明、电热等电路的控制开关使用，也可作为小型电动机的手动不频繁操作的直接启动及分断用。由于可以安装熔丝，又可兼作保护电器使用，如图 10-6 所示，其技术参数见表 10-6。

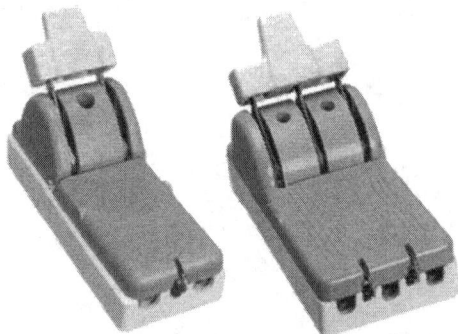

图 10-6　瓷底胶盖闸刀开关

表 10-6　　　　**HK1、HK2 型瓷底胶盖闸刀开关技术参数**

型号	额定电压（V）	额定电流（A）	控制电动机功率（kW）	极数
HK1	220	15	1.5	2
	220	30	3	
	220	60	4.5	
	380	15	2.2	3
	380	30	4	
	380	60	5.5	
HK2	250	10	1.1	2
	250	15	1.5	
	250	30	3	
	380	15	2.2	3
	380	30	4	
	380	60	5.5	

1. 开启式负荷开关的选择

（1）额定电压的选择。用于单相照明电路时，可选用额定电压为 250V 的二极开关；用于三相照明电路或电动机控制时，可选用额定电压为 380V 或 500V 的三极开关。

（2）额定电流的选择。用于照明电路时，其额定电流应大于或等于控制电路中各个负荷额定电流之和；若负载是电动机，开关的额定电流可取电动机额定电流的 3 倍。

2. 开启式负荷开关的安装和使用技能

（1）刀开关应垂直安装在控制箱或开关板上，其夹座应位于上方，不准倒装、横装、平装，在倒装、平装的情况下，可能由于刀架松动而造成误合闸。

（2）接线时电源的进、出线不能接反，否则，在更换熔丝时带电操作，易引发触电事故。

（3）合闸时要保证三相同步，各相触头接触良好，如果有一相接触不良，就可能造成电动机缺相运行而损坏。

（4）拉闸时动作要迅速，以减小电弧的影响，不允许面对着开关进行操作，避免电弧伤及面部。

（5）没有灭弧罩的刀开关不能分断负荷电流，只能作隔离开关使用。

（6）按产品说明书中规定的分断负荷能力使用，分断严重的过负荷将会引起持续燃弧，甚至造成相间短路，损坏开关。

（7）刀开关在使用中应经常检查导线接线端子和熔丝（体）的连接是否接触良好，发现接点过热应及时处理。

（8）更换熔体必须在开关断开的情况下进行，而且应换上与原熔体规格相同的新熔体，不允许随便加大熔体的规格。

（二）封闭式负荷开关

封闭式负荷开关俗称铁壳开关，它由刀开关、瓷插式（封闭管式）熔断器、灭弧装置、操动机构、钢板外壳等组成，操动机构有机械联锁装置，保证壳盖打开时不能合闸，而手柄处于闭合位置时，不能打开壳盖，以确保操作安全，避免发生触电事故。用于额定电压在 500V 以下，额定电流 200A 以下的电气装置和配电设备中作不频繁操作和短路保护，也可作异步电动机的不频繁直接启动及分断用，其结构如图 10-7 所示，技术参数见表 10-7。

1. 封闭式负荷开关的选择

（1）用于控制一般照明、电热电路时，开关的额定电流应等于或大于被控制电路中各负载额定电流之和。

（2）等用来控制电动机时，考虑到电动机全压启动电流为其额定电流的 4~7 倍，所以开关的额定电流应大于电动机额定电流的 2 倍。

2. 封闭式负荷开关的安装与使用技能

（1）封闭式负荷开关必须垂直安装在配电板上，安装的高度以操作和维修方便、安全为原则，一般安装在距地面 1.3~1.5m。

（2）配电板可固定在墙上或支架上，固定在墙上时，先将配电板用膨胀螺栓固定在墙上，然后再安装开关；固定在支架上时，应先将支架用膨胀螺栓固定在墙上，然后用螺栓将配电板固定在支架上，最后安装开关。

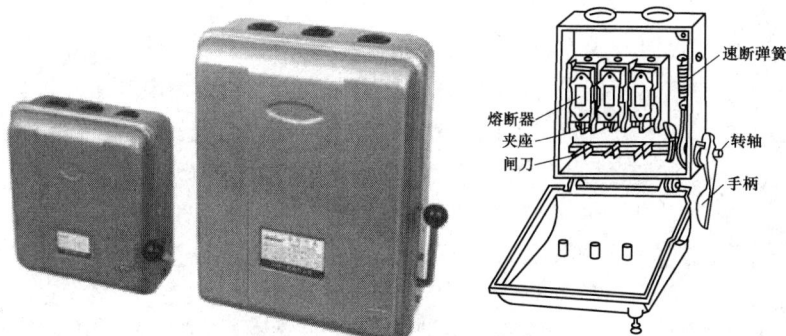

图 10-7　封闭式负荷开关的结构

表 10-7 HH3 系列铁壳开关技术参数

型号	额定电压（V）	额定电流（A）	极数	熔 体		
				额定电流（A）	熔体材料	熔体直径（mm）
HH3-15/2	250	15	2	6/10/15		0.26/0.35/0.48
HH3-15/3	440	15	3	6/10/15		0.26/0.35/0.48
HH3-30/2	250	30	2	20/25/30	紫铜丝	0.65/0.71/0.81
HH3-30/3	440	30	3	20/25/30		0.65/0.71/0.81
HH3-60/2	250	60	2	40/50/60		1.02/1.22/1.32
HH3-60/3	440	60	3	40/50/60		1.02/1.22/1.32
HH3-100/2	250	100	2	80/100	紫铜丝	1.62/1.81
HH3-100/3	440	100	3	80/100		1.62/1.81
HH3-200/2	250	200	2	200	紫铜片	
HH3-200/3	440	200	3	200		

（3）封闭式负荷开关的外壳必须可靠接地或接零，接地时，其接地电阻必须符合规程规定。

（4）电源线和负载线应穿过开关的进出线孔、开关的进出线孔应加装橡皮垫圈。电源线与负载线不能接反。

（5）操作封闭式负荷开关时应用左手操作，以使人面避开开关，防止故障伤人。

（6）封闭式负荷开关使用中应经常检查导线接线端子和熔丝（体）的连接是否接触良好，发现接点过热应及时处理。

（三）熔断器式刀开关

熔断器式刀开关是由刀开关和熔断器组合而成的开关电器，它同时具备刀开关和熔断器的基本功能。适用于交流 50Hz、电压 660V 以下，负荷电流 630A 以下的配电网络中，作为线路或电气设备的短路和过负荷保护，在正常情况下可不频繁地接通和分断电路。

1. 熔断器式刀开关的结构

熔断器式刀开关由 RT0（RT16）熔断器、静触头、操动机构和底座组成。RT0（RT16）熔断器（即刀开关的刀片）装有安全挡板和灭弧室，灭弧室是由酚醛纸板和钢板冲制的栅片铆合而成。熔断器固定在带有弹簧钩子锁板的绝缘梁上，在正常运行时，保证熔断器不脱扣，而当熔体因故障熔断后，只需按下钩子便可以方便地更换熔断器。其技术参数见表 10-8。

表 10-8　　　　　　　　　熔断器式刀开关的技术参数

型号	额定电压（V）	额定电流（A）	熔体额定电流（A）	隔离开关分断能力（A）		熔断器极限分断能力（A）	
				AC380	DC440	AC380	DC440
100	AC380 DC440	100	30/40/50/60/80/100	100	100	50	25
200		200	80/100/120/150/200	200	200	50	25
400		400	150/200/250/350/400	400	400	50	25
600		600	350/400/450/500/550/600	600	600	50	25
1000		1000	700/800/900/1000	1000	1000	25	25

2. 熔断器式刀开关的安装与使用

（1）熔断器式刀开关应垂直安装在配电板上，安装时应保证触刀（RT0 系列或 RT16 系列熔断器的触刀作为刀开关的触刀）与刀座合闸时接触良好。

（2）熔断器式刀开关的进出引线与接线端子的连接应牢固，选用导线的截面积应符合设计要求。

（3）熔断器式刀开关在运行中，应经常检查导线与接线端子以及触刀与刀座的连接情况，发现过热现象及时处理。

（四）隔离刀开关

隔离刀开关广泛应用在 500V 及以下的低压配电装置中，作不频繁接通和分断电路之用。

普通的刀开关没有灭弧装置，不可以带负荷操作，起隔离电压的作用，有明显的绝缘断开点，以保证检修人员的安全。它和低压断路器或接触器配合使用，在低压断路器或接触器切断电路后才能操作刀开关。装有灭弧罩或者在动触刀上装有辅助速断触刀（起灭弧作用）的刀开关，可以切断不大于额定电流的负荷。

常用的隔离刀开关有 HD 系列单投刀开关和 HS 系列双投刀开关，其外形如图 10-8 所示。低压隔离开关的主要技术参数见表 10-9。

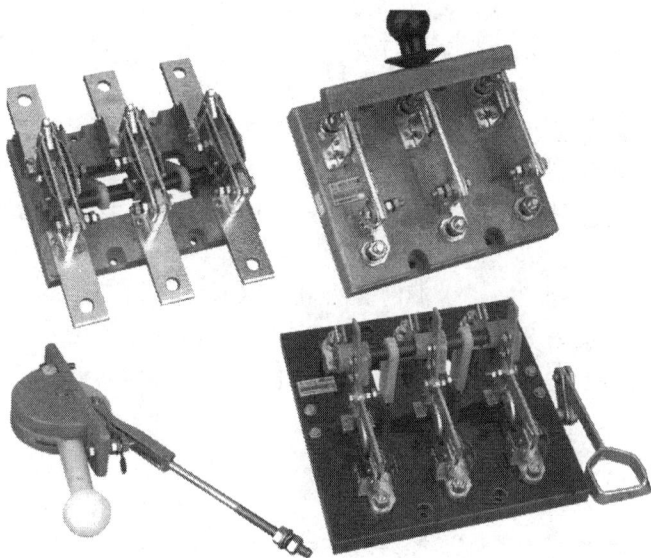

图 10-8　隔离刀开关

表 10-9　　　　　　　　　低压隔离开关的主要技术参数

额定电流 （A）	分断能力（A）		交流 380V 和 60% 额定 电流时的电 气寿命（次）	电动稳定性电流 峰值（kA）		热稳定电流 （kA）
	交流 380V $\cos\varphi=0.7$	直流 220V $T=0.01$		中央手柄式	杠杆操作式	
200	200	200	1000	20	30	10
400	400	400	1000	30	40	20
600	600	600	500	40	50	25
1000	1000	1000	500	50	60	30
1500					80	40

1. 隔离刀开关的选择

（1）结构形式的选择。根据其在线路中的作用和在成套配电装置中的安装位置来确定刀开关的结构形式。如仅用来隔离电源，可选用无灭弧装置的刀开关，如果用来分合负荷电流，则应选用有灭弧装置的刀开关。另外还应根据是正面操作还是侧面操作，是直接操作还是杠杆操作，是板前接线还是板后接线等来选择刀开关的结构形式。

（2）额定电流的选择。刀开关的额定电流应大于所控制线路负载额定电流的总和，一般取电路中最大负荷电流的 1.5 倍比较合适。

2. 隔离刀开关的安装与使用技能

（1）刀开关应垂直安装在开关板或配电屏构架上，静刀夹应位于上方。

（2）导线与接线端子的连接应牢固可靠。

（3）严格按照产品说明书规定的分断能力分合负载，无灭弧装置的刀开关不允许分合负荷电流，否则易产生电弧，使开关寿命缩短或烧坏开关，严重的还会造成电源短路。

（4）刀开关用于隔离电源时，合闸顺序是先合刀开关，再合断路器或其他负荷开关，分闸时顺序相反。

（5）刀开关在合闸时，应保证三相触刀同时合闸，而且要接触良好。

（6）刀开关在运行中，应经常检查导线与接线端子以及触刀与刀座的连接情况，发现连接松动要及时处理。

（7）检查绝缘连杆、底座等绝缘部件有无烧伤和放电现象。

（8）检查开关操动机构动作是否灵活，各部件是否完好。

二、转换开关

转换开关是一种手动控制电器，广泛应用于分合电路、转换电源、控制小容量电动机的正反转、测量电压和电流等，它可使控制回路或测量线路简化，并避免操作上的迟误和差错。

转换开关从本质上说是刀开关的一种，区别在于刀开关的操作是上下的平面动作，而转换开关的操作是左右旋转的平面动作。转换开关体积小、结构简单紧凑、操作安全可靠。还能按照线路的一定要求组成不同接法的开关，以适应不同电路的需要。

（一）常用转换开关类型

1. HZ10 系列

HZ10 系列转换开关适用于交流 50Hz、电压 380V 及以下，直流电压 220V 及以下的电气线路中，作为分合电路、转换电源、控制小容量电动机的正反转、调节电热装置等，但不易频繁操作。HZ10-10/3 转换开关的原理和结构如图 10-9 所示。

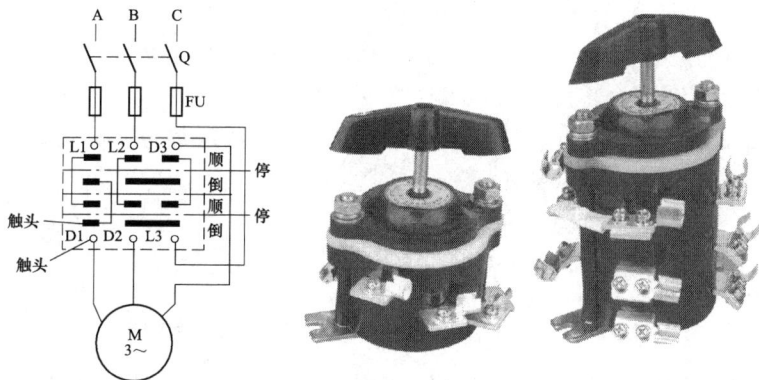

图 10-9　HZ10-10/3 转换开关的原理和结构

2. HY3 系列

HY3 系列转换开关是一种常用的结构简单、操作方便、价格低廉的手动转换开关，适用于额定电压 380V 电路的分合和小容量电动机的启动、控制。HY3 系列采用手柄操作，使动触片作 45°—0°—45° 的转动，控制电动机的正反转运转和停止，因此又称它为倒顺开关，其结构如图 10-10 所示。

图 10-10　HY3-10 转换开关结构

（二）转换开关的选择与安装使用

1. 转换开关的选择

应根据电源种类、电压等级、极数、负载的容量、所要求的功能等选用。用于直接控制电动机的转换开关的额定电流，应大于电动机额定电流的 1.5～2.5 倍。

2. 转换开关的安装使用

（1）HZ10 系列转换开关应安装在控制箱内，其操作手柄应伸出控制箱的前面或侧面，安装时应注意手柄在水平位置时为断开状态。

（2）HZ3 系列转换开关应安装在配电板上。

（3）转换开关的进出线与接线端子以及动、静触片应接触良好。

（4）转换开关的金属外壳必须可靠接地。

（5）转换开关在运行中，应经常检查导线与接线端子以及动、静触片的连接是否良好，有无松动起热现象，发现问题及时处理。

第三节 自动空气断路器和漏电断路器

自动空气断路器又称自动空气开关、自动开关，是低压开关中性能最完善的开关，它不仅可以切断电路中的负荷电流，而且可以断开短路电流，是低压大功率电路中的主要控制电器，如低压配电站或配电变压器低压侧的总开关以及电动机的控制等。当电路发生短路、过负荷、电压降低或电路失电压时，自动空气断路器都能自动切断电路，是低压电网中重要的控制、保护电器，但不能用于操作频繁的电路。

自动空气断路器按结构的形式可分为塑料外壳式（装置式，型号为 DZ）和框架式（万能式，型号为 DW）两类。按分断时间分类，有一般型和快速型两种。

一、塑料外壳式（装置式）自动空气断路器

塑料外壳式自动空气断路器所有部件都安装在一个塑料外壳内，没有裸露的带电部分，提高了使用的安全性。常用的小容量（50A 以下）自动空气断路器采用非储能式闭合，手动操作；大容量断路器的操动机构采用储能式闭合，可以手动操作，也可以由电动机操作。电动机操作可实现远方遥控操作。额定电流一般为 6～630A，目前已有额定电流为 800～3000A 的大型塑料外壳式自动空气断路器。极数有单极、二极、三极和四极。

塑料外壳式自动空气断路器适用于配电馈线控制和保护，小型配电变压器的低压侧出线总开关，动力配电终端的控制和保护及住宅配电终端的控制和保护，也可用于各种电气设备的电源开关。

1. DZ20 系列塑料外壳式自动空气断路器

DZ20 系列断路器是全国统一设计的系列产品，适用于额定电压 500V 及以下、额定电流 1250A 以下的电路中，作为配电、线路及电源设备的短路、过载及欠电压保护；额定电流 200A 及以下的断路器也可作为电动机的短路、过载和欠电压保护。在正常情况下断路器可作为线路及电动机的不频繁操作之用。

DZ20 系列断路器主要由触头系统、灭弧系统、脱扣器、操动机构和塑料外壳五部分组成，其结构如图 10-11 所示。

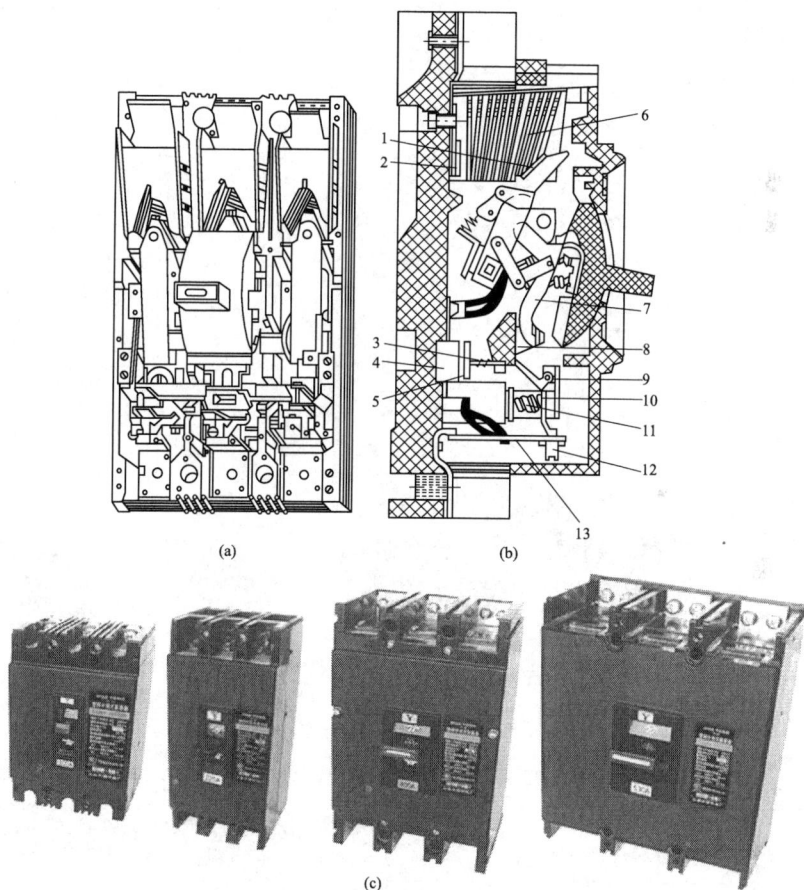

图 10-11　DZ20 系列塑壳式自动空气断路器的结构

(a) 外形图；(b) 剖面图；(c) 结构

1—动触头；2—静触头；3—搭钩；4—铁芯；5—衔铁；6—灭弧罩；7—主杠杆；
8—主轴；9—轴；10—杠杆；11—弹簧；12—调节螺栓；13—双金属片

DZ20 系列断路器主要技术参数，见表 10-10。

表 10-10　DZ20 系列断路器主要技术参数

型号	脱扣器额定电流 I_n(A)	壳架等级额定电流 (A)	瞬时脱扣整定值 (A)		交流短路极限通断能力 (kA)	电寿命 (次)	机械寿命 (次)
			配电用	电动机用			
DZ20C-160	16、20、32、40、50、63、80、100（C：125、160）	160			12	4000	400
DZ20Y-100		100	$10I_N$	$12I_N$	18		
DZ20J-100					35		
DZ20G-100					100		
DZ20C-250	100、125、160、180、200、225（C：250）	250	$5I_N$	$8I_N$	15	2000	6000
DZ20Y-200		200	$10I_N$	$12I_N$	25		
DZ20J-200					42		
DZ20G-200					100		
DZ20C-400	200、250、315、350、400（C：100、125、160、180）		$10I_N$	$12I_N$	15	1000	4000
DZ20Y-400		400	$5I_N$	—	30		
DZ20J-400			$10I_N$		42		
DZ20C-630	400、500、630		$5I_N$		20	1000	4000
DZ20Y-630	250、315、350、400、500、630	630	$10I_N$		30		
DZ20J 630					42		
DZ20Y-1250	1250	1250	$4I_N$、$7I_N$		50	500	2500

2. DZ15 系列塑料外壳式自动空气断路器

DZ15 系列断路器是全国统一设计的系列产品，适用于额定电压 500V 及以下，额定电流 100A 以下的电路中，作为配电线路、电动机和照明线路的短路及过载保护，也可作为线路和电动机的不频繁操作之用。其外形与 DZ20 系列塑料外壳式自动空气断路器类似。

DZ15 系列断路器主要技术参数，见表 10-11。

表 10-11　DZ15 系列断路器主要技术参数

型号	额定电流 (A)	极数	脱扣器额定电流 I_N(A)	额定短路通断能力 (A)	电寿命 (次)
DZ15-40/190 DZ15-40/290 DZ15-40/390 DZ15-40/490	40	1、2、3、4	6、10、16、20、25、32、40	3000	15000

型号	额定电流(A)	极数	脱扣器额定电流 I_N(A)	额定短路通断能力(A)	电寿命(次)
DZ15-63/190 DZ15-63/290 DZ15-63/390 DZ15-63/490	63	1、2、3、4	10、16、20、25、32、40、50、63	5000	10000
DZ15-100/390 DZ15-100/490	100	3、4	80、100	6000	10000

3. DZ47 系列塑料外壳式自动空气断路器

DZ47 系列断路器是高分断小型塑壳断路器，适用于交流 50Hz、额定电压 500V 及以下的电路中，作为照明配电系统或电动机的短路和过载保护，同时也可以在正常情况下不频繁地分合电器装置和照明线路。该系列断路器外形美观小巧、质量轻、性能优良可靠、分断能力较高、脱扣迅速、导轨安装、壳体采用高阻燃耐冲击塑料，使用寿命长。有单极、二极、三极和四极，如图 10-12 所示。

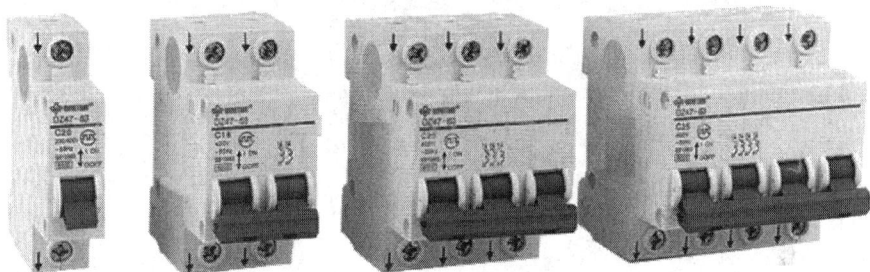

图 10-12 DZ47 系列高分断小型塑壳断路器

DZ47 系列断路器主要技术参数，见表 10-12。

表 10-12　　　　　　　DZ47 系列断路器主要技术参数

型号	额定电流(A)	极数	额定极限短路分断能力		瞬时脱扣器脱扣电流范围
			分断电流(kA)	功率因数	
DZ47-63	6、10、16、20、25、32、40	1、2、3、4	6000	0.65~0.7	$5I_n$~$10I_n$
	50、63		4500	0.75~0.8	
DZ47-100	32、50、63、80、100	1、2、3、4	10000	0.45~0.5	$5I_n$~$10I_n$

4. DZ20L 系列漏电断路器

漏电断路器除具有一般断路器的保护功能外，还兼有漏电和触电保护功能。DZ20L 系列漏电断路器适用于交流 50Hz、电压 380V、额定电流 600A 及以下的电路中，作为人身触电保护之用；也可用来防止设备绝缘损坏，产生接地故障电流而引起的火灾危险。并可用来对线路和设备的短路、过载和欠电压保护。结构如图 10-13 所示。

图 10-13　DZ20L 系列漏电断路器

我国生产的漏电断路器分为两种，额定漏电动作电流在 10～50mA 可以保护人身，额定漏电动作电流在 100～500mA 可作为接地电流的绝缘保护。

（1）DZ20L 系列漏电断路器结构和工作原理。DZ20L 系列漏电断路器系电流动作型电子式漏电断路器，主要由零序电流互感器、电子组件板、漏电脱扣器及具有短路和过载保护的电器元件组成，全部零件安装在一个塑料外壳中，当被保护线路中有漏电或人身触电时，只要漏电电流达到额定漏电动作电流值，零序电流互感器的二次绕组就输出一个信号，该信号经电子电路放大，通过漏电脱扣器动作在 0.1s 内切断电源，从而起到漏电和触电保护作用。

（2）DZ20L 系列漏电断路器安装与使用。

1）漏电断路器的额定频率、额定电压、额定电流应与被保护设备一致，额定漏电动作电流应满足线路及设备的保护要求。

2）漏电断路器在出厂前各项保护特性均已严格整定，禁止打开外壳随意调整，以免影响保护性能。

3）漏电断路器必须按规定接线，1、3、5 接电源，2、4、6 接负载，N 接中性线。安装四极漏电断路器必须接好电源端的中性线 N 和相线 5；安装三极漏电断路器必须接好电源端的相线 1 和相线 5，漏电断路器才能正常工作。

4）漏电断路器在出厂时，操作手柄处于自由脱扣位置（中间位置），如要分合闸，应先将操作手柄向下扳动至"分"的位置，使操动机构"再扣"后，才能进行分合闸操作。

5）漏电断路器安装后，应按"试验按钮"检查断路器是否跳闸；以后在使用中，至少每个月按"试验按钮"一次，以检查漏电断路器的可靠性。若按下"试验按钮"漏电断路器不动作，则表示漏电保护功能已失去，应更换漏电断路器或拆下送制造厂修理。

6）漏电断路器自动跳闸后，必须查明原因，排除故障后方可合闸送电。

5. DZ47LE 系列漏电断路器

DZ47LE 系列漏电断路器适用于交流 50Hz（或 60Hz）、额定电压为单相 220V、三相 220/380V 及以下、额定电流至 50A 的线路中，作漏电保护之用。当有人触电或电路漏电电流超过整定值时，漏电断路器能在 0.1s 内自动切断电源，保障人身安全，防止设备因发生泄漏电流造成的事故。漏电断路器具有短路和过载保护功能，也可在正常情况下作线路的不频繁操作。

该系列漏电断路器采用导轨安装，方便快捷，是手持移动电器和住宅插座回路必须装设的开关电器。极数有单极、二极、三极和四极四种形式。结构如图 10-14 所示。

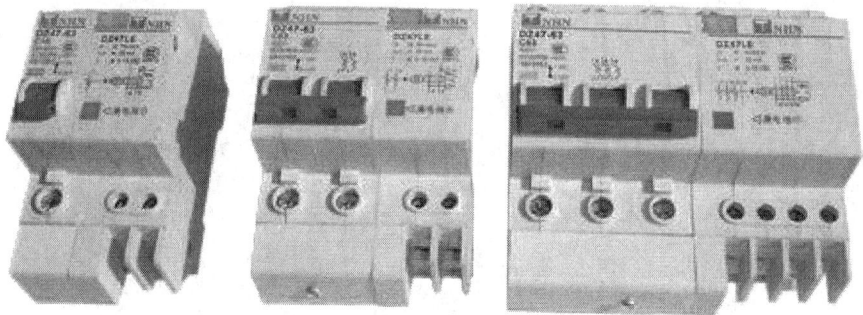

图 10-14　DZ47LE 系列漏电断路器

二、框架式（万能式）自动空气断路器

框架式自动空气断路器（型号为 DW）容量较大，可装设多种脱扣器，辅助触点的数量也多，不同的脱扣器组合可形成不同的保护特性，所以可作为选择性、非选择性或具有反时限动作特性的电动机保护。通过辅助触点可实现远方遥控和智能化控制。其额定电流为 630～5000A，一般用于配电变压器低压侧出线总开关、母线联络开关、大容量馈线开关或大型电动机控制开关。

1. DW16 系列框架式自动空气断路器

DW16 系列断路器为交流 50Hz，额定电压 400/690V，额定电流 100～4000A，主要用于低压配电系统中，用来分配电能，保护线路和电源设备的短路、过载和欠电压。额定电流 100～630A 的断路器还可以用来保护电动机的短路、过载和欠电压。额定电流 160～360A 的断路器，也可作为配电变压器中性点直接接地的 TN 系统中单相金属性对地短路保护。在正常情况下，还可用于线路的不频繁操作。其外形和结构如图 10-15 所示。

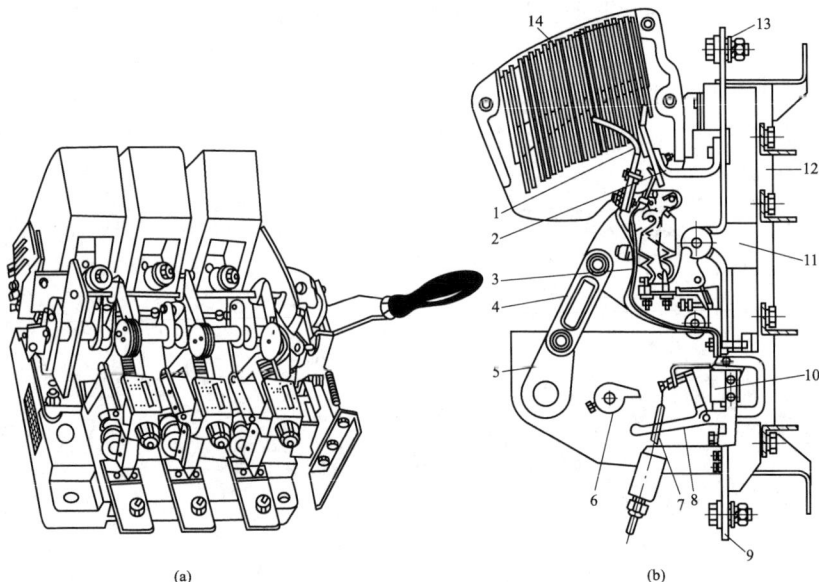

(a)　　　　　　　　　(b)

图 10-15　DW16 系列自动空气断路器（一）

(a) 外形；(b) 结构

1—灭弧触点；2—辅助触点；3—软连接线；4—连扳；5—驱动板；6—脱扣用凸轮；
7—整定过电流脱扣器用弹簧；8—过电流脱扣器打击杆；9—下导电板；
10—过电流脱扣器铁芯；11—主触点；12—框架；13—上导电板；14—灭弧室

图 10-15　DW16 系列自动空气断路器（二）

（c）实物

2.DW15 系列框架式自动空气断路器

DW15 系列断路器适用于额定电压 1140V 及以下，额定电流 4000A 及以下的配电系统及额定电压 380V 的电动机作为短路、过载和欠电压保护，在正常工作条件下作为线路和电动机不频繁操作之用。DW15 系列断路器的技术参数，见表 10-13。

表 10-13　　　　　　　DW15 系列断路器的技术参数

型号	壳架等级额定电流（A）	可选定额定电流 I_n(A)	额定通断能力（kA）	保护功能		操作方法	
				过负荷	短路	手动	电动
DW15-200	200	100、160、200	200/50	√	√	√	电磁铁
DW15-400	400	200、315、400	250/88	√	√	√	电磁铁
DW15-630	630	315、400、630	300/125	√	√	√	电磁铁
DW15-1000	1000	630、800、1000	400/300	√	√	√	电动

注　额定通断能力一栏分子为瞬时通断能力，分母为延时通断能力

三、自动空气断路器的选择

（1）根据负荷的性质与用途，对照产品技术参数，选择一定形式和

277

极数的空气断路器。额定电流在 600A 以下，且短路电流不大时，可选用塑料外壳式断路器；额定电流较大，短路电流也较大时，应选用框架式自动空气断路器。

（2）作为配电变压器低压侧总开关的断路器，应具有长延时和瞬时动作的性能。瞬时脱扣器的动作电流，一般为变压器低压侧额定电流的 $6\sim10$ 倍；长延时脱扣器的动作电流可根据变压器低压侧允许的过负荷电流确定。

（3）出线回路空气断路器脱扣器的动作电流应比上一级脱扣器的动作电流至少低一个级差。瞬时脱扣器，应躲过回路中短时出现的尖峰负荷。

对于综合性负荷回路

$$I_{ZD} \geqslant K_Z(I_{MQ} + \sum I_M - I_{MH})$$

对于照明回路

$$I_{ZD} \geqslant K_{ZM} \sum I_M$$

式中：I_{ZD} 为瞬时脱扣器动作电流，A；K_Z 为可靠系数，取 1.2；I_{MQ} 为回路中最大一台电动机的启动电流，A；$\sum I_M$ 为回路正常最大负荷电流，A；I_{MH} 为回路中最大一台电动机的额定电流，A；K_{ZM} 为照明计算系数，取 6。

长延时脱扣器的动作电流，可按回路的最大负荷电流的 1.1 倍确定。

（4）选用原则：

1）断路器额定电流≥负载工作电流。

2）断路器额定电压≥电源和负载的额定电压。

3）断路器脱扣器额定电流≥负载工作电流。

4）断路器极限通断能力≥电路最大短路电流。

5）线路末端单相对地短路电流/断路器瞬时（或短路时）脱扣器整定电流≥1.25。

6）断路器欠电压脱扣器额定电压与线路额定电压应相等。

四、自动空气断路器的安装与使用技能

（1）自动空气断路器应垂直安装在配电板上，电源进线必须接在断路器灭弧室侧的接线端子上。为保证检修安全，应在断路器上方串接有明显断开点的刀开关或熔断器。

（2）带操作手柄的断路器安装后应先手动试操作几次，试操作时应按住欠电压脱扣器，以免断路器空操作（空操作易损坏断路器的零部件）。

（3）安装时应按产品说明书的规定在灭弧罩上部留有一定的飞弧空间，以防止发生飞弧。对于塑料外壳式自动空气断路器，有时还需要在进线端的各相间加装隔弧板（将绝缘板插入绝缘外壳上的燕尾槽中）。

（4）自动空气断路器的进出导线的截面积，应与其所控制的负荷电流相匹配。

（5）有的塑料外壳式自动空气断路器（如 DZ10 系列），安装时需要打开盖子，注意不要旋动断路器内部的调整螺栓，以免影响脱扣器的动作特性而发生误动作。

（6）采用双金属片脱扣器的自动空气断路器，因过负荷而分断后，不得立即再合闸，一般需要冷却 $1\sim3min$，等双金属片复位后才能再合闸。

（7）空气断路器灭弧室在短路分断或较长时间运行后，应检查、消除灭弧室内壁和灭弧栅上的黑烟和金属颗粒，并检查触头的接触情况，发现烧毛、磨损时，应及时修整。

（8）经常检查导线与接线端子的连接情况，有无异常发热现象，发现异常情况及时处理。

（9）断路器的操动机构应灵活、可靠，无卡滞现象。

五、自动空气断路器常见故障与处理

自动空气断路器常见故障与处理方法见表 10-14。

表 10-14　　　　自动空气断路器常见故障与处理方法

故障现象	故障原因	处理方法
手动操作断路器不能合闸	1）欠电压脱扣器无电源或线圈损坏； 2）储能弹簧变形，导致闭合力减小； 3）反作用弹簧力过大； 4）机构不能复位再扣	1）检查线路电压或更换线圈； 2）更换储能弹簧； 3）重新调整反作用弹簧力； 4）调整再扣面至规定值
电动操作断路器不能合闸	1）操作电源电压不符； 2）操作电源容量不够； 3）电磁铁拉杆行程不够； 4）电动机操动机构定位开关移位； 5）控制器中整流管或电容损坏	1）调换操作电源； 2）增大操作电源容量； 3）重新调整或更换拉杆； 4）重新调整定位开关； 5）更换整流管或电容
有一相触头不能闭合	1）断路器的一相连杆断裂； 2）断路器限流断开机构中可拆连杆之间的角度变大	1）更换连杆； 2）调整至技术要求规定值

故障现象	故障原因	处理方法
启动电动机时立即跳闸	1) 过电流脱扣器瞬动整定值过小; 2) 脱扣器某些零件（如半导体元件、橡皮膜等）损坏; 3) 脱扣器的反力弹簧断裂或脱落	1) 调大瞬动整定值; 2) 更换脱扣器或更换损坏的元器件; 3) 更换弹簧或重新装好
断路器合闸后经一段时间自动跳闸	1) 过电流脱扣器长延时整定值不对; 2) 热元件或半导体延时电路元件性能变化	1) 重新调整整定值; 2) 更换元件
分励脱扣器不能使断路器分断	1) 电源电压过低; 2) 线圈短路; 3) 脱扣轴搭扣处接触面太大	1) 调整电源电压; 2) 更换线圈; 3) 重新调整接触面
带半导体脱扣器的断路器误动作	1) 半导体脱扣器元件损坏; 2) 外界电磁场干扰（如附近有大型电磁铁、电焊等）	1) 更换损坏的元件; 2) 消除外界干扰
欠电压脱扣器不能使断路器分断	1) 反力弹簧弹力变小; 2) 储能弹簧弹力变小或断裂; 3) 机构卡死（如生锈）	1) 调整反力弹簧; 2) 调整或更换储能弹簧; 3) 修整卡死部位
欠电压脱扣器有噪声	1) 反力弹簧弹力太大; 2) 铁芯工作面脏污或生锈; 3) 短路环断裂	1) 调整反力弹簧; 2) 清理铁芯工作面; 3) 更换铁芯或衔铁
断路器温升过高	1) 触头压力过低; 2) 触头表面磨损严重; 3) 触头接触不良或表面脏污; 4) 导电零件间的连接螺钉松动	1) 调整触头压力或更换触头弹簧; 2) 更换触头; 3) 调整触头，清除脏污; 4) 紧固螺钉
漏电断路器不能闭合	1) 操动机构损坏; 2) 线路或设备某处漏电	1) 更换断路器或送制造厂修理; 2) 查找、排除漏电故障
漏电断路器经常自行分断	1) 漏电动作电流处于临界状态; 2) 线路或设备有不稳定漏电	1) 送制造厂重新校验; 2) 查找、排除漏电故障
辅助开关不通	1) 动触头卡死或脱落; 2) 传动杆断裂或滚轮脱落	1) 拨正或重新装好触桥; 2) 更换传动杆、装好滚轮

第四节 交流接触器

接触器是一种自动化的控制电器，主要用于接通或分断交、直流电路。具有控制容量大，可远距离操作，配合继电器可以实现定时控制、联锁控制、各种定量控制及失电压和欠电压保护，广泛应用于自动控制电路，其主要控制对象是电动机，也可用于控制其他电力负载如电热器、电焊机、电容器和照明等。

接触器按被控电流的种类可分为交流接触器和直流接触器。交流接触器按控制方式可分为电磁式和真空式两种，电磁式交流接触器型号为CJ，真空式交流接触器型号为CK。

一、电磁式交流接触器

电磁式交流接触器由电磁线圈，"山"形静、动铁芯，三副动合主触头，二副动合辅助触头和二副动断辅助触头，灭弧罩等主要部分组成。常用的电磁式交流接触器有CJ10系列和CJ20系列，其中CJ20系列接触器的外形和动作原理如图10-16所示。

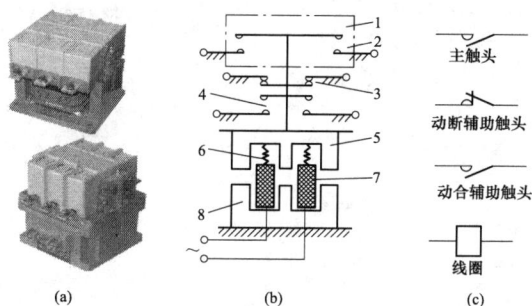

图 10-16　CJ20 系列交流接触器
（a）外形；（b）动作原理；（c）图形符号
1—灭弧罩；2—主触头；3—动断辅助触头；4—动合辅助触头；
5—动铁芯；6—弹簧；7—线圈；8—静铁芯

1. CJ10 系列交流接触器

CJ10 系列交流接触器为一般用途的接触器，适用于电压 380V、电流 150A 的电力线路，供远距离接通和分断电路之用，并适宜频繁地起停电动机和控制电动机的正反转。结构如图 10-17 所示。

（1）结构。CJ10 系列接触器的磁系统 10～40A 为直动式，150A 为杠杆转动式结构，其静、动铁芯均装有缓冲装置，因此对消除触头二次回跳、提高触头电寿命和机械寿命极有好处。接触器的主触头和辅助触头均

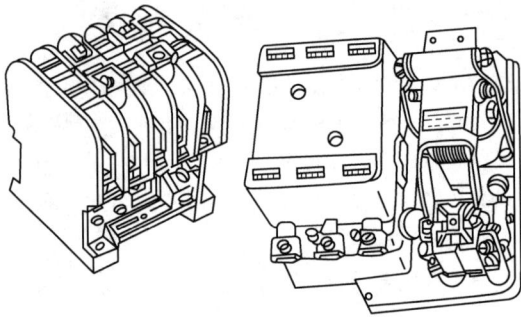

图 10-17　CJ10 系列交流接触器

为双断点结构。接触器主触头系统除 CJ10-10 接触器无灭弧罩外,其余均装有由陶土制成的纵缝灭弧罩,性能可靠,使用方便,飞弧距离小。

(2) CJ10 系列接触器的技术参数,见表 10-15。

表 10-15　　　　　　　CJ10 系列接触器的技术参数

型号	额定电压 (V)	额定电流 (A)	辅助触头额定电流 (A)	可控制电动机的最大功率 (kW)		操作频率 (次/h)	机械寿命 (万次)	辅助触头数量
				220V	380V			
CJ10-10	36 110 220 380	10	5	2.2	4	600	300	二动合 二动断
CJ10-20		20		5.5	10			
CJ10-40		40		11	20			
CJ10-60		60		17	30			
CJ10-100		100		30	50			
CJ10-150		150		45	75			

2. CJ20 系列交流接触器

(1) 结构。CJ20 系列交流接触器适用于电压 660V 及以下,电流至 630A 的电力系统,供远距离接通和分断电路,以及频繁地启动及控制电动机之用。本系列产品采用优质银合金触头、新型耐弧塑料、新型硅橡胶材料,产品结构合理,性能指标达到国际标准。

CJ20 系列交流接触器为直动式,主触头采用双断点结构,磁系统为 U 型,采用优质吸振材料作缓冲,动作可靠。接触器采用铝基座,陶土灭弧罩,性能优良。辅助触头采用通用辅助触头,根据需要可制成各种不同组合,以满足不同的要求。

（2）CJ20 系列接触器的技术参数，见表 10-16。

表 10-16　　　　　　　CJ20 系列接触器的技术参数

型号	额定电压（V）	额定电流（A）	极数	380V 可控制电动机最大功率（kW）	操作频率（次/h）	机械寿命（万次）	辅助触头	
							额定发热电流（A）	触头数量
CJ20-10	220	10	3	4	1200	1000	10	二动合二动断
	380	10			1200			
	660	5.3			600			
CJ20-16	220	16		7.5	1200			
	380	16			1200			
	660	13			600			
CJ20-25	220	25		11	1200			
	380	25			1200			
	660	16			600			
CJ20-40	220	40	3	20	1200	1000	10	二动合二动断
	380	40			1200			
	660	25			600			
CJ20-63	220	63		30	1200			
	380	63			1200			
	660	40			600			
CJ20-100	220	100		50	1200			
	380	100			1200			
	660	63			600			
CJ20-160	220	160		80	1200			
	380	160			1200			
	660	100			600			
CJ20-160	1140	80			300			
CJ20-250	220	250		125	600	600	10	四动合二动断或三动合三动断
	380	250			600			
	660	200			300			
CJ20-400	220	400		200	600			
	380	400			600			
	660	250			300			
CJ20-630	220	630		300	600			
	380	630			600			
	660	400			300			
CJ20-630	1140	400			300			

二、真空式交流接触器

真空式交流接触器以真空为灭弧介质，其主触头封闭在真空灭弧管内。由于其灭弧过程是在真空容器中完成的，电弧和灼热的气体不会向外喷溅，因此性能稳定可靠，不会污染环境，特别适用于条件恶劣的环境，如易燃易爆场所、煤矿井下等危险场所。适用于交流 50Hz 电压 1140、660、380V 的配电系统，供频繁操作的较大负荷电流用，在工业企业中被广泛采用。

1. 真空式交流接触器的工作原理和特点

当接通控制回路线圈通电时，衔铁吸合，在触头弹簧和真空管自闭力的作用下触头闭合；线圈断电后，反力弹簧克服真空管自闭力使衔铁释放，触头断开。接触器分断电流时，触头间隙会形成由金属蒸气和其他带电粒子组成的真空电弧。因真空介质具有很高的绝缘强度，且介质恢复速度很快，真空中燃弧时间一般小于 10ms。

真空管断路器与真空断路器具有共同的特点：

（1）分断能力强，分断电流可达到额定电流的 10～20 倍。

（2）寿命长，电寿命达数十万次，机械寿命可达百万次。

（3）维修简单，主触头无须维修，运行噪声小，运行不受环境影响。

（4）体积小、质量轻、无飞弧距离，安全可靠。

（5）可频繁操作。

常用真空式交流接触器有 CKJ 系列和 EVS 系列等，如图 10-18 所示。

2. 真空管接触器运行中应注意的问题

（1）真空接触器应进行定期检查：①每半年检查一次真空管的开距和超距；②每年检查一次动作特性；③每季度检查一次辅助触头有无损伤脱落；④每 1～2 年用耐压试验法检测真空灭弧管的真空度。

（2）真空接触器的真空管灭弧室的维护工作于真空断路器基本相同，可结合被控设备同时进行维修。

（3）真空接触器的维护工作除真空灭弧管外，其他项目与电磁式接触器相同。

三、交流接触器的选择和安装使用维护技能

1. 交流接触器的选择

（1）根据接触器所控制的负载性质选择接触器的类型，交流负载应

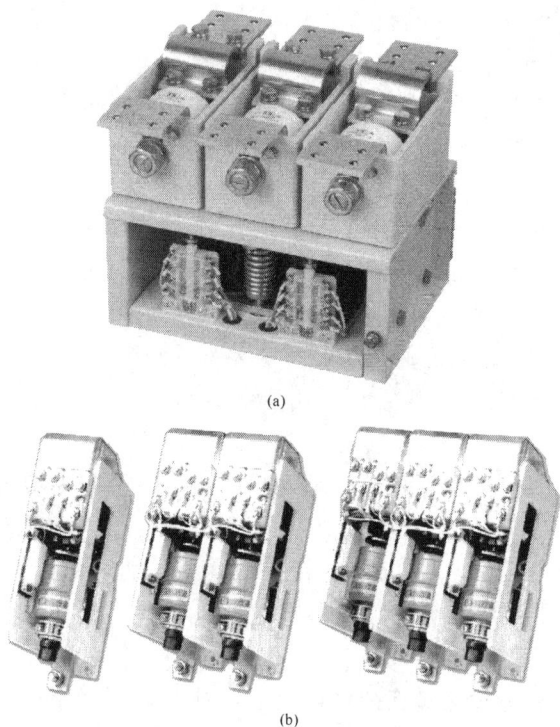

(a)

(b)

图 10-18　真空式交流接触器

（a）CKJ 系列；（b）EVS 系列

选用交流接触器，直流负载选用直流接触器。如果控制系统主要是交流负载，而且直流负载容量较小时，也可用交流接触器控制直流负载，但接触器的额定电流应适当选大一些。

（2）接触器的额定电压是指主触头的额定电压，接触器主触头的额定电压应等于或大于所控制线路或设备的额定电压，也就是说按电源电压选择接触器的额定电压。

（3）接触器的额定电流是指主触头的额定电流，接触器主触头的额定电流应等于或大于负载的额定电流。当接触器用作电动机的频繁启动、制动、正反转和照明电路时，其接通时电流很大，应将接触器的额定电流降低一个等级使用。

（4）接触器电磁线圈的额定电压有 36、110、220、380V 等多种，应根据电源电压选择接触器电磁线圈的额定电压。电磁线圈允许在额定电压的 80%～105% 范围内使用。如电源是三相三线 380V，应选用

380V 的电磁线圈；如果电源是三相四线 220/380V，则应选用 220V 或 380V 的电磁线圈。

（5）接触器辅助触头的数量应满足控制线路的要求，如不能满足要求，应增设中间继电器加以解决。

（6）操作频率是指接触器每小时通断的次数。当操作频率过高时，会引起触头严重过热，甚至熔焊。若操作频率超过规定次数，应选用额定电流大一级的接触器。

2. 交流接触器的安装使用

（1）安装前应检查接触器的技术参数如额定电压、额定电流、操作频率等是否符合实际使用要求，电磁线圈的额定电压是否与电源电压相符。

（2）检查接触器的外观，应无机械损伤；用手按动接触器的可动部分，应动作灵活，无卡阻现象；灭弧罩应完整无损，固定牢固。

（3）将铁芯极面上的防锈油脂或铁锈擦净，极面上的防锈油脂多次使用后衔铁可能被粘住，造成线圈断电后不能释放；极面上有铁锈，可能造成接触器运行噪声增大。

（4）接触器一般应安装在垂直面上，倾斜度不得超过 5°。有散热孔的，应将散热孔放在垂直方向上，以利散热，并按规定留有适当的飞弧空间，以免飞弧烧坏相邻电器。

（5）固定接触器应使用弹簧垫圈和平垫圈，并拧紧螺钉，以防振动松脱。安装接线时，注意不要将螺钉、垫圈等小零件掉入接触器内部，以免造成机械卡阻或短路事故。

（6）按照安装接线图接好主回路和控制回路。检查接线正确无误后，在主触头不带电的情况下操作几次，观察运行情况。

（7）对运行的接触器应定期进行检查，检查螺钉有无松动，可动部分是否灵活。

（8）接触器表面和触头应保持清洁，有粉尘的场所要经常清扫，但不允许涂油。当触头表面因电弧作用形成金属小颗粒时，应及时清除。但银或银合金触头表面产生的氧化膜，由于接触电阻很小，不必锉修，否则将影响触头的寿命。

（9）拆、装接触器或其他电器时，注意不要损坏灭弧罩。带灭弧罩的接触器决不允许不带灭弧罩或带破损的灭弧罩运行，以免发生电弧短路事故。

四、交流接触器常见故障和处理方法

交流接触器常见故障和处理方法，见表 10-17。

表 10-17　　　　　交流接触器常见故障和处理方法

故障现象	故障原因	处理方法
铁芯不吸合或吸合不足	电源电压过低或波动太大	解决电源问题
	操作回路电源容量不足或断线，配线错误或控制触头接触不良	增加电源容量，更换线路或整修触头
	线圈技术参数与使用条件不符	更换线圈或接触器
铁芯不吸合或吸合不足	线圈断线或烧毁	更换线圈
	机械可动部分被卡住、转轴生锈或歪斜	排除机械故障
	触头弹簧压力过大	调整触头参数
不释放或释放缓慢	触头弹簧压力太小	调整触头参数
	触头熔焊	修理或更换触头
	机械可动部分被卡住、转轴生锈或歪斜	排除机械故障
	反作用弹簧损坏	更换反作用弹簧
	铁芯被极面油垢粘住	擦拭铁芯极
电磁铁噪声大	电源电压过低	调整电源电压使其符合要求
	触头弹簧压力过大	调整触头弹簧压力
	铁芯极面生锈或脏污严重	清理铁芯极面
	铁芯短路环断裂铁芯磨损严重	更换铁芯
	电磁系统歪斜，铁芯不能吸平	调整铁芯系统，使铁芯吸平
线圈过热或烧损	电源电压过高或过低	调整电源电压使其符合要求
	线圈技术参数与使用条件不符	更换线圈或接触器
	操作频率过高	降低操作频率
	线圈匝间短路	更换线圈
	环境温度过高，散热不好	加强散热
主触头熔焊	操作频率过高或过负荷使用	选择适用的接触器
	负载侧短路	排除短路工作，更换主触头
	触头弹簧压力太小	调整触头弹簧压力
	触头表面有金属颗粒突起	修整触头表面
	控制回路电压过低或机械卡住，致使吸合过程中有停滞现象，触头停顿在刚接触的位置	调整电源电压，排除机械故障，使接触器动作顺利，吸合可靠

故障现象	故障原因	处理方法
触头过热或灼伤	触头弹簧压力太小	调高触头弹簧压力
	触头表面不平整	修整触头表面
	铜触头用于长期工作制	接触器降容使用
	操作频率过高或负荷电流过大，触头的断开容量不够	选择容量大的接触器
	触头超行程过小	调整触头超行程或更换触头
触头过度磨损	接触器在反接制动和点动场合容量选择不足	接触器降低容量使用或选用繁重任务的接触器
	三相触头电阻不同步	调整至同步
	负载侧短路	排除短路故障，更换触头
触头不导通	触头开距太大，无超程	调整触头参数
	触头不清洁	清理触头
	运动部分卡住	找出卡住部位并排除

第五节　常用继电器

继电器是根据一定的信号（电流、电压、时间、速度等）来接通或分断小电流电路，实现自动控制和保护电力拖动装置的控制电器。一般情况下不直接控制电流较大的主回路，而是通过接触器或其他电器对主回路进行控制。继电器具有触头分断能力小、结构简单、反应灵敏、动作准确、工作可靠、体积小、质量轻等特点。

继电器主要由感测机构、中间机构和执行机构三部分组成。感测机构把感测到的电量或非电量传递给中间机构，并将其与整定值相比较，当达到整定值（非量或欠量）时，中间机构驱动执行机构动作，从而接通或断开电路。继电器的类型和用途见表 10-18。

表 10-18　　　　　　继电器的类型和用途

类型	动作特点	用途	说明
保护继电器	线圈和触点的控制电流较小，电路通断频率低，要求动作准确可靠，灵敏度高，热稳定和电稳定性好	用于发电机、变压器和输配电线路的保护	

类型		动作特点	用途	说明
控制继电器	电压继电器	继电器的线圈是并联在电路的感测元件，主电路的电压值达到规定的数值时，继电器动作	主要用于电动机的失电压和过电压保护	
	电流继电器	其线圈作为感测元件串联在电路中，当电路过电流值达到规定的数值，继电器动作	用于线路和电动机的过载和短路保护	
	中间继电器	通过它可以增加控制回路的数量或短信号放大作用	主要用于电动机保护	触点数量多，容量较大，属于电压继电器
	时间继电器	从收到信号到触点动作或使输出电路产生跳跃式改变有一个比较准确的延时	用于控制电路的时序控制	
	热继电器	当电路中的电流达到规定值时，继电器串联在电路中的发热元件变形而动作	用于电动机的过载和断相运行的保护	属于电流继电器
	温度继电器	在温度达到规定值时动作	实现过载保护及温度控制	
通信继电器		操作频率高、动作速度快、寿命长、体积小、触点容量小	用于通信运动系统	
航空、航海继电器		适应航空和航海特点的专业继电器	用于航空、航海领域	

一、热继电器

热继电器是利用通过继电器的电流所产生的热效应而反时限动作的继电器。主要由热元件、触头、动作机构、整定电流调节装置和复位按钮等组成。热元件由双金属片及绕在其外面的电阻丝组成，是热继电器的主要部件。如果电动机工作正常，通过热元件的电流未超过允许值，则热元件温度不高，双金属片不会产生较大的弯曲，热继电器处于正常的工作状态。一旦电动机过载，有较大的电流通过热元件上的电阻丝，电阻丝发热并使双金属片弯曲，通过机械联动装置将动断触头断开，切断控制电路，控制电路分断主电路，从而起到过载保护作用。电路分断后，双金属片散热冷却，恢复初态，使机械机构也恢复原始状态，动断触头复位，电动机又可重新启动。除上述自动复位外，也可采用手动复位，按一下复位按钮即可。其结构与图形符号如图 10-19 所示。

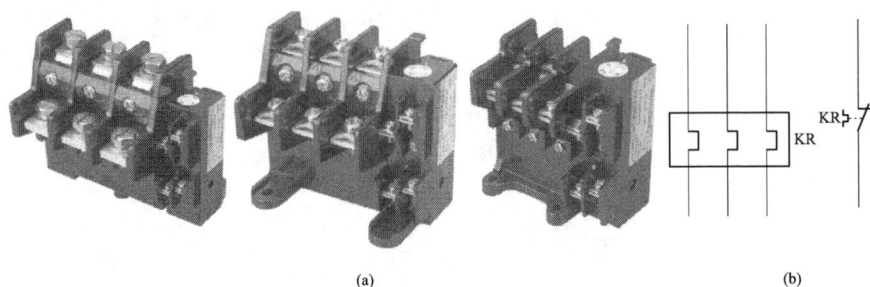

(a)   (b)

图 10-19　热继电器结构与图形符号

(a) 结构；(b) 图形符号

1—复位按钮；2—电流调节装置；3—常闭触头；4—动作机构；5—电阻丝；6—双金属片

热继电器在电路中只能作过载保护，不能作短路保护，因为双金属片从升温到发生弯曲直至断开动断触头需要一个时间过程，不可能在短路瞬间迅速切断电路。

1. 热继电器的型号和技术参数

常用的热继电器有 JR16 系列和 JR20 系列，JR16 系列热继电器的技术参数见表 10-19。

表 10-19　　　　　　　JR16 系列热继电器的技术参数

型号	额定电流 (A)	热元件规格			连接导线规格 (mm²)
		编号	额定电流 (A)	电流调节范围 (A)	
JR10-20	20	1	0.35	0.25～0.3～0.35	4mm² 单股塑料铜线
		2	0.5	0.32～0.34～0.5	
		3	0.72	0.45～0.6～0.72	
		4	1.1	0.68～0.9～1.1	
		5	1.6	1～1.3～1.6	
		6	2.4	1.5～2～2.4	
		7	3.5	2.2～2.8～3.5	
		8	5	3.2～4～5	
		9	7.2	4.5～5～7.2	

型号	额定电流（A）	热元件规格			连接导线规格（mm²）
		编号	额定电流（A）	电流调节范围（A）	
JR10-20	20	10	11	6.8～9～11	4mm²单股塑料铜线
		11	16	10～13～16	
		12	22	14～18～22	
JR16-60	60	13	22	14～18～22	16mm²多股铜芯橡皮软线
		14	32	20～26～32	
		15	45	28～36～45	
		16	63	40～50～63	
JR16-150	150	17	63	40～50～63	35mm²多股铜芯橡皮软线
		18	85	53～70～85	
		19	120	75～100～120	
		20	160	100～130～160	

2. 热继电器的选择

（1）类型选择。一般轻载启动，长期工作或间断、长期工作的电动机应选择二极型热继电器；电源电压均衡性较差、工作环境恶劣或较少有人看管的电动机，应选择三极型热继电器；对于三角形接线的电动机，应选用带断相保护的热继电器。

（2）热继电器额定电流的选择。一般应大于电动机的额定电流。

（3）热元件额定电流的选择。应略大于电动机的额定电流，一般为电动机额定电流的1.1～1.25倍，选用时应参照具体系列产品技术参数。

3. 热继电器的使用技能

（1）热继电器应按产品说明书中规定的方式安装。当与其他电器安装在一起时，应将热继电器安装在其他电器的下方，以免受其他电器发热的影响而产生误动作。热继电器的连接导线应按表10-20中的规定选用，过粗或过细都会影响热继电器准确动作。

表 10-20　　　　　　　　热继电器连接导线规格表

热继电器额定电流（A）	连接导线规格（mm²）	连接导线种类
10	2.5	单股铜芯塑料线
20	4	单股铜芯塑料线
60	16	多股铜芯塑料软线
150	35	多股铜芯塑料软线

（2）当电动机启动电流为额定电流的 6 倍左右且启动时间不超过 5s 时，其整定电流应等于电动机额定电流；当电动机的启动时间较长，拖动冲击性负载或不允许停机时，整定电流应调节到电动机额定电流的 1.1～1.5 倍。

（3）热继电器在出厂时均调整为自动复位形式，如欲调为手动复位，可将热继电器侧面孔内螺钉倒退约三、四圈即可。

4. 热继电器常见故障原因和处理方法（见表 10-21）

表 10-21　　　　　　热继电器常见故障原因和处理方法

故障现象	故障原因	处理方法
热继电器不动作	热元件额定电流值域电动机额定电流不相当	按电动机的额定电流更换或整定热元件
	调节旋钮的整定值偏大	合理调整调节旋钮的整定值
	触头接触不良	清理或调整触头
	热元件烧坏或脱焊	更换热元件或热继电器
	动作机构卡死	修理动作机构
	导板脱出	重新装好，确保推动灵活
	连接导线太粗	更换符合规定的导线
	热继电器安装处温度太低	把继电器整定电流调小一点
热继电器误动作	调节旋钮的整定值偏小	合理调整整定值或更换继电器
	电动机启动时间过长	启动时将热继电器短接
	连接导线太细	更换符合规定的导线
	操作频率过高	调整操作频率
	强烈的冲击振动	选用耐冲击振动的热继电器
热元件烧坏	负荷侧短路	排除短路故障，更换热元件
	操作频率过高	调整操作频率
热继电器常闭触头开路	触头烧毁或动触片弹性消失，造成动、静触头不能接触	修理或更换热继电器
	调整螺钉位置不对而将触头顶开	调整螺钉的位置

二、中间继电器

中间继电器属于电磁继电器，通常用来控制各种电磁线圈，并能使控制信号得到放大，也可将信号同时传送给几个元件，使它们相互配合完成各种逻辑功能。

中间继电器的结构及工作原理与电磁式接触器基本相同，但中间继电器的触头对数多，没有主触头和辅助触头之分，允许通过的电流大小相等，一般为 5A。所以对于负荷电流小于 5A 的电气控制电路，可用中间继电器代替接触器进行控制。常用的中间继电器有 JZ7、JZ14 等系列，JZ7 系列的外形和符号如图 10-20 所示。

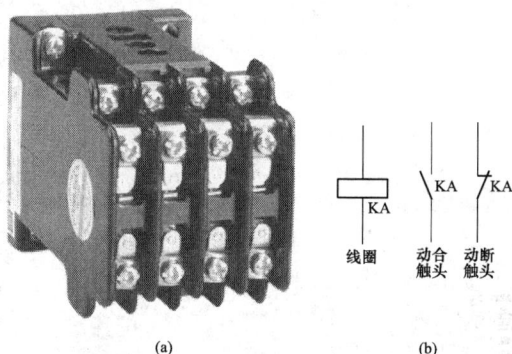

图 10-20　JZ7 系列中间继电器

(a) 外形；(b) 符号

中间继电器的技术参数见表 10-22。

表 10-22　　　　　　　JZ7 系列中间继电器的技术参数

型号	额定电压	吸引线圈额定电压	触头参数			操作频率（次/h）
			额定电流（A）	常开数	常闭数	
JZ7-22	交流 50Hz 或 60Hz，380V，直流至 440V	交流 50Hz 或 60Hz，12、24、36、48、110、127、220、380、420、440	5	2	2	1200
JZ7-41				4	1	
JZ7-42				4	2	
JZ7-44				4	4	
JZ7-53				5	3	
JZ7-62				6	2	
JZ7-80				8	0	

中间继电器一般根据负荷电流的类型、电压等级和触头数量来选择。中间继电器的安装、使用技能及常见故障的处理方法可参照本章第四节电磁式交流接触器的相关内容。

三、时间继电器

时间继电器是在电路中按时间进行控制的继电器。当它的感测部分接受输入信号以后，需要经过一定时间的延时，它的执行机构才会动作，并输出信号以操纵控制回路。广泛用于需要按时间顺序进行控制的电气控制线路中。

1. 时间继电器的类型和原理

常用的时间继电器有电磁式、电动式、空气阻尼式和晶体管式等，其型号有 JS7、JS16 系列空气阻尼式，JS10 系列电磁式，JS11、7PR 系列电动式和 JS14、JS20 系列晶体管式，如图 10-21 所示。

(a)

(b)

(c)

图 10-21 时间继电器（一）

(a) 空气阻尼式；(b) 晶体管式；(c) 数显式

（1）空气阻尼式时间继电器是利用空气通过小孔节流原理产生空气

阻尼获得延时的，适用于延时准备度低，对延时要求不高的场合，既可用作通电延时，又可用作断电延时。

（2）晶体管式时间继电器是利用 RC 电路电容充电时，电压逐渐上升的原理作为延时基础，适用于精度与可靠性要求高的自动控制场合，有通电延时型和断电延时型及带瞬动触点的通电延时型。具有机械结构简单、延时范围广、精度高、消耗功率小、调整方便及寿命长等优点，发展迅速，应用越来越广泛。晶体管式时间继电器按结构分为阻容式和数显式。

（3）电磁式时间继电器是利用通断电过程短路线圈感应电流所产生的磁通总是阻碍磁通变化的电磁阻尼原理获得延时的，适用于延时精度要求不高的场合，主要作断电延时。

（4）电动式时间继电器是由微型同步电动机驱动减速齿轮组，并由特殊的电磁机构加以控制以获得延时的，有通电延时和断电延时，常用于机床控制电路中。

时间继电器的图形符号比一般继电器复杂，触头有六种情况，其图形符号如图 10-22 所示。

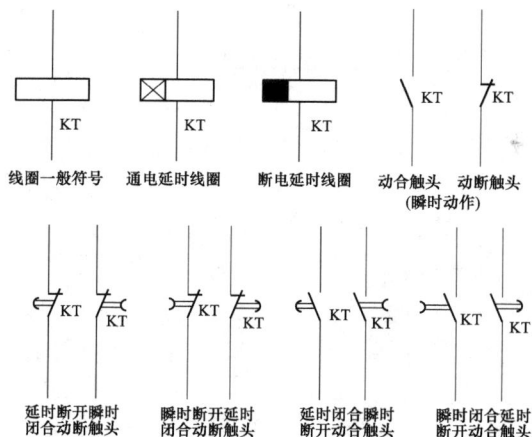

图 10-22　时间继电器的图形符号

（5）时间继电器的技术参数，见表 10-23 和表 10-24。

另外，JS7 系列时间继电器触头的额定电压为 380V，频率为 50Hz，触头控制容量为 100VA，延时范围有 0.4～60s 和 0.4～180s 两种，线圈额定电压有 24、36、110、127、220、380V 几种。

表 10-23　　　　JS7 系列空气阻尼式时间继电器的技术参数

型号	延时动作触头参数				瞬时动作触头	
	线圈通电延时		线圈断电延时		动断	动合
	动断	动合	动断	动合		
JS7-1A	1	1				
JS7-2A	1	1			1	1
JS7-3A			1	1		
JS7-4A			1	1	1	1

表 10-24　　　　JS20 系列晶体管时间继电器的技术参数

产品名称	额定工作电压（V）		延时时间（s）
	交流	直流	
通电延时继电器	36、110、127、220、380	24、48、110	1、5、10、30、60、120、180、240、300、600
瞬动延时继电器	36、110、127、220		1、5、10、30、60、120、180、240、300、600
断电延时继电器	36、110、127、220、380		1、5、10、30、60、120、180

2. 时间继电器的选择

（1）根据延时方式的选择。应根据控制电路的要求选择通电延时型或断电延时型。

（2）根据类型选择。凡是对延时要求不高的场合，一般选用 JS7 系列空气阻尼式时间继电器；对延时要求较高的场合，则宜选用 JS10、JS11、7PR 或 JS20 系列的时间继电器。

（3）根据线圈电压选择。应根据控制线路的电压选择时间继电器吸引线圈的电压。

（4）根据电源波动情况选择。对电源电压波动大的场合，应采用空气阻尼式或电动式时间继电器，对电源频率波动大的场合，不宜采用电动式时间继电器，

（5）根据环境温度选择。对温度变化较大的场合，不宜采用空气阻尼式时间继电器。

3. 时间继电器的安装与使用技能

（1）时间继电器应按产品说明书规定的方向安装，其倾斜度不得超

过 5°。

（2）JS7 系列时间继电器的安装为面板式，JS11 和 JS20 系列为面板式及装置式两种，而且都采用插入式装置，7PR 系列的安装方式有三种，即螺钉安装、面板式安装和顶形帽卡轨扣装。

（3）时间继电器投入运行前应通电试验 3 次，观察其动作是否正确，延时是否符合要求。

（4）JS7-A 系列时间继电器的使用技能。

1）通电延时和断电延时可在整定时间范围内自行调节。

2）该系列时间继电器无刻度，要准确调整延时时间较困难。

3）应经常清除灰尘和油污，否则延时误差将更大。

（5）JS11 系列时间继电器的使用技能：

1）延时范围调节后，如需精确延时，应先接通同步电动机电源，以减少起步所引起的误差。

2）JS11-□4 系列通电延时继电器，调节延时时间时，必须在断开离合电磁铁线圈电源时才能进行。

3）JS11-□2 系列断电延时继电器，调节延时时间时，必须在接通离合电磁铁线圈电源时才能进行。

（6）JS20 系列晶体管时间继电器的使用技能。

1）在使用前必须核对其额定工作电压与将接入的电源电压是否相符，直流型的不要将电源的正负极性搞错。

2）必须按接线端子图正确接线，触头电流不允许超过额定电流。

3）继电器与底座间有扣攀锁紧，在拔出继电器本体前，要先扳开扣攀，然后再缓慢拔出继电器。

第六节　主 令 电 器

主令电器是自动控制系统中发送控制指令的电器，用它们来控制接触器、继电器或其他电器，实现电路的接通、分断或转换。此类电器的特点是操作频率高、抗冲击、机械寿命长，在控制回路的应用很广泛。常用的有控制按钮、行程开关和万能转换开关等。

一、控制按钮

控制按钮是一种短时接通或分断小电流电路的电器，它不直接控制主电路的通断，而是在控制电路中发送"指令"控制接触器、继电器等电器，再由它们去控制主电路的通断、功能转换或电气联锁。控制按钮的触头允许通过的电流较小，一般不超过 5A，其外形、结构如图 10-23

所示。

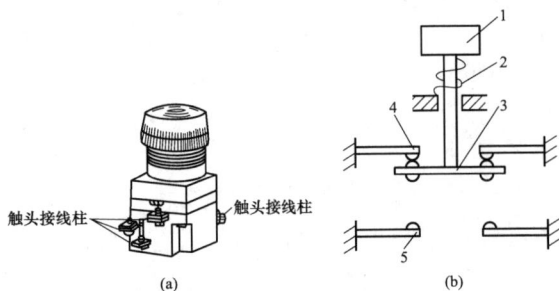

图 10-23　LA 系列控制按钮

（a）外形；（b）结构图

1—按钮帽；2—复位弹簧；3—动触头；4—常闭静触头；5—常开静触头

1. 控制按钮的结构形式

按照控制按钮的作用和触头配置情况，可把按钮分为停止按钮、启动按钮和复合按钮三种。复合按钮的主要特点是动作时动断触头先断开，动合触头再闭合。按钮按下后，在复位弹簧的作用下能自动复位。其图形符号如图 10-24 所示。

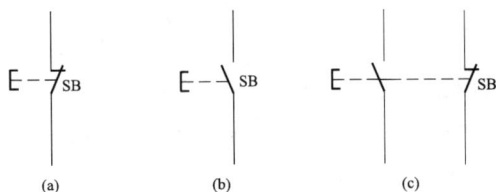

图 10-24　控制按钮的图形符号

（a）动断按钮；（b）动合按钮；（c）复合按钮

控制按钮的结构形式有开启式（K）、保护式（H）、防水式（S）、钥匙式（Y）、旋钮式（X）、紧急式（J）、带指示灯（D）等，常用的有 LA、LA10、LA18、LA19 系列。

2. 控制按钮的技术参数（见表 10-25）

3. 控制按钮的选择和安装使用技能

（1）控制按钮应根据使用场合选择按钮的结构形式，灰尘较多的场合应选择保护式。

（2）根据所需要的触头数量和按钮帽的颜色选择。

表 10-25　　　　　　　　　LA20 型控制按钮的技术参数

型号	钮数	按钮颜色	触头数		结构形式
			动合	动断	
LA20-11		红、绿、黑			元件
LA20-11J		红	1	1	元件（紧急式）
LA20-11D		红、绿、黄、白			元件（带指示灯）
LA20-11DJ	1	红			（带指示灯、紧急式）
LA20-22		红、绿、黑			元件
LA20-22D		红、绿、黄、白	2	2	元件（带指示灯）
LA20-22DJ		红			元件（带指示灯、紧急式）
LA20-2K	2	红、黑或红、绿			元件（胶木外壳；保护式）
LA20-3K	3	红、绿、黑	3	3	
LA20-2H	2	红、黑或红、绿	2	2	（胶木版面；开启式）
LA20-3H	3	红、绿、黑	3	3	（紧急式）
LA20-22J	2	红	2	2	

（3）在面板上安装的按钮，应排列整齐，布置合理，如根据电动机启动的先后次序，从左到右或从上到下排列。

（4）同一运动部件的几种不同的工作状态（如上、下，左、右，前、后等），应将每一对相反状态的按钮安装在一起。

（5）成排安装的控制按钮，其间距应为 50～100mm；集中安装的控制按钮，应有编号或识别标记；倾斜安装的控制按钮箱，倾斜角不宜大于 30°。

（6）当控制板上安装的控制按钮较多时，为了应付紧急情况，应在显眼而便于操作的位置安装红色蘑菇头的"紧急"按钮（总停按钮）。

（7）使用中应经常检查控制按钮的接线情况和触头接触情况。

二、行程开关

行程开关又称限位开关和位置开关，行程开关通过机械可动部件的动作，将机械信号变换为电信号，对机械进行控制，广泛应用在限定机械运动位置的自动控制电路中。

1. 行程开关的结构和技术参数

行程开关的作用与按钮相同，只是其触头的动作不是用手按，而是利用生产机械某些运动部件上的挡铁碰撞行程开关，使其触头动作，接通或断开控制电路，达到自动控制电路的目的。常用行程开关的外形如

图 10-25 所示。

(a)

(b)

图 10-25 行程开关
(a) LX19 系列；(b) JLXK1 系列

行程开关的结构形式很多，按其动作和结构可分为按钮式（直动式）、旋转式（滚轮式）、微动式三种。常用的行程开关有 LX5、LX22、JLXK1 系列，其图形符号如图 10-26 所示，技术参数见表 10-26。

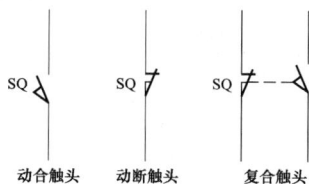

图 10-26　行程开关的图形符号

2. 行程开关的选择和安装

（1）行程开关应根据动作要求、触头数量和安装位置选择。

（2）旋转式行程开关安装时应注意滚轮的方向不能装反，与挡铁碰撞的位置应符合控制线路的要求，并确保滚轮能可靠地与挡铁碰撞。

（3）行程开关的接线应接触良好，使用中应经常检查行程开关的接线情况和触头接触情况。

表 10-26　　　　　　　　LX5 系列行程开关的技术参数

型号	额定控制容量（VA）	动作行程（mm）	外形尺寸（mm）			用途
			长	宽	高	
LX5-11	100	0.35～0.9	50	20	30	采用瞬时换接触点将机械信号变为电信号，控制机械动作，可用作行程控制、限位控制或程序控制。适用于交流 50Hz、电压至 380V，额定发热电流至 3A 的控制电路
LX5-11Y					42	
LX5-11D		2～3			37	
LX5-11DY					52	
LX5-11Q/1		2	115	36	56	
LX5-11N1		4	54	20	38	
LX5-11G1					48	

三、万能转换开关

万能转换开关是由多组相同结构的触头组件叠装而成的多回路控制电器，主要用作电压表、电流表的换相测量，也可用于小容量电动机的启动、制动、正反转及双速电动机的调速控制。由于触头挡数多，换接线路多而被称作万能转换开关。其外形和符号如图 10-27 所示。

万能转换开关的选择和安装：

（1）万能转换开关应根据用途、接线方式、所需触头挡数和额定电流来选择。

（2）万能转换开关一般应水平安装在屏板上，也可以垂直或倾斜安装，应尽量使手柄保持水平旋转位置。

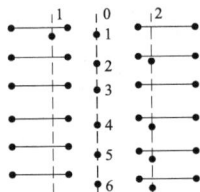

触点号	1	0	2
1	×	×	
2		×	×
3	×	×	
4		×	×
5		×	×
6		×	×

(a)　　　　　　　　(b)　　　　　　　　(c)

图 10-27　万能转换开关

（a）外形；（b）符号；（c）触头分合表

（3）万能转换开关的安装位置应与其他电器或机床的金属部分保持一定的间隔，以免在操作时可能因电弧喷出而发生对地短路故障。

第七节　低压电器的选择计算

1. 按工作电压选择

低压电器的额定电压 U_e 应大于或等于所在电路的额定电压 U_{DLe}，即

$$U_e \geqslant U_{DLe} \tag{10-1}$$

2. 按工作电流选择

低压电器的额定电流 I_e 应大于或等于通过电器的计算电流 I_{js}，即

$$I_e \geqslant I_{js} \tag{10-2}$$

3. 低压熔断器额定电流选择

熔断器的额定电流 I_e 应大于或等于其中装设的熔体额定电流 I_{rte}，即

$$I_e \geqslant I_{rte} \tag{10-3}$$

4. 保护变压器低压侧的熔体选择

变压器低压侧熔断器熔体额定电流按变压器低压侧额定电流选择，即

$$I_e = (1.2 \sim 1.3) I_{2e} \tag{10-4}$$

5. 保护低压电力线路的熔体选择

（1）保护电力线路的熔断器熔体额定电流 I_e 应大于或等于线路的计算电流，即

$$I_e \geqslant I_j \tag{10-5}$$

（2）熔体额定电流 I_e 应于被保护线路配合，以免线路过负荷或短路

引起导线过热甚至导致导线绝缘燃烧而熔体尚不熔断的严重后果，熔体额定电流必须小于或等于导线的允许载流量 I_{yx}。导线或电缆的允许短时过负荷系数见表 10-27。

$$I_e \leqslant KI_{yx} \tag{10-6}$$

第十章

表 10-27   导线或电缆的允许短时过负荷系数

线路或环境条件	电缆和穿管绝缘导线	明敷绝缘导线	易燃场所		有爆炸气体场所
			一般	$I_{rt} \leqslant 25A$	
熔断器保护要求	只作短路保护		同时作短路保护和过负荷保护		
K 值	2.5	1.5	1.0	0.85	0.8

6. 保护低压并联电容器的熔体选择

保护低压并联电容器的熔断器熔体额定电流 I_e 应躲过并联电容器的合闸涌流。按 GB 50227—2008《并联电容器装置设计规范》规定：I_e 不应小于电容器额定电流 I_{ce} 的 1.43 倍，且不宜大于 I_{ce} 的 1.55 倍，即

$$I_e = (1.43 \sim 1.55)I_{ce} \tag{10-7}$$

7. 保护电动机的熔体选择

单台鼠笼型电动机全压启动时，熔体的额定电流应为

$$I_e = (1.5 \sim 2.5)I_{DJe} \tag{10-8}$$

多台电动机共用总熔体额定电流应为

$$I_e = (1.5 \sim 2.5)I_{maxe} + \sum I_{DJe} \tag{10-9}$$

式中：I_{DJe} 为电动机额定电流，A；I_{maxe} 为功率最大一台电动机的额定电流，A；$\sum I_{DJe}$ 为其余电动机额定电流之和，A。

8. 保护照明线路的熔体选择

保护照明线路熔体的额定电流应大于或等于线路的计算电流，还要根据不同的照明灯具乘上相应的系数。照明灯具的计算系数见表 10-28。

$$I_e \geqslant KI_{js} \tag{10-10}$$

表 10-28   照明灯具的计算系数

熔断器类型	白炽灯、荧光灯、卤钨灯、金属卤化物灯	高压汞灯	高压钠灯
RC1A	1	$1 \sim 1.5$	1.1
RL、NT	1	$1.3 \sim 1.7$	1.5

9. 低压断路器选择

电压断路器（低压自动开关）的额定电流 I_{De} 应大于或等于其过电

流脱扣器的额定电流 I_{etk}，即

$$I_{De} \geqslant I_{etk} \tag{10-11}$$

采用低压断路器作为电动机短路保护时，其脱扣器的动作电流按下式整定

（1）单台电动机

$$I_{DT} = K_z I_Q \tag{10-12}$$

式中：I_{DT} 为脱扣器动作电流，A；I_Q 为电动机启动电流，A；K_z 为脱扣器计算系数，对高返回系数的低压断路器（如 DZ 系列）K_z 为 1.3～1.4，对低返回系数的低压断路器（如 DW 系列）K_z 为 1.7～2.0。

（2）多台电动机

$$I_{ZDT} = 1.3 I_{MQ} + \sum I_G \tag{10-13}$$

式中：I_{ZDT} 为总脱扣器动作电流，A；I_{MQ} 为最大一台电动机的启动电流，A；$\sum I_G$ 为其余电动机工作电流之和，A。

10. 电磁线圈的计算

对于交直流接触器、继电器、磁力启动器等电磁线圈，当线圈烧毁或电源电压变动时，需要重新绕制，相关参数的计算公式如下

（1）利用原有铁芯重新绕制线圈的计算。对于已知导线直径和匝数的，可以根据线圈的匝数，采用原线径导线重新绕制即可，也可以从电工手册查找相关数据，按数据绕制。如果线圈数据不明，可以用千分尺测量原线圈的导线直径，其线圈的近似匝数可由下面公式确定。

$$N = U/4.44 f B_m A_C \times 10^{-3} \tag{10-14}$$

式中：N 为线圈匝数，匝；U 为线圈电压，V；f 为频率，一般为 50Hz；B_m 为铁芯中极（E 形）或边极（U 形）的磁通密度；A_C 为铁芯中极或边极的截面积，cm^2。

（2）电源电压变动时，线圈参数的计算。

1）电压变动后的匝数

$$N_1/N_2 = U_1/U_2 \tag{10-15}$$

$$N_2 = U_2 N_1/U_1 \tag{10-16}$$

式中：N_1 为变动前的线圈匝数，匝；N_2 为变动后的线圈匝数，匝；U_1 为变动前的电源电压，V；U_1 为变动后的电源电压，V。

2）改绕用导线直径

$$d_2 = d_1 \sqrt{U_1/U_2} \tag{10-17}$$

式中：d_1 为改绕前的导线直径，mm；d_2 为改绕的导线直径，mm。

【例 10-1】 CJ10-150 型交流接触器，线圈电压为 220V 时，线圈匝数为 695 匝，采用直径为 0.69mm 的漆包铜线，当线圈电压改为 380、127、36V 时，需用导线的匝数和直径各为多少？

解 当电压改为 380V 时，匝数为

$$N_2 = U_2 N_1 / U_1 = 380 \times 695/220 = 1200 \text{ （匝）}$$

导线直径为

$$d_2 = d_1 \sqrt{U_1/U_2} = 0.69 \times \sqrt{220/380} \approx 0.52 \text{ （mm）}$$

当电压改为 127V 时，匝数为

$$N_2 = U_2 N_1 / U_1 = 127 \times 695/220 = 401 \text{ （匝）}$$

导线直径为

$$d_2 = d_1 \sqrt{U_1/U_2} = 0.69 \times \sqrt{220/127} \approx 0.91 \text{ （mm）}$$

当电压改为 36V 时，匝数为

$$N_2 = U_2 N_1 / U_1 = 36 \times 695/220 = 114 \text{ （匝）}$$

导线直径为

$$d_2 = d_1 \sqrt{U_1/U_2} = 0.69 \times \sqrt{220/36} \approx 1.7 \text{ （mm）}$$

变压器及其计算

变压器是利用电磁感应原理，以相同频率在两个或两个以上绕组间交换电压和电流而传输电能的静止电器。其工作原理如图 11-1 所示。

当一次绕组接上交流电源时，一次绕组中就会有交流电流通过，并在铁芯中传输交变磁通。这个交变磁通同时穿过一、二次绕组，并在两绕组中分别产生感应电动势。此时，若二次绕组与负载接通，便有交流电流流出，二次绕组的端电压便是变压器的输出电压。

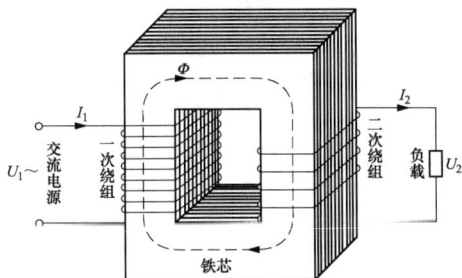

图 11-1　变压器工作原理图

常见的变压器有电力变压器、控制变压器、自耦变压器、互感器等。

第一节　电力变压器

电力变压器是电力系统中承担升压或降压任务的重要电气设备，配电变压器通常是指 10kV 及以下的降压变压器，是配电系统使用最广泛的电气设备之一。

一、配电变压器的结构

配电变压器主要由铁芯、高低压绕组、油箱、储油柜、散热器、绝缘套管、分接开关等构成，油浸式配电变压器结构如图 11-2 所示。

1. 铁芯

铁芯构成了变压器的磁路，其作用是使变压器绕组之间达到磁耦合。为了减少铁芯内的磁滞损耗与涡流损耗，铁芯通常用表面涂有绝缘

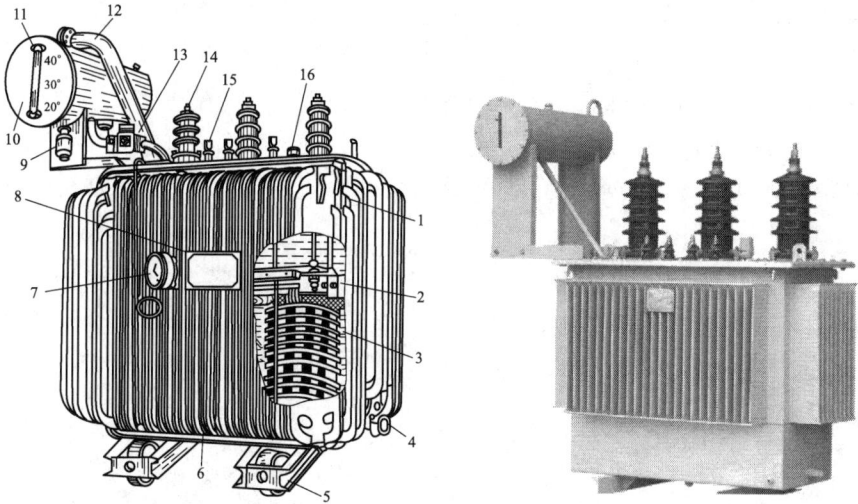

图 11-2　油浸式配电变压器的结构图

1—油箱；2—铁芯；3—线圈及绝缘；4—放油阀门；5—小车；6—接地螺栓；
7—信号温度计；8—铭牌；9—吸湿器；10—储油柜；11—油位表；12—安全气道；
13—气体继电器；14—高压套管；15—低压套管；16—分接开关

漆、厚度为 0.35mm 或 0.5mm 的热轧或冷轧硅钢片叠装而成，经夹铁和穿钉紧固成型。

2. 高低压绕组

高低压绕组构成了变压器的电路部分，用包有高强度绝缘的铜线或铝线绕制而成。共同套装在变压器铁芯上，一般低压绕组放在内层，高压绕组套在低压绕组的外边，是变压器建立磁场和传输电能的电路部分。

3. 油箱

油箱是变压器的外壳，采用钢板焊接而成，铁芯、高低压绕组、变压器油等装在油箱里。一般中、小型变压器的油箱上都焊有散热管，以增大散热面积，使变压器油在运行中受热后形成上下对流，增强散热效果。

4. 储油柜

储油柜是变压器运行中的储油和补油装置，安装在变压器的大盖上方，与变压器的油箱连通。储油柜的作用是，随着变压器运行温度和环境温度的变化，变压器油也随之热胀冷缩，但变压器油箱内始终充满绝缘油，以减少绝缘油与空气的接触面积，防止绝缘油受潮和过快老化。同时当变压器内绝缘油受热膨胀时，储油柜还有一定的缓冲作用。

通常，变压器储油柜的体积为油箱容积的 1/10，储油柜的一侧装有油位指示器，用来监视运行中绝缘油的油色和油位，储油柜的上方设计有注油孔。

5. 绝缘套管

绝缘套管的作用是将高压和低压绕组由箱内引至箱外。绝缘套管通常采用陶瓷制作，中间为导电杆，导电杆下端与绕组引出线连接，上端与外电路连接。绕组电压等级越高，绝缘套管外形尺寸越大，结构也越复杂。

6. 分接开关

分接开关是通过改变变压器高压绕组的抽头，来改变变比进行调压。分接开关分为无励磁调压和有载调压两种，无励磁调压是指变压器高低压绕组均断开电源后，处于无励磁状态调节抽头；有载调压是指变压器带负荷不停电状态下调节抽头。配电变压器一般多为无励磁调压，其分解开关外形和接线如图 11-3 所示。

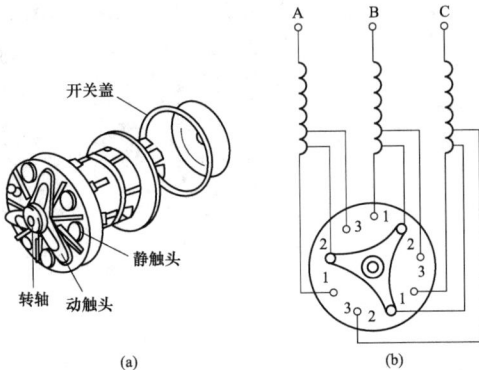

图 11-3　变压器分接开关
（a）外形图；（b）接线图

一般配电变压器的分接开关有三个挡位，即高于、等于、低于额定电压，分别以"Ⅰ""Ⅱ""Ⅲ"进行标注，调压范围每一挡间相差 5%。

二、配电变压器的型号和额定值

配电变压器的型号和技术参数通常以铭牌的形式固定在变压器油箱的适当位置。

1. 型号

配电变压器的型号用字母和数字表示。例如 S13-100/10 的含义是：三相铜绕组、额定电压 10kV、额定容量 100kVA、第 13 次设计的配电变压器。

2. 额定容量

额定容量就是变压器的视在功率，是变压器在额定电压、额定电流下连续运行时能输送的容量，单位是 kVA。新系列变压器的容量等级有10、20、30、50、63、80、100、125、160、200、250、315、400、500、630、800、1000、1250、1600、2000kVA 等。

3. 额定电压

额定电压是指变压器长期运行所能承受的工作电压。其中一次绕组的额定电压是指一次绕组正常工作时的线电压；二次绕组的额定电压是指一次绕组接入额定电压且空载时，二次绕组的线电压，单位是 kV 或 V。

4. 额定电流

额定电流是指变压器在额定容量下，允许长期连续通过的电流。额定电流是指线电流，单位是 A。

5. 阻抗电压

阻抗电压也称短路电压，是将变压器的二次绕组短路，一次侧加上适当电压，当二次侧产生的短路电流等于二次侧的额定电流时，一次侧所加的电压称为阻抗电压。阻抗电压通常用百分数表示，即

$$阻抗电压（\%）＝阻抗电压/一次额定电压×100\%$$

阻抗电压百分数，表示变压器内部阻抗的大小，数值小对输出电压受负载变化电枢影响就小，有利于变压器的运行和对短路电流的限制，是变压器的一个重要参数。

6. 联结组标号

联结组标号表示变压器三相绕组的连接方式，电力变压器的联结组标号有 Yyn0、Yd11、YNd11、Yy0、YNy0 等，其中前三种应用最广，一般常用配电变压器的联结组标号为 Yyn0，表示高、低压绕组都接成星形，低压绕组有中性线引出。

三、配电变压器的技术参数

1. S9 系列配电变压器的技术参数（见表 11-1～表 11-3）

表 11-1　　　　　S9 系列 10kV 级配电变压器的技术参数

变压器型号	额定电压（kV）		连接组标号	空载损耗（kW）	负载损耗（kW）	空载电流（%）	阻抗电压（%）
	高压	低压					
S9-30/10				0.13	0.6	2.1	4
S9-50/10				0.17	0.87	2	4
S9-63/10				0.2	1.04	1.9	4
S9-80/10				0.24	1.25	1.8	4
S9-100/10				0.29	1.5	1.6	4
S9-125/10				0.34	1.8	1.5	4
S9-160/10	11			0.4	2.2	1.4	4
S9-200/10	10.5			0.48	2.6	1.3	4
S9-250/10	10	0.4	Yyn0	0.56	3.05	1.2	4
S9-315/10	6.3			0.67	3.65	1.1	4
S9-400/10	6			0.8	4.3	1	4
S9-500/10				0.96	5.1	1	4
S9-630/10				1.2	6.2	0.9	4.5
S9-800/10				1.4	7.5	0.8	4.5
S9-1000/10				1.7	10.3	0.7	4.5
S9-1250/10				1.95	12	0.6	4.5
S9-1600/10				2.4	14.5	0.6	4.5

变压器型号	额定电压（kV）		连接组标号	空载损耗（kW）	负载损耗（kW）	空载电流（%）	阻抗电压（%）
	高压	低压					
S9-630/10				1.2	6.2	1.5	4.5
S9-800/10				1.4	7.5	1.4	5.5
S9-1000/10				1.7	9.2	1.4	5.5
S9-1250/10				1.95	12	1.3	5.5
S9-1600/10	11 10.5 10 6.3 6	3.15 6.3	Yd11	2.4	14.5	1.3	5.5
S9-2000/10				3	18	1.2	5.5
S9-2500/10				3.5	19	1.2	5.5
S9-3150/10				4.1	23	1	5.5
S9-4000/10				5	26	1	5.5
S9-5000/10				6	30	0.9	5.5
S9-6300/10				7	35	0.9	5.5

表 11-2　SZ9 系列 10kV 级有载调压配电变压器的技术参数

变压器型号	额定电压（kV）		连接组标号	空载损耗（kW）	负载损耗（kW）	空载电流（%）	阻抗电压（%）
	高压	低压					
SZ9-200/10				0.52	2.6	1.6	4
SZ9-250/10				0.61	3.09	1.5	4
SZ9-315/10				0.73	3.6	1.4	4
SZ9-400/10				0.87	4.4	1.3	4
SZ9-500/10	6 6.3 10	0.4	Yyn0	1.04	5.25	1.2	4
SZ9-630/10				1.27	6.3	1.1	4.5
SZ9-800/10				1.51	7.56	1	4.5
SZ9-1000/10				1.78	10.5	0.9	4.5
SZ9-1250/10				2.08	12	0.8	4.5
SZ9-1600/10				2.54	14.7	0.7	4.5

表 11-3 **SC（B）9 系列 10kV 级环氧树脂浇注**
干式配电变压器的技术参数

变压器型号	额定电压（kV）		连接组标号	空载损耗（kW）	负载损耗（kW）	空载电流（%）	阻抗电压（%）
	高压	低压					
SC9-30/10				0.2	0.56	2.8	4
SC9-50/10				0.26	0.86	2.4	4
SC9-80/10				0.34	1.14	2	4
SC9-100/10				0.36	1.44	2	4
SC9-125/10				0.42	1.58	1.6	4
SC9-160/10				0.5	1.98	1.6	4
SC9-200/10				0.56	2.24	1.6	4
SC9-250/10	11			0.65	2.41	1.6	4
SC9-315/10	10.5			0.82	3.1	1.4	4
SC9-400/10	10	0.4	Yyn0 Dyn11	0.9	3.6	1.4	4
SCB9-500/10	6.6			1.1	4.3	1.4	4
SCB9-630/10	6.3			1.2	5.4	1.2	4
SCB9-630/10	6			1.1	5.6	1.2	6
SCB9-800/10				1.35	6.6	1.2	6
SCB9-1000/10				1.55	7.6	1	6
SCB9-1250/10				2	9.1	1	6
SCB9-1600/10				2.3	11	1	6
SCB9-2000/10				2.7	13.3	0.8	6
SCB9-2500/10				3.2	15.8	0.8	6

2. S11 系列配电变压器的技术参数（见表 11-4～表 11-8）

表 11-4 **S11 系列 10kV 级配电变压器的技术参数**

变压器型号	空载损耗（kW）	负载损耗（kW）	空载电流（A）	阻抗电压（%）
S11-30/10	0.1	0.6	1.4	4
S11-50/10	0.13	0.87	1.2	4
S11-63/10	0.15	1.04	1.2	4
S11-80/10	0.175	1.25	1.1	4
S11-100/10	0.2	1.5	1	4
S11-125/10	0.235	1.8	1	4

变压器型号	空载损耗（kW）	负载损耗（kW）	空载电流（A）	阻抗电压（%）
S11-150/10	0.27	2.2	0.9	4
S11-200/10	0.325	2.6	0.9	4
S11-250/10	0.395	3.05	0.8	4
S11-315/10	0.475	3.65	0.8	4
S11-400/10	0.565	4.3	0.7	4
S11-500/10	0.675	5.1	0.7	4
S11-630/10	0.805	6.2	0.6	4.5
S11-800/10	0.98	7.5	0.6	4.5
S11-1000/10	1.155	10.3	0.5	4.5
S11-1250/10	1.365	12	0.5	4.5
S11-1600/10	1.65	14.5	0.4	4.5

表 11-5　　S11-M 系列 10kV 全密封低损耗配电变压器的技术参数

变压器型号	空载损耗（kW）	负载损耗（kW）	空载电流（A）	阻抗电压（%）
S11-M-80/10	0.18	1.25	1.8	4
S11-M-100/10	0.2	1.5	1.6	4
S11-M-125/10	0.24	1.8	1.4	4
S11-M-160/10	0.28	2.2	1.4	4
S11-M-200/10	0.33	2.6	1.3	4
S11-M-250/10	0.4	3.05	1.2	4
S11-M-315/10	0.48	3.65	1.1	4
S11-M-400/10	0.57	4.3	1	4
S11-M-500/10	0.6	5.1	1	4
S11-M-630/10	0.81	6.2	0.9	4.5
S11-M-800/10	0.98	7.5	0.8	4.5
S11-M-1000/10	1.15	10.3	0.7	4.5
S11-M-1250/10	1.36	12	0.6	4.5
S11-M-1600/10	1.64	14.5	0.6	4.5

表 11-6　　**S11-M・R 系列 10kV 卷铁芯全密封配电变压器的技术参数**

变压器型号	额定电压			联结组标号	空载损耗 (kW)	负载损耗 (kW)	空载电流 (A)	阻抗电压 (%)
	高压 (kV)	高压分接范围（%）	低压 (kV)					
S11-M・R-30					0.095	0.59	1.1	4
S11-M・R-50					0.13	0.86	1	4
S11-M・R-63					0.14	1.03	0.95	4
S11-M・R-80					0.175	1.24	0.88	4
S11-M・R-100	3 6.3 10 10.5 11	±5	0.4	Yyn0 Dyn11	0.2	1.48	0.85	4
S11-M・R-125					0.235	1.78	0.8	4
S11-M・R-160					0.28	2.18	0.76	4
S11-M・R-200					0.335	2.58	0.72	4
S11-M・R-250					0.39	3.03	0.7	4
S11-M・R-315					0.47	3.63	0.65	4
S11-M・R-400					0.56	4.28	0.6	4
S11-M・R-500					0.67	5.13	0.55	4
S11-M・R-630					0.805	6.18	0.52	4.5

表 11-7　　**S11 系列 35kV 双绕组无励磁调压配电变压器的技术参数**

变压器型号	额定电压			联结组标号	空载损耗 (kW)	负载损耗 (kW)	阻抗电压 (%)
	高压 (kV)	高压分接范围（%）	低压 (kV)				
S11-800/35					0.973	9.35	
S11-1000/35					1.18	11.5	
S11-1250/35	35	±5	3.15 6.3 10.5	Yd11	1.37	13.9	6.5
S11-1600/35					1.66	16.6	
S11-2000/35					2.03	18.3	
S11-2500/35					2.45	19.6	
S11-3150/35					3.01	23	
S11-4000/35	35 38.5	±5	3.15 6.3 10.5		3.61	27.2	7
S11-5000/35					4.27	31.2	
S11-6300/35					5.11	31.2	

变压器型号	额定电压			联结组标号	空载损耗(kW)	负载损耗(kW)	阻抗电压(%)
	高压(kV)	高压分接范围(%)	低压(kV)				
S11-8000/35	35 38.5	±2×2.5	3.15 3.3 6.3 6.6 10.5 11	YNd11	7	38.3	7.5
S11-10000/35					8.26	45.1	
S11-12500/35					9.8	53.6	8
S11-16000/35					11.9	65.5	
S11-20000/35					14.1	79.1	
S11-25000/35					16.7	93.5	
S11-31500/35					20	122	

表 11-8　S11 系列 35kV 双绕组有载调压配电变压器的技术参数

变压器型号	额定电压			联结组标号	空载损耗(kW)	负载损耗(kW)	阻抗电压(%)
	高压(kV)	高压分接范围(%)	低压(kV)				
S11-2000/35	35	±3×2.5	6.3	Yd11	2.25	19.1	6.5
S11-2500/35			10.5		2.67	20.5	6.5
S11-3150/35	35 38.5				3.15	24.6	7
S11-4000/35					3.85	29	7
S11-5000/35					4.55	34	7
S11-6300/35					5.46	36.6	7.5
S11-8000/35	35 38.5		6.3 6.6 10.5	YNd11	7.7	40.4	7.5
S11-10000/35					7.9	47.8	7.5
S11-12500/35					10.7	56.5	8

3. SH 系列非晶体合金铁芯全封闭变压器技术参数（见表 11-9）

表 11-9　SH 系列 10kV 非晶体合金铁芯全封闭配电变压器技术参数

变压器型号	额定电压			联结组标号	空载损耗(kW)	负载损耗(kW)	阻抗电压(%)
	高压(kV)	高压分接范围(%)	低压(kV)				
SH-30/10	10	±5	0.4	Dyn11	0.035	0.6	4
SH-50/10					0.045	0.87	4
SH-80/10					0.06	1.25	4

续表

第十一章

变压器型号	额定电压			联结组标号	空载损耗（kW）	负载损耗（kW）	阻抗电压（%）
	高压（kV）	高压分接范围（%）	低压（kV）				
SH-100/10					0.07	1.5	4
SH-125/10					0.085	1.8	4
SH-160/10					0.095	2.2	4
SH-200/10					0.115	2.6	4
SH-250/10	10	±5	0.4	Dyn11	0.14	3.05	4
SH-315/10					0.17	3.65	4
SH-400/10					0.2	4.3	4
SH-500/10					0.24	5.1	4
SH-630/10					0.295	6.2	4

4. S13 系列 10kV 超低损耗配电变压器技术参数（见表 11-10）

表 11-10　S13 系列 10kV 超低损耗配电变压器技术参数

容量	电压组合			连接组标号	空载电流（%）	空载损耗（W）	阻抗电压（%）	负载损耗（W）
	高压（kV）	低压（kV）	调整范围（%）					
30					0.4	70		600
50	6 6.3 10	0.4	±5 或 ±2×2.5	Yyn0 或 Dyn11	0.4	90	4	870
63					0.3	105		1040
80					0.3	125		1250
100					0.2	140		1500
125					0.2	165		1800
160					0.2	195		200
200	6 6.3 10	0.4	±5 或 ±2×2.5	Yyn0 或 Dyn11	0.2	235	4	2600
250					0.2	280		3050
315					0.15	335		3650
400					0.15	400		4300
500					0.15	475		5100

315

四、配电变压器的运行

1. 空载运行

空载运行是指变压器一次绕组接通电源，二次绕组没有负载接入的运行方式，是一种特殊运行状态。

变压器空载运行时，二次绕组没有负荷电流，即变压器没有电能输出，但一次绕组中有空载电流，消耗了功率，这种损耗就是空载损耗。空载损耗主要由铁损（铁芯的损耗）和铜损（绕组的损耗）组成。由于铜损很小，此时可以忽略不计，因此将变压器的空载损耗称为铁损。空载损耗占变压器额定功率的 0.2%～1.5%，但如果变压器长期空载运行，其电能损失也不容忽视，所以，变压器在没有负载时，应将其退出运行，以节约电能。

2. 负载运行

负载运行就是变压器二次侧接上负载运行，是变压器最基本的运行方式。由于二次侧接上了负载，因此二次侧绕组中有电流通过，电流大小由负载决定。变压器负载运行与空载运行相比，一次侧的电流明显增大，二次侧的端电压也根据负载的大小而发生变化，变压器负载运行与空载运行的主要区别就在于此。

3. 过载运行

过载运行是变压器超过额定容量运行的一种运行方式。变压器一般不允许过载运行，但在特殊情况下允许短时间内（几个小时）过载 15% 左右，最大不超过 30%，过载比例越大，允许过载的时间就越短，应根据具体情况慎重对待。变压器过载运行期间，应加强对运行情况的监视，其温升不允许超过铭牌规定的限值。

4. 并列运行

并列运行是将两台及以上变压器的高、低压侧分别并联起来接入线路，用以增加供电容量和经济运行。

变压器并列运行应满足以下条件：

1）变比应基本相等，最大误差不超过 0.5%。

2）接线组别应一致。

3）阻抗电压百分数基本相等，最大误差不超过 10%。

4）变压器的容量比不宜超过 1/3。

最理想的并列运行状况是：

1）空载时，并列运行的各变压器二次侧没有循环电流。

2）负载时，各变压器所承担的负荷电流按变压器的额定容量成正比例分配。

5. 低压侧中性点接地运行

低压侧中性点接地运行是把变压器低压侧中性点接地。它的特点是：变压器中性点始终是零电位，三相中任一相线对地都是相电压 220V，任一相线接地即形成短路故障，该相熔丝就会熔断，其他两相可以继续运行，如图 11-4（a）所示。

6. 低压侧中性点不接地运行

该运行方式是变压器低压侧中性点不接地，其特点是：当三相负荷不平衡时，变压器中性点不是零电位，如果三相中有一相接地，另外两相对地电压是线电压 380V，因此中性点不接地运行方式对设备的绝缘水平要求较高。中性点不接地系统一相接地未形成短路，线电压仍是对称的，所以三相负载还可以照常运行，如图 11-4（b）所示。

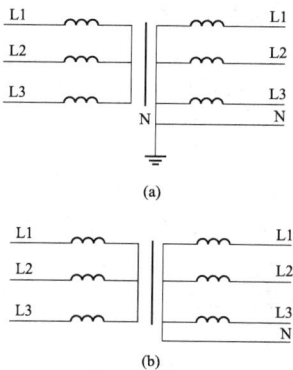

图 11-4　变压器低压侧中性
点的两种运行方式

（a）中性点接地；
（b）中性点不接地

五、配电变压器高低压熔丝的选择

配电变压器的高压侧和低压侧一般都采用熔丝作短路保护，高压采用跌落式熔断器，低压根据容量不同，可采用 RC1、管型或 RTO 等熔断器。跌落式熔断器是一种将隔离开关与熔断器合二为一的设备，当变压器内部或线路发生短路故障时，熔丝熔断，使熔丝管自动跌落，切断电源，从而保护了变压器。

1. 高压侧熔丝选择

高压熔断器应选用国家的定型产品，并与负荷电流、运行电压及安装点的短路容量相配合。

（1）容量在 100kVA 及以下者，高压熔丝按变压器高压侧额定电流的 2～3 倍选择。

（2）容量在 100kVA 以上者，高压熔丝按变压器高压侧额定电流的 1.5～2 倍选择。

高压熔丝的熔体通常是铜、银合金丝，其规格最小为 3A。当变压器容量在 20kVA 及以下时，其高压熔丝可选用 3A 的熔丝。

2. 低压侧熔丝的选择

变压器的低压侧熔丝可按其低压侧额定电流选择，即等于或稍大于

低压侧额定电流。10～315kVA 配电变压器的高、低压熔丝可按表 11-11
选用。

表 11-11　　　　　10～315kVA 配电变压器配用的熔丝　　　　　A

变压器容量 (kVA)	额定电压（kV）			
	10		0.4	
	变压器额定电流	熔丝额定电流	变压器额定电流	熔丝额定电流
10	0.58	3	14.4	15
20	1.15	3	28.8	30
30	1.73	5	43.3	50
50	2.89	7.5	72.1	80
63	3.64	10	90.9	100
80	4.62	10	115.5	120
100	5.77	15	144.3	150
125	7.22	15	180.4	200
160	9.24	20	230.9	250
200	11.54	20	288.7	300
315	18.19	30	454.7	475

六、配电变压器的停送电操作

配电变压器的高压侧一般采用跌落式熔断器进行控制，跌落式熔断
器既可作为高压线路和变压器的短路保护，又可用来接通或断开小容量
的空载变压器和小负荷电流。配电变压器的低压侧通常采用交流接触器
或低压自动断路器控制。

（1）送电操作。正确的操作顺序是，先送高压侧，后送低压侧。合
高压侧跌落式熔断器时，为防止风力作用造成弧光短路，应先合迎风
相，再合背风相，最后合中相；在合低压侧开关时，应先合低压侧总开
关，再合分路开关。

（2）停电操作。停电的操作顺序与送电时相反，即先停低压侧，后
停高压侧。停低压时，必须先停分路开关，再停总开关。在停高压侧跌
落式熔断器时，应先拉开中相，再拉开背风相，最后拉开迎风相。

（3）安全操作注意事项。

1）在进行停、送电操作时，要使用合格的安全操作工具，操作过
程要有人监护。

2）变压器只有在空载状态下才允许操作高压跌落式熔断器。

3）尽量不要在雨天或大雾天操作高压跌落式熔断器，以免产生大

的电弧或发生触电事故。

七、调整分接开关的操作

普通的配电变压器系无载调压，通过调整变压器分接开关的位置来保证变压器的输出电压在合理范围以内，调整方法如下：

(1) 调整分接开关以前，应先将变压器退出运行，确保变压器无电压，拆除高、低压侧引线，并做好相应的安全措施。

(2) 旋出分接开关防雨罩的固定螺钉，取下防雨罩。

(3) 调整分接开关前，应看清各分接头的位置标志，分清挡位。一般配电变压器共有 3 个挡位，Ⅱ挡代表变压器的额定电压，Ⅰ挡代表较额定电压增加 5%，Ⅲ挡代表较额定电压降低 5%。出厂时，分接开关一般都在Ⅱ挡。如要使变压器的输出电压升高，则应将变压器分接开关由Ⅱ挡调至Ⅲ挡，反之则应将变压器分接开关由Ⅱ挡调至Ⅰ挡。

(4) 分接开关的分接头长期浸在变压器油中，很可能产生氧化膜，容易造成接触不良，因此在调整分接头时，应正反向转动几次，用以清除触头上的氧化膜及油污，然后将分接头固定在所需位置。

(5) 为防止调整后接触不良，在调整分接头以后，应用电桥或数字万用表测量三相绕组相间和线间的直流电阻，其值应在合格范围以内。对于 1600kVA 以下的变压器，三相绕组的直流电阻相间误差值不应超过 4%，线间误差值不超过 2%。所测得的结果与变压器资料给出的数据或历次测量数据不应有大的出入，否则要分析原因，进行处理。

(6) 绕组的直流电阻值与变压器油温有很大关系，测量时应兼测变压器的上层油温，把测得的电阻值换算到油温为 20℃时的相应电阻值，再与规定值比较。

(7) 将测量结果及分接头调整情况做好记录，入档备查。

(8) 测量结束应先将绕组放电，然后再拆除测量接线，防止发生残余电荷触电事故。

(9) 调整完毕，检查锁紧位置，盖上防雨罩，旋紧固定螺栓。

八、配电变压器的巡视检查

变压器在运行中，工作人员应定期巡视检查，了解和掌握变压器的运行情况，发现问题及时解决，争取把故障消灭在萌芽状态。巡视检查的主要内容是：

(1) 变压器的温度、油温和油色应正常，储油柜的油位应与温度相对应，各部位无渗油、漏油，上层油温一般应在 85℃以下。

(2) 绝缘套管无破损裂纹、无放电痕迹、无严重油污及其他异常现象。

(3) 变压器运行声音正常，无异常音响。

(4) 观察指示仪表，检查变压器的负荷情况，检查三相电流是否平衡。

(5) 检查引线连接，应接触良好，不过热。

(6) 呼吸器（吸湿器）完好，吸附剂干燥（硅胶呈蓝色，不呈粉红色）。

(7) 变压器中性点、外壳及避雷器接地良好。

(8) 冷却系统运行正常（水冷、风冷、强迫风冷等）。

(9) 气体继电器应充满油无气体。

(10) 变压器室通风应良好，门窗、照明完好，不漏水。

(11) 特殊巡视。雷雨过后，应检查变压器高、低压套管有无破损或放电痕迹；大风时应检查变压器引线有无剧烈摆动现象，接头处有无松脱或晃动，有无杂物落到变压器上；夜间巡视主要检查变压器引线接点有无放电现象，连接处有无过热烧红等情况。高温季节应检查油位上升情况，天气趋冷，应检查油位下降情况。

九、配电变压器三相负荷不平衡管理

1. 配电变压器三相负荷不平衡的危害

低压电网普遍采用三相四线供电方式，由于单相负荷的接入及其开、关的随意性，加上单相负荷在三相上分配不均，配电变压器三相负荷不平衡状况不同程度地存在着。三相负荷不平衡产生的损耗在低压电网总损耗中占用一定比例，不平衡度越大，损耗越严重，还会影响配电变压器和用电设备的安全运行以及电压质量。

(1) 增加了低压线路的损耗。配电变压器三相负荷平衡时，中性线没有电流通过，因而不产生功率损耗；配电变压器三相负荷不平衡时，中性线有电流通过，中性线也要产生功率损耗，使线路损耗增加。

(2) 增加了配电变压器的有功损耗。

(3) 降低了配电变压器的出力。出力降低程度与不平衡度有关，不平衡度越大，出力降低程度越大，同时，配电变压器的过载能力亦降低。

(4) 三相负荷不平衡使中性点产生位移，造成三相电压不对称。三相负荷不平衡时，三相电流不一致，中性线有电流通过，从而使中性点位移，三相电压发生变化，负荷大的相压降大，负荷小的相压降小，造成三相电压不对称。

(5) 影响电动机输出功率，并使绕组温度升高。三相负荷不平衡造

成三相电压不对称，将在感应电动机定子中产生逆序旋转磁场，电动机在正、逆两序旋转磁场的作用下运行，由于正序旋转磁场比逆序旋转磁场大，所以电动机旋转方向不变，但由于转子逆序阻抗小，因此逆序电流大。逆序磁场、逆序电流将产生较大的制动力矩，使电动机输出功率降低，绕组温度升高，危及电动机安全运行。

2. 配电变压器三相负荷不平衡的管理措施

（1）加强对配电变压器三相负荷不平衡度的管理，用电管理部门应把降低不平衡度作为一项经济指标，列入考核项目，制定奖惩制度，以提高管理人员降低三相负荷不平衡度的自觉性和积极性。

（2）定期测量三相负荷电流，检查配电变压器三相负荷不平衡情况。测量应在白天和夜晚用电高峰时进行，测量后计算三相负荷的不平衡度。规程规定，配电变压器出口处三相负荷不平衡度不大于10％，其他地点不大于20％，中性线电流不应超过配电变压器额定电流的25％。如果计算或测量结果大于规定标准，应做好单相负荷的调整工作，力争用电高峰时三相负荷基本平衡，不平衡度越小越好。不平衡度计算公式如下

不平衡度＝（最大相电流－三相平均电流）/三相平均电流×100％

（3）调整三相不平衡负荷要做到"四平衡"，即计量点平衡、各支路平衡、主干线平衡和变压器出口平衡。在这四个平衡当中，重点是计量点平衡和各支路平衡，可把用户月平均用电量作为调整依据，把用电量大致相同的作为一类，分别均匀地调整到三相上。为了达到计量点三相负荷平衡，最好将三相电源同时引入计量点，尽量减少单相干线的线路长度。

（4）做好新增单相负荷的功率分配，将同时运行的和功率因数不同的单相设备，分别均匀分配到三相电路上。

（5）注意配电变压器供电范围内大的三相四线制用户内部的三相负荷平衡问题。此类用户对配电变压器的三相负荷不平衡度有较大影响，因此应协助他们调整本单位（用户）三相负荷不平衡度，这对用户本身也是有好处的。

如果低压电网中配电变压器的三相负荷不平衡度都达到规程规定的标准以下，其经济效益是十分可观的。

十、配电变压器常见故障及处理

配电变压器数量多，大部分长期露天运行，运行维护条件差，容易发生故障。变压器的故障可分为内部故障和外部故障两大类，内部故障主要有单相匝间短路、相间短路和单相接地等，外部故障主要有引线碰

壳接地、绝缘套管损坏以及由于绝缘套管损坏而造成的引线相间短路等。

（一）配电变压器的常见故障

1. 声音异常

变压器正常运行时，由于交流电通过变压器绕组磁通，使变压器铁芯振动而发出有规律的"嗡嗡"声。当变压器的负荷发生变化或变压器发生故障时，就会产生与正常运行时不一样的异常音响。

（1）声音比正常时沉重，但无杂音，一般是变压器过负荷引起的。变压器长期过负荷是变压器烧坏的主要因素，此时应减轻负荷或更换大容量的变压器。

（2）声音发尖，一般为变压器电压、电流过高引起，电压、电流过高对变压器的运行是不利的，而且对用户的电气设备也不利，还会增加变压器的铁损，应采取措施降低电源电压。

（3）声音混乱、嘈杂，变压器内部结构可能有松动，主要部件松动将影响变压器的正常运行，应及时进行检修。

（4）有"噼啪"的爆裂声，这种声音说明变压器铁芯或绕组的绝缘有击穿现象，应立即组织人员停电抢修。

（5）铁芯谐振会使变压器发出粗细不均的噪声。

（6）系统接地或短路，变压器通过较大的短路电流，也会使变压器发出很大的噪声。

2. 变压器油温过高

变压器上层油温过高的原因是过负荷、散热不好或内部故障，油温过高会损坏变压器的绝缘，严重时可烧毁变压器，所以一旦发现变压器油温过高，应及时查明原因，并采取相应的措施加以处理。

3. 变压器油颜色异常，有焦臭味

新变压器油是透明的淡黄色，变压器运行一段时间后会变为浅红色，如油色变暗，说明变压器的绝缘老化；若油色变黑（油中含有碳质）甚至有焦臭味，就说明变压器内部有绕组相间短路、铁芯绝缘局部烧毁等故障，应将变压器退出运行进行检修，并更换变压器油。

变压器油的主要作用是绝缘和冷却，油质变坏将影响变压器的正常运行，为了防止由于变压器油质变坏而发生严重故障，应定期取油样进行化验，以便及时发现问题。

4. 油位显著下降

变压器正常运行时油位的上升或下降是因为温度变化造成的，变化不会太大。如果油位下降明显，甚至从油位计中看不到油位，这就是变压器出现了漏油、渗油现象。油位太低将加速变压器油和绝缘的老化从而引起严重后果。因此，当变压器油位出现显著下降时，要认真查找渗、漏油的原因和部位，将变压器退出运行后进行处理。

5. 高、低压熔丝熔断

（1）高压熔丝熔断的原因有：变压器遭受雷击；变压器内部发生短路故障；所选熔丝规格偏小；低压熔丝选用规格过大，在低压侧发生故障时越级熔断。

（2）低压熔丝熔断的原因有：低压线路短路；低压侧负荷过大；低压熔丝选用规格偏小。

变压器高、低压熔丝熔断时，应分析、查找熔断原因，排除故障后，再换上合适的熔丝，不允许随意加大熔丝的规格。

6. 绝缘套管对地放电

绝缘套管表面不清洁或有裂纹和破损时，套管表面有泄漏电流通过，常出现"吱吱"的闪络声，阴雨或大雾天气还会发出"噼噼"放电声，易引起对地放电从而将绝缘套管击穿，造成变压器单相接地。所以，当发现绝缘套管对地放电时，应停电进行更换，平时应注意擦拭变压器绝缘套管。

7. 变压器着火

变压器在运行中发生火灾的主要原因有：铁芯穿心螺栓的绝缘损坏；铁芯硅钢片间的绝缘损坏；高压或低压绕组层间短路；严重过负荷；引出线短路或碰壳短路等。

变压器着火时，应首先切断电源，然后灭火。如果是变压器顶盖上部着火，应立即打开下部放油阀，将油放至着火点以下或全部放出，同时用四氯化碳、二氧化碳、干粉灭火器或干燥的砂子灭火，严禁用水或其他导电的灭火器灭火，特别是带电灭火时尤应注意。

8. 变压器烧毁

变压器运行时发生喷油、冒烟现象并伴有轰鸣声，说明变压器已经烧毁，其主要原因是：

（1）变压器本身绝缘老化，绝缘性能严重破坏，发生内部短路而烧毁。

（2）因低压线路发生短路或低压侧长时间过负荷而烧毁。应加强低压配电线路的管理维护和变压器的巡视检查，关注变压器的负荷情况特别是用电高峰时的负荷情况，按变压器的容量正确选择高、低压熔丝或断路器，避免因熔丝选择过大而烧毁变压器。

（3）遭受雷电过电压而烧毁。为防止雷击，变压器应装设避雷器并可靠接地，接地电阻应符合规程要求，避雷器和接地装置应定期试验合格。在多雷地区，变压器低压侧也应装设避雷器。

（4）在调整变压器分接开关时，没有将开关调准到挡位上，造成高压绕组部分短路，调整后没有测量绕组相间和线间的直流电阻，盲目送电运行。因此在调整分接开关时，一定要调准，并经测试接触良好，然后用销钉加以固定后，再送电运行。

（5）接拆变压器引线时，不慎将低压丝杠拧转一个角度，使低压引线碰壳接地，合闸后造成单相接地短路而烧毁变压器，因此在接拆变压器引线时不要让丝杠转动。

（二）变压器故障的检查方法

（1）通过对变压器的外部观察，判断变压器故障产生的部位。如果变压器温度显著升高、油质油色明显剧变、喷油，则可初步确定故障在变压器内部。

（2）用绝缘电阻表测量变压器高、低压各绕组间、各绕组对地，高压绕组对低压绕组的绝缘电阻，判断变压器绕组的绝缘强度是否合格。如果绝缘电阻值较小，还应测出吸收比（要求 $R_{60}/R_{15} \geqslant 1.3$）。若电阻值接近或等于零，说明绕组之间或绕组对地有击穿现象，或者绕组受潮。油浸电力变压器绕组绝缘电阻允许值见表 11-12。

表 11-12　　　　　　10kV 油浸电力变压器绕组绝缘电阻允许值　　　　　　MΩ

试验项目	温度（℃）							
	10	20	30	40	50	60	70	80
高压绕组对低压绕组	450	300	200	130	90	60	40	25
高压绕组对地	450	300	200	130	90	60	40	25
低压绕组对地	2				1			

（3）用 QJ23、QJ44 电桥或数字万用表测量每相高压绕组和低压绕组的直流电阻，记录各相电阻值数据，并与出厂或大修后的数据相比较。如无参考数据，可测量、比较高压侧 UV、VW、WU（或 AB、BC、CA）以及低压侧 uv、vw、wu（或 ab、bc、ca）之间的绝缘电阻是否符合规定，可以判断绕组是否正常，有无短路、断路现象，分接开关的接触电阻是否正常。若分接开关切换前后直流电阻变化较大，说明问题在开关触点上，不是绕组故障。此测试方法还可以检查引线与套管、引线与绕组之间的连接是否良好。

（4）用清洁干燥的玻璃瓶或专用油样瓶从变压器放油阀取出油样，

检查变压器油有无焦臭味，必要时将油样密封送专业部门进行变压器油化学分析，确定油样的耐压、闪点、燃点和水分含量等参数，据此判断油质好坏和变压器内部故障程度。

（三）配电变压器渗、漏油的处理

配电变压器渗、漏油是变压器常见的故障之一，情况严重时，整个变压器外面满是油尘，十分难看，漏油严重时，可不时看到有变压器油滴出。其主要原因有：油箱的焊接问题，密封胶垫老化，密封螺栓没有拧紧或不均匀，绝缘套管损坏或胶珠老化、压接不紧等。

（1）对渗、漏油比较严重的变压器，首先要退出运行，对变压器进行彻底清扫，把附着在上面的油尘清理干净，然后用洗洁精洗刷，在怀疑渗、漏的地方撒上滑石粉进行观察。

（2）对螺栓松动造成的渗、漏，应紧固螺栓。在紧螺栓时，用力要均匀，不可用力过大、过猛，以免造成大盖变形或绝缘套管损坏。

（3）如果是胶垫、胶珠老化造成的渗、漏油，应将变压器放油、吊芯，更换胶垫、胶珠。

（4）对于因焊接、砂眼等造成的渗、漏油，要采取补焊措施，焊接时应将变压器油放出。也可采用环氧树脂等黏合剂堵漏。

（5）定期大修，对于密封性差的橡胶垫、胶珠等，应全部更新。

（四）变压器紧急故障处理

变压器在运行中如声音异常、温度异常、油位过高或过低、漏油严重、喷油等，说明变压器出现了较严重的故障。发现下列情况，应立即将变压器退出运行。

（1）变压器内部有爆裂声。

（2）变压器温度异常升高。

（3）油位急剧上升。

（4）油色变化很大，油内出现碳粒。

（5）绝缘套管严重破损和放电。

（6）严重漏油，油位下降很快，油标看不到油面。

第二节 互 感 器

互感器属于仪用变压器，主要作用是将测量仪表、继电保护装置与高电压、大电流隔离，以保证操作人员和设备的安全。

一、电压互感器

电压互感器是将高电压变换为标准低电压（一般为 100V）的一种

电气设备，在电力系统广泛采用，其外形结构如图 11-5 所示。

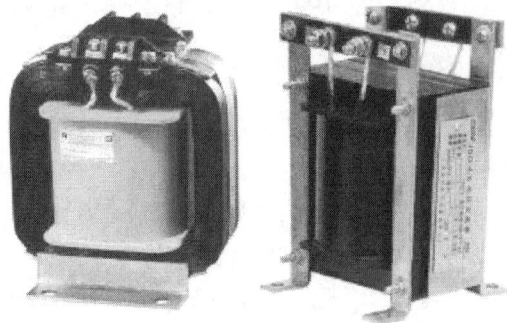

(a)

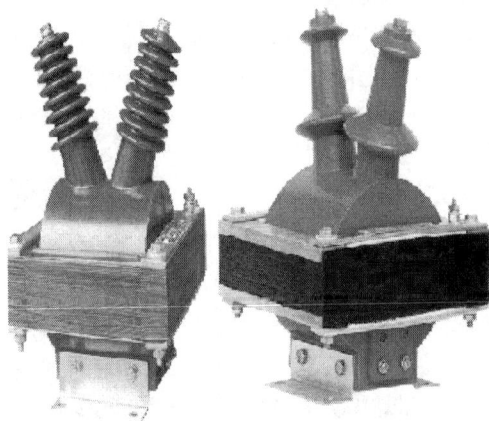

(b)

(c)

图 11-5　电压互感器的外形

（a）JDG-0.5 型；（b）JDZJ-10 型；（c）JDJJ-35 型

电压互感器的工作原理与变压器相同，测量时一次绕组与被测高压电路并联，二次绕组接测量仪表或继电保护装置。运行中的电压互感器二次侧不允许短路，否则会烧毁二次绕组。

1. 电压互感器的技术参数（见表 11-13）

表 11-13　　　　　　　　　电压互感器主要技术参数

型号	额定电压 (V)			额定电流 (A)			最大负荷 (VA)
	一次绕组	二次绕组	辅助绕组	0.5 级	1 级	3 级	
JDG-0.5	220	100		25	40	100	200
JDG2-0.5	380			15	25	50	100
JSGW-0.5	380	100	100/3	50	80	250	340
JDZ-6	6000	100		50	80	200	300
JDZ-10	10000			80	150	300	500
JDZJ-6	$6000/\sqrt{3}$	$100\sqrt{3}$	100/3	30	50	100	200
JDZJ-10	$10000/\sqrt{3}$			40	60	150	300
JDJ-6	6000	100		50	80	200	400
JDJ-10	10000			80	150	320	640
JSJB-6	6000	100		80	150	320	640
JSJB-10	10000			120	200	480	960
JSJW-6	6000	100	100/3	150	150	320	640
JSJW-10	10000			200	200	480	960
JDJJ-35	$35000/\sqrt{3}$	$100\sqrt{3}$	100/3	150	250	600	1200
JDJJ1-35						500	1000
JDJJ2-35						500	1000

2. 电压互感器的使用

（1）电压互感器的一次绕组应并联在高压电路中，二次绕组与测量仪表、继电保护装置等并联。

（2）电压互感器的二次绕组和外壳应可靠接地，以免电压互感器的绝缘击穿时，二次绕组和外壳上出现的高电压危及工作人员，损坏测量仪表和继电保护装置。

（3）为防止电压互感器的一、二次侧短路，电压互感器的一、二次侧应装设熔断器。

3. 电压互感器的运行维护

（1）检查电压表的指示是否正常，检查电压互感器的负荷是否正常，要求负荷应不高于电压互感器的最大容量。

（2）检查导线接头是否接触良好，要求一次侧导线接头不过热，二次侧导线不应有腐蚀和损伤，一、二次侧熔断器应完好，无短路现象。

（3）检查二次侧接地是否良好。

（4）检查内部有无放电声和剧烈振动，特别是当线路接地时，应注意接地监视装置的电压互感器声音是否正常，有无异味。

（5）检查环氧树脂套管状态，有无放电痕迹和声音。

（6）对于充油电压互感器，应检查油量是否充足，有无渗漏现象。

二、电流互感器

电流互感器又称变流器，它是将高压或低压大电流变换成标准小电流（一般为 5A）的一种电气设备，在电力系统广泛采用，其外形结构如图 11-6 所示。

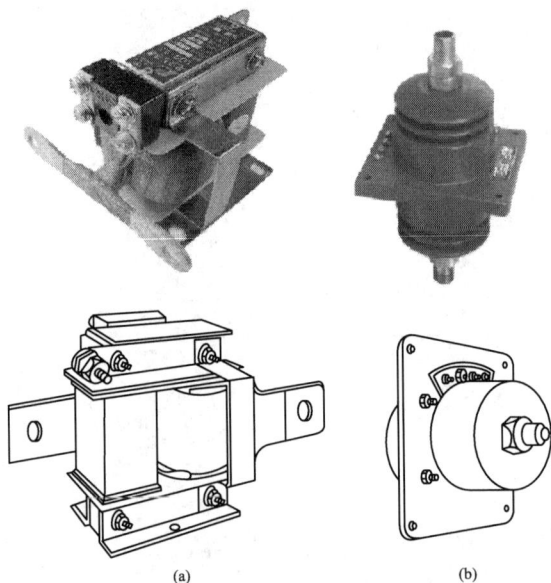

图 11-6　电流互感器的外形
（a）LQG-0.5 型；（b）LDZJ1-10 型

电流互感器的工作原理与变压器相同，测量时，一次绕组串联在被测线路中，二次绕组接测量仪表、继电保护装置等。电流互感器的主要用途是与电流表配合，测量电力系统的电流，还可与继电器配合，保护电气设备和人身的安全。

1. 电流互感器的技术参数（见表 11-14）

表 11-14 电流互感器的主要技术参数

型号	额定电压（kV）	额定一次电流（A）	额定二次电流（A）	级别	额定负载（Ω）
LMZ1-0.5 LMK1-0.5	0.5	5、10、15、30、50、75、150	5	0.5	0.2
		20、40、100、200		1	0.3
		300、400			
LMZJ1-0.5 LMKJ1-0.5	0.5	5、10、15、30、50、75、150、300	5	0.5	0.4
		20、40、200、400		1	0.6
LMZB1-0.5 LMKB1-0.5	0.5	5、10、15、30、75、100、150、300	5	0.5	0.4
				1	0.6
		20、40、200、400		3	1
LA-10	10	5～200	5	0.5	0.4
				1	0.4
		300、400		3	0.6
LAJ-10	10	20～200	5	0.5	1
		300		1	1
		400		D	2.4
LDZ-10	10	300、400、500	5	0.5	0.4
				1	0.6
				3	0.6
LDZJ1-10	10	20、40、200、400	5	0.5	0.8
				1	1.2
				D	1.2

2. 电流互感器的选择

（1）电流互感器一次额定电流应在运行电流的 20％～120％ 范围内。

（2）根据测量目的和保护方式，选择电流互感器的准确度等级。

（3）二次负载所消耗的功率，不应超过电流互感器的额定容量。

（4）运行电压应与电流互感器一次额定电压相匹配。

（5）按不同要求，选择合适的接线方式。

3. 电流互感器的使用

（1）电流互感器的二次侧工作时不得开路，开路将产生：一是铁芯由于磁通剧增过热，烧毁二次绕组，并产生剩磁，降低准确度；二是二次绕组可感应出危险的高电动势，危及设备和人身安全。因此在电流互感器的二次回路中，不允许装设熔断器或刀开关。在电气设备运行情况下拆装仪表或其他装置时，应先将电流互感器的二次侧短路。

（2）为防止电流互感器一、二次绕组绝缘击穿时，一次侧的高电压窜入二次侧，危及设备和人身安全，其二次侧必须有一端可靠接地。

（3）电流互感器在连接时，要注意一、二次绕组接线端子的极性。

4. 电流互感器的运行维护

（1）检查电流互感器是否过热，有无异味，检查接头是否松动。

（2）检查电流表指示，如果指示为零或比正常时小得多，说明有开路现象，应立即检查排除。

（3）听电流互感器运行的声音，如果"嗡嗡"声异常大，说明有二次开路现象，应立即检查排除。

（4）检查绝缘套管和其他绝缘介质有无裂纹、破损。

（5）定期检查绝缘，对于 10kVA 以上的电流互感器，一次侧用2500V 绝缘电阻表，二次侧用 1000V 绝缘电阻表。

（6）检查二次回路及外壳接地情况，应良好。

（7）电流互感器的油量应充足，无漏油现象。

（8）检查电流互感器的负荷情况，过负荷的应及时调换。

第三节　控制变压器

控制变压器是一种小型干式变压器，主要用于机床等机械设备控制电器的电源和低压照明，家用电器、电子设备的电源变压器也常采用它。常用的控制变压器有 BK、BKC 系列，其技术参数见表 11-15。

表 11-15　　　　　BK、BKC 系列控制变压器的技术参数

型号	额定容量（VA）	初级电压（V）	次级电压（V）	外形尺寸（长×宽×高）（mm）
BK-25	25			$80 \times 75 \times 89$
BK-50	50		6.3	$86 \times 88 \times 97$
BK-100	100		12 24	$105 \times 94 \times 110$
BK-150	150	220	36	$105 \times 103 \times 110$
BK-200	200	380	110	$105 \times 115 \times 110$
BK-250	250		127	$134 \times 125 \times 135$
BK-300	300		220 380	$134 \times 132 \times 135$

型号	额定容量（VA）	初级电压（V）	次级电压（V）	外形尺寸（长×宽×高）（mm）
BK-400	400			135×140×148
BK-500	500			135×152×148
BK-700	700			153×146×160
BK-1000	1000			153×169×160
BK-1500	1500		6.3 12	185×234×210
BK-2000	2000		24	185×249×210
BK-3000	3000	220	36	203×250×235
BK-5000	5000	380	110	245×286×265
BKC-25	25		127	80×60×85
BKC-50	50		220	80×75×100
BKC-100	100		380	96×85×105
BKC-150	150			97×86×122
BKC-200	200			102×95×136
BKC-250	250			102×95×136

第四节　自耦变压器

自耦变压器主要用作调压设备，由铁芯、绕组、电刷、手柄、外壳组成。与控制变压器不同的是，控制变压器一、二次绕组是各自独立的，它们之间只有磁的联系，没有电的联系，而自耦变压器的二次绕组是一次绕组的一部分，一、二次绕组之间既有磁的联系，又有电的联系。

自耦变压器的外形和原理图如图 11-7 和图 11-8 所示，其技术参数见表 11-16。

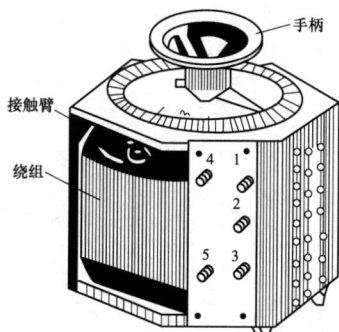

图 11-7　自耦变压器的外形图

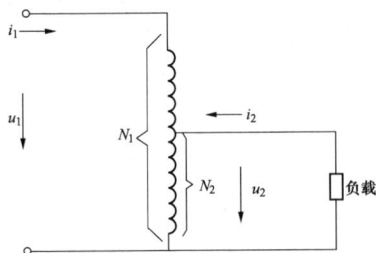

图 11-8　自耦变压器的原理图

表 11-16　　　　　　　　　　自耦变压器的技术参数

型号	输出容量（kVA）	输入电压（V）	输出电压（V）	输出电流（A）	损耗（W）	外形尺寸长×宽×高（mm）	质量（kg）
TDGC2-0.2/0.5	0.2	220	0～250	0.8	10	130×115×125	2.4
TDGC2-0.5/0.5	0.5			2	23	150×132×136	3.3
TDGC2-0.7/0.5	0.7	220	0～100 0～250	7		210×195×215	13.5
TDGC2-0.75/0.5	0.75	75～84	0～84	9		210×195×235	14
TDGC2-1/0.5	1			4	35	207×182×160	6.1
TDGC2-2/0.5	2			8	57	207×182×190	8.5
TDGC2-3/0.5	3			12	73	235×210×198	11
TDGC2-4/0.5	4			16	85	272×245×248	12.5
TDGC2-5/0.5	5	220	0～250	20	97.5	272×245×248	15.5
TDGC2-7/0.5	7			28	121	358×320×262	26.5
TDGC2-10/0.5	10			40	173	358×320×262	28.8
TDGC2-15/0.5	15			60	283	395×320×505	53
TDGC2-20/0.5	20			80	367	395×320×505	59
TDGC2-30/0.5	30			120	561	395×320×730	88.5

第五节　变压器的基本计算

一、变压器的参数计算

1. 变压器额定容量计算

单相变压器

$$S_e = U_e I_e \qquad (11-1)$$

三相变压器

$$S_e = \sqrt{3} U_e I_e \qquad (11-2)$$

2. 变压器额定电流计算

一次侧额定电流

$$I_{1e} = S_{e/} \sqrt{3} \ U_{1e} \qquad (11-3)$$

二次侧额定电流

$$I_{2e} = S_{e/} \sqrt{3} \ U_{2e} \qquad (11-4)$$

式中：S_e 为变压器额定容量，kVA；U_e 为额定电压，kV；I_e 为额定电流，A；I_{1e}、I_{2e} 为变压器一次侧、二次侧额定电流，A；U_{1e}、U_{2e} 为变压器一次侧、二次侧额定电压，kV。

3. 变压器的变压比计算

$$K = U_1/U_2 = N_1/N_2 \qquad (11-5)$$

$U_1/U_2 = I_2/I_1 = K$ 即

$$U_1 I_1 = U_2 I_2 \qquad (11-6)$$

式中：K 为变压比；U_1、U_2 为变压器一、二次电压，V；N_1、N_2 为变压器一、二次绕组匝数，匝；I_1、I_2 为变压器一、二次电流，A。

4. 三相变压器绕组作星形或三角形联结时的计算

$$S = 3U_\phi I_{\phi A} = \sqrt{3} U_L I_L \qquad (11-7)$$

（1）绕组作星形联结的计算

$$U_L = \sqrt{3} U_\phi \qquad (11-8)$$
$$I_L = I_\phi$$

（2）绕组作三角形联结的计算

$$U_L = U_\phi \qquad (11-9)$$
$$I_L = \sqrt{3} I_\phi \qquad (11-10)$$

式中：S 为变压器容量，kVA；U_L 为线电压，kV；I_L 为线电流，A；U_ϕ 为相电压，kV；I_ϕ 为相电流，A。

【例 11-1】 设计一变压器，使电压由 220V 降到 24V，如果一次绕组匝数为 1320，求变压器二次绕组的匝数。

解 由 $U_1/U_2 = N_1/N_2$ 得

$$N_2 = U_2 N_1/U_1 = 24 \times 1320/220 = 144 \text{（匝）}$$

【例 11-2】 某焊接用变压器，其低压侧绕组有 1 匝，输出电流为

300A，如果高压侧绕组有 30 匝，求高压侧电流。

解 由 $I_1/I_2 = N_2/N_1$ 得

$$I_1 = I_2 N_2/N_1 = 300 \times 1/30 = 10 \text{ (A)}$$

【例 11-3】 S9-200/10 三相电力变压器一台，接线组别为 Yyn0，电压比为 10/0.4kV，计算一、二次相电压、线电压和相电流、线电流。

解 (1) 一次线电压

$$U_{1L} = 10 \text{kV}$$

(2) 一次相电压

$$U_{1\phi} = U_{1L}/\sqrt{3} = 10/\sqrt{3} = 5.78 \text{ (kV)}$$

(3) 一次线电流 I_{1L} 等于一次相电流，即

$$I_{1\phi} = S/\sqrt{3} U_{1L} = 200/\sqrt{3} \times 10 = 11.55 \text{ (A)}$$

(4) 二次线电压

$$U_{2L} = 0.4 \text{kV}$$

(5) 二次相电压

$$U_{2\phi} = U_{2L}/\sqrt{3} = 0.4/\sqrt{3} = 0.23 \text{ (kV)}$$

(6) 二次线电流 I_{2L} = 二次相电流

$$I_{2\phi} = S/\sqrt{3} U_{2L} = 200/\sqrt{3} \times 0.4 = 288.7 \text{ (A)}$$

5. 变压器的特性阻抗

(1) 空载阻抗

$$Z_m = U_{1e}/I_{10} \qquad (11-11)$$

式中：Z_m 为空载阻抗，Ω；U_{1e} 为一次额定电压，V；I_{10} 为一次空载电流，A。

(2) 短路阻抗

$$Z_{DL} = U_{DL}/I_{1e} \qquad (11-12)$$

式中：Z_{DL} 为短路阻抗，Ω；U_{DL} 为一次短路电压，V，其意义是当变压器二次绕组短路、一次电压为 Z_{DL} 时，一次电流为额定值；I_{1e} 为一次额定电流，A。

(3) 短路电压

$$u_d\% = U_{DL}/U_{1e} \times 100\% \qquad (11-13)$$

式中：$u_d\%$ 为短路电压（阻抗电压），一般双绕组变压器的短路电压为 4%～10%，可由变压器铭牌中查出。

(4) 阻抗变换关系。设 Z_1 为一次阻抗，Ω；Z_2 为二次阻抗，Ω；U_1 为一次电压，V；U_2 为二次电压，V；P_1 为一次功率，W；P_2 为二次功

率，W；则

$$P_1 = U_1^2/Z_1 \quad P_2 = U_2^2/Z_2$$

可得

$$U_1^2/Z_1 = U_2^2/Z_2$$

所以

$$Z_1/Z_2 = (U_1/U_2)^2 = K^2 \tag{11-14}$$

即

$$\sqrt{Z_1/Z_2} = U_1/U_2 = K$$

二、变压器的损耗和效率计算

（1）有功损耗。有功损耗由空载损耗和负载损耗两部分组成，计算公式为

$$\Delta P_B = \Delta P_0 + \Delta P_d (S_{js}/S_e)^2 \tag{11-15}$$

式中：ΔP_B 为变压器有功损耗，kW；ΔP_0 为变压器空载损耗，kW；ΔP_d 为变压器负载损耗，kW；S_e 为变压器额定容量，kVA；S_{js} 为变压器的计算负荷，kVA。

（2）无功损耗。无功损耗由两部分组成，一部分用来产生主磁通，即产生空载电流；一部分消耗在漏电抗上，计算公式为

$$\Delta Q_B = \Delta Q_O + \Delta Q_e (S_{js}/S_e)^2 \tag{11-16}$$

式中：ΔQ_B 为变压器的无功损耗，kvar；ΔQ_O 为用于产生主磁通的无功损耗，$\Delta Q_O = I_0\% \cdot S_e$（$I_0\%$ 为变压器的空载电流），kvar；ΔQ_e——消耗在漏电抗上的无功损耗额定值，$\Delta Q_e = u_d\% \cdot S_e$（$u_d\%$ 为变压器的短路电压），kvar。

（3）变压器的效率。变压器的效率是其输出的有功功率与输入的有功功率之比。即

$$\eta = P_2/P_1 \times 100\% = P_2/(P_2 + \Delta P_B) \times 100\% \tag{11-17}$$

式中：η 为变压器的效率；P_1 为输入有功功率，kW；P_2 为输出有功功率，kW；ΔP_B 为变压器的有功损耗，kW。

变压器效率的计算公式为

$$\eta = \sqrt{3}U_2 I_2 \cos\varphi / (\sqrt{3}U_2 I_2 \cos\varphi + \Delta P_B) \times 100\% \tag{11-18}$$

式中：U_2 为电压，kV；I_2 为变压器的输出电流，A；$\cos\varphi$ 为负载功率因数。

上面公式计算的是三相变压器的效率，如为单相变压器，只需将式中的 $\sqrt{3}$ 去掉即可。

第六节 电力变压器的选择计算

正确确定变压器的容量和台数，对于变压器的经济运行、降低电能损耗、提高利用率有直接的关系。如果容量选择过大，将造成"大马拉小车"，使变压器处于轻载状态，造成无功损耗增大，功率因数降低，导致线损增大，还增加了设备投资。如果容量选择过小，变压器将长期处于过载状态，将缩短变压器的使用寿命，时间长了将烧坏变压器。

一、工厂车间变电站和总降压变电站变压器台数和容量选择

1. 工厂车间变电站变压器台数和容量选择

(1) 台数选择。一般情况下，车间变电站设置 1～2 台变压器。对Ⅰ、Ⅱ级负荷，可设置 2 台变压器；对Ⅱ、Ⅲ级负荷，可设置 1 台变压器。

(2) 容量选择。设置 1 台变压器的变电站，变压器的容量 S_e 应满足车间全部用电设备总计算负荷 S_{js} 的需要，即 $S_e \geqslant S_{js}$。如考虑负荷可能有较大增长时，可采用预留一台变压器的方案。

设置 2 台变压器的变电站，每台变压器的容量都应该同时满足两个条件。

1) 任一台变压器单独运行时，应能满足用电设备总计算负荷的 $60\%\sim70\%$ 的需要。即

$$S_e \geqslant (0.6 \sim 0.7)S_{js} \tag{11-19}$$

2) 任一台变压器单独运行时，应能满足Ⅰ、Ⅱ级负荷的需要。即

$$S_e \geqslant S_{js}(Ⅰ+Ⅱ) \tag{11-20}$$

【例 11-4】 某 10/0.4/0.23kV 车间变电站，总计算负荷为 760kVA，其中Ⅰ、Ⅱ级负荷为 450kVA，选择该车间变电站变压器的台数和容量。

解 应选择两台变压器，

$$S_{js}=760\text{kVA}$$

$$S_e \geqslant (0.6\sim0.7)\,S_{js}=(0.6\sim0.7)\times760=456\sim532\,(\text{kVA})$$

$$S_e \geqslant S_{js}\,(Ⅰ+Ⅱ)=450\,(\text{kVA})$$

查 10kV 电力变压器技术数据，选择 S9-500/10 型变压器两台。

2. 工厂总降压变电站变压器台数和容量选择

(1) 台数选择。总降压变电站变压器的台数选择，原则上与车间变电站相同，一般装设 1～2 台变压器。

(2) 容量选择。

1) 装设一台变压器的总降压变电站。图 11-9 是某工厂的日负荷曲

线，图 11-10 是 K_e—K_m 关系曲线。

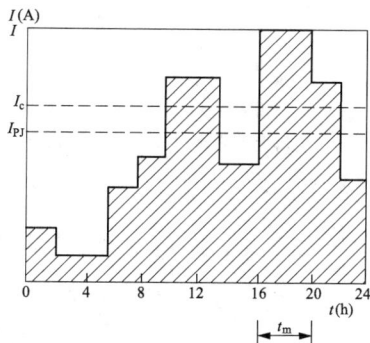

图 11-9　日负荷曲线

I_{PJ}—日平均负荷；I_m—最大负荷；t_m—最大负荷持续时间

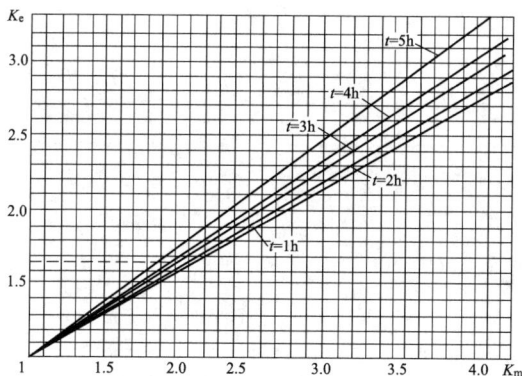

图 11-10　K_e—K_m 关系曲线

可以根据日负荷曲线和 K_e—K_m 关系曲线选择变压器容量。

$$K_e = I_e / I_{PJ} \tag{11-21}$$

$$K_m = I_m / I_{PJ} = 1/d \tag{11-22}$$

式中：I_e 为变压器额定电流，A；d 为填充系数，$d = I_{PJ} / I_m$。

【例 11-5】　某工厂的日负荷曲线中平均负荷为 322A，最大负荷为 644A，最大负荷持续时间为 3h，根据以上条件选择总降压变电站 35/11kV 降压变压器的容量。

解　$K_m = I_m / I_{PJ} = 644/322 = 2$

查图 11-10 中 K_e—K_m 关系曲线，当 $t_m = 3$h 时

$$K_e = I_e/I_{PJ} = 1.63$$

$$I_e = 1.63 I_{PJ} = 1.63 \times 322 = 524.86 \ (\text{A})$$

$$S_e = \sqrt{3}\, U_e I_e = 1.73 \times 11 \times 524.86 = 10\ 000 \ (\text{kVA})$$

查阅 35kV 电力变压器技术数据选择 S9-10000/35/11 型变压器。

需要说明的是，电力变压器具有短时过负荷能力，在进行容量选择时，可以校验其过负荷程度和允许过负荷时间，可参考表 11-17。

表 11-17 　　　　　双绕组油浸变压器的允许过负荷倍数

日负荷曲线填充系数 a	最大负荷在下列持续时间下的过负荷倍数（%）					
	2	4	6	8	10	12
0.5	28	24	20	16	12	7
0.6	23	20	17	14	10	6
0.7	17.5	15	12.5	10	7.5	5
0.75	14	12	10	8	8	4
0.8	11.5	10	8.5	7	5.5	3
0.85	8	7	6	4.5	3	2
0.9	4	3	2	—	—	—

【例 11-6】 根据 ［例 11-5］ 给出的已知条件，校验在最大负荷情况下的允许过负荷倍数。

解 填充系数为

$$a = 1/K_m = 1/2 = 0.5$$

最大负荷持续时间

$$t_m = 3h$$

查表 11-17 可知其允许过负荷倍数为 26%，而变压器的实际过负荷倍数

$$I_m/I_e = 644/524.86 = 1.227$$

实际过负荷倍数为 22.7% < 26%。

【例 11-7】 某工厂有一台容量为 750kVA 的三相变压器，该厂原有负载为 500kW，平均功率因数为 0.8，此变压器是否满足需要？如果负载增加到 675kW，变压器容量应为多少？如果利用原变压器，采用补偿电容将功率因数提高到多少才能满足需要？

解 （1）$S_e \cos\varphi_1 = 750 \times 0.8 = 600\text{kW} > 500\text{kW}$

当负载为 500kW，平均功率因数为 0.8，750kVA 的三相变压器能

满足需要。

（2）$P/\cos\varphi_1 = 675 \times 0.8 \approx 845kVA$

如果负载增加到 675kW，变压器容量应为 845kVA。

（3）$\cos\varphi_2 = P/S_e = 675/750 = 0.9$

如果利用原变压器，采用补偿电容将功率因数提高到 0.9 才能满足需要。

【例 11-8】 一台三相变压器，额定容量为 100kVA，二次绕组以 0.4kV 的线电压向三角形联结的负载供电，负载每相等效电阻为 3Ω，等效感抗为 2Ω，计算变压器能否担负该负载？

解 先计算变压器二次绕组的线电流、相电流

$$I_{2L} = U_1/\sqrt{3}\ U_2 = 100/\sqrt{3} \times 0.4 = 144.5\ (A)$$

$$I_{2\phi} = I_{2L}/\sqrt{3} = 144.5/\sqrt{3} = 83.5\ (A)$$

计算负载每相等效阻抗

$$Z = \sqrt{R^2 + X_L^2} = \sqrt{3^2 + 2^2} = \sqrt{13} = 3.6\ (\Omega)$$

计算每相需要的电流

$$I = U_2/Z = 400/3.6 = 111\ (A)$$

$$I_{2\phi} < I，变压器不能担负该负载。$$

3. 装设两台变压器的总降压变电站

装设两台变压器的总降压变电站有两种选择方式，一种是 2 台变压器都按 100%的负荷选择，一台工作，另一台备用；另一种是 2 台变压器都按最大负荷的 70%左右选择，正常情况下 2 台变压器同时运行，故障情况下一台变压器停运，另一台变压器过负荷运行。这种选择方式，既能保证正常情况下 2 台变压器的经济运行，也可保证变压器在故障情况下的安全运行。

二、农村配电变压器的容量选择

1. 排灌专用变压器的容量选择

（1）先按电动机的额定功率计算变压器的容量

$$S_b = \sum P_{dj}/0.7 \sim 0.75 \tag{11-23}$$

式中：S_b 为配电变压器的容量，kVA；$\sum P_{dj}$ 为排灌电动机的总容量，kW；0.7～0.75 为电动机功率因数和效率的综合系数。

（2）用直接启动最大一台电动机来校验

$$S_{b1} = P_{bj\cdot d}/0.35 \tag{11-24}$$

式中：S_{b1} 为配电变压器的校核容量，kVA；$P_{bj\cdot d}$ 为最大一台电动机的

容量，kW；0.35 为电动机直接启动系数。

2. 综合负荷配电变压器的容量选择

（1）先估算变压器的容量

$$S_g = \sum P K_t / 0.75 \sim 0.8 \tag{11-25}$$

式中：S_g 为配电变压器的估算容量；$\sum P$ 为总计负荷（kW）；K_t 为负荷同时系数；$0.75 \sim 0.8$ 为功率因数和效率的综合系数。

（2）计算变压器的经济容量

$$S_b = K_1 K_2 A / \cos\varphi_2 \tag{11-26}$$

式中：K_1 为变压器的经济容量系数；K_2 为近期（$2 \sim 3$ 年）负荷发展系数（$1.0 \sim 1.2$）；A 为变压器全年的负荷电量，kWh；$\cos\varphi_2$ 为负荷的功率因数（$0.8 \sim 0.85$）。

K_1 可按下面公式计算

$$K_1 = \sqrt{P_d / P_0 \cdot (1 / T_f \cdot T_d)} \tag{11-27}$$

式中：P_d 为变压器短路损耗，W；P_0 为变压器空载损耗，W；T_f 为变压器全年带负荷时间，h；T_d 为变压器全年受电时间，h；P_d / P_0 为变压器的损耗比，见表 11-18。

表 11-18   变压器的损耗比

变压器型号	S13	S11	S9	S7	SL7	SJL
P_d / P_0	8.1	6.9	5.1	6.3	6.3	3.5

第七节 小型变压器计算

一、小型单相变压器的计算

对于电源频率为 50Hz、容量在 1000VA 以下的小型单相变压器，须进行下面几个项目的计算，其计算公式如下：

1. 计算铁芯截面积

$$A_c = K_c \sqrt{S} \tag{11-28}$$

式中：A_c 为铁芯截面积，cm^2；S 为变压器容量，VA；K_c 为截面积系数，$K_c = 1.2 \sim 2$，K_c 的大小由硅钢片质量决定，一般硅钢片 $B = 0.8 \sim 1T$，K_c 取 1.25；质量较好的硅钢片 $B \geqslant 1T$，K_c 可取较小值；质量较差的硅钢片 $B \leqslant 0.6T$，K_c 可取 2。

2. 计算每伏匝数

$$N_0 = 45 / B A_c \tag{11-29}$$

式中：N_0为每伏匝数，匝/V；B为铁芯最大磁通密度，T；A_C为铁芯截面积 cm^2。

3. 计算一、二次绕组匝数

$$N_1 = U_1 N_0 \tag{11-30}$$
$$N_2 = U_2 N_0 \tag{11-31}$$

式中：N_1为变压器一次绕组匝数；N_2为变压器二次绕组匝数；U_1为变压器一次电压，V；U_2为变压器二次电压，V。

4. 计算导线直径

$$d = 1.13\sqrt{I/\delta} \tag{11-32}$$

式中：d为导线直径，mm；I为导线电流，A；δ为允许电流密度，δ与变压器的容量和使用条件有关，一般 100VA 以下连续使用的变压器，取 $\delta = 2.5A/mm^2$；大于 100VA 取 $\delta = 2A/mm^2$；高压油浸式变压器，取 $\delta = 4 \sim 5A/mm^2$。

5. 核算铁芯窗口是否能容纳变压器一、二次绕组

小型变压器的层间绝缘一般采用厚度为 0.05mm 的牛皮纸。如果线径较粗，层间绝缘可采用厚度为 0.12mm 的青壳纸或较厚的牛皮纸；如果线径较细，则可采用厚度为 0.05~0.02mm 的白玻璃纸。绕组间电压不超过 500V 时，可用 2~3 层牛皮纸或青壳纸。变压器框架的有效长度为铁芯窗口高度的 0.9 倍，绕组总厚度小于铁芯窗口宽度。小功率变压器常用标准铁芯每匝伏数见表 11-19。

GE 系列变压器硅钢片技术数据见表 11-20。

【例 11-9】 一台单相控制变压器，一次绕组电压为 380V，二次有两个绕组，电压分别为 127V 和 36V。如果一次绕组匝数是 760，计算二次绕组各是多少匝，在 36V 电路中接入额定电压为 36V 的白炽灯 2 盏，此时一、二次绕组的电流分别是多少？

解 控制变压器二次绕组中 127V 绕组的匝数为 N_2，36V 绕组的匝数为 N_3。

$$N_2 = U_2 N_1 / U_1 = 127 \times 760 / 380 = 254 \text{（匝）}$$
$$N_3 = U_2 N_1 / U_1 = 36 \times 760 / 380 = 72 \text{（匝）}$$

在 36V 电路中，接入白炽灯时的电流

$$I_3 = P/U = 40 \times 2/36 \approx 2.2 \text{ (A)}$$

一次绕组电流

$$I_1 = N_3 I_3 / N_1 = 72 \times 2.2 / 760 \approx 0.208 \text{ (A)}$$

表 11-19

小功率变压器常用标准铁芯每匝伏数

铁芯片型号	铁芯规格	中间铁芯截面 (cm²)	最大磁感应强度值 (T) 每匝伏数 (V/匝)												
			0.7	0.75	0.8	0.85	0.9	0.95	1.0	1.1	1.2	1.25	1.3	1.4	1.5
GEI10	10×12.5	1.14	0.0177	0.0189	0.0202	0.0214	0.0227	0.024	0.0253	0.0278	0.0303	0.0315	0.0328	0.0354	0.0379
	10×15	1.37	0.0212	0.0227	0.0242	0.0257	0.0272	0.0289	0.0304	0.0334	0.0364	0.0379	0.0394	0.0425	0.0456
	10×17.5	1.59	0.0245	0.0264	0.0281	0.0299	0.0316	0.0335	0.0353	0.0388	0.0423	0.044	0.0458	0.0494	0.0529
	10×20	1.82	0.0282	0.0302	0.0322	0.0342	0.0362	0.0384	0.0404	0.0444	0.0484	0.0504	0.0524	0.0565	0.0606
CEI12	12×15	1.64	0.0254	0.0272	0.029	0.0308	0.0326	0.0346	0.0364	0.04	0.0436	0.0454	0.0472	0.0509	0.0546
	12×18	1.97	0.0305	0.0327	0.0348	0.037	0.0392	0.0415	0.0437	0.048	0.0524	0.0545	0.0567	0.0612	0.0656
	12×21	2.28	0.0353	0.0378	0.0403	0.0428	0.0453	0.0481	0.0506	0.0556	0.0606	0.0631	0.0656	0.0708	0.0759
	12×24	2.62	0.0406	0.0434	0.0463	0.0492	0.0521	0.0552	0.0581	0.0639	0.0696	0.0725	0.0754	0.0814	0.0872
CEI14	14×18	2.29	0.0355	3.038	0.0405	0.043	0.0455	0.0483	0.0508	0.0558	0.0609	0.0634	0.0659	0.0711	0.0762
	14×21	2.68	0.0415	0.0444	0.0474	0.0504	0.0533	0.0565	0.0594	0.0654	0.0713	0.0742	0.0772	0.0833	0.0892
	14×24	3.06	0.0474	0.0508	0.0541	0.0575	0.0609	0.0645	0.0679	0.0746	0.0814	0.0847	0.0881	0.0951	0.1019
	14×28	3.57	0.0553	0.0592	0.0632	0.0671	0.071	0.0753	0.0792	0.0871	0.0949	0.0989	0.1028	0.1109	0.1189
CEI16	16×20	2.91	0.0451	0.0483	0.0515	0.0547	0.0579	0.0614	0.0646	0.071	0.0774	0.0806	0.0838	0.0904	0.0969
	16×24	3.49	0.0541	0.0654	0.0617	0.0656	0.0694	0.0736	0.0874	0.0851	0.0928	0.0966	0.1005	0.1084	0.1162
	16×28	4.08	0.0632	0.0677	0.0722	0.0767	0.0812	0.0861	0.0905	0.0995	0.1085	0.113	0.1175	0.1268	0.1358
	16×32	4.66	0.0722	0.0773	0.0825	0.0876	0.0927	0.0983	0.1034	0.1137	0.1239	0.129	0.1342	0.1448	0.1551
CEI19	19×24	4.15	0.0643	0.0689	0.0734	0.078	0.0826	0.0875	0.0921	0.1012	0.1104	0.1149	0.1195	0.1289	0.1382
	19×28	4.84	0.075	0.0803	0.0856	0.091	0.0963	0.1021	0.1074	0.1181	0.129	0.134	0.1394	0.1504	0.1611
	19×32	5.53	0.0857	0.0918	0.0979	0.1039	0.11	0.1166	0.1227	0.1349	0.1471	0.1532	0.1592	0.1718	0.1841
	19×38	6.57	0.1018	0.109	0.1163	0.1235	0.1307	0.1386	0.1458	0.1603	0.1747	0.182	0.1892	0.2042	0.2188

铁芯片型号	铁芯规格	中间铁芯截面 (cm²)	最大磁感应强度值 (T)												
			每匝伏值 (V/匝)												
			0.7	0.75	0.8	0.85	0.9	0.95	1	1.1	1.2	1.25	1.3	1.4	1.5
CEIB22	22×28	5.62	0.0871	0.0933	0.0994	0.1056	0.1118	0.1185	0.1247	0.1371	0.1495	0.1556	0.1618	0.1746	0.1871
	22×33	6.61	0.1024	0.1097	0.117	0.1242	0.1315	0.1394	0.1467	0.1613	0.1758	0.1831	0.1903	0.2054	0.2201
	22×38	7.61	0.1179	0.1263	0.1347	0.143	0.1514	0.1605	0.1689	0.1857	0.2024	0.2108	0.2191	0.2365	0.2534
	22×44	8.81	0.1365	0.1462	0.1559	0.1656	0.1753	0.1858	0.1955	0.2149	0.2343	0.244	0.2537	0.2738	0.2933
CEIB26	26×33	7.81	0.121	0.1296	0.1382	0.1468	0.1554	0.1648	0.1734	0.1906	0.2077	0.2163	0.2249	0.2427	0.2600
	26×39	9.23	0.1443	0.1532	0.1633	0.1735	0.1836	0.1947	0.2049	0.2252	0.2455	0.2556	0.2658	0.2868	0.3073
	26×45	10.6	0.1643	0.1759	0.1876	0.1992	0.2109	0.2236	0.2353	0.2586	0.2819	0.2936	0.3053	0.3294	0.353
	26×52	12.3	0.1906	0.2041	0.2177	0.2312	0.2447	0.2595	0.273	0.3001	0.3272	0.3407	0.3542	0.3822	0.4096
CEIB30	30×38	10.4	0.1612	0.1726	0.1841	0.1955	0.2069	0.2194	0.2308	0.2537	0.2766	0.2881	0.2995	0.3232	0.3463
	30×45	12.3	0.1906	0.2041	0.2177	0.2312	0.2447	0.2595	0.273	0.3001	0.3272	0.3407	0.3542	0.3822	0.4096
	30×52	14.2	0.22	0.2357	0.2513	0.2669	0.2826	0.2996	0.3152	0.3464	0.3777	0.3933	0.4089	0.4413	0.4728
	30×60	16.4	0.254	0.2722	0.2903	0.3083	0.3263	0.346	0.365	0.4001	0.4362	0.4543	0.4723	0.5097	0.5461
CEIB35	35×44	14	0.217	0.2324	0.2478	0.2632	0.2786	0.2954	0.3108	0.3416	0.3724	0.3878	0.4032	0.4351	0.4662
	35×52	16.6	0.257	0.2755	0.2938	0.312	0.3303	0.3502	0.3685	0.405	0.4415	0.4598	0.4781	0.5159	0.5528
	35×60	19.1	0.296	0.317	0.338	0.359	0.3801	0.403	0.424	0.466	0.508	0.5290	0.5501	0.5936	0.636
	35×70	22.3	0.345	0.3702	0.3947	0.4192	0.4437	0.4705	0.495	0.5441	0.5932	0.6177	0.6422	0.6930	0.7426
CEIB40	40×50	18.2	0.282	0.3021	0.3221	0.3421	0.3622	0.384	0.404	0.4441	0.4841	0.5041	0.5241	0.5656	0.6060
	40×60	21.8	0.338	0.3618	0.3858	0.4098	0.4338	0.4599	0.4838	0.5319	0.5799	0.6038	0.6288	0.6775	0.7259
	40×70	25.5	0.395	0.4233	0.4513	0.4794	0.5074	0.538	0.5661	0.6222	0.6783	0.7063	0.7344	0.7925	0.8491
	40×80	29.1	0.451	0.483	0.515	0.5471	0.5791	0.614	0.646	0.71	0.774	0.806	0.8381	0.9044	0.969

表 11-20   **GE 系列变压器硅钢片技术数据**

硅钢片型号	硅钢片中间舌宽 a (mm)	叠片厚度 b (mm)	额定输出功率 (VA)	铁芯截面积 A_C (cm²)	每伏匝数 N_0 (匝/V)	
					1T	0.6T
GEI-10	10	12.5	1	1.25	36	45
GEI-10	10	16	1.5	1.5	30	37.5
GEI-10	10	17	1.8	1.75	25.7	32.2
GEI-12	12	15	2	1.8	25	31.2
GEI-12	12	18	3	2.16	20.8	26
GEI-12	12	21	4	2.52	17.8	22.3
GEI-14	14	20	5	2.8	16	20.1
GEIB-16	16	19	6	3.2	14	17.6
GEIB-16	16	23	8	3.68	12.2	15.3
GEIB-16	16	28	10	3.95	11.1	14
GEIB-19	19	23	12	4.38	10.3	12.8
GEIB-19	19	28	16	5.13	8.8	11
GEIB-19	19	31	20	5.9	7.6	9.5
GEIB-19	19	35	25	6.65	6.8	8.5
GEIB-19	19	38	33	7.2	6.2	7.8
GEIB-22	22	35	38	7.7	5.9	7.3
GEIB-22	22	39	45	8.6	5.2	6.5
GEIB-22	22	41	50	9	5	6.2
GEIB-26	26	36	55	9.36	4.8	6
GEIB-26	26	38	60	9.9	4.6	5.7
GEIB-26	26	42	76	10.9	4.1	5.2
GEIB-30	30	40	90	12	3.8	4.7
GEIB-30	30	42	100	12.6	3.6	4.5
GEIB-30	30	46	120	13.8	3.3	4.1
GEIB-35	35	43	140	15	3	3.8
GEIB-35	35	46	160	16.1	2.8	3.5
GEIB-35	35	49	185	17.2	2.6	3.3
GEIB-35	35	51	200	17.9	2.5	3.1
GEIB-40	40	48	230	19.2	2.3	2.9
GEIB-40	40	50	250	19.8	2.3	2.8

硅钢片型号	硅钢片中间舌宽 a（mm）	叠片厚度 b（mm）	额定输出功率（VA）	铁芯截面积 A_C（cm²）	每伏匝数 N_0（匝/V）	
					1T	0.6T
GEIB-40	40	53	280	21	2.1	2.7
GEIB-40	40	56	320	22.4	2.2	2.7
GEIB-40	40	64	420	25.6	1.8	2.2
GEIB-45	45	60	450	27	1.7	2.1
GEIB-45	45	63	518	28.4	1.6	2
GEIB-45	45	67	575	31	1.5	1.9
GEIB-50	50	62	600	33	1.5	1.8
GEIB-50	50	66	700	35	1.4	1.7
GEIB-50	50	70	781	35	1.3	1.6
GEIB-50	50	80	1020	40	1.1	1.4

【**例 11-10**】 计算一台一次电压为 220V，二次电压为 36V，电流为 1.11A，铁芯用热轧硅钢片（磁通密度 $B=1$T），效率 $\eta=0.8$ 的机床照明变压器的相关参数。

解 （1）计算变压器的额定容量

$$S_2 = U_2 I_2 = 36 \times 1.11 \approx 40 \text{ (VA)}$$
$$S_1 = S_2/\eta = 40/0.8 = 50 \text{ (VA)}$$

变压器的额定容量

$$S = (S_1 + S_2)/2 = (40+50)/2 = 45 \text{ (VA)}$$

（2）计算变压器的铁芯截面积 A。已知 $B=1$T，选择 $K_0=1.25$，则

$$A = 1.25\sqrt{S} = 1.25\sqrt{45} \approx 8.4 \text{ (cm}^2\text{)}$$

选用小功率变压器常用标准硅钢片 GEIB26 型，其尺寸为

$$a \times b = 26\text{mm} \times 30\text{mm}$$

硅钢片厚度为 0.2mm。

铁芯净截面积为 8.62cm²。

（3）计算每个绕组的匝数。

每伏匝数

$$N_0 = 4.5 \times 10^5/BA = 4.5 \times 10^5/10^4 \times 8.62 \approx 5.2 \text{ (匝/V)}$$

一次绕组匝数

$$N_1 = U_I N_0 = 220 \times 5.2 = 1144 \text{ (匝)}$$

二次绕组匝数

$$N_2 = 1.05 U_2 N_0 = 1.05 \times 36 \times 5.2 \approx 196 \text{（匝）}$$

（4）计算绕组导线直径

$$I_1 = 1.2 S_1 / U_1 = 1.2 \times 50 / 220 \approx 0.272 \text{（A）}$$

电流密度取 $j = 2.5 \text{A/mm}^2$，则

$$d_1 = 0.715 \sqrt{A_1} = 0.715 \sqrt{0.272} \approx 0.38 \text{（mm）}$$

$$d_2 = 0.715 \sqrt{A_2} = 0.715 \sqrt{1.11} \approx 0.77 \text{（mm）}$$

一次绕组选用直径为 0.38mm 的 QZ 型高强度漆包线，连同绝缘漆的线径为 0.44mm（d_1'）；二次绕组选用直径为 0.77mm 的 QZ 型高强度漆包线，连同绝缘漆的线径为 0.86mm（d_2'）。

（5）核算。查国产小功率变压器常用标准铁芯片规格表，窗高 $h = 47$mm，每层可绕匝数为

$$n_1 = 0.9 h / d_1' = 0.9 \times 47 / 0.44 \approx 96 \text{（匝）}$$

$$n_2 = 0.9 h / d_2' = 0.9 \times 47 / 0.86 \approx 49 \text{（匝）}$$

每个绕组需绕的层数

$$m_1 = N_1 / n_1 = 1144 / 96 \approx 12 \text{（层）}$$

$$m_2 = N_2 / n_2 = 196 / 49 \approx 4 \text{（层）}$$

绕组绝缘选用。对地（铁芯）绝缘采用 0.15mm 青壳纸和 0.05mm 聚酯薄膜各一层。绕组间绝缘采用 0.15mm 青壳纸和 0.05mm 聚酯薄膜各一层。

绕组层间绝缘。一次绕组采用 0.04mm 白玻璃纸一层。二次绕组采用 0.07mm 电缆纸一层。绕组框架采用 1mm 弹性纸制作，外包对地绝缘。

绕组总厚度＝（一、二次绕组厚度＋各绝缘层厚度）×1.2＝13.3mm。

查国产小功率变压器常用标准铁芯片规格表，窗口宽度 $c = 17$mm，大于绕组总厚度，因此设计是可行的。

二、小型三相变压器的计算

小型三相变压器有 Yy、Yd、Dy 和 Dd 四种接法，本书以 Yd 接法为例进行有关参数计算。

1. 电参数计算

（1）电压计算

$$U_{1L} = \sqrt{3} \, U_{1P} \tag{11-33}$$

$$U_{2L} = U_{2P} \tag{11-34}$$

（2）电流计算

$$I_{1L} = I_{1P} \tag{11-35}$$

$$I_{2L} = \sqrt{3}\, I_{2P} \tag{11-36}$$

（3）容量计算

$$S_1 = 3U_{1L}I_{1P} = \sqrt{3}\, U_{1L}I_{1L} \tag{11-37}$$

$$S_2 = 3U_{2L}I_{2P} = \sqrt{3}\, U_{2L}I_{2L} \tag{11-38}$$

式中：U_{1L}、U_{2L}为变压器一、二次线电压，V；U_{1P}、U_{2P}为变压器一、二次相电压，V；I_{1L}、I_{2L}为变压器一、二次线电流，A；I_{1P}、I_{2P}为变压器一、二次相电流，A；S_1、S_2为变压器一、二次容量，VA。

2. 结构参数计算

（1）每柱铁芯截面积

$$A_C = \sqrt{S_e/3} = ab \tag{11-39}$$

式中：A_C为铁芯截面积，cm²；S_e为变压器额定容量，VA；a为铁芯柱宽，cm；b为铁芯柱净叠厚，cm。

变压器的铁芯尺寸如图 11-11 所示。

（2）每伏匝数

$$N_0 = 10^4/4.44fb_mA_C \tag{11-40}$$

式中：N_0为每伏匝数；f为电源频率，Hz；b_m为磁通密度的幅值，对于 50Hz、5000VA 以下的变压器取 $b_m = 0.8\sim1.0$T。

（3）绕组匝数。变压器一、二次

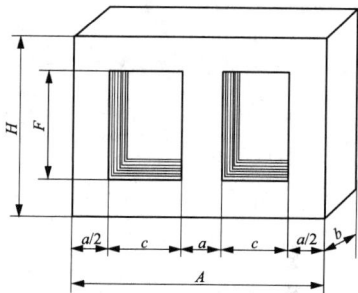

图 11-11 变压器的铁芯尺寸

绕组的匝数可以根据每伏匝数计算出来，即

$$N_1 = U_1N_0 \tag{11-41}$$

$$N_2 = U_2N_0 \tag{11-42}$$

式中：N_1为变压器一次绕组匝数；N_2为变压器二次绕组匝数；U_1为变压器一次电压，V；U_2为变压器二次电压，V。

（4）导线截面积

$$S_d = I/\delta \tag{11-43}$$

对于圆形导线直径

$$d = 1.13\sqrt{I/\delta} \tag{11-44}$$

式中：S_d为导线截面积，mm²；I为导线电流，A；δ为允许电流密度，

一般取 $\delta = 2.5 \text{A/mm}^2$。

(5) 核算铁芯窗口面积。根据导线直径、绕组匝数和绝缘层厚度核算绕组所占铁芯窗口的面积。通常规定每相绕组所占窗口面积应小于实际窗口面积的一半（如图 11-11 所示），如果不能满足，则应适当加大铁芯截面积，重新计算，直到满足要求为止。

三、小型自耦变压器的计算

1. 输入、输出电流的计算

输入电流

$$I_R = S_T / U_R \tag{11-45}$$

输出电流

$$I_C = S_T / U_C \tag{11-46}$$

式中：I_R、I_C 为输入、输出电流，A；S_T 为自耦变压器容量，VA；U_R、U_C 为输入、输出电压，V。

2. 结构参数计算

(1) 铁芯截面积

$$A_C = U \times 10^4 / 4.44 f B_m N K \tag{11-47}$$

式中：A_C 为铁芯截面积，cm^2；U 为相应电压，V；f 为频率，Hz；B_m 为最大磁通密度，一般 $B_m = 0.8 \sim 1.0\text{T}$；$N$ 为相应绕组匝数（匝）；K 为系数，$K = 0.3$。

(2) 绕组匝数。自耦变压器绕组如图 11-12 所示，按升压和降压两种情况分别计算。

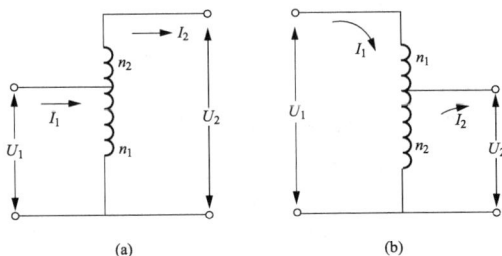

图 11-12 自耦变压器绕组
(a) 升压；(b) 降压

升压

$$N_1 = 48 U_R / A_C \quad N_2 = 54 (U_C - U_R) / A_C \tag{11-48}$$

降压

348

$$N_1 = 48(U_R - U_C)/A_C \quad N_2 = 54U_C/A_C \tag{11-49}$$

式中：N_1、N_2 为自耦变压器串联绕组、公共绕组的匝数；U_R、U_C 为自耦变压器的输入、输出电压，V；A_C 为铁芯截面积，cm^2。

（3）每伏匝数

$$N_0 = N/U = 45/B_m A_C \tag{11-50}$$

（4）导线直径

$$d = \sqrt{4I/3.14\delta} \tag{11-51}$$

式中：d 为导线直径，mm；I 为电流，A；δ 为允许电流密度，A/mm^2。

自耦变压器容量在 100VA 以下，$\delta = 2A/mm^2$，则 $d = 0.8\sqrt{I}$；自耦变压器容量在 100～300VA，$\delta = 1.6A/mm^2$，则 $d = 0.9\sqrt{I}$；自耦变压器容量在 300～1000VA，$\delta = 1.2A/mm^2$，则 $d = \sqrt{I}$。

（5）窗口面积

$$S_D = 2IN/K_0\delta \tag{11-52}$$

式中：S_D 为窗口面积，cm^2；I 为电流，A；N 为绕组匝数；K_0 为系数，$K_0 = 0.93$；δ 为允许电流密度，取 $\delta = 300A/mm^2$。

【例 11-11】 自耦变压器的一次绕组接在 220V 的电源上，匝数为 1300 匝，二次绕组匝数为 650 匝，接入电阻 R 为 3Ω、感抗 X_L 为 4Ω 的感性负载，内阻抗压降忽略不计，计算二次电压、二次电流和输出功率。

解 （1）二次电压

$$U_2 = N_2 U_1/N_1 = 650 \times 220/1300 = 110 \ (V)$$

（2）二次电流

$$Z = \sqrt{R^2 + X_L^2} = \sqrt{8^2 + 4^2} = 5 \ (\Omega)$$
$$I_2 = U_2/Z = 110/5 = 22 \ (A)$$

（3）输出功率

$$P_2 = U_2 I_2 = 110 \times 22 = 2420 \ (W)$$

异步电动机及其计算

工农业生产使用的机械设备,大部分都采用电动机拖动。电动机的种类很多,按所需电源种类划分,电动机可分为交流电动机和直流电动机两大类;按使用的电压高低来划分,又可分为高压电动机和低压电动机;交流电动机又可分为同步电动机和异步电动机(感应电动机);异步电动机又可分为三相异步电动机和单相异步电动机;三相异步电动机又可分为鼠笼式异步电动机和绕线式异步电动机,其中鼠笼式异步电动机以其结构简单、运行可靠、维修方便、体积小、效率高、寿命长、价格低得到广泛采用,但也存在着启动电流对电网冲击大、启动转矩小、调速困难等缺点。

本章所讲电动机的基本知识、启动保护和安装维修等,均是对三相异步电动机而言。

第一节 异步电动机的构造和技术参数

一、三相异步电动机的构造

三相交流异步电动机主要由定子、转子、机座及其他一些部件组成,其结构如图 12-1 所示。

1. 定子

定子由定子铁芯、绕组和机座组成。

(1)定子铁芯。采用厚度为 0.35mm 的硅钢定子冲片叠装而成,冲片内圆周冲有槽孔,槽内嵌入定子绕组。定子铁芯是电动机的磁路。

(2)定子绕组。采用高强度漆包线绕制而成,嵌入在定子槽中。三相定子绕组在空间相差 $120°$,通入时间上相差 $120°$的电流,则会在定子铁芯所在空间产生高速旋转磁场。

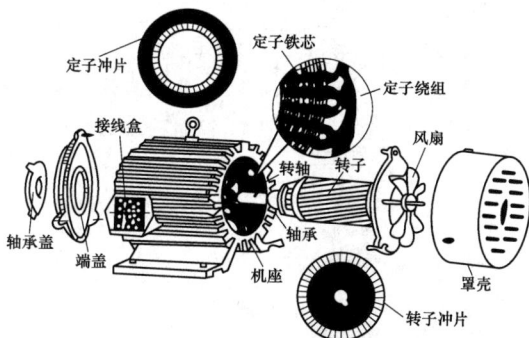

图 12-1　三相鼠笼式异步电动机的结构

（3）机座。用来固定定子铁芯并支持端盖，采用铸铁铸造。根据防护形式的不同而具有不同的结构，如封闭式、防护式等。封闭式电动机的机座表面铸有散热片，以提高散热能力。

2. 转子

转子由转子铁芯、转子绕组和转轴组成。

（1）转子铁芯。采用外圆周冲有槽孔的硅钢片叠装而成，槽内嵌入转子绕组。

（2）转子绕组。异步电动机通常用铸铝转子，将转子置入离心铸铝机上，对着转子槽口倒入铝浆，在槽中形成铝条，铝条两端用铝环短接起来，其外形像一个捕鼠的笼子，故而得名为鼠笼式电动机，如图 12-2 所示。

（3）转轴。转轴采用中碳钢制造。转子铸铝时常将风叶和平衡柱一起铸出，形成一个整体，采用热套或键连接与转轴固定。

3. 端盖和接线盒

（1）端盖。采用铸铁铸造，用轴承孔和止口来保证轴承的同心度，用以支撑转子，用螺栓固定在机座两端。

（2）接线盒。用以固定定子三相绕组的引出线和电源线，其中 U1、V1、W1 为 U、V、W 三相绕组的始端，U2、V2、W2 为三相绕组相应的尾端，定子三相绕组有两种接法，即星形联结和三角形联结，如图 12-3 所示。

二、常用三相异步电动机的型号、性能用途及技术参数

（1）常用三相异步电动机的型号、性能及用途，见表 12-1。

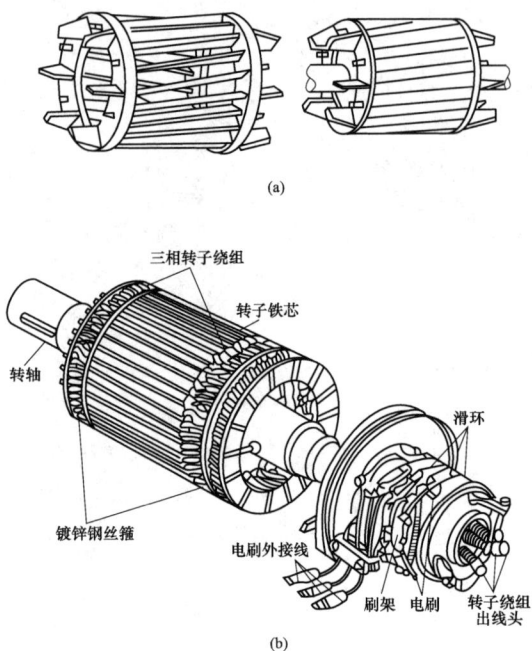

(a)

(b)

图 12-2　异步电动机转子

（a）鼠笼型转子；（b）绕线型转子

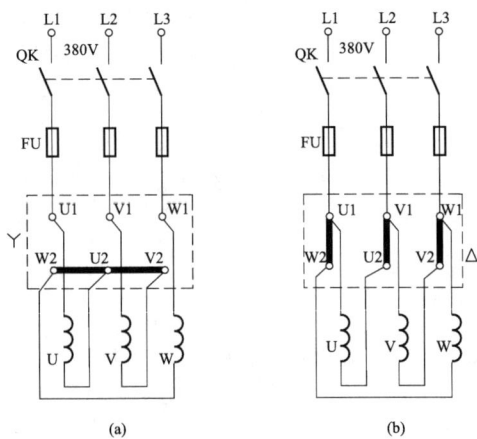

(a)　　　　　　　　　　　(b)

图 12-3　电动机定子三相绕组的接法

（a）星形联结；（b）三角形联结

表 12-1　　　常用三相异步电动机的型号、性能及用途

型号	名称	性能和结构特点	用途	旧产品代号
Y	异步电动机	封闭式，铸铁机座，外表有散热筋，外风扇吹冷铸铝转子	用于工矿企业、农业一般机械和设备上，如水泵、风机、粮食加工机械及其他机械	J、JO、JS、JK
YR	绕线转子异步电动机	封闭式，铸铁机座，绕线型转子	用于电源容量不足以启动鼠笼型转子电动机及要求启动转矩高的场所	JR、JRO
YQ	高启动转矩异步电动机	结构同 Y 型，转子采用双笼或深槽，启动转矩大	适用于静止负荷或惯性较大的机械，如压缩机、粉碎机等	JQ、JQO
YH	高转差率异步电动机	结构同 Y 型，转子采用高电阻铝合金浇铸	适用于惯性矩较大且具有冲击性负荷机械，如剪床、冲压机、锻压机及小型起重机	JH、JHO
YD	多速异步电动机	结构同 Y 型，通过改变定子绕组的接线方法改变极对数，得到多种转速，因此其引出线为 6～12 根	适用同 Y 型，使用于要求 2～4 种转速的场合，如机床、印染机、印刷机等需要变速的设备	JD、JDO
YA	防爆型异步电动机	在正常运行时不产生火花、电弧或危险温度	适用于有爆炸性气体或危险的场所	JA、JAO
YB	隔爆型异步电动机	封闭自扇冷式，增强外壳的机械强度	适用于石油、化工、煤矿井下有爆炸危险的场所	JB、JBO
YZ	起重冶金用异步电动机	封闭自扇冷式，鼠笼型转子采用高阻铝合金浇铸，启动转矩大，过载能力强，转差率高，能频繁启动，连续定额	适用于冶金和一般起重设备	JZ
YZR	起重冶金用绕线转子异步电动机	转子为绕线型，其余与 YZ 相同	适用于冶金和一般起重设备	JZR
YLB	立式深井泵用异步电动机	立式，空心轴，泵轴穿过电动机的空心轴在顶端以键相连，带有止逆装置，不允许逆转	与长轴深井泵配套，组成深井电动给水泵，供提水灌溉之用	JLB

型号	名称	性能和结构特点	用途	旧产品代号
YQS	充水式井用潜水异步电动机	电机外径受井径限制，外形细长，内腔充满清水密封，下端有压力调节装置，轴伸端有防沙密封装置	与潜水泵配套，组成潜水电动给水泵，供提水灌溉之用	JQS
YQSY	充油式井用潜水异步电动机	结构与YQS基本相同，但内腔充以绝缘油，另有保护装置，用以平衡、调节内腔与外部压力	与潜水泵配套，组成潜水电动给水泵，供提水灌溉之用	JQSY
YQH	河流泵用异步电动机	电机密封，内腔充油	与河流潜水泵配套，组成潜水电动给水泵，潜入0.5～3m浅水中，供提水灌溉之用	JQY
YCT	电磁调速异步电动机	由Y系列异步电动机和电磁转差离合器组合而成，通过控制离合器的励磁电流来调节转速	适用于恒转矩和风机类型设备的无级调速	JZT
YHT	换向器变速异步电动机	相当于反装的绕线型异步电动机，转子上有换向器、调节绕组和放电绕组，并有特殊的移刷机构	适用于印刷机、印染机及试验设备的恒转矩无级调速，调速范围广	JZS
YCJ	齿轮减速异步电动机	由通用异步电动机与两级圆柱齿轮减速箱组合而成，电动机与机械可采用联轴器或正齿轮传动	适用于矿山、轧钢、造纸、化工等需要低转速、大转矩的机械设备	JTC
YXJ	摆线针轮减速异步电动机	由通用异步电动机与摆线针轮减速器直接组合而成，结构紧凑，体积小，质量轻，速比大，一级减速比有九种范围为11～37	适用于矿山、轧钢、造纸、化工等需要低转速、大转矩的机械设备	JXJ
YEP	傍磁制动异步电动机	带有断电制动机构，通电时转子端部的分磁块吸合导磁环压缩弹簧，打开制动机构	用于单梁吊车或机床给进系统	JZD

型号	名称	性能和结构特点	用途	旧产品代号
YEG	杠杆制动异步电动机	带有断电制动机构，通电时定子吸合其内圆处的衔铁，通过杠杆压缩弹簧，打开制动机构	用于单梁吊车或机床给进系统	JZD
YEZ	锥形转子制动异步电动机	带有断电制动机构，定子内圆、转子外圆都呈锥形，有单速单机式和双速组合式，通电时，定、转子间的轴向吸力压缩弹簧，打开制动机构	用于单梁吊车或机床给进系统	JZZ
YJ	精密机床异步电动机	振动小，对转动部分要求精密平衡，采用低噪声轴承，提高轴承室精度，用噪声较低的槽配合，以降低噪声	适用于精密机床	JJ
YM	木工异步电动机	电动机较细长，转动惯量小，轴伸有各种形状和尺寸，以适应配套需要，电机过载能力大	与各种木工机械配套使用	JM
YDF	电动阀门异步电动机	电机与阀门组合为一整体，短时工作制，机座无散热筋，无外风扇，转子较细长，具有高启动转矩，低转动惯量	适用于电站、石油、化工等部门作为开闭阀门之用，以调节管道内介质流量	
YUD	振捣器异步电动机	封闭式结构，无轴伸，转子两端装设偏心块，机壳较厚，结构坚固	混凝土振捣用	
YTD	电梯异步电动机	短时工作制，开启式，双转速，启动电流较小，启动转矩较高，转差率高，采用滑动轴承，噪声小，无外风扇		JTD

（2）Y系列三相鼠笼式异步电动机的主要技术参数，见表12-2～表12-6。

表 12-2 　　　Y 系列（IP23）异步电动机技术参数

型号	额定功率(kW)	满载时				堵转转矩额定转矩	堵转电流额定电流	最大转矩额定转矩	质量(kg)
		转速(r/min)	电流(A)	效率(%)	功率因数				
Y160M-2	15	2928	29.3	88	0.88	1.7	7	2.2	
Y160L1-2	18.5	2929	35.2	89	0.89	1.8	7	2.2	
Y160L2-2	22	2928	41.8	89.5	0.89	2	7	2.2	160
Y180M-2	30	2938	56.7	89.5	0.89	1.7	7	2.2	
Y180L-2	37	2939	69.2	90.5	0.89	1.9	7	2.2	220
Y200M-2	45	2952	84.4	91	0.89	1.9	7	2.2	
Y200L-2	55	2950	100.8	91.5	0.89	1.9	7	2.2	310
Y225M-2	75	2955	137.9	91.5	0.89	1.8	7	2.2	380
Y250S-2	90	2966	164.9	92	0.89	1.7	7	2.2	
Y250M-2	110	2965	199.4	92.5	0.9	1.7	7	2.2	465
Y280M-2	132	2967	238	92.5	0.9	1.6	7	2.2	750
Y160M-4	11	1459	22.4	87.5	0.85	1.9	7	2.2	
Y160L1-4	15	1458	29.9	88	0.86	2	7	2.2	
Y160L1-4	18.5	1458	36.5	89	0.86	2	7	2.2	160
Y180M-4	22	1467	43.2	89.5	0.86	1.9	7	2.2	
Y180L-4	30	1467	57.9	90.5	0.87	1.9	7	2.2	230
Y200M-4	37	1473	71.1	90.5	0.87	2	7	2.2	
Y200L-4	45	1473	85.5	91	0.87	2	7	2.2	310
Y225M-4	55	1476	103.6	91.5	0.88	1.8	7	2.2	380
Y250S-4	75	1480	140.1	92	0.88	2	7	2.2	
Y250M-4	90	1480	167.2	92.5	0.88	2.2	7	2.2	190
Y280S-4	110	1482	202.4	92.5	0.88	1.7	7	2.2	
Y280M-4	132	1483	241.3	93	0.88	1.8	7	2.2	820
Y160M-6	7.5	971	16.7	85	0.79	2	6.5	2	
Y180L-6	11	971	23.9	86.5	0.78	2	6.5	2	150
Y180M-6	15	974	31	88	0.81	1.8	6.5	2	
Y180L-6	18.5	975	37.8	88.5	0.83	1.8	6.5	2	215
Y200M-6	22	978	43.7	89	0.85	1.7	6.5	2	
Y200L-6	30	975	58.6	89.5	0.85	1.7	6.5	2	295

型号	额定功率（kW）	满载时				堵转转矩/额定转矩	堵转电流/额定电流	最大转矩/额定转矩	质量（kg）
		转速（r/min）	电流（A）	效率（%）	功率因数				
Y225M-6	37	982	70.2	90.5	0.87	1.8	6.5	2	360
Y250S-6	45	983	86.2	91	0.86	1.8	6.5	2	
Y250M-6	55	983	104.2	91	0.87	1.8	6.5	2	465
Y280S-6	75	986	140.8	91.5	0.87	1.8	6.5	2	
Y280M-6	90	986	166.8	92	0.88	1.8	6.5	2	820
Y160M-8	5.5	723	13.5	83.5	0.73	2	6	2	
Y160L-8	7.5	723	18	85	0.73	2	6	2	150
Y180M-8	11	727	25.1	86.5	0.74	1.8	6	2	
Y180L-8	15	726	34	87.5	0.76	1.8	6	2	215
Y200M-8	18.5	728	40.2	88.5	0.78	1.7	6	2	
Y200L-8	22	729	47.7	89	0.78	1.8	6	2	295
Y225M-8	30	734	61.7	89.5	0.81	1.7	6	2	360
Y250S-8	37	735	76.3	90	0.80	1.6	6	2	
Y250M-8	45	736	92.8	90.5	0.79	1.8	6	2	465
Y280S-8	55	740	112.4	91	0.80	1.8	6	2	
Y280M-8	75	740	151	91.5	0.81	1.8	6	2	820

表 12-3　　　Y 系列（IP44）异步电动机技术参数

型号	额定功率（kW）	满载时				堵转电流/额定电流	堵转转矩/额定转矩	最大转矩/额定转矩	质量（kg）
		电流（A）	转速（r/min）	效率（%）	功率因数				
Y801-2	0.75	1.8	2830	75	0.84	6.5	2.2	2.3	16
Y802-2	1.1	2.5	2830	77	0.86	7	2.2	2.3	17
Y90S-2	1.5	3.4	2840	78	0.85	7	2.2	2.3	22
Y90L-2	2.2	4.8	2840	80.5	0.86	7	2.2	2.3	25
Y100L-2	3	6.4	2880	82	0.87	7	2.2	2.3	33
Y112M-2	4	8.2	2890	85.5	0.87	7	2.2	2.3	45
Y132S1-2	5.5	11.1	2900	85.5	0.88	7	2	2.3	64
Y132S2-2	7.5	15	2900	86.2	0.88	7	2	2.3	70
Y160M1-2	11	21.8	2900	87.2	0.88	7	2	2.3	117

型号	额定功率(kW)	满载时				堵转电流额定电流	堵转转矩额定转矩	最大转矩额定转矩	质量(kg)
		电流(A)	转速(r/min)	效率(%)	功率因数				
Y160M2-2	15	29.4	2930	88.2	0.88	7	2	2.3	125
Y160L-2	18.5	35.5	2930	89	0.89	7	2	2.2	147
Y180M-2	22	42.2	2940	89	0.89	7	2	2.2	180
Y200L1-2	30	56.9	2950	90	0.89	7	2	2.2	240
Y200L2-2	37	69.8	2950	90.5	0.89	7	2	2.2	255
Y225M-2	45	84	2970	91.5	0.89	7	2	2.2	309
Y250M-2	55	103	2970	91.5	0.89	7	2	2.2	403
Y280S-2	75	139	2970	92	0.89	7	2	2.2	544
Y280M-2	90	166	2970	92.5	0.89	7	2	2.2	620
Y315S-2	110	203	2980	92.5	0.89	6.8	1.8	2.2	980
Y315M-2	132	242	2980	93	0.89	6.8	1.8	2.5	1080
Y315L1-2	160	292	2980	93.5	0.89	6.8	1.8	2.2	1160
Y315L2-2	200	365	2980	93.5	0.89	6.8	1.8	2.2	1190
Y801-4	0.55	1.5	1390	73	0.76	6	2	2.3	17
Y802-4	0.75	2	1390	74.5	0.76	6	2	2.3	17
Y90S-4	1.1	2.7	1400	78	0.78	6.5	2	2.3	25
Y90L-4	1.5	3.7	1400	79	0.79	6.5	2.2	2.3	26
Y100L1-4	2.2	5	1430	81	0.82	7	2.2	2.3	34
Y100L2-4	3	6.8	1430	82.5	0.81	7	2.2	2.3	35
Y112M-4	4	8.8	1440	84.5	0.82	7	2.2	2.3	47
Y132S-4	5.5	11.6	1440	85.5	0.84	7	2.2	2.3	68
Y132M-4	7.5	15.4	1440	87	0.85	7	2.2	2.3	79
Y160M-4	11	22.6	1460	88	0.84	7	2.2	2.3	122
Y160L-4	15	30.3	1460	88.5	0.85	7	2.2	2.3	142
Y180M-4	18.5	35.9	1470	91	0.86	7	2	2.2	174
Y180L-4	22	42.5	1470	91.5	0.86	7	2	2.2	192
Y200L-4	30	56.8	1470	92.2	0.87	7	2	2.2	253
Y225S-4	37	70.4	1480	91.8	0.87	7	1.9	2.2	294
Y225M-4	45	84.2	1480	92.3	0.88	7	1.9	2.2	327

| 型号 | 额定功率 (kW) | 满载时 | | | | 堵转电流 额定电流 | 堵转转矩 额定转矩 | 最大转矩 额定转矩 | 质量 (kg) |
		电流 (A)	转速 (r/min)	效率 (%)	功率因数				
Y250M-4	55	103	1480	92.6	0.88	7	2	2.2	381
Y280S-4	75	140	1480	92.7	0.88	7	1.9	2.2	535
Y280M-4	90	164	1480	93.5	0.89	7	1.9	2.2	634
Y315S-4	110	201	1480	93	0.89	6.8	1.8	2.2	912
Y315M-4	132	240	1480	94	0.89	6.8	1.8	2.2	1048
Y315L1-4	160	289	1480	94.5	0.89	6.8	1.8	2.2	1105
Y315L2-4	200	361	1480	94.5	0.89	6.8	1.8	2.2	1260
Y90S-6	0.75	2.3	910	72.5	0.70	5.5	2	2.2	21
Y90L-6	1.1	3.2	910	73.5	0.72	5.5	2	2.2	24
Y100L-6	1.5	4	940	77.5	0.74	6	2	2.2	35
Y112M-6	2.2	5.6	940	80.5	0.74	6	2	2.2	45
Y132S-6	3	7.2	960	83	0.76	6.5	2	2.2	66
Y132M1-6	4	9.4	960	84	0.77	6.5	2	2.2	75
Y132M2-6	5.5	12.6	960	85.3	0.78	6.5	2	2.2	85
Y160M-6	7.5	17	970	86	0.78	6.5	2	2	116
Y160L-6	11	24.6	970	87	0.78	6.5	2	2	139
Y180L-6	15	31.4	970	89.5	0.81	6.5	1.8	2	182
Y200L1-6	18.5	37.7	970	89.8	0.83	6.5	1.8	2	228
Y200L2-6	22	44.6	970	90.2	0.83	6.5	1.8	2	246
Y225M-6	30	59.5	980	90.2	0.85	6.5	1.7	2	294
Y250M-6	37	72	980	90.8	0.86	6.5	1.8	2	395
Y280S-6	45	85.4	980	92	0.87	6.5	1.8	2	505
Y280M-6	55	104	980	92	0.87	6.5	1.8	2	566
Y315S-6	75	141	980	92.8	0.87	6.5	1.6	2	850
Y315M-6	90	169	980	93.2	0.87	6.5	1.6	2	965
Y315L1-6	110	206	980	93.5	0.87	6.5	1.6	2	1028
Y315L2-6	132	246	980	93.8	0.87	6.5	1.6	2	1195
Y132S-8	2.2	5.8	710	80.5	0.71	5.5	2	2	66
Y132M-8	3	7.7	710	82	0.72	5.5	2	2	76

型号	额定功率 (kW)	满载时				堵转电流 额定电流	堵转转矩 额定转矩	最大转矩 额定转矩	质量 (kg)
		电流 (A)	转速 (r/min)	效率 (%)	功率因数				
Y160M1-8	4	9.9	720	84	0.73	6	2	2	105
Y160M2-8	5.5	13.3	720	85	0.74	6	2	2	115
Y160L-8	7.5	17.7	720	86	0.75	5.5	2	2	140
Y180L-8	11	24.8	730	87.5	0.77	6	1.7	2	180
Y200L-8	15	34.1	730	88	0.76	6	1.8	2	228
Y225S-8	18.5	41.3	730	89.5	0.76	6	1.7	2	265
Y225M-8	22	47.6	730	90	0.78	6	1.8	2	296
Y250M-8	30	63	730	90.5	0.8	6	1.8	2	391
Y280S-8	37	78.7	740	91	0.79	6	1.8	2	500
Y280M-8	45	93.2	740	91.7	0.8	6	1.8	2	562
Y315S-8	55	114	740	92	0.8	6.5	1.6	2	875
Y315M-8	75	152	740	92.5	0.81	6.5	1.6	2	1008
Y315L1-8	90	179	740	93	0.82	6.5	1.6	2	1065
Y315L2-8	110	218	740	93.3	0.82	6.3	1.6	2	1195
Y315S-10	45	101	590	91.5	0.74	6	1.4	2	838
Y315M-10	55	123	590	92	0.74	6	1.4	2	960
Y315L2-10	75	164	590	92.5	0.75	6	1.4	2	1180

表 12-4　　　　　YR 系列（IP23）异步电动机技术参数

型号	额定功率 (kW)	满载时				最大转矩 额定转矩	转子		质量 (kg)
		转速 (r/min)	电流 (A)	效率 (%)	功率因数		电压 (V)	电流 (A)	
YR160M-4	7.5	1421	16	84	0.84	2.8	260	19	
YR160L1-4	11	1434	22.6	86.5	0.85	2.8	275	26	160
YR160L2-4	15	1444	30.2	87	0.85	2.8	260	37	
YR180M-4	18.5	1426	36.1	87	0.88	2.8	197	61	
YR180L-4	22	1434	42.5	88	0.88	3	232	61	
YR200M-4	30	1439	57.7	89	0.88	3	255	76	
YR200L-4	37	1448	70.2	89	0.88	3	316	74	335
YR225M1-4	45	1442	86.7	89	0.88	2.5	240	120	

型号	额定功率（kW）	满载时				最大转矩/额定转矩	转子		质量（kg）
		转速（r/min）	电流（A）	效率（%）	功率因数		电压（V）	电流（A）	
YR225M2-4	55	1448	104.7	90	0.88	2.5	288	121	420
YR250S-4	75	1453	141.1	90.5	0.89	2.6	449	105	
YR250M-4	90	1457	167.4	91	0.89	2.6	521	107	590
YR280S-4	110	1458	201.3	91.5	0.89	3	349	196	
YR280M-4	132	1463	239	92.5	0.89	3	419	194	880
YR160M-6	5.5	949	12.7	82.5	0.77	2.5	279	13	
YR160L-6	7.5	949	16.9	83.5	0.78	2.5	260	19	160
YR180M-6	11	940	24.2	84.5	0.78	2.8	146	50	
YR180L-6	15	947	32.6	85.5	0.79	2.8	187	53	
YR200M-6	18.5	949	39	86.5	0.81	2.8	187	65	
YR200L-6	22	955	45.5	87.5	0.82	2.8	224	63	315
YR225M1-6	30	955	59.4	87.5	0.85	2.2	227	86	
YR225M2-6	37	964	73.1	89	0.85	2.2	287	82	400
YR250S-6	45	966	88	89	0.85	2.2	307	93	
YR250M-6	55	967	105.7	89.5	0.86	2.2	359	97	575
YR280S-6	75	969	141.8	90.5	0.88	2.5	392	121	
YR280M-6	90	972	166.7	91	0.89	2.5	481	118	880
YR160M-8	4	703	10.5	81	0.71	2.2	262	11	
YR160L-8	5.5	705	14.2	81.5	0.71	2.2	243	15	160
YR180M-8	7.5	692	18.4	82	0.73	2.2	105	49	
YR180L-8	11	699	26.8	83	0.73	2.2	140	53	
YR200M-8	15	706	36.1	85	0.73	2.2	153	64	
YR200L-8	18.5	712	44	86	0.73	2.2	187	64	315
YR225M1-8	22	710	48.6	86	0.78	2	161	90	
YR225M2-8	30	713	65.3	87	0.79	2	200	97	400
YR250S-8	37	715	78.9	87.5	0.79	2	218	110	
YR250M-8	45	720	95.5	88.5	0.79	2	264	109	515
YR280S-8	55	723	114	89	0.82	2.2	279	125	
YR280M-8	75	725	152.1	90	0.82	2.2	359	131	850

表 12-5　　　　　　　**YR 系列（IP44）异步电动机技术参数**

型号	额定功率（kW）	满载时				最大转矩/额定转矩	转子		质量（kg）
		转速（r/min）	电流（A）	效率（%）	功率因数		电压（V）	电流（A）	
YR132S1-4	2.2	1440	5.3	82	0.77	3	190	7.9	60
YR132S2-4	3	1440	7	83	0.78	3	215	9.4	70
YR132M1-4	4	1440	9.3	84.5	0.77	3	230	11.5	80
YR160M-8	4	715	10.7	82.5	0.69	2.4	216	12	135
YR160L-8	5.5	715	14.1	83	0.71	2.4	230	15.5	155
YR180L-8	7.5	725	18.4	85	0.73	2.4	255	19	190
YR200L1-8	11	725	26.6	86	0.73	2.4	152	46	280
YR225M1-8	15	735	34.5	88	0.75	2.4	169	56	265
YR225M2-8	18.5	735	42.1	89	0.75	2.4	211	54	390
YR250M1-8	22	735	48.1	89	0.78	2.4	210	65.5	450
YR250M2-8	30	735	66.1	89.5	0.77	2.4	270	69	500
YR280S-8	37	735	78.2	91	0.79	2.4	281	81.5	680
YR280M-8	45	735	92.9	92	0.8	2.4	359	76	800
YR132M2-4	5.5	1440	12.6	86	0.77	3	272	13	95
YR160M-4	7.5	1460	15.7	87.5	0.83	3	250	19.5	130
YR160L-4	11	1460	22.5	89.5	0.83	3	276	25	155
YR180L-4	15	1465	30	89.5	0.85	3	278	34	205
YR200L1-4	18.5	1465	36.7	89	0.86	3	247	47.5	265
YR200L2-4	22	1465	43.2	90	0.86	3	293	47	290
YR225M2-4	30	1475	57.6	91	0.87	3	360	51.5	380
YR250M1-4	37	1480	71.4	91.5	0.86	3	289	79	440
YR250M2-4	45	1480	85.9	91.5	0.87	3	340	81	490
YR280S-4	55	1480	103.8	91.5	0.88	3	485	70	670
YR280M-4	75	1480	140	92.5	0.88	3	354	128	800
YR132S1-6	1.5	955	4.17	78	0.7	2.8	180	5.9	60
YR132S2-6	2.2	955	5.96	80	0.7	2.8	200	7.5	70
YR132M1-6	3	955	8.2	80.5	0.69	2.8	206	9.5	80
YR132M2-6	4	955	10.7	82	0.69	2.8	230	11	95
YR160M-6	5.5	970	13.4	84.5	0.74	2.8	244	14.5	135

型号	额定功率 (kW)	满载时				最大转矩 额定转矩	转子		质量 (kg)
		转速 (r/min)	电流 (A)	效率 (%)	功率因数		电压 (V)	电流 (A)	
YR160L-6	7.5	970	17.9	86	0.74	2.8	266	18	155
YR180L-6	11	975	23.6	87.5	0.81	2.8	310	22.5	205
YR200L1-6	15	975	31.8	88.5	0.81	2.8	198	48	280
YR225M1-6	18.5	980	38.3	88.5	0.83	2.8	187	62.5	335
YR225M2-6	22	980	45	89.5	0.83	2.8	224	61	365
YR250M1-6	30	980	60.3	90	0.84	2.8	282	66	450
YR250M2-6	37	980	73.9	90.5	0.84	2.8	331	69	490
YR280S-6	45	985	87.9	91.5	0.85	2.8	362	76	680
YR280M-6	55	985	106.9	92	0.85	2.8	423	80	730

表 12-6　　Y2 系列（IP54）小型异步电动机技术参数

型号	额定功率 (kW)	额定电流 (A)	额定转速 (r/min)	效率 (%)	功率因数	堵转电流 额定电流	堵转转矩 额定转矩	最大转矩 额定转矩	外形尺寸 (mm)			质量 (kg)
									长	宽	高	
同步转速 3000r/min　2极　380V												
Y2-631-2	0.18	0.53	2720	65	0.8	5.5	2.2	2.2	230	135	180	
Y2-632-2	0.25	0.69	2720	68	0.81	5.5	2.2	2.2	230	135	180	
Y2-711-2	0.37	0.99	2740	70	0.81	6.1	2.2	2.3	255	150	195	
Y2-712-2	0.55	1.4	2740	73	0.82	6.1	2.2	2.3	255	150	195	
Y2-801-2	0.75	1.8	2830	75	0.83	6.1	2.2	2.3	295	175	214	16
Y2-802-2	1.1	2.6	2830	77	0.84	7	2.2	2.3	295	175	214	17
Y2-90S-2	1.5	3.4	2840	79	0.84	7	2.2	2.3	315	195	250	22
Y2-90L-2	2.2	4.9	2840	81	0.85	7	2.2	2.3	340	195	250	25
Y2-100L-2	3	6.3	2880	83	0.87	7.5	2.2	2.3	385	215	270	33
Y2-112M-2	4	8.1	2890	85	0.88	7.5	2.2	2.3	400	240	300	45
Y2-132S1-2	5.5	11	2890	86	0.88	7.5	2.2	2.3	470	275	345	64
Y2-132S2-2	7.5	14.9	2890	87	0.88	7.5	2.2	2.3	470	275	345	70
Y2-160M1-2	11	21.3	2930	88	0.89	7.5	2.2	2.3	615	330	420	117
Y2-160M2-2	15	28.8	2930	89	0.89	7.5	2.2	2.3	615	330	420	125
Y2-160L-2	18.5	34.7	2930	90	0.9	7.5	2.2	2.3	670	330	420	147
Y2-180M-2	22	41	2940	90	0.9	7.5	2	2.3	700	380	455	180
Y2-200L1-2	30	55.5	2950	91.2	0.9	7.5	2	2.3	770	420	545	240

型号	额定功率 (kW)	额定电流 (A)	额定转速 (r/min)	效率 (%)	功率因数	堵转电流 额定电流	堵转转矩 额定转矩	最大转矩 额定转矩	外形尺寸 (mm)			质量 (kg)
									长	宽	高	
同步转速 1500r/min　4极　380V												
Y2-631-4	0.12	0.44	1310	57	0.72	4.4	2.1	2.2	230	135	180	
Y2-632-4	0.18	0.62	1310	60	0.73	4.4	2.1	2.2	230	135	180	
Y2-711-4	0.25	0.79	1330	65	0.74	5.2	2.1	2.2	255	150	195	
Y2-712-4	0.37	1.12	1330	67.2	0.75	5.2	2.1	2.2	255	150	195	
Y2-801-4	0.55	1.6	1390	71	0.75	5.0	2.4	2.3	295	175	214	17
Y2-802-4	0.75	2	1390	73	0.77	6.0	2.4	2.3	295	175	214	18
Y2-90S-4	1.1	2.9	1400	75	0.77	6.0	2.3	2.3	315	195	250	22
Y2-90L-4	1.5	3.7	1400	78	0.79	6.0	2.3	2.3	340	195	250	27
Y2-100L1-4	2.2	5.2	1430	80	0.81	7.0	2.3	2.3	385	215	270	34
Y2-100L2-4	3	6.8	1430	82	0.82	7.0	2.3	2.3	385	215	270	38
Y2-112M-4	4	8.8	1440	84	0.82	7.0	2.3	2.3	400	240	300	43
Y2-132S-4	5.5	11.8	1440	85	0.83	7.0	2.3	2.3	470	275	345	68
Y2-132M-4	7.5	15.6	1440	87	0.84	7.0	2.3	2.3	510	275	345	81
Y2-160M-4	11	22.3	1460	88	0.85	7.0	2.2	2.3	615	330	420	123
Y2-160L-4	15	30.1	1460	89	0.85	7.5	2.2	2.3	670	330	420	144
Y2-180M-4	18.5	36.5	1470	90.5	0.86	7.5	2.2	2.3	700	380	455	182
Y2-180L-4	22	43.2	1470	91	0.86	7.5	2.2	2.3	740	380	455	190
Y2-200L-4	30	57.6	1470	92	0.86	7.2	2.2	2.3	770	420	545	270
同步转速 1000r/min　6极　380V												
Y2-711-6	0.18	0.74	850	56	0.66	4.0	1.9	2	255	150	195	
Y2-712-6	0.25	0.95	850	59	0.68	4.0	1.9	2	255	150	195	
Y2-801-6	0.37	1.3	900	62	0.7	4.7	1.9	2	295	175	214	17
Y2-802-6	0.55	1.8	900	65	0.72	4.7	1.9	2.1	295	175	214	19
Y2-90S-6	0.75	2.3	910	69	0.72	5.5	2	2.1	315	195	250	23
Y2-90L-6	1.1	3.2	910	72	0.73	5.5	2	2.1	340	195	250	25
Y2-100L-6	1.5	3.9	940	76	0.76	5.5	2	2.1	385	215	270	33
Y2-112M-6	2.2	5.6	940	79	0.76		2	2.1	400	240	300	45
Y2-132S-6	3	7.4	960	81	0.76	6.5	2.1	2.1	470	275	345	63

型号	额定功率(kW)	额定电流(A)	额定转速(r/min)	效率(%)	功率因数	堵转电流额定电流	堵转转矩额定转矩	最大转矩额定转矩	外形尺寸(mm)			质量(kg)
									长	宽	高	
同步转速1000r/min 6极 380V												
Y2-132M1-6	4	9.8	960	82	0.76	6.5	2.1	2.1	510	275	345	73
Y2-132M2-6	5.5	12.9	960	84	0.77	6.5	2.1	2.1	510	275	345	84
Y2-160M-6	7.5	17	970	86	0.77	6.5	2	2.1	615	330	420	119
Y2-160L-6	11	24.2	970	87.5	0.78	6.5	2	2.1	670	330	420	147
Y2-180L-6	15	31.6	970	89	0.81	7	2	2.1	740	380	455	195
Y2-200L1-6	18.5	38.6	980	90	0.81	7	2.1	2.1	770	420	545	220
Y2-200L2-6	22	44.7	980	90	0.83	7	2.1	2.1	770	420	545	250
Y2-225M-6	30	59.3	980	91.5	0.84	7	2	2.1	845	470	555	292
同步转速750r/min 8极 380V												
Y2-801-8	0.18	0.9	700	51	0.61	3.3	1.8	1.9	295	175	214	17
Y2-802-8	0.25	1.2	700	54	0.61	3.3	1.8	1.9	295	175	214	19
Y2-90S-8	0.37	1.5	700	62	0.61	4	1.8	1.9	315	195	250	23
Y2-90L-8	0.55	1.2	700	63	0.61	4	1.8	2	340	195	250	25
Y2-100L1-8	0.75	2.4	700	71	0.67	4	1.8	2	385	215	270	33
Y2-100L2-8	1.1	3.4	700	73	0.69	5	1.8	2	385	215	270	38
Y2-112M-8	1.5	4.5	710	75	0.69	5	1.8	2	400	240	300	50
Y2-132S-8	2.2	6	710	78	0.71	6	1.8	2	470	275	345	63
Y2-132M-8	3	7.9	710	79	0.73	6	1.8	2	510	275	345	79
Y2-160M1-8	4	10.3	720	81	0.73	6	1.9	2	615	330	420	118
Y2-160M2-8	5.5	13.6	720	83	0.74	6	2	2	615	330	420	119
Y2-160L-8	7.5	17.8	720	83.5	0.75	6	2	2	670	330	420	145
Y2-180L-8	11	25.1	730	87.5	0.76	6.6	2	2	740	380	455	184
Y2-200L-8	15	34.1	730	88	0.76	6.6	2.2	2	770	420	545	250
Y2-225S-8	18.5	41.1	730	90	0.76	6.6	1.9	2	815	470	555	266
Y2-225M-8	22	47.4	730	90.5	0.78	6.6	1.9	2	845	470	555	292
Y2-250M-8	30	64	730	91	0.79	6.6	1.9	2	910	510	615	405

三、电动机的参数

1. 额定参数

（1）额定容量（P_e）。表示电动机在额定条件下运行时，机轴上所输出的机械功率，又称额定功率，单位为 kW。

（2）额定电压（U_e）。表示电动机定子绕组所承受的线电压值，单位为 V。

（3）额定频率（f）。表示通入电动机交流电的频率，单位为 Hz。我国交流电的频率为 50Hz。

（4）额定电流（I_e）。表示电动机在额定电压和额定频率下，其负载达到额定功率时的线电流，单位为 A。

（5）额定转速（n_e）。表示在额定电压、额定频率和额定功率情况下，转子每分钟的转数，单位为 r/min。

（6）接法。表示电动机在正常运行时，三相定子绕组的连接方法。采取何种方法，应根据电源电压和电动机定子绕组的额定电压确定：电源电压为 380V，若定子各相绕组的额定电压是 220V，则应作星形（Y）联结，若定子各相绕组的额定电压是 380V，则应接成三角形（△）。必须按照电动机铭牌规定的接法进行连接。

（7）绝缘等级。表示电动机所使用绝缘材料耐热性能的等级，分为 A、B、E、F、H5 个等级。

（8）温升。表示铁芯和绕组高于环境温度的允许温度差，其允许温度应等于温升和环境温度之和。

（9）工作制。表示电动机正常使用时连续运转的时间，分为连续、短时和间断三种。

2. 运行性能的主要技术指标

（1）效率（η）。电动机输出功率与输入功率之比，用百分数表示。效率越高则电动机损耗越小。

（2）功率因数（$\cos\varphi$）。是电动机在额定条件下运行输入的有功功率和视在功率的比值，一般在 0.75～0.9 之间，满载时功率因数高，轻载时功率因数低。

（3）启动电流。电动机在启动瞬间的定子绕组线电流，单位为 A。

（4）启动转矩。电动机在启动时所产生的电磁力矩，单位为 N·m。常用它与额定转矩的倍数来说明电动机的启动性能。

（5）最大转矩。电动机所能拖动最大负载而保持稳定转速的电磁力矩，单位为 N·m。

四、三相异步电动机的选择

1. 额定功率的选择

电动机功率的正确选择很重要，如果电动机功率选得过小，电动机就会因过载严重发热而烧毁；电动机功率选的过大，就会造成大马拉小车，增加了投资费用和运行费用，很不经济。

（1）对于恒定负载连续工作方式，所需电机的功率 P 为

$$P = P_1 / \eta_1 \eta_2 \tag{12-1}$$

式中：P_1 为负载功率，kW；η_1 为机械负载效率，%；η_2 为传动机构效率，%。

根据计算结果，使电动机的额定功率 $P_e \geqslant P$ 即可。

（2）短时工作制的电动机与功率相同的连续工作制的电动机相比，最大转矩大、质量轻、价格便宜，在条件许可时尽可能选用短时工作制的电动机。

（3）断续工作制的电动机，要根据负载功率与负载持续率的大小来选择，负载持续率 $FS\%$ 为

$$FS\% = t_g / (t_g + t_0) \tag{12-2}$$

式中：t_g 为工作时间；t_0 为停息时间；$t_g + t_0$ 为周期。

（4）有的负载已注明需配电动机的功率，可直接按要求配用。

2. 防护方式的选择

（1）防护式电动机的外壳有通风孔，能防止灰尘、水滴等从上面或与垂直方向 45°夹角范围掉进电动机内部，但潮气等易进入电机内。这种电动机通风散热好，价格便宜适用于干燥、灰尘不多的场所。

（2）封闭式电动机的定子、转子等都装在一个封闭的机壳内，能防止灰尘、潮气、杂物进入，适用于环境较差、潮湿的场所。

（3）密封式电动机所有零部件全部都严密地封闭起来，可以浸泡在水中长期工作，称为潜水电机，适用于水下作业场所。

（4）防腐、防潮式电动机具有防潮、防爆功能，适用于防潮、防爆场所使用。

3. 转速的选择

电动机和它所拖动的机械设备都有各自的额定转速，电动机的转速应根据机械设备所需的转速和传动装置的具体情况来选择。电动机和机械设备两者转速配套的原则是，两者应在各自的额定转速下运转，尽量避免采用复杂的传动装置，能采用直接传动的采用直接传动，如采用联

轴器；采用皮带传动的，一般通过选择皮带轮的大小使两者在各自的额定转速下运转，其传动比不宜大于3。

4. 传动装置的选择

（1）直接传动。直接传动是把电动机和所带动的机械用联轴器直接连接起来，它的传动效率高，安全可靠，但是电动机和所带动机械的转速必须相等。

（2）皮带传动。皮带传动有平皮带传动和三角皮带传动两种，平皮带由于易打滑和脱落，目前已很少采用。三角皮带传动效率高，传动比可达到10，两皮带轮之间的中心距离小，而得到广泛使用。

1）皮带的长度应适当，皮带太长在传动过程中会出现波浪式跳动，降低传动效率，损坏皮带；太短会减小皮带的牵引力，降低传动效率。因此电动机和所带动机械两皮带轮中心间的距离，一般取两皮带轮直径之和的3～5倍，最小也不要小于2倍。

2）皮带轮大小的计算

$$n_1 D_1 = 1.05 n_2 D_2 \qquad (12\text{-}3)$$
$$D_1 = 1.05 n_2 D_2 / n_1$$
$$D_2 = n_1 D_1 / 1.05 n_2$$

式中：n_1 为电动机的转速，r/min；n_2 为生产机械的转速，r/min；D_1 为电动机皮带轮的直径，mm；D_2 为生产机械皮带轮的直径，mm；1.05 为皮带打滑系数。

3）三角皮带的选用。三角皮带的型号有 O、A、B、C、D、E、F，可根据传递功率或皮带轮槽的规格选用。三角皮带适用的功率范围见表12-7。

表 12-7　　　　　　　　三角皮带适用的功率范围

传递功率 (kW)	0.4～ 0.75	0.75～ 2.2	2.2～ 3.7	3.7～ 7.5	7.5～ 20	20～ 40	40～ 75	75～ 150	150 以上
采用三角皮带型号	O	O、A	A、B	A、B	B、C	C、D	D、E	E、F	F

5. 选择前应了解的项目和参数

（1）应了解的项目：

1）负载的工作类型（连续工作、断续工作、短时工作和变负荷工作）。

2）负载的工作转速以及是否需要调速（定速、有级调速和无级调速）。

  3）驱动负载所需功率。

  4）启动方式。

  5）启动频率。

  6）制动方式（是否需要快速制动）。

  7）是否要反转。

  8）工作环境条件：室内或室外，环境温度、湿度，有无腐蚀性、爆炸性气体或液体，灰尘或粉尘浓度等。

  （2）应了解的参数：

  1）使用电源的容量、电压、频率、相数。

  2）额定输出功率、效率、功率因数。

  3）工作定额。

  4）安装形式、轴伸尺寸、附件。

  5）外壳防护方式。

  6）转速—转矩特性。

  7）启动转矩、最大转矩。

  8）类型。

第二节 异步电动机的计算

一、交流异步电动机的基本计算公式

1. 电动机的输入功率 P_{1e}

电动机的输入功率就是电源供给电动机的功率，其计算公式为

$$P_{1e} = \sqrt{3}\, U_e I_e \cos\varphi \tag{12-4}$$

$$P_{1e} = P_{2e}/\eta \tag{12-5}$$

式中：P_{1e} 为电动机的输入功率，kW；P_{2e} 为电动机的输出功率，即电动机铭牌上的标定功率，kW；U_e 为电动机的额定电压，kV；I_e 为电动机的额定电流，A；η 为电动机的效率；$\cos\varphi$ 为功率因数，一般在 $0.75\sim0.9$。

2. 电动机的额定电流 I_e

$$I_e = P_e / \sqrt{3}\, U_e \cos\varphi\eta \tag{12-6}$$

式中：P_e 为电动机的额定功率，kW；U_e 为额定电压，kV。

3. 旋转磁场的转速

$$n_1 = 60f/p \tag{12-7}$$

式中：n_1 为旋转磁场的转速（同步转速），r/min；f 为电源频率，Hz；p 为磁极对数。

4. 电动机的转速

$$n = (1-s)n_1 = (1-s)60f/p \tag{12-8}$$

式中：n 为电动机的转速，r/min；s 为转差率。

$s = (n-n_1)/n_1 \times 100\%$，在额定运转状态下，$s = 2\% \sim 5\%$。

交流异步电动机的转速与磁极的关系见表 12-8。

表 12-8   交流异步电动机的转速与磁极的关系

磁极数	2	4	6	8	10
磁极对数	1	2	3	4	5
同步转速（启动）(r/min)	3000	1500	1000	750	600
额定转速（r/min）	2900	1450	960	730	570

5. 电磁转矩

$$M_d = C_M \Phi I_2 \cos\varphi \tag{12-9}$$

式中：M_d 为电动机的电磁转矩，N·m；K_M 为结构常数；Φ 为气隙磁场的每极磁通量，Wb；I_2 为转子每相绕组电流，A；$\cos\varphi$ 为转子每相电路的功率因数。

6. 额定转矩

$$M_e = 9550 P_e / n_e \tag{12-10}$$

式中：M_e 为电动机的额定转矩，N·m；P_e 为电动机的额定功率，kW；n_e 为电动机的额定转速，r/min。

7. 过载系数

$$\lambda_g = M_{max}/M_e = 1.8 \sim 2.5 \tag{12-11}$$

式中：λ_g 为电动机的过载系数；M_{max} 为电动机的最大转矩，N·m；M_e 为电动机的额定转矩，N·m。

8. 电动机的损耗

$$\Delta P = P_1 - P_2 \tag{12-12}$$

式中：ΔP 为电动机的损耗，kW；P_1 为电动机输入功率，kW；P_2 为电动机输出功率，kW。

9. 电动机的效率

$$\eta = P_2/P_1 \times 100\% = (P_1 - \Delta P)/P_1 \times 100\% \tag{12-13}$$

式中：η 为电动机的效率，当电动机的负载率为额定功率的 75%～80%

时，效率最高。

$$\lambda_q = M_q / M_e \qquad (12-14)$$

式中：λ_q 为电动机的启动能力；M_q 为电动机的启动转矩，N·m；M_e 为电动机的额定转矩，N·m。

11. 确定电动机能否直接启动的经验公式

$$I_Q / I_e \leqslant 3/4 + S_e / 4P_e \qquad (12-15)$$

式中：I_Q 为电动机的启动电流，A；I_e 为电动机的额定电流，A；S_e 为变压器容量，kVA；P_e 为电动机额定容量，kW。

一般情况下，只要电动机的额定容量不超过变压器容量的 30%，都允许全压直接启动。

【例 12-1】 已知 Y100L2-4 型异步电动机的额定功率 P_e＝3kW，额定电压为 220/380V，额定效率 η_e＝82.5%，额定功率因数为 0.81，额定转速 n_e＝1430r/min，频率 f_1＝50Hz，电源 U＝0.38kV，计算电动机的额定电流、额定转矩和定子绕组的磁极对数。

解 电动机的额定电流为

$I_e = P_e / \sqrt{3} U_e \cos\varphi_e \eta = 3/\sqrt{3} \times 0.38 \times 0.81 \times 0.825 = 6.8$ （A）

额定转矩为

$$M_e = 9550 P_e / n_e = 9550 \times 3 / 1430 = 20 \text{（N·m）}$$

定子绕组的磁极对数为

$$P = 60 f_1 / n_1 = 60 \times 50 / 1500 = 2$$

【例 12-2】 一台 6 极异步电动机，其额定转速 n_e＝975r/min，电源频率 f_1＝50Hz，求电动机在额定负载时的转差率。

解 同步转速为

$$n_1 = 60 f_1 / p = 60 \times 50 / 6 \div 2 = 1000 \text{（r/min）}$$

转差率为

$$s = (n_1 - n_e) / n_1 = (1000 - 975) / 1000 = 0.025 = 2.5\%$$

【例 12-3】 一台 Y280M-4 型三相异步电动机，其额定功率 90kW，额定电压为 0.38kV，额定电流为 164.3A，功率因数为 0.89，效率为 93.5%，计算其输入功率和损耗。

解 输入功率为

$P_1 = \sqrt{3} U_e I_e \cos\varphi = 1.73 \times 0.38 \times 164.3 \times 0.89 = 96.12$ （kW）

损耗为

$$\Delta P = P_1 - P_2 = 96.12 - 90 = 6.12 \quad (\text{kW})$$

【例 12-4】 一台鼠笼式异步电动机，其额定功率为 40kW，额定转速为 1450r/min，过载系数为 2.4，计算其额定转矩和最大转矩。

解 额定转矩

$$M_e = 975 P_e / n_e = 975 \times 40 / 1450 = 26.9 \quad (\text{kg} \cdot \text{m})$$

最大转矩

$$M_{max} = \lambda M_e = 2.4 \times 26.9 = 64.6 \quad (\text{kg} \cdot \text{m})$$

【例 12-5】 一台 10 极异步电动机，接在频率为 50Hz 的电源上，计算同步转速。

解 $n_1 = 60f/p = 60 \times 50 / (10 \div 2) = 600 \quad (\text{r/min})$

【例 12-6】 一台 8 极异步电动机，其转差率 $s = 4\%$，电源频率 $f_1 = 50\text{Hz}$，计算电动机的转速和转子电流频率。

解 电动机的转速为

$n_1 = 60f_1 (1-s) / p = 60 \times 50 (1-4\%) / (8 \div 2) = 720 \quad (\text{r/min})$

转子电流频率为

$$f_2 = s f_1 = 4\% \times 50 = 2 \quad (\text{Hz})$$

【例 12-7】 某电动机的启动能力 $\lambda_q = 1.3$，若把加在定子绕组上的电压降低 30%，而且启动时轴上的反转矩 $M_f = 1/2 M_e$，计算电动机能否启动，并说明为什么。

解 异步电动机的转矩与电压的平方成正比，当加在定子绕组上的电压为额定电压的 70% 时，电动机的电磁转矩就只有原来转矩的 $(70\%)^2 = 49\%$。

$$M_q = 1.3 M_e$$

当端电压降低 30% 时，启动转矩

$$M'_q = 1.3 \times 49\% M_e = 63.7\% M_e$$

因为 $63.7\% M_e > 1/2 M_e$，所以电动机能够启动。

二、异步电动机降压启动的计算

三相异步电动机的启动电流很大，一般为额定电流的 5~7 倍，对电动机本身和电网的影响不容忽视。为了减小电动机的启动电流，采用降压设备将加到电动机上的电压适当降低，等电动机转速达到或接近额定转速时，再改为额定电压运行，这样的启动方式称为降压启动，常用的降压启动方法是自耦降压启动和星形—三角形降压启动。

1. 自耦降压启动

启动电压

$$U_{jy} = KU_e \qquad (12-16)$$

启动电流

$$I_{jy} = KI_Q \qquad (12-17)$$

启动转矩

$$M_{jy} = K^2 M_Q \qquad (12-18)$$

2. 星形—三角形降压启动

启动电压

$$U_{jy} = 1/\sqrt{3}\, U_e = 0.58U_e \qquad (12-19)$$

启动电流

$$I_{jy} = 1/3 I_Q \qquad (12-20)$$

启动转矩

$$M_{jy} = 1/3 M_Q \qquad (12-21)$$

式中：U_{jy} 为降压启动电压，V；I_{jy} 为降压启动电流，A；M_{jy} 为降压启动转矩；N·m；K 为自耦变压器的变比（小于 1，常选用 0.65 或 0.85）。

【例 12-8】 一台三相异步电动机，额定电压 380V，三角形接线，额定功率为 11kW，额定转速为 1460r/min，效率为 0.89，功率因数为 0.84，$M_Q/M_e = 2.2$，$I_Q/I_e = 7$，试计算：

(1) 电动机的额定电流。

(2) 采用星形—三角形降压启动的启动电流和启动转矩。

(3) 当负载转矩为额定转矩的 80% 和 20% 时，电动机能否启动？

解 (1) 电动机额定电流为

$I_e = P_e/\sqrt{3}\, U_e \cos\varphi_e \eta = 11/\sqrt{3} \times 0.38 \times 0.84 \times 0.89 = 22.4$ (A)

(2) 采用星形—三角形降压启动的启动电流和启动转矩分别为

$$I_{QY} = 1/3 I_Q = 1/3 \times 7 I_e = 1/3 \times 7 \times 22.4 = 52.3 \text{ (A)}$$

$$M_e = 9550 P_e/n_e = 9550 \times 11/1460 = 72 \text{ (N·m)}$$

$$M_{jy} = 1/3 M_Q = 1/3 \times 2.2 M_e = 1/3 \times 2.2 \times 72 = 52.8 \text{ (N·m)}$$

(3) 当负载转矩为额定转矩的 80% 时

$$M_F = 0.8 M_e = 0.8 \times 72 = 57.6 \text{ (N·m)} > M_{jy} \text{ (52.8N·m)}$$

故电动机不能启动。

当负载转矩为额定转矩的 20% 时

$$M_F = 0.2 M_e = 0.2 \times 72 = 14.4 \text{ (N·m)} < M_{jy} \text{ (52.8N·m)}$$

故电动机能启动。

【例 12-9】 某三相异步电动机，额定电压为 380V，三角形接线，额定功率为 40kW，额定转速为 1450r/min，$M_Q/M_e=0.75$，计算：

(1) 启动转矩。

(2) 如果负载转矩为额定转矩的 20% 或 50%，能否采用星形—三角形降压启动？

解 (1) 启动转矩为

$$M_e=9550P_e/n_e=9550\times40/1450=263.6 \text{ (N·m)}$$

$$M_Q=0.75M_e=0.75\times263.6=197.7 \text{ (N·m)}$$

(2) 当负载转矩为额定转矩的 20% 时

$$M_F=0.2M_e=0.2\times263.6=52.72 \text{ (N·m)}$$

如果采用星形—三角形降压启动

$$M_{jy}=1/3M_Q=1/3\times197.7=65.9 \text{ (N·m)} >M_F \text{ (52.72N·m)}$$

故电动机能启动。

当负载转矩为额定转矩的 50% 时

$$M_F=0.2M_e=0.5\times263.6=131.8 \text{ (N·m)} <M_F \text{ (52.72N·m)}$$

故电动机不能启动。

三、鼠笼型异步电动机改作发电机的计算

鼠笼型异步电动机可以利用电容器进行自激发电，考虑到投入电容器的经济性，因此适用于小容量异步电动机，正确选择空载励磁电容器和负载补偿电容器是感应发电机正常运行的关键。

1. 空载励磁电容的计算

$$C_0=(I_0/2\pi f\sqrt{3}U_L)\times10^6 \tag{12-22}$$

式中：C_0 为每相空载励磁电容，μF；I_0 为异步电动机空载电流，A；f 为电源频率，Hz；U_L 为电源线电压，V。

如果知道异步电动机的空载无功功率，也可以按照下面公式计算空载励磁电容值。

$$C_0=(Q_0/2\pi f3U_P^2)\times10^6 \tag{12-23}$$

式中：Q_0 为异步电动机的空载无功功率，kvar；U_P 为电源相电压，V。

励磁电容多采用三角形联结，将电容器接在鼠笼型异步电动机定子绕组的接线端子上，如图 12-4 所示。

2. 负载补偿电容的计算

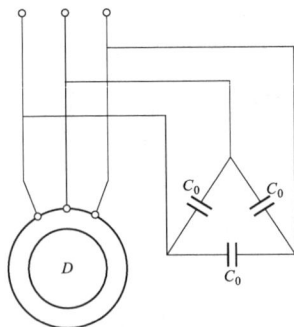

图 12-4 空载励磁电容的接线

在异步电动机改为发电机带负载运行

时，由于有功和无功损失，感应发电机的端电压将下降，为使端电压稳定，还应再投入一部分电容器以补偿电压损失，这部分电容器叫负载补偿电容器，其电容值可按下面公式计算。

$$C_F = 1.25C_0 + (Q/2\pi f u_L) \times 10^6 \qquad (12-24)$$

式中：C_F 为每相负载补偿电容，μF；Q 为异步电动机的负载无功功率，kvar。

$$Q = S_e \sqrt{1 - \cos\varphi^2}$$

式中：S_e 为感应发电机的额定容量，$S_e = P_e/\cos\varphi$，kVA；P_e 是异步电动机的额定功率，kW；$\cos\varphi$ 是异步电动机的额定功率因数。

【例 12-10】 一台 Y112M-4 型异步电动机，额定功率为 4kW，额定电压为 380V，4 极，空载电流为 4.3A，$\cos\varphi = 0.82$，计算改为感应发电机运行时的空载励磁电容值和负载补偿电容值（电容器为三角形联结）。

解 （1）空载励磁电容值

$$\begin{aligned}
C_0 &= (I_0/2\pi f\sqrt{3}U_L) \times 10^6 \\
&= (4.3/2 \times 3.14 \times 50 \times 1.73 \times 380) \times 10^6 \\
&= 20.8 \ (\mu F)
\end{aligned}$$

（2）负载补偿电容值

$$S_e = P_e/\cos\varphi = 4/0.82 = 4.9 \ (kVA) = 4900 \ (VA)$$

$$\begin{aligned}
C_F &= 1.25C_0 + (Q/2\pi f u_L^2) \times 10^6 \\
&= 1.25C_0 + (S_e\sqrt{1-\cos\varphi^2}/2\pi f u_L^2) \times 10^6 \\
&= 1.25 \times 20.8 + (4900 \times \sqrt{1-0.82^2}/2 \times 3.14 \times 50 \times 380^2) \times 10^6 \\
&= 26 + 62 \\
&= 88 \ (\mu F)
\end{aligned}$$

四、三相异步电动机改为单相运行的电路和计算

如果只有单相电源和三相异步电动机供使用，可采用在电动机定子绕组上并联工作电容 C_G 和启动电容 C_Q 的方法使三相异步电动机改为单相运行，改接方法如图 12-5 所示。为了提高启动转矩，将启动电容 C_Q 在启动时接入线路中，启动结束退出。

1. 工作电容 C_G 容量的计算公式

$$C_G = 1950I/U\cos\varphi \qquad (12-25)$$

式中：I 为电动机额定电流，A；U 为单相电源电压，V；$\cos\varphi$ 为电动机的功率因数。

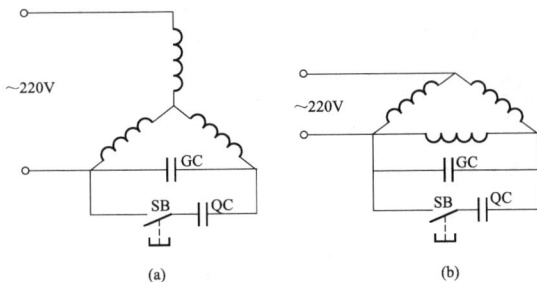

图 12-5 三相异步电动机改为单相运行接线图

(a) 星形联结电动机连接电路；(b) 三角形联结电动机连接电路

为了提高启动转矩，将启动电容为了提高启动转矩，将启动电容 C_Q 在启动时接入线路中，启动结束退出。

2. 启动电容 C_Q 容量的计算公式

在计算出工作电容容量后，启动电容的容量可按工作电容容量的 $1\sim4$ 倍选用，即

$$C_Q = (1\sim4)C_G \tag{12-26}$$

第三节　电动机的启动设备

电动机转轴从静止状态到稳定运行的过程，称为启动。异步电动机的启动方式有直接启动和降压启动两种。

一、直接启动

把电动机直接接在电源上，使电动机在电源的额定电压下启动，这种启动方式称为直接启动，又称为全压启动。直接启动的优点是启动设备简单，启动时间短，操作比较方便，启动比较可靠。但是，大容量电动机的直接启动，将会造成较大的电压降，影响同一电网中其他电气设备的正常运行。

1. 直接启动的原则

电动机能否直接启动，主要取决于电网容量的大小、电动机功率的大小、启动频率以及在线路中允许干扰的程度。直接启动设备简单、操作方便，可减少设备投资和维修费用，因此在满足一定要求的前提下，应尽可能采用直接启动。允许直接启动的电动机容量大致可按下面原则确定：

（1）电动机由变压器供电时，不经常启动的电动机，其单台容量不

宜超过变压器容量的 30%，经常启动的电动机，其单台容量不宜超过变压器容量的 20%。

（2）电动机启动时，其端子的剩余电压不低于额定电压的 60%。

（3）电动机启动时，同一台配电变压器供电范围内的其他用电设备，其端子的剩余电压不低于额定电压的 75%。

在特殊情况下，如变压器为某一台电动机所专用，直接启动的电动机容量可以达到变压器容量的 80%。电动机由发电机供电时，允许直接启动的电动机容量可按发电机每千伏安 0.1kW 计算。

这里所说的原则也不是绝对的，要根据具体条件和情况，在保证安全的前提下，通过试验加以确定。随着电网容量的增大和电机制造技术的发展、提高，允许直接启动的电动机容量预计将相应的有所提高。

2. 直接启动设备及其选择

直接启动设备有开启式负荷开关（胶盖闸刀）、封闭式负荷开关（铁壳开关）、交流接触器、磁力启动器、自动空气断路器（自动空气开关）等，异步电动机的直接启动设备，应按下列要求选择：

（1）功率在 5.5kW 及以下的电动机，可采用开启式负荷开关（胶盖闸刀），其额定电流不应小于电动机额定电流的 3 倍。

（2）功率在 15kW 以下、5.5kW 以上的电动机，宜采用封闭式负荷开关（铁壳开关），其额定电流不应小于电动机额定电流的 2 倍。

（3）频繁启动的电动机，应采用电磁开关（接触器或磁力启动器），其额定电流不应小于电动机的额定电流。当接触器用作电动机的频繁启动、制动、正反转时，其接通时电流很大，应将接触器的额定电流降低一个等级使用。

（4）当采用自动空气断路器作电动机的启动开关时，其额定电流或功率不应小于电动机的额定电流或功率。

（5）电动机启动设备的额定电压，应与电源电压相匹配，宜等于或大于电源电压。

值得提出的是，在农村、一些小型工厂企业和建筑工地，一般都是采用胶盖闸刀作为小型电动机的控制开关，虽然安装使用方便，价格便宜，但在使用中常出现下列问题：

（1）熔丝熔断后，常为寻找合适的熔丝烦恼，而随意换上大规格的熔丝，甚至用铜丝、铝丝或铁丝代替熔丝，失去了熔丝的保护作用。这在一些建筑工地已屡见不鲜。

（2）三相熔丝有一相熔断时，往往会造成三相电动机缺相运行而将电动机烧毁。

如果改用自动空气断路器控制，就可以避免上述问题的发生。且具有以下优点：

（1）被控制电动机发生短路或过载时，断路器三相自动跳闸。省去了寻找和更换熔丝的烦恼。

（2）目前广泛使用的 DZ47 系列高分断小型塑壳断路器，63A 以下外形尺寸完全一样，且采用导轨安装，安装、更换方便，对配电箱的设计制造十分有利。

（3）灵敏度高，反应迅速，性能优良可靠，使用寿命长。

因此建议，对不频繁启动的小型电动机，选择自动空气断路器作为控制开关和保护电器，虽然价格稍高，但对电动机的可靠运行和保护十分有利。

二、降压启动

电动机启动时，先用降压设备把加到电动机上的电压适当降低，以减小启动电流，等到电动机转速达到或接近额定转速时，再改为额定电压运行，这种启动方式称为降压启动。

单台电动机的额定容量超过专用变压器额定容量的 80%，公用电网供电的电动机不能满足直接启动的三个条件之一的，均需采用降压启动方式。

1. 对降压启动设备的要求

（1）要有足够的启动转矩。启动转矩必须大于机械静负荷力矩及摩擦力矩之和，两者相差越大，加速越快，启动时间越短，这对于重复启动的生产机械来说，会大大提高生产效率。

（2）限制启动电流。鼠笼型异步电动机的启动电流一般都在额定电流的 6 倍以上，容量较小的电动机对电网影响较小，容量较大时对电网影响很大，特别是电源容量较小时，由于启动电流造成的电压降会影响其他用电设备的正常运行，因此必须限制启动电流。

（3）启动器要适应机械设备的运行特点。有的机械负载属于空载启动，有的属于重载启动，有的时起时停或正、反转，不同的启动器应满足上述不同的需要。

2. 降压启动器的特点及用途

降压启动器的特点及用途见表 12-9，其启动特性见表 12-10。

表 12-9   降压启动器的特点及用途

名称		特　点	用　途
星—三角启动器	自动	由交流接触器、热继电器、时间继电器、控制按钮等标准元件组合而成。电动机定子绕组启动时接成星形，启动后接成三角形，启动电流小，启动转矩小，可以频繁启动，价格较低，具有过载和断相保护功能	适用于定子绕组为三角形联结的小容量鼠笼式异步电动机轻载启动
	手动	用不同外缘形状的凸轮，使整个结构完全相同的触头主件按规定的顺序分合，实现电动机定子绕组的Y—△转换，有定位装置和防护外壳，无短路、过载和失电压保护功能	供小容量电动机作星—三角转换及停止用
自耦降压启动器	自动	由交流接触器、热继电器、控制按钮等标准元件与自耦变压器组合而成。利用自耦变压器降低电源电压，以减小启动电流。自耦变压器的不同抽头可调节启动电流和启动转矩，启动电流小，启动转矩比星三角启动器大	适用于鼠笼式异步电动机作不频繁的降压启动及停止用，具有过载和断相保护作用
	手动	启动器由启动触头、运转触头、手动操动机构、自耦变压器、保护装置、箱体等组成，启动原理与自动方式相同，有油浸式和空气式两种	适用于鼠笼式异步电动机作不频繁的降压启动及停止用，具有过载和欠电压保护作用
电抗降压启动器		由交流接触器、热继电器、控制按钮等标准元件与电抗线圈组合而成。利用电抗线圈降低电源电压，以减小启动电流	适用于鼠笼式异步电动机作降压启动
电阻降压启动器		由交流接触器、热继电器、控制按钮等标准元件与电阻组合而成。利用串联电阻降低电源电压，以减小启动电流	适用于鼠笼式异步电动机作降压启动
延边三角形启动器		由交流接触器、热继电器、时间继电器、控制按钮等标准元件组合而成。须与定子有 9 个抽头的电动机配合使用。在启动时，将电动机定子绕组接成延边三角形，启动完毕自动换接为三角形	适用于鼠笼式异步电动机作延边三角形启动及停止用，具有过载和断相保护作用

表 12-10   降压启动器的启动特性

启动方式	自耦变压器启动			Y—△启动	延边三角形启动	
	80%	60%	40%		抽头 1:2	抽头 1:1
启动电压	$0.8U_1$	$0.6U_1$	$0.4U_1$	$1/\sqrt{3}\,U_1$	$0.78U_1$	$0.71U_1$
启动电流	$0.64I_Q$	$0.36I_Q$	$0.16I_Q$	$1/3I_Q$	$0.60I_Q$	$0.50I_Q$

启动方式	自耦变压器启动			Y—△启动	延边三角形启动	
	80%	60%	40%		抽头 1:2	抽头 1:1
启动转矩	$0.64M_Q$	$0.36M_Q$	$0.16M_Q$	$1/3M_Q$	$0.60M_Q$	$0.50M_Q$

注 U_1 为额定电压；I_Q 为额定电压下的启动电流；M_Q 为额定电压下的启动转矩；抽头比例是 "Y" 部分匝数与 "△" 部分匝数的比。

3. 自耦降压启动器常见故障和处理方法

自耦降压启动器常见故障和处理方法见表 12-11。

表 12-11　　　　自耦降压启动器常见故障和处理方法

故障现象	故障原因	处理方法
启动器能合上，但电动机不能启动（电动机本身无故障）	启动电压太低，转矩不够	将启动器抽头提高一级
	熔体熔断	更换熔体
启动器扳到运行位置，电动机两相运行（电动机本身无故障）	启动过程即将结束时熔体熔断	查找熔体熔断原因更换熔体
	运行触头有一相接触不良	整修或更换故障触头
电动机启动太快以致启动电流过大	电动机启动转矩过大： 1) 自耦变压器抽头电压太高； 2) 自耦变压器线圈局部短路	检查自耦变压器： 1) 调整抽头； 2) 更换或重绕线圈
	接线错误	纠正错误接线
电动机未过载而启动器却过热	油箱内的油因渗有水分而过热	更换绝缘油
	自耦变压器线圈匝间短路	更换或重绕线圈
	触头接触不良	整修或更换触头
自耦变压器发出"嘟嘟"声	变压器硅钢片未夹紧	夹紧变压器硅钢片
	变压器线圈有地方接地	查找线圈接地处，加补绝缘或重绕
启动器发出爆炸声同时箱内冒烟	触头间发生火花放电	整修或更换触头
	绝缘损坏致使导电部分接地	查出故障点并作适当处理
油箱内发出"吱吱"声	触头接触不良产生火花	整修或更换触头
	绝缘油不足	加补绝缘油
电动机未过载，操作手柄却不能停留在"运转"位置	热继电器动作后未复位	等双金属片冷却后，按复位按钮
	欠电压脱扣器吸不上	检查接线是否正确，电磁机构是否被卡住

故障现象	故障原因	处理方法
欠电压脱扣器不动作	接线错误	改正错误接线
	欠电压线圈接线不牢	将线接牢
	欠电压线圈烧毁	更换线圈
	电磁机构卡住	整修电磁机构
联锁机构不动作	锁片锈死或磨损	整修或更换

三、电动机启动设备的安装

（1）每台电动机必须配置单独的启动设备，启动设备应具有可靠地接通和分断电动机工作电流以及切断故障电流的能力，且结构完整、功能齐全、质量可靠。

（2）电动机的操作开关，必须安装在能监视到电动机启动和被传动机械运转的地方；各种机床的操作开关，应装在便于操作，又不宜被人体或工件等碰触产生误动作的位置上。

（3）电动机启动设备的安装高度，以方便操作为原则，一般距地面1.3~1.5m。

（4）凡采用无明显断开点的开关（如电磁开关），必须在电磁开关前面安装有明显断开点的开关（如刀开关），以保证检修时的工作安全。

（5）无保护装置的倒顺开关、按钮开关，应在其前面装设熔断器。

（6）需频繁操作、换向或变速的启动设备，应设两级开关。前面一级为控制开关，作控制电源用，后面一级为操作开关。

（7）采用自动空气断路器作电动机的控制开关时，应在其前面装设熔断器，使得热脱扣器或电磁脱扣器失灵时，能由熔断器起保护作用，同时提供明显断开点，在检修电动机和断路器时切断电源，保证检修工作的安全。

第四节　电动机的保护设备

电动机的保护设备是保护电动机安全运行的重要装置，应根据电动机的容量和工作方式，按照继电保护规程规定正确装设，并加强运行管理和维护，确保可靠、准确动作，以保护电动机的安全。

电动机的保护有短路保护、过载保护、欠电压（失电压）保护和缺相保护等。

一、短路保护和过载保护

电动机一般应装设短路保护和过载保护，当电动机及其电路发生短路故障或严重过载且持续一段时间时，短路保护和过载保护设备应可靠切断电源，使电动机停止运行，以保护电动机的安全。

电路故障是电动机及其电路已经发生了故障，所以需要立即切断电源使电动机停止运行；而过载在很多情况下并不是电动机的原因，而是其他方面的因素，如生产机械一时进料太多和电源电压波动瞬时降低等，使电动机发生瞬时过载，这些临时故障往往很快结束恢复正常，如果这时切断电源，势必影响生产。因此过载要相当严重并持续时间较长时，过载保护装置才动作切断电源，为此电动机的短路保护和过载保护应采用不同的保护设备。

1. 电动机短路保护装置的选择

电动机的短路保护一般采用熔断器或自动空气断路器的过电流脱扣器。

（1）采用熔断器作为电动机的短路保护时，熔断器熔体的额定电流对于单台鼠笼式异步电动机，熔体的额定电流应等于电动机额定电流的 1.5～2.5 倍；对于多台鼠笼式异步电动机，熔体的额定电流应等于其中功率最大的一台电动机的额定电流的 1.5～2.5 倍，再加上其余电动机的额定电流的总和。

（2）采用自动空气断路器作电动机的短路保护时，其瞬时脱扣器的动作电流，可按下面公式整定：

1）单台电动机

$$I_{DT} = K_Z I_Q$$

式中：I_{DT} 为脱扣器动作电流，A；I_Q 为电动机启动电流，A；K_Z 为脱扣器计算系数，对高返回系数的空气断路器（如 DZ 系列）K_Z 为 1.3～1.4，对低返回系数的空气断路器（如 DW 系列）K_Z 为 1.7～2。

2）多台电动机

$$I_{ZDT} = 1.3 I_{MQ} + \sum I_e$$

式中：I_{ZDT} 为总脱扣器动作电流，A；I_{MQ} 为最大一台电动机的启动电流，A；$\sum I_e$ 为其余电动机额定电流之和，A。

2. 电动机过载保护装置的选择

电动机的过载保护一般采用热继电器或自动空气断路器的热脱扣器。其整定电流可按被保护电动机额定电流的 1.1～1.25 倍考虑。

对于短时、断续工作的以及容量在 4.5kW 以下的小容量电动机可不装设过载保护装置。

二、欠电压（低电压）和失电压保护

电动机的转矩与电源电压的平方成正比，当电源电压降低太多时，电动机的转矩急剧下降，这时就会发生电动机拖不动生产机械而过载，若不及时切断电源，电动机将严重过热甚至烧毁。为保护电动机，在电源电压降低太多时，必须及时切断电源，使电动机停止运行。欠电压（低电压）保护设备就是为此目的而装设的保护装置。

失电压保护是在电源停电时，使电路断开，避免恢复供电电动机自行启动而设置的保护。

欠电压（低电压）保护一般采用自动空气断路器的欠电压脱扣器或接触器的电磁线圈，当电源电压降低到整定值时（一般为额定电压的80%）动作，切断电源，保护电动机的安全。

三、缺相保护

电动机在运行中，由于熔断器熔丝熔断、开关触头接触不良、电源断线等原因，会造成三相电源缺一相电的情况，此时电动机在惯性的作用下继续运转，但转速略有下降，电流增大，温度上升，导致电动机很快烧毁。据统计，农村烧毁的电动机，80%是缺相运行造成的。缺相保护就是为防止电动机在运行中缺相而设置的，它能在电源缺相时自动切断电源，使电动机停止运转，从而使电动机得到保护。

缺相保护装置常采用带缺相保护的热继电器、自动空气断路器的热脱扣器或电动机保护器。

也可以采用双开关双保险进行缺相运行保护，其接线如图 12-6 所示。

启动开关的熔丝按电动机额定电流的1.5～2.5倍选择，运行开关的熔丝按电动机额定电流选择。电动机启动时，合启动开关，转速稳定后，合运行开关，然后拉开启动开关，这样在发生缺相时，运行开关的熔丝就会较快熔断，使电动机退出运行。

应该注意的是，此保护方式拉开启动开关后，开关刀片是带电的，为防止触电，开关应

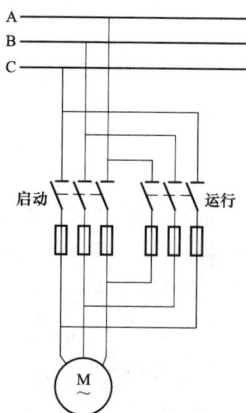

图 12-6 电动机双开关双保险缺相保护的接线

选择 TSW 型的。

有关熔断器、热继电器、自动空气断路器等的选择、安装和使用技能，可参阅本书第九章的相关内容。

四、接地保护

电动机的定子绕组或接线端子绝缘损坏，就会造成外壳带电。在中性点直接接地的电网中，人身触及电动机带电外壳，相当于触及 220V 的相电压，很可能造成人身触电伤亡事故，为避免此类事故的发生，应装设接地保护装置。

1. 保护接地

用导线把电动机外壳与接地体可靠地连接起来，称为保护接地。

接地线一般采用钢质，其扁钢截面积不可小于 48mm²；圆钢直径不可小于 8mm。接地体一般有垂直接地体和水平接地体两种形式，垂直接地体应采用壁厚不小于 3.5mm 的钢管或厚度不小于 4mm 的角钢，接地体不宜少于 2 根，每根长度不宜小于 2m，极间的距离一般为接地体的 2 倍，顶端距地面为 0.6m；水平接地体可采用厚度不小于 4mm，截面积不小于 48mm² 的扁钢或直径不小于 8mm 的圆钢，埋深不应小于 0.6m。

保护接地的接地电阻一般不大于 4Ω，最多不可大于 10Ω。

在中性点直接接地的低压电网中，保护接地可使人体触电电压大大降低（由 220V 降低到 110V），可以收到一定的保护效果；在中性点不接地的低压电网中，保护接地可使人体触电电压接近于零（低压电网绝缘正常时），可以收到很好的保护效果。

2. 保护接零

用导线将电动机外壳与零线可靠连接起来，称为保护接零。当发生碰壳故障时，形成单相短路，可使短路保护电器动作，切断电源，起到保护作用。

在中性点直接接地的低压电网中，为减少架设零线的投资，一般采用保护接地；当用电设备集中时，也可采用保护接零，但应在线路的首端和终端作重复接地。另外还应注意，同一台变压器供电的电动机，不应一部分采用接地保护，而另一部分采用接零保护，否则当采用接地保护的电动机发生碰壳时，所有接零保护的电动机外壳对地都会出现几十伏甚至上百伏的电压，很容易造成人身触电伤亡事故。

在中性点不接地的低压电网中，电动机的外壳只能采用保护接地，严禁采用保护接零，否则当某一相发生接地故障时，所有保护接零的电动机外壳对地都会出现 220V 的相电压，这将大大增加人身触电的危险性。

3. 剩余电流动作保护器

在中性点直接接地的低压电网中，为提高接地保护的保护效果，可在电动机的电源侧装设剩余电流动作保护器，当发生碰壳（接地）故障时，剩余电流动作保护器立即动作，切断电源，可防止人身触电事故的发生。

根据我国剩余电流动作保护器的定型和使用效果，宜采用 DZ15L-□/3902 型剩余电流动作保护器作为电动机的剩余电流保护。其内部结构和工作原理如图 12-7 所示。

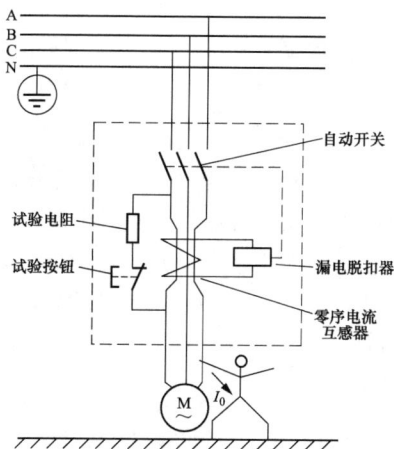

图 12-7　电动机剩余电流动作
保护器的结构和工作原理图

从图 12-7 中可以看出，DZ15L-□/3902 型剩余电流动作保护器由零序电流互感器、漏电脱扣器、自动开关、试验按钮、试验电阻和塑料外壳等组成，在正常情况下，通过零序电流互感器一次绕组的三相电流的矢量和为零，互感器的二次侧无感应电流，脱扣器不会动作。但是，当外壳接地的电动机发生碰壳故障或人体触及不接地的电动机带电外壳时，将有一电流通过电动机外壳的接地线或人体入地，并经过配电变压器中性点的接地线回到配电变压器中性点。此电流一般称之为漏电电流或人体触电电流，它等于三相零序电流的向量和，所以也叫零序电流。零序电流的出现，将在零序电流互感器的二次侧感应出电流来。当二次电流大于脱扣器的整定动作电流时，脱扣器动作，自动断路器跳闸切断电源，这样可使漏电停止或使触电人脱离电源。

剩余电流动作保护器的额定漏电动作电流有 30、50、75mA 和 100mA 四种，电动机的剩余电流保护以选用 30mA 或 50mA 为宜，移动式电动机的剩余电流保护应选用 30mA。

第五节　电动机的安装

一、电动机的基础

电动机的基础有永久性和临时性（流动性）两种形式，工厂、农副产品加工等固定使用的电动机，一般采用永久性基础，永久性基础一般用混凝土浇注或砖石砌筑。

基础体积的大小应根据电动机的底座来确定，基础的边沿应大于电动机底座 100～150mm；基础高度应根据被带动机械的安装高度确定，最低应高出地面 150mm；基础的重量应大于电动机重量的 1.5～2.5 倍。

基础上应预埋地脚螺栓或做好预留孔，为防止地脚螺栓转动，应将埋入端做成人字形或钩形，如图 12-8 所示。在浇注混凝土时，要保持地脚螺栓的尺寸位置不变和上下垂直，并与电动机底座螺孔或槽轨安装螺孔尺寸一致。

为了调整皮带松紧，应在基础上固定槽轨，再将电动机固定在槽轨上。

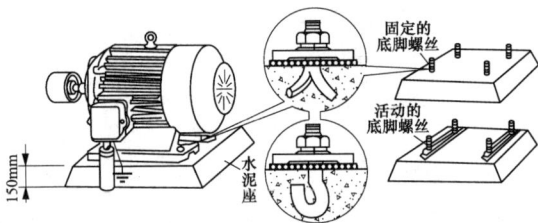

图 12-8　电动机基础和地脚螺栓的预埋

临时性或流动使用的电动机，可采用临时性基础，即把电动机安装在牢固的枋木、木板或铁架上，必要时可用木桩固定，防止电动机振动，保证电动机稳定运行。

二、电动机及其传动装置的校正

1. 电动机的水平校正

电动机就位以后应进行水平校正，方法是利用水平仪对电动机的横向和纵向水平进行校正，一般采用在底座下面垫铁片（厚度为 0.5～

5mm）的方法使电动机水平，然后拧紧地脚螺栓，为防止螺栓松动，应装弹簧垫圈。

2. 传动装置的校正

传动装置的安装校正很重要，如果安装校正质量不好，会增加电动机的负载，严重时会因过载而烧坏电动机定子绕组和损坏电动机的轴承。

（1）皮带轮传动装置的校正。即使电动机皮带轮轴与被传动机械的皮带轮轴保持平行，而且还要使两个皮带轮宽度的中心线在一条直线上。当两个皮带轮的宽度一致时，可按图 12-9（a）所示的方法进行校正。拉直一根细绳，靠近两个皮带轮，调整电动机的位置，使 1、2、3、4 点与细绳接触，即表明两轴已平行。

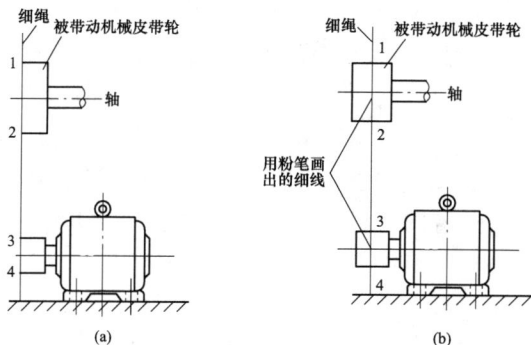

图 12-9　皮带轮轴平行校正示意图
（a）皮带轮宽度相同时；（b）皮带轮宽度不相同时

如果两个皮带轮的宽度不同，可先画出两个皮带轮的中心线，如图 12-9（b）所示的 1-2 和 3-4 两根线，然后拉直细绳，一端使之于 1-2 线重合，另一端靠近 3-4 线，调整电动机的位置，使 3-4 线也与细绳重合即可。

（2）联轴器的安装与校正。即使电动机轴与被传动机械轴处于同轴心，两个联轴器的侧面应平行，并且两个联轴器之间应保持一定的间隙（2～4mm，防止两轴窜动时互相影响）。校正联轴器通常用钢板尺检查上下左右四点，如果钢板尺与联轴器四个点都贴紧了，说明两轴同轴心，否则说明有偏差，偏差不能超过 0.1mm，如图 12-10 所示。

（3）齿轮传动装置的安装和校正。安装的齿轮与电动机要配套，转轴的直径要与齿轮的尺寸配合；电动机所装齿轮的模数、直径和齿形要与被动齿轮配套；齿轮装上后，电动机轴与被动轮轴应平行，两齿轮的

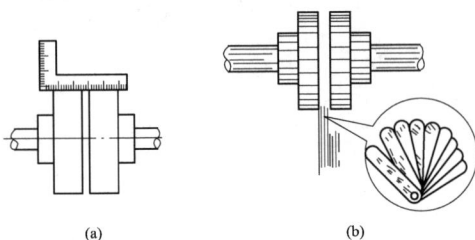

图 12-10　校正联轴器的同心度和轴向间隙

(a) 校正同心度；(b) 测量轴向间隙

啮合可用塞尺测量两齿轮间的齿间间隙，如间隙均匀，说明两轴已平行。

三、电动机导线的安装

电动机导线的安装是指从控制开关到电动机这段导线的安装。对于流动性或临时性电动机，应采用橡胶软电缆；对于固定安装的电动机，有两种敷设方式，一种暗管埋地敷设，另一种是明管沿建筑物敷设，前一种应用较多，其敷设方法如图 12-11 所示。穿线的钢管应在浇注混凝土时埋好，电动机一端的管口，距地面不得小于 100mm，并应使其尽量靠近电动机的接线盒，最好用软管伸入接线盒。

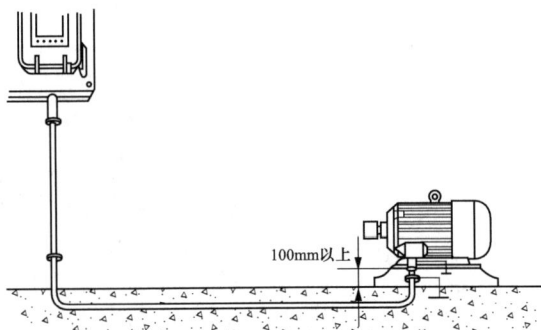

图 12-11　电动机导线暗管埋地敷设

导线与控制开关和电动机接线端子的连接要压紧，保证接触良好。

第六节　电动机的运行和维护

一、电动机启动前的检查

电动机启动前应做如下检查：

（1）对于新装的或停用 3 个月以上、额定电压为 380V 的电动机，应用 500V 绝缘电阻表摇测三相绕组之间及其对地的绝缘电阻，若小于 0.5MΩ 必须进行烘干处理。

（2）检查电源电压是否正常。根据电动机铭牌上的电压和接法，检查电动机和启动设备的接线是否正确。

（3）检查熔丝是否符合要求，接触是否良好，有无损坏现象。

（4）检查启动设备动作是否灵活，动、静触头接触是否良好。电动机的轴承和油浸启动设备是否缺油或油质是否变坏。

（5）检查传动装置有无缺陷，如皮带松紧是否合适、皮带连接是否牢固、皮带轮和联轴器的销钉是否松动、电动机和被带动机械的基础是否坚固稳定，检查传动装置和机械附近有无杂物或易燃易爆物品。

（6）转动电动机轴并带动机械转动，检查转动是否灵活，有无摩擦、卡住现象。

（7）检查电动机及其启动设备外壳接地或接零保护是否可靠。

二、电动机启动时的检查

电动机启动时应做如下检查：

（1）电动机接通电源后，若不转或转速很慢、声音不正常及拖动的机械不正常，应立即切断电源进行检查，待查明原因排除故障后，方可重新启动。

（2）检查电动机的转向是否与拖动机械的转向一致，若不一致，应在切断电源后，将电动机的三相电源引线中的任意两根互换位置，即可改变转向。

（3）观察电动机启动过程中电流的变化，随着转速的升高，电流表指示应迅速回到额定电流以下。

（4）电动机允许连续启动的次数，应根据电动机的容量大小和负载的轻重而定，启动过于频繁，会使电动机绝缘因过热而加速老化，缩短电动机的使用寿命。一般情况下，允许在冷态下启动 2~3 次，热态下启动 1~2 次。

（5）由一台变压器供电的几台电动机，应当由大到小按次序逐台启动，不允许同时启动。采用直接启动时，单台容量不宜超过配电变压器容量的 30%。

（6）严格按照启动设备的操作规程进行操作，不得违章。

三、电动机运行时的监视

电动机在运行中，应对运行状态进行监视，以便及时发现问题并加以处理，就有可能避免或减少事故的发生。

（1）监视电动机的运行电流不超过额定值。当环境温度过高时，运行电流应降低到额定电流以下；当环境温度较低时（如冬天），运行电流可适当超过额定值，但最多不得超过额定电流的 10%。

（2）监视电源电压的变化。电压变化范围不宜超过电动机额定电压的 ±10%，电压波动范围在额定电压的 ±5% 以内时，电动机可长期运行。电源电压过高，要停止使用，应对供电变压器或电压补偿装置进行调整，以免电动机过热造成绝缘损坏。电源电压太低，需停止使用或降低电动机的负载，但须把电动机的温度限制在允许范围内。

（3）监视三相电流和三相电压的平衡情况。三相电压不平衡也会引起电动机的额外发热、效率降低、电磁噪声和振动增大，当相间电压差小于额定电压的 5% 时，允许长期运行，若大于 5%，则要查明原因进行处理。在三相电源电压平衡的情况下，三相定子电流的不平衡度允许达到 10%，如果过大，则说明定子绕组有问题，应停止运行进行检查处理。

（4）监视电动机各部分的温度不能超过规定值，负载过重、环境温度过高、通风不良、绕组故障都会导致电动机温度过高。

（5）注意电动机气味、振动和声音是否正常。电动机绕组温度过高时，会发出较强的绝缘漆气味或绝缘的焦烟味；电动机的很多故障，特别是机械故障，则反映为振动或异常声响。当出现上述现象时，应立即停机检查。

（6）监视电动机和机械设备的工作情况，转速和传动装置是否正常，皮带的松紧，是否打滑、跳动及磨损、联轴器是否松动等。此外，还应监视轴承的工作情况，滚动轴承发热不得超过 100℃，滑动轴承发热不得超过 80℃。用听音棒接触轴承盒若听到冲击声，可能有滚珠破碎；有"嘶嘶"的干摩擦声，则是轴承缺油。应根据情况加以处理，轴承盒内的油量约为全容积的 2/3，换油周期应按规定执行。

（7）注意电动机的通风情况和周围环境的清洁，电动机应经常保持清洁和干燥，防止灰尘、水、汽、油等进入。注意室内空气流通，室外使用的电动机尤其要注意防潮、防雨、防日晒。

（8）监视熔断器（熔丝）的工作情况，检查熔丝是否压接牢固，动、静触头是否接触良好，防止一相熔断造成电动机缺相运行。

（9）监视绕线式电动机电刷的工作情况，电刷下火花是否过大，电刷是否跳动，磨损是否太多等。

（10）注意启动设备的温度和声响是否正常。

四、电动机的定期检查和大修

1. 电动机的定期检查

电动机应根据使用的环境条件进行定期检查，每年宜不少于 2 次。定期检查的内容是：

（1）检查和清扫电动机和启动设备的外部。

（2）测量绕组的绝缘电阻，其值不应低于 $0.5\mathrm{M}\Omega$。

（3）检查开关机构是否灵活，触头接触是否良好，三相是否同时开闭，有无烧伤或腐蚀，引线接头是否可靠等。

（4）检查接线盒中的压线螺栓有无松动或烧伤。

（5）检查轴承的磨损和润滑情况，轴承磨损应更换，缺油应视情况进行补加或更换。

（6）检查接地线的连接情况，有条件的还应测量接地电阻。

发现有重要缺陷，应安排进行电动机的大修。

2. 电动机的定期大修

电动机的大修每年应进行一次。是否需要全部拆开，应视电动机的使用与运行情况而定。定期大修的内容是：

（1）清除电动机和启动设备内、外的灰尘和油垢。

（2）用煤油和汽油清洗轴承，加适量润滑油。

（3）根据运行中发现的问题进行检查、修理，如定子绕组相间短路、匝间短路、碰壳、断路等问题，针对存在的缺陷进行处理。

（4）检查启动设备和指示仪表是否完好，整修触头，调整触头压力，更换损坏的零部件。

（5）紧固电动机的引线。

（6）检查电动机的风扇、风扇罩是否损坏，如有损坏，应进行更换或修理。

（7）检查接地装置，测量接地电阻。

（8）测量电动机定子绕组之间及其对地的绝缘电阻。

（9）检查和修理电动机和机械设备的传动装置，使其运转灵活。

（10）大修结束后，应在负载下试验电动机和启动设备。

五、电动机的日常维护

（1）应经常保持电动机的清洁，进、出风口应保持畅通。电动机应防止外力损伤，室外电动机停用时，应加保护罩，室外开关箱应加锁。

（2）搬运电动机时要注意人身和设备安全。小型电动机搬运时，不允许用绳子套在电动机皮带轮或转轴上来抬，而应该用绳子拴在电动机的吊环或底座上，用抬杠搬运。

（3）使用皮带传动时，应注意保持皮带干燥、清洁，防止潮湿和油污，并不使皮带受压。皮带打滑时，应涂皮带蜡，涂蜡方法如图 12-12 所示。皮带不用时，应取下来撒上滑石粉挂起来保存。

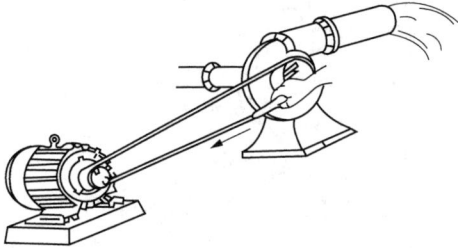

图 12-12　皮带涂蜡方法

（4）发现不正常噪声、振动、冒烟、焦煳味，应及时停机检查，排除故障后，方可重新启动运行。

（5）发现轴承过热，有润滑油流出，应及时停机检查轴承磨损情况及轴承过热原因。如间隙过大或损坏，应更换轴承，并按规定加润滑油，如没有损坏，则用煤油和汽油清洗后，加装润滑油。

（6）对绕线式电动机应检查电刷与滑环间的接触情况和磨损情况。发现火花时，应清理滑环表面，用"0"号砂纸磨平，并校正电刷弹簧压力。

（7）电动机运行中，供电突然中断，应立即断开控制开关，并用手动切换启动电器回到停止位置。

六、异步电动机常见故障及处理方法

异步电动机常见的故障现象、故障原因及处理方法见表 12-12。

表 12-12　　　　　　　　异步电动机常见故障及处理方法

故障现象	故障原因	处理方法
电源接通后电动机不能启动	定子绕组接线错误	纠正错误接线
	定子绕组断路、短路或接地，绕线式电动机转子绕组断路	查出故障点加以排除
	负载过重或传动机构卡住	减轻负载，检查传动机构
	绕线式电动机转子回路断开（电刷与滑环接触不良，变阻器断路，引线接触不良）	查找故障点并修复
	电源电压过低	查找原因并采取措施解决
	控制回路接线错误	纠正错误接线

故障现象	故障原因	处理方法
电动机温升过高或冒烟	负载过重或启动过于频繁	减轻负载，减少启动次数
	三相异步电动机缺相运行	查找原因，排除故障
	定子绕组接线错误	纠正错误接线
	定子绕组接地或匝间、相间短路	查找接地、短路部位加以修复
	绕线式电动机转子绕组缺相运行	查找原因，排除故障
	鼠笼式电动机转子断条	更换转子
	定子、转子摩擦	更换损坏的轴承，检查转子是否变形，进行修理或更换
	电源电压过高或过低	查找原因并采取措施解决
电动机运行时声音不正常	定子与转子相摩擦	查找摩擦点并进行修理
	电动机缺相运行	查找原因，排除故障
	轴承损坏或严重缺油	更换轴承，清洗加油
	风叶碰风扇罩	拧紧风扇罩固定螺栓
	转子摩擦绝缘纸	修剪绝缘纸
电动机振动	转子不平衡	校正转子平衡
	皮带轮不平衡或轴伸弯曲	检查校正
	皮带轮轴孔偏心	更换皮带轮
	电动机安装不良	检查安装情况并纠正
	负载突然过重	查找负载突然过重原因并排除
电动机带负载运行时转速过低	电源电压过低	查找原因并采取措施解决
	负载过重	减轻负载或调换较大容量电动机
	鼠笼式电动机转子断条	更换转子
	绕线式电动机转子绕组一相接触不良或断开	查找故障点并修复
	启动变阻器或电刷与滑环接触不良	修理变阻器触点，调整电刷压力及改善电刷与滑环接触面

故障现象	故障原因	处理方法
轴承过热	轴承损坏	更换轴承
	轴承与轴配合过松	轴承镶套
	轴承与端盖配合过松	端盖镶套
	滑动轴承油环卡住或转动缓慢	修理或更换油环
	润滑油过多、过少或油质不好	按规定油量加油、换油并保证油的质量
	皮带过紧或联轴器安装不好	调整皮带张力，校正联轴器
	两侧端盖或轴承盖未装平	将端盖和轴承盖装平拧紧螺栓
绕线式转子滑环火花过大	电刷型号和尺寸不合适	更换电刷
	滑环表面有污垢杂物	清除污垢和杂物
	电刷压力太小	调整电刷压力
	电刷在刷握内卡住	磨小电刷
电动机外壳带电	电源线与接地线接错	纠正接线
	定子绕组绝缘损坏	处理损坏绕组或重新绕制
	引出线与接线盒碰壳	修整引出线

第七节　单相异步电动机

单相异步电动机是使用单相交流电源的一种小容量电动机，其功率一般小于 1kW。单相异步电动机具有结构简单、维修方便、成本低廉、使用面广等特点，广泛应用于工厂、农村、作坊、商场、医院等广大的有单相电源的领域。用于拖动机床、水泵、家用电器、木工机械、便携式移动机械、农副产品加工、医疗器械等小型机械设备。

使用最多的是电容启动式单相电动机，单相电动机不能自行启动，因此需要在定子铁芯的槽内嵌置工作绕组和启动绕组，并配置启动电容。电容器是串接在启动绕组中的。电容器的主要作用是进行移相，使工作绕组和启动绕组在空间上的相位互差 90°，启动绕组串联电容器后与工作绕组并联。

单相电动机启动时，合上控制开关，接通启动绕组和工作绕组，电动机在电容器的作用下开始运转，当电动机转速升至同步转速的 70%～85% 时，启动开关动作，切断启动回路，启动电容切除，电动机靠工作绕组运行。

单相异步电动机的技术参数见表 12-13～表 12-16。

表 12-13　　YU 系列单相电阻启动异步电动机技术参数

型号	额定功率 (W)	额定电流 (A)	额定电压	额定频率 (Hz)	同步转速 (r/min)	效率 (%)	功率因数	堵转转矩/额定转矩	堵转电流/额定电流	最大转矩/额定转矩	声功率级 (dB)
YU6312	90	1.09			300	56	0.67	1.5	11.01		70
YU6314	60	1.23			1500	39	0.57	1.7	7.32		65
YU6322	120	1.36			3000	58	0.69	1.4	10.29		70
YU6324	90	1.64			1500	43	0.58	1.5	7.32		65
YU7112	180	1.89			3000	60	0.72	1.3	9		70
YU7114	120	1.88			1500	50	0.58	1.5	7.45		65
YU7122	250	2.4			3000	64	0.74	1.1	9.17		70
YU7124	180	2.49	220	50	1500	53	0.62	1.4	6.83	1.8	65
YU8012	370	3.36			3000	65	0.77	1.1	8.93		75
YU8014	250	3.11			1500	58	0.63	1.2	7.07		65
YU8022	550	4.65			3000	68	0.79	1.0	9.03		75
YU8024	370	4.24			1500	62	0.64	1.2	7.08		70
YU90S2	750	6.09			3000	70	0.8	0.8	9.03		75
YU90S4	550	5.49			1500	66	0.69	1.0	7.65		70
YU90L4	750	6.87			1500	68	0.73	1.0	8.01		70

表 12-14　　YC 系列单相电容启动异步电动机技术参数

型号	额定功率 (W)	额定电流 (A)	额定电压	额定频率 (Hz)	同步转速 (r/min)	效率 (%)	功率因数	堵转转矩/额定转矩	堵转电流/额定电流	最大转矩/额定转矩	声功率级 (dB)
YC7112	180	1.89			3000	60	0.72	3	6.35		70
YC7114	120	1.88			1500	50	0.58	3	4.79		65
YC7122	250	2.4			3000	64	0.74	3	6.25		70
YC7124	180	2.49	220	50	1500	53	0.63	2.8	4.82	1.8	65
YC8012	370	3.36			3000	65	0.77	2.8	6.25		75
YC8014	250	3.11			1500	58	0.63	2.8	4.82		65
YC8022	550	4.65			3000	68	0.79	2.8	6.24		75
YC8024	370	4.24			1500	62	0.64	2.5	4.95		70

型号	额定功率(W)	额定电流(A)	额定电压	额定频率(Hz)	同步转速(r/min)	效率(%)	功率因数	堵转转矩/额定转矩	堵转电流/额定电流	最大转矩/额定转矩	声功率级(dB)
YC90S2	750	6.09			3000	70	0.8	2.5	6.08		75
YC90S4	550	5.49			1500	66	0.69	2.5	5.28		70
YC90S6	250	4.21			1000	54	0.5	2.5	4.75		60
YC90L4	750	6.87	220	50	1500	68	0.73	2.5	5.39	1.8	70
YC90L6	370	5.27			1000	58	0.55	2.5	4.74		65
YC100L6	550	6.94			1000	60	0.60	2.5	5.04		65
YC100L6	750	9.01			1000	61	0.62	2.2	4.99		65

表 12-15　　YY 系列单相电容运转异步电动机技术参数

型号	额定功率(W)	额定电流(A)	额定电压(V)	额定频率(Hz)	同步转速(r/min)	效率(%)	功率因数	堵转转矩/额定转矩	堵转电流/额定电流	最大转矩/额定转矩	声功率级(dB)
YY4512	16	0.23			3000	35	0.9	0.6	4.34		65
YY4514	10	0.22			1500	24	0.85	0.55	3.46		60
YY4522	25	0.32			3000	40	0.9	0.6	3.75		65
YY4524	16	0.26			1500	33	0.85	0.55	3.85		60
YY5012	40	0.43			3000	47	0.9	0.5	3.49		65
YY5014	25	0.35			1500	38	0.85	0.55	3.43		60
YY5022	60	0.57			3000	53	0.9	0.5	3.51		70
YY5024	40	0.48			1500	45	0.85	0.55	3.13		65
YY5612	90	0.79			3000	56	0.92	0.5	3.16		70
YY5614	60	0.61			1500	50	0.9	0.45	3.28		65
YY5622	120	0.99	220	50	3000	60	0.92	0.5	3.54	1.7	70
YY5624	90	0.87			1500	52	0.9	0.45	2.87		65
YY6312	180	1.37			3000	65	0.92	0.4	3.65		70
YY6314	120	1.06			1500	57	0.9	0.4	3.3		65
YY6322	250	1.87			3000	66	0.92	0.4	3.74		70
YY6324	180	1.54			1500	59	0.9	0.4	3.25		65
YY7112	370	2.73			3000	67	0.92	0.35	3.66		75
YY7114	250	2.03			1500	61	0.92	0.35	3.45		65
YY7122	550	3.88			3000	70	0.92	0.35	3.87		75
YY7124	370	2.95			1500	62	0.92	0.35	3.39		70
YY8012	750	5.15			3000	72	0.92	0.33	3.88		75
YY8014	550	4.25			1500	64	0.92	0.35	3.53		70

表 12-16   **YL 系列单相双值电容异步电动机技术参数**

型号	额定功率(W)	额定电流(A)	额定电压(V)	额定频率(Hz)	同步转速(r/min)	效率(%)	功率因数	堵转转矩/额定转矩	堵转电流(A)	最大转矩/额定转矩
YL7112	370	2.73	220	50	3000	67	0.92	1.8	16	1.7
YL7122	550	3.88	220	50	3000	70	0.92	1.8	21	1.7
YL7114	250	2	220	50	1500	62	0.92	1.8	12	1.7
YL7124	370	2.81	220	50	1500	65	0.92	1.8	16	1.7
YL8012	750	5.15	220	50	3000	72	0.92	1.8	29	1.7
YL8014	550	4.00	220	50	1500	68	0.92	1.8	21	1.7
YL8024	750	5.22	220	50	1500	71	0.92	1.8	29	1.7

一、单相异步电动机的结构和接线

1. 单相异步电动机的结构

单相异步电动机的结构与三相异步电动机大体相似,其转子为鼠笼式结构,定子采用在定子铁芯槽内嵌置工作绕组和启动绕组的结构,如图 12-13 所示。

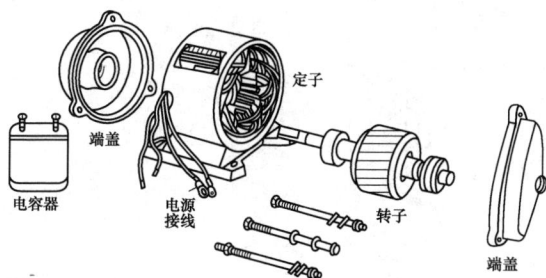

图 12-13   单相异步电动机的结构

2. 单相异步电动机的接线

单相电动机接线盒中有 6 个接线端子,如图 12-14 所示。UI-U2 为工作绕组,Z1-Z2 为启动绕组,V1-V2 为离心开关的接线端子。

单相异步电动机的调速,常用改变定子绕组电压的方法来实现,可采用定子绕组串电抗器调速、绕组抽头调速等,目前大多采用绕组抽头调速和晶闸管调速,吊扇一般采用电抗器调速。

二、单相电动机的正、反转控制接线

单相电动机的正、反转控制可采用三相倒顺开关,其电路有:

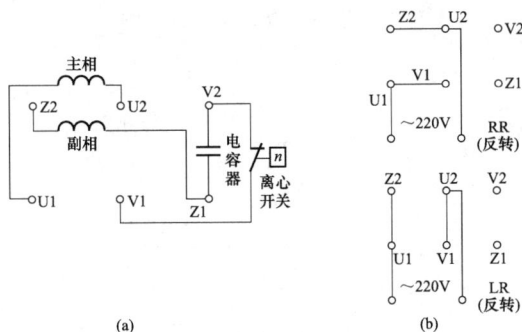

图 12-14 单相电容启动电动机的接线

（a）内部接线；（b）外部接线

1. KO 系列倒顺开关正、反转控制电路

KO 系列为手柄控制倒顺开关，可分别控制电动机的正转、停止和反转，控制单相电动机正、反转的电路如图 12-15 和图 12-16 所示。

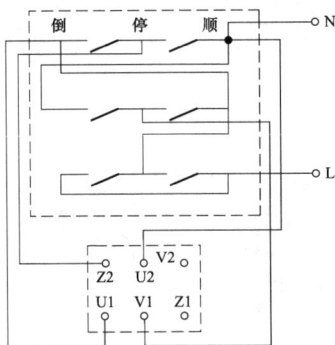

图 12-15 KO-3 型倒顺开关
正反转控制电路（一）

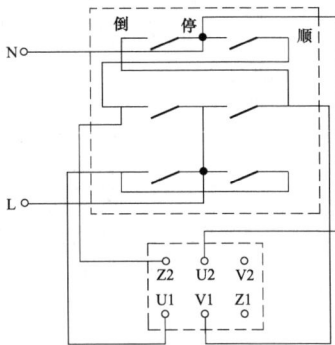

图 12-16 KO-3 型倒顺开关
正反转控制电路（二）

2. HZ3 系列倒顺开关正、反转控制电路

HZ3 系列倒顺开关正、反转控制电路以 HZ3-132 为例，图 12-17 是改变工作绕组电流方向实现电动机的正反转，图 12-18 是改变启动绕组电流方向实现电动机的正反转。虚线框内是单相电动机的接线端子。

工作原理：以图 12-15 为例，当倒顺开关手柄处于中间停止位置时，所有触点全部断开，电动机不运转。当倒顺开关向左侧闭合时，U（V）与 L1、L2 接通，W 与 L3 接通。此时设电流从 U（V）端流入，一路经 L2→U1→工作绕组→U2→L3→从倒顺开关 W 端流出。另一路经 L1→

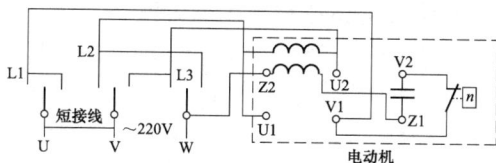

图 12-17　HZ3-132 型倒顺开关
正反转控制电路（一）

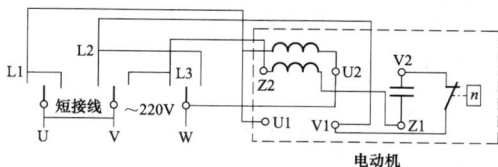

图 12-18　HZ3-132 型倒顺开关
正反转控制电路（二）

离心开关→电容器→启动绕组→从倒顺开关 W 端流出，电动机反转运行。当倒顺开关向右侧侧闭合时，U（V）与 L1、L3 接通，W 与 L2 接通，此时电流从 U（V）端流入，一路经 L3→工作绕组→L2→从倒顺开关 W 端流出。另一路经 L1→离心开关→电容器→启动绕组→从倒顺开关 W 端流出，电动机正转运行。反转时电流从 L2 端流入工作绕组，正转时从 L2 端流出工作绕组，流经启动绕组的电流方向没有改变。

三、单相异步电动机的使用和维护技能

单相异步电动机的使用和维修与三相异步电动机基本相同，但应注意以下几方面：

（1）单相异步电动机接线时，要正确区分工作绕组和启动绕组，并注意它们的首、尾端。如果出现标识脱落，绕组电阻大的为启动绕组，电阻小的为工作绕组。

（2）更换电容器时，电容器的容量与工作电压必须与原规格相同，启动用的电容器应选用专用的电解电容，其通电时间一般不得超过 3s。

（3）额定频率为 60Hz 的电动机，不得用于 50Hz 的电源，否则将引起电流增大，造成电动机过热甚至烧毁。

（4）单相电容启动式电动机，只有在电动机静止或转速降低到使离心开关闭合时，才能进行对其改变运转方向的接线。

四、单相异步电动机常见故障和处理方法

单相异步电动机的机械故障和绕组故障，如轴承发热，绕组短路、断路、接地等，无论故障现象和处理方法，均与三相异步电动机相同。但单相异步电动机启动装置的故障，如启动绕组、启动电容的故障，是单相电动机独有的，单相异步电动机常见故障和处理方法见表 12-17。

表 12-17　　　　　　单相异步电动机常见故障和处理方法

故障现象	故障原因	处理方法
电动机无法启动	电源电压过低	查找原因并采取措施解决
	电容器损坏	更换电容器
	定子绕组断路	查找断路点，重新接好
	离心开关闭合不上	修理或更换
	转子卡住	查找卡住原因并处理
	负载过重	检查轴承、减轻负载
启动转矩很小或启动缓慢	启动绕组断路	查找断路点，重新接好或更换
	电容器开路	更换电容器
	离心开关闭合不上	修理或更换
电动机转速低于正常转速	电源电压偏低	查找原因并采取措施解决
	定子绕组匝间短路 离心开关打不开	修理或更换绕组 修理或更换
	电容器击穿或容量变小	更换电容器
	负载过重	检查轴承、减轻负载
电动机过热	工作绕组或启动绕组短路或接地	查找故障点，修理或更换
	电容启动电动机工作绕组和启动绕组相互接错	改正接线
	离心开关打不开	修理或更换
电动机噪声大	绕组短路或接地	查找故障点，修理或更换
	轴承损坏或缺油	更换或加润滑油
	定子与装置间有杂物	清除杂物
振动大	风叶变形，不平衡	修理或更换

直流电动机及其计算

由直流电源供电，将直流电能转变为机械能的电机称为直流电动机。

与交流异步电动机相比，直流电动机结构复杂、消耗有色金属多、生产成本高、运行维护也比较麻烦。但是，由于直流电动机具有良好的调速性能、较大的启动转矩和过载能力强等很多优点，在启动和调速要求高的生产机械，如大型轧钢设备、大型精密机床、电力机车、矿井卷扬机等都是采用直流电动机来拖动的。

第一节　直流电动机的构造和技术参数

直流电动机与所有旋转电机一样，都是依据"导线切割磁通产生感应电动势和载流导体在磁场中受到电磁力的作用"这两条基本原理制造的。因此，从原理上讲，任何电机都体现着电和磁的相互作用。从结构上来看，任何电机都包括磁场和电路两部分。

一、直流电动机的结构

直流电动机主要由定子和转子两部分组成，如图 13-1 所示。

1. 定子

直流电动机的定子主要由主磁极、换向极、电刷装置、机座和端盖等组成。

（1）主磁极。主磁极由磁极铁芯和励磁绕组两部分组成，其主要作用是通入直流励磁电流，产生恒定主极磁场。

1）磁极铁芯。其是电动机磁路的一部分。由于电枢铁芯上的槽与齿相对于磁极铁芯在不断地变动，即磁路的磁阻在不断变化，从而在磁极铁芯中产生涡流损耗，为了减小涡流损耗，磁极铁芯一般用薄钢板冲制成型，叠装后用铆钉铆紧，用螺钉固定在机座上，如图 13-2 所示。

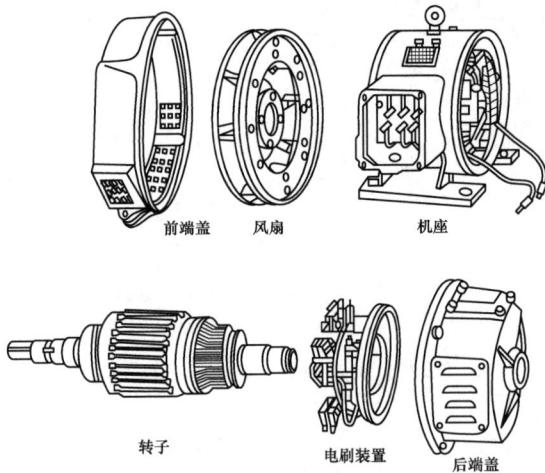

图 13-1　直流电动机的主要部件

前端盖　　风扇　　机座

转子　　电刷装置　　后端盖

2）励磁绕组。其作用是通入直流电，产生励磁磁通势。小型电动机用绝缘铜线绕制，大、中型电动机则用扁铜线绕制。绕组在专用设备上绕制好后，必须进行绝缘处理，然后借助于主极框架安装在磁极铁芯上。

（2）换向极。其作用是消除电动机带负荷时换向器产生的有害火花，以改善换向。由换向极铁芯和换向极绕组两部分组成，装在两个主磁极的几何中心线上，如图 13-3 所示。换向极的数目一般与主磁极数目相等，只有在小功率的直流电机中，才不装换向极或装设主磁极数目一半的换向极。

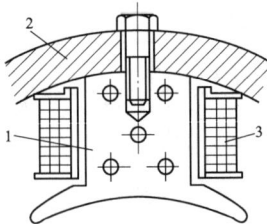

图 13-2　主磁极

1—铁芯；2—机座；3—励磁绕组

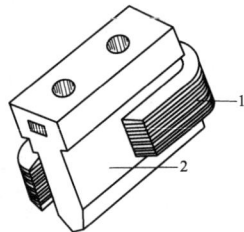

图 13-3　换向极

1—换向绕组；2—铁芯

1）换向极铁芯。由于换向极与转子之间有较大的气隙，涡流损耗不大，所以铁芯一般采用整块钢板加工而成。只有在大型电机和一些负载变动急剧的电机中，铁芯才用钢片叠装。

2）换向极绕组。与主磁极绕组一样，用铜线或扁铜线绕制而成，经过绝缘处理后，套装在换向极铁芯中，用螺钉固定在机座上。

（3）电刷装置。电刷是将电枢绕组与外电路接通的装置，通过电刷与换向器表面的滑动接触，把电枢绕组中的电动势（电流）引入。由碳质电刷、刷握、刷杆、刷杆座等构成，如图 13-4 所示。电刷由导电耐磨的碳石墨材料制成放在刷握里，刷握上的弹簧以一定的压力将电刷压在换向器表面上。刷握用螺钉固定在刷杆上。为便于调整电刷的位置，全部刷杆都装在同一个可以转动调整位置的刷杆座上，以便在确定正确的刷位后，用螺

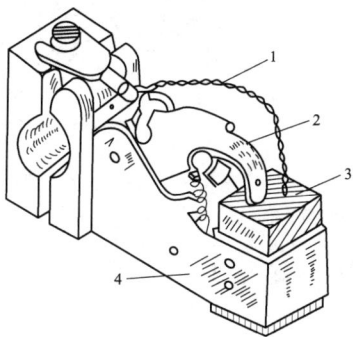

图 13-4　电刷装置
1—铜丝辫；2—压紧弹簧；
3—电刷；4—刷握

钉将其紧固在端盖或机座上。各电刷的引出线铜丝辫将电流接通到刷杆上，并将同极性的各刷杆用汇流条连在一起，再与换向极绕组串联后，引到出线盒的接线柱上。电刷数与电机的主磁极数目相等。

（4）机座和端盖。机座和端盖用铸钢或厚钢板制作，机座既是构成直流电动机磁路的一部分（磁轭），又是电动机的机械支架。主磁极和换向极都固定于机座的内壁，机座的两端各有一个端盖，端盖的中心处装有轴承，用以支撑转轴。中、小型电动机一般采用滚动轴承，大型电动机采用滑动轴承，由于大型电动机用端盖轴承不够坚固，因此有单独的轴承座。

2. 转子

直流电动机的转子又称电枢，由电枢铁芯、电枢绕组、换向器、转轴、风扇等组成，如图 13-5 所示。

（1）电枢铁芯。电枢铁芯的主要作用是通过磁通和嵌放电枢绕组。通常用 0.5mm 厚且冲有齿和槽的硅钢片叠装而成，装在转轴或转子支架上。大型电机的电枢铁芯沿轴向分成若干段，段间留有间隙，用以改善冷却条件。

（2）电枢绕组。电枢绕组的作用是产生感应电动势和通过电流，使电动机实现机电能量转换。用圆形或矩形的绝缘铜线绕制，嵌放在电枢

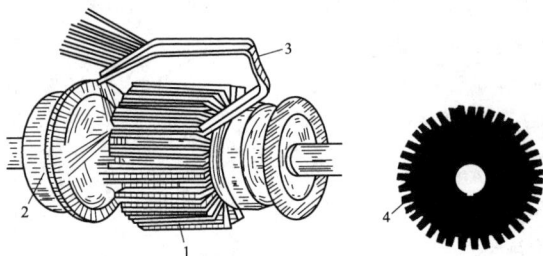

图 13-5　电枢
1—电枢铁芯；2—换向器；
3—绕组元件；4—铁芯冲片

铁芯的槽中，每个绕组元件的首末端分别与换向片相接。

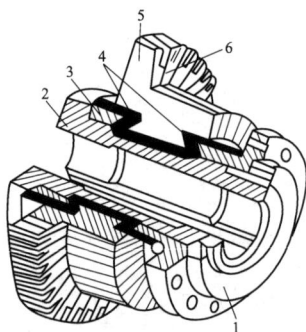

图 13-6　换向器结构
1—螺旋压圈；2—换向器套筒；
3—V 形压圈；4—V 形云母片；
5—换向铜片；6—云母片

（3）换向器。换向器的作用是将电枢绕组中的交流电动势和电流转换成电刷间的直流电动势和电流，是直流电动机特有的装置，由换向片集成，外表呈圆形，如图 13-6 所示。

换向片采用硬质电解铜制作，带有鸠尾，换向片间均垫以 0.4～1.2mm 厚的云母绝缘。整个圆筒的端部用 V 形环夹紧，换向片与 V 形环轴套之间亦用云母绝缘，每个换向片一端的凸起部分刻有小槽，用以焊接绕组元件的线端。

（4）转轴、支架和风扇。转轴用来传递转矩。对于小容量电动机，转子铁芯就装在转轴上，对于大容量电机，为减少硅钢片的消耗和减轻转子的质量，轴上装有支架，铁芯装在支架上。此外转轴上还装有风扇，以加强电动机的冷却散热，用来降低电动机运行中的温升。

（5）气隙。在静止的主磁极与电枢之间有一气隙，气隙是直流电动机的重要组成部分，气隙的大小和形状对性能有很大的影响。一般小型电机的气隙约为 0.7～5mm，大型电机的气隙约为 5～12mm。气隙虽小，但由于空气的磁阻较大，因而在电机磁路系统中有着重要的影响。

二、直流电动机的工作原理

图 13-7 是两极直流电动机原理图。将电刷 A 接至电源的正极，电刷 B 接至电源负极，电流将从正极流出，经过电刷 A、换向片 1、线圈 abcd 到换向片 2 和电刷 B，最后回到负极。

根据电磁力定律，载流导体在磁场中受到电磁力的作用，其方向应用左手定则确定。如图 13-7 所示的瞬间，导体 ab 中的电流方向由 a 至 b，且导体 ab 处于 N 极下，由左手定则确定导体 ab 所受电磁力的方向向左；导体 cd 所受电磁力的方向向右。这样便产生了一个转矩，在这个转矩的作用下，电枢按逆时针方向旋转起来。当电枢自图 11-7 所示的位置转过 90°时，电刷不与换向片接触而与换向片间的绝缘物接触，此时，线圈中没有电流流过，因而

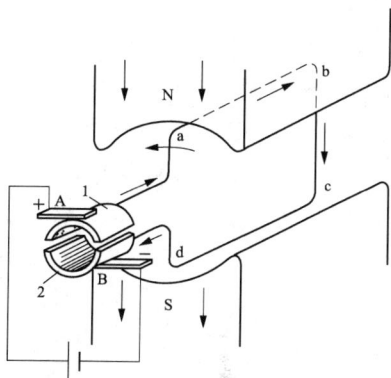

图 13-7　直流电动机原理图
1、2—换向片

使电枢旋转的转矩消失。由于机械惯性的作用，电枢仍能转过一个角度，电刷 A 和 B 将分别与换向片 2 和 1 接触，线圈中又有电流流过。这时电流将从电源正极流出，经过电刷 A、换向片 2、线圈 abcd 到换向片 1 和电刷 B，最后回到电源负极。导体 ab 中的电流改变了方向，由 b 到 a，此时导体 ab 已由 N 极下转到 S 极下，因此导体 ab 所受电磁力的方向向右，同理，处于 N 极下的导体 cd 所受电磁力的方向向左，所以在电磁力产生的转矩作用下，电枢继续沿着逆时针方向旋转。这样电枢便能一直旋转下去，这就是直流电动机的基本工作原理。

三、直流电动机的额定参数

按照国家标准、电机设计和试验数据而规定的电机运行条件和运行状态，称为电机的额定运行情况。在电机额定运行情况下，电机各物理量的保证值称为电机的额定参数或额定值。主要的额定值一般都标明在电机的铭牌上。

(1) 额定功率 P_e。直流电动机转轴上输出的机械功率，表示在温升和换向等条件的限制下，电动机按规定的工作方式工作时所输出的功率，单位为 kW。

(2) 额定电压 U_e。指在正常工作时电动机出线端的电压值，单位

为 V。

(3) 额定电流 I_e。对应额定电压、额定输出功率时的电流值，单位为 A。

(4) 额定转速 n_e。指电压、电流和输出功率都为额定值时的转速，单位为 r/min。

(5) 励磁方式和额定励磁电流 I_{Le}。指电动机加上额定电压，输入额定电流，转速也为额定值时的励磁电流。

除上述主要的额定值外，还有额定转矩 M_e、额定效率 η_e 等。此外铭牌上还标明型号、使用条件和其他参数。

电动机在运行时，如果各物理量都与额定值相同，则电动机处于额定运行状态，其工作性能、经济性和安全性都比较好。当电动机超过额定电流运行时，称为过载；低于额定电流运行，称为欠载。长期过载有可能因过热而降低电动机的使用寿命或损坏电动机；长期欠载则浪费设备容量，降低电动机的效率。因此，应尽可能使电动机工作在额定值附近，不宜相差太大。但必要时也允许电流或转速短时间稍高于额定值。

Z4 系列节能型直流电动机的技术参数见表 13-1。

表 13-1　　　　Z4 系列节能型直流电动机的技术参数

型号	额定功率 (kW)	额定电压 (V)	额定电流 (A)	额定转速/最高转速 (r/min)	励磁功率 (W)	电枢回路电阻 (Ω) (20℃)	电枢电感 (mH)	磁场电感 (H)	外接电感 (mH)	效率 (%)	转动惯量 (kg·m²)	质量 (kg)
Z4-100-1	2.2	160	17.9	1500/3000	215	1.19	11.2	22	10	67.8	0.044	60
	1.5	160	13.4	1000/2000	315	2.2	21.4	13	13	58.5		
	4	440	10.7	3000/4000	250	2.85	26	18		80.1		
	2.2	440	6.5	1500/3000	250	9.23	86	18		70.6		
	1.5	440	4.8	1000/2000	250	16.8	163	18		63.2		
Z4-112/2-1	5.5	440	14.7	3000/4000	280	2.02	17.9	18		81.1	0.072	78
	3	440	8.7	1500/3000	280	6.26	59	17		72.8		
	2.2	440	7.1	1000/2000	335	11.7	110	13		63.5		
	3	160	24	1500/3000	335	0.79	7.1	13	9	69.1		
	2.2	160	19.6	1000/2000	335	1.5	14.1	13	20	62.1		

型号	额定功率 (kW)	额定电压 (V)	额定电流 (A)	额定转速/最高转速 (r/min)	励磁功率 (W)	电枢回路电阻 (Ω)(20℃)	电枢电感 (mH)	磁场电感 (H)	外接电感 (mH)	效率 (%)	转动惯量 (kg·m²)	质量 (kg)
Z4-112/2-2	7.5	440	19.6	3000/4000	305	1.29	14	19		83.5	0.088	86
	4	440	11.3	1500/3000	260	4.45	48.5	24		76		
	3	440	9.3	1000/2000	375	7.94	83	14		67.3		
	4	160	31.4	1500/3000	375	0.575	6.2	14	9	72.3		
	3	160	24.8	1000/2000	375	0.934	10.3	14	9	66.8		
Z4-112/4-1	5.5	160	42.7	1500/3000	375	0.392	3.85	6.8	6	73	0.128	84
	4	160	33.7	1000/2000	375	0.741	7.7	6.7	4	64.9		
	11	440	28.9	3000/4000	450	0.939	9	6.8		83.8		
	5.5	440	15.6	1500/2200	365	3.28	32	9.3		75.7		
	4	440	12.3	1000/1400	365	5.95	63	9.1		68.7		
Z4-112/4-2	5.5	160	43.6	1000/2000	590	0.445	5.1	5.8	3	69.5	0.156	94
	15	440	38.6	3000/4000	590	0.565	6.4	5.8		85.4		
	7.5	440	20.6	1500/2200	480	2.2	24.1	7.8		78.4		
	5.5	440	16.1	1000/1500	590	4	42.5	5.8		71.9		
Z4-132-1	18.5	440	47.4	3000/4000	625	0.409	5.3	6.5		85.9	0.32	123
	11	440	29.6	1500/2500	505	1.31	18.9	9		80.9		
	7.5	440	21.4	1000/1600	625	2.56	37.5	6.4		74.5		
Z4-132-2	22	440	55.3	3000/3600	535	0.223	3.65	10		88.3	0.4	142
	15	440	39.3	1500/2500	635	0.806	13.5	7.9		83.4		
	11	440	30.7	1000/1600	635	1.62	27.5	7.8		77.7		
Z4-132-3	30	440	75	3000/3600	780	0.168	2.75	7.2		88.6	0.48	162
	18.5	440	48	1500/3000	780	0.558	9.8	7.1		84.7		
	15	440	41	1000/1600	780	1.02	19.4	7		80.5		
Z4-160-11	37	440	93.4	3000/3500	620	0.183	3.15	10		88.5	0.64	202
	22	440	58.8	1500/3000	740	0.62	10.4	7.7		82.6		
Z4-160-21/22	45	440	113	3000/3500	670	0.143	2.7	10		89.1	0.76	224
	18.5	440	51.1	1000/2000	810	0.915	17.7	7.9		79.4		

型号	额定功率 (kW)	额定电压 (V)	额定电流 (A)	额定转速/最高转速 (r/min)	励磁功率 (W)	电枢回路电阻 (Ω)(20℃)	电枢电感 (mH)	磁场电感 (H)	外接电感 (mH)	效率 (%)	转动惯量 (kg·m²)	质量 (kg)
Z4-160-31	55	440	137	3000/3500	725	0.0967	2.07	11		90.2	0.88	250
	30	440	77.8	1500/3000	725	0.376	8.3	10		85.7		
	22	440	59.2	1000/2000	870	0.675	15.2	8.2		81.7		
Z4-180-11	37	440	95	1500/3000	975	0.263	4.9	7.67		86.5	1.52	305
	18.5	440	51.2	750/1900	1150	0.912	16.2	6.36		78.1		
	15	440	43.8	600/2000	975	1.41	22.7	7.85		74.1		
22	75	440	185	3000/3400	1210	0.064	1.2	6.67		90.7	1.72	335
21	45	440	115	1500/2800	1230	0.217	4.7	6.3		87		
Z4-180-21	30	440	79	1000/2000	1060	0.423	9.2	7.96		83.7		
21	22	440	60.3	750/1400	1060	0.766	16.3	7.76		79.7		
21	18.5	440	52	600/1600	1210	0.973	19.9	6.96		76.8		
Z4-180-31	37	440	97.5	1000/2000	1350	0.346	6.8	6.34		83.6	1.92	370
	22	440	62.1	600/1250	1350	0.87	18.3	6.18		76.6		
42	90	440	221	3000/3200	1230	0.0504	0.82	8.10		91.3	2.2	395
Z4-180-41	55	440	140	1500/3000	1230	0.159	3.2	8.03		87.1		
41	30	440	80.6	750/2250	1540	0.0495	11.3	5.61		81.1		
12	110	440	270	3000/3000	1260	0.0373	0.78	7.91		91.6	3.68	470
11	45	440	117	1000/2000	1260	0.267	7.9	7.07		85.5		
Z4-200-11	37	440	97.8	750/2000	1260	0.354	9.9	8.12		83.5		
11	22	440	61.6	500/1350	925	0.839	23.3	12		78.6		
Z4-200-21	75	440	188	1500/3000	1170	0.094	2.6	9.84		89.6	4.2	515
	30	440	82.1	600/1000	1190	0.563	15.3	9.3		80.4		
32	132	440	332	3000/3200		0.0318	0.74	7.79		92.4	4.8	565
31	90	440	224	1500/2800		0.0754	2.5	8.2		89.8		
Z4-200-31	55	440	140	1000/2000	1360	0.173	4.5	8.7		87.1		
31	45	440	118	750/14000		0.295	8	8.53		84.1		
31	37	440	99.5	600/1600		0.403	11.4	8.67		82		
31	30	440	82.7	500/750		0.575	16.5	8.44		79.5		

型号	额定功率 (kW)	额定电压 (V)	额定电流 (A)	额定转速/最高转速 (r/min)	励磁功率 (W)	电枢回路电阻 (Ω) (20℃)	电枢电感 (mH)	磁场电感 (H)	外接电感 (mH)	效率 (%)	转动惯量 (kg·m²)	质量 (kg)
Z4-225-11	110	440	275	1500/3000	1890	0.065	1.9	6.15		89.4	5	680
	75	440	194	1000/2000	1260	0.151	4.6	11.3		86.5		
	55	440	145	750/1600	1890	0.239	8.1	5.9		84		
	45	440	122	600/1800	1890	0.362	11.3	5.93		80.8		
	37	440	102	500/1600	1890	0.472	14.1	6.24		78.8		
Z4-225-21	55	440	147	600/1200	2130	0.262	8.9	5.66		82.4	5.6	735
	45	440	125	500/1400	2120	0.397	12.8	5.49		78.9		
Z4-225-31	135	440	325	1500/2400	1640	0.0562	1.4	9.75		90.5	6.2	810
	90	440	227	1000/2000	2360	0.096	3.2	5.27		88		
	75	440	195	750/2250	2360	0.153	4.8	5.56		85.1		
Z4-250-12/11	160	440	399	1500/2100	2560	0.0325	0.83	4.97		89.9	8.8	880
	110	440	280	1000/2000	1790	0.0866	2.3	8.14		88.1		
Z4-250-21	185	440	459	1500/2200	2400	0.0325	0.86	5.73		90.5	10	960
	90	440	227	750/2250	2400	0.131	3.6	5.63		86.3		
	75	440	197	600/2000	2400	0.171	4	6.13		84.1		
	55	440	147	500/1000	2400	0.256	5.8	6.08		82.2		
Z4-250-31	200	440	492	1500/2400	2200	0.0274	0.82	7.22		91.5	11.2	1060
	132	440	332	1000/2000	2200	0.0608	1.6	7.46		89.1		
	110	440	282	750/1900	2650	0.0957	2.6	5.66		86.9		
Z4-250-41/42/41/42	220	440	540	1500/2400	2470	0.0235	0.69	6.74		91.7	12.8	1170
	160	440	401	1000/2000	2470	0.0484	1.4	6.93		85		
	90	440	234	600/2000	2990	0.138	4.4	4.65				
	75	440	199	500/1900	2470	0.181	4.8	7.13		83.5		
Z4-280-11	250	440	615	1500/2000	2540	0.0214	0.65	6.26		91.6	16.4	1230
Z4-280-22/21/21/21	280	440	684	1500/1800	2880	0.0167	0.56	5.82		92.1	18.4	1350
	200	440	498	1000/2000	2880	0.0375	1.2	5.87		90.1		
	132	440	332	750/1600	2880	0.0649	2.2	5.77		88.6		
	110	440	282	600/1500	2880	0.0968	2.9	6		86.6		

电工计算手册

型号	额定功率 (kW)	额定电压 (V)	额定电流 (A)	额定转速/最高转速 (r/min)	励磁功率 (W)	电枢回路电阻 (Ω) (20℃)	电枢电感 (mH)	磁场电感 (H)	外接电感 (mH)	效率 (%)	转动惯量 (kg·m²)	质量 (kg)
32	315	440	767	1500/1800	2700	0.0149	0.56	6.88		92.6		
31	220	440	544	1000/2000	3210	0.0308	1	5.54		90.6		
Z4-280-32	160	440	401	750/1700	3210	0.052	1.9	5.53		89.1	21.2	1500
31	132	440	338	600/1200	3210	0.0829	2.4	5.81		86.8		
31	90	440	234	500/1800	2700	0.137	5	6.61		85.4		
42	355	440	864	1500/1800	2990	0.0138	0.5	6.48		92.6		
42	250	440	616	1000/1800	3590	0.0249	0.9	5.21		91.1		
Z4-280- 41	185	440	463	750/1900	3590	0.0438	1.6	5.14		89.4	24	1650
41	110	440	282	500/1200	2510	0.0976	3.5	9		86.9		
12	280	440	687	1000/1600	3800	0.0224	0.33	5.07		91.6		
12	200	440	501	750/1900	3800	0.0436	0.6	4.97		89.4		
Z4-315-11	160	440	409	600/1900	2990	0.0692	0.96	7.53		87.4	21.2	1900
11	132	440	342	500/1600	2990	0.0971	1.7	7.01		86.3		
11	110	440	292	400/1200	2510	0.137	2.1	9.92		84.3		
22	315	440	773	1000/1600	4110	0.0188	0.25	5.51		91.5		
22	250	440	636	750/1600	4110	0.0337	0.54	5.11		89.6		
Z4-315- 21	185	440	466	600/1600	4110	0.0518	0.83	5.13		88.5	24	2090
21	160	440	413	500/1500	4110	0.0758	1.1	5.18		86		
32	355	440	866	1000/1600	3840	0.0149	0.22	6.81		92.3		
32	280	440	700	750/1600	3840	0.0314	0.59	5.86		89.8		
Z4-315- 32	200	440	501	600/1500	3840	0.0454	0.68	6.45		89.4	27.2	2300
31	132	440	343	400/1200	3840	0.0985	1.5	6.37		85.3		
42	400	440	972	1000/1600	3590	0.013	0.24	7.88		92.7		
42	315	440	770	750/1600	4590	0.0241	0.48	4.74		90.7		
Z4-315-42	250	440	628	600/1600	4590	0.0369	0.63	4.98		89	30.8	2530
41	185	440	468	500/1500	3590	0.055	0.9	7.58		88.3		
41	160	440	416	400/1200	4590	0.0809	1.3	5.03		85.3		

型号	额定功率 (kW)	额定电压 (V)	额定电流 (A)	额定转速/最高转速 (r/min)	励磁功率 (W)	电枢回路电阻 (Ω) (20℃)	电枢电感 (mH)	磁场电感 (H)	外接电感 (mH)	效率 (%)	转动惯量 (kg·m²)	质量 (kg)
12	450	440	1093	1000/1500	3690	0.0122	0.26	7.3		92.8		
12	355	440	874	750/1500	4490	0.0207	0.43	5.29		91.2		
Z4-355-11	280	440	695	600/1600	4490	0.0291	0.66	5.29		90.2	42	2900
11	200	440	507	500/1500	1980	0.0536	1.1	18.6		88.9		
12	185	440	479	400/1200	4490	0.0683	1.1	5.71		85.9		
12	400	440	982	750/1600	4250	0.017	0.32	6.78		91.7		
Z4-355-	315	440	782	600/1500	4250	0.0264	0.59	6.41		90.5	46	3180
22	250	440	626	500/1600	3460	0.0373	0.91	8.84		89.5		
21	200	440	512	400/1200	3460	0.0586	1.2	9.27		87.5		
32	450	440	1098	750/1500	5840	0.0133	0.28	4.62		92.1		
32	355	440	875	600/1600	5300	0.0207	0.5	4.84		91		
Z4-355-	315	440	787	500/1500	5840	0.0289	0.65	4.5		89.5	52	3500
31	220	440	556	400/1200	3980	0.0467	0.96	8.26		88.4		
42	400	440	982	600/1600	6470	0.0171	0.37	4.35		91.2		
Z4-355-42	355	440	890	500/1600	6470	0.0262	0.56	4.23		89.2	60	3850
42	250	440	627	400/1200	5460	0.0377	0.85	5.59		88.8		

第二节　直流电动机的励磁方式、启动和调速

一、直流电动机的励磁方式

励磁绕组取得电流的方式称为励磁方式。除了采用磁钢制成主磁极的永磁式直流电机外，直流电机都是在励磁绕组中通以励磁电流产生磁场的。励磁方式对直流电机的运行性能影响很大，直流电动机按照不同的励磁方式分为以下几种类型：

1. 他励式

他励直流电动机的励磁绕组与电枢绕组没有电的联系，励磁绕组由其他直流电源供电，他励式接线图如图 13-8（a）所示。其励磁电流的大小与电枢端电压无关。

2. 自励式

自励式直流电机的励磁绕组与电枢绕组按一定的方式连接，直流电动机的励磁绕组和电枢绕组由同一电源供电，根据励磁绕组和电枢绕组连接方式的不同，自励式又可分为并励、串励和复励三种。

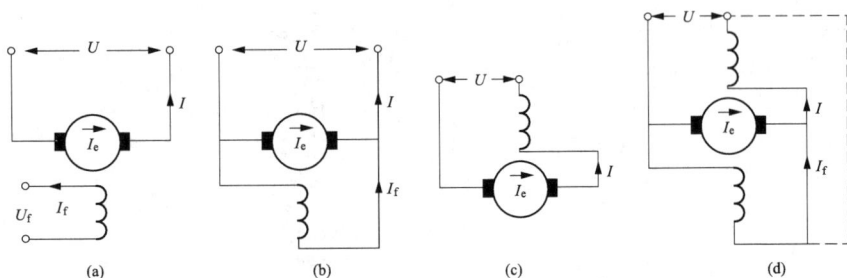

图 13-8　直流电动机的励磁方式

(a) 他励；(b) 并励；(c) 串励；(d) 复励

（1）并励式。并励式直流电动机的接线如图 13-8（b）所示，其励磁绕组和电枢绕组并联，并励绕组上的电压即为电枢绕组的端电压。因此励磁电流的大小与电枢电压有关，大、中型直流电机的励磁电流在正常情况下，仅为额定负载电流的 2％～3％，小型直流电机为 5％～10％。为建立所需的励磁磁通势，励磁绕组的匝数较多，导线截面积较小。匝数多、截面细是并励绕组的特点。

（2）串励式。串励式直流电动机的接线如图 13-8（c）所示，励磁绕组和电枢绕组串联，串励绕组的励磁电流即为电枢电流，励磁绕组的匝数少、截面积较大。因此匝数少、截面粗是串励绕组的特点。

（3）复励式。复励式直流电动机的主磁极铁芯上套装着两个励磁绕组，其中一个与电枢绕组并联（并励绕组），另一个则与电枢绕组串联（串励绕组）。复励式直流电动机的接线如图 13-8（d）所示。根据并励、串励绕组与电枢绕组连接的先后次序不同，又可分为短复励和长复励两种。电枢绕组先与并励绕组并联，然后再与串励绕组串联，称为短复励；电枢绕组先与串励绕组串联，然后再与并励绕组并联，如图 13-8（d）所示的虚线接法，称为长复励。另外根据并励、串励两个绕组磁通势方向是否相同，分为积复励和差复励。如果串励绕组产生的磁通势与并励绕组产生的磁通势方向相同，称为积复励；若两者方向相反，则称为差复励。

二、直流电动机的启动和转向改变

1. 直流电动机的启动

同交流电动机一样，直流电动机启动时，也应符合两个基本要求，一是要有足够大的启动转矩，二是启动电流不要超过安全范围。直流电动机在额定电压下直接启动，启动电流非常大，一般高达电枢额定电流的 10～20 倍，这样大的电流是换向所不能允许的。同时过大的电枢电流必然产生过大的启动转矩，电动机及其拖动的机械将遭受突然的巨大冲击，从而损坏传动机构和生产机械，因此，启动电流必须加以限制。限制启动电流的方法有两种，一种是电枢电路串接启动变阻器，另一种是降低电枢电压。

（1）电枢电路串接启动变阻器启动。将启动电阻 R_Q 串入电枢电路后，启动电流为

$$I_Q = U/(R_S + R_Q) \tag{13-1}$$

式中：I_Q 为启动电流，A；U 为电动机额定电压，V；R_S 为电枢绕组电阻，Ω；R_Q 为串接启动电阻，Ω。

如 R_Q 选择合适，启动电流即可限制在允许范围以内。

（2）降低电枢电压启动。降低电枢电压启动需要一台可以改变电压的直流电源。由于励磁绕组与电枢绕组并联，电枢电压降低，即励磁电压降低，从而主磁通减少，影响到反电势的建立和启动转矩的减小。因此并励电动机若采用降压启动，励磁绕组需采用他励，使励磁电流不受电枢电压的影响。

2. 改变电动机转向的方法

改变直流电动机的旋转方向，实质上是改变电动机电磁转矩的方向。电磁转矩的方向由主极磁通的方向和电枢电流的方向决定，两者之中任意改变一个，就可以改变电磁转矩的方向。其方法是：

（1）对调励磁绕组接入电源的两个线端，改变励磁电压的极性。

（2）对调电枢绕组接入电源的两个线端，改变电枢电流的方向。通常采用后者居多，如果两者同时改变，则电动机转向不变。

有换向极的并励电动机改变转向时，要注意换向极的极性。如果改变电枢电流的方向，换向极绕组的电流方向必须同时改变；如果改变励磁绕组电流的方向，电枢绕组和换向极绕组的电流方向都不必改变。这样，顺着的旋转方向主磁极和换向极的极性排列才能保持为 NnSs。一旦错接，换向极不但不能起到改善换向的作用，反而有害于换向。

三、直流电动机的调速

由转速公式 $n = (U_D - I_{LC}R_S)/C_e\Phi$ 可以看出，改变电枢绕组电阻 R_S、励磁电流 I_{LC}、电枢端电压 U_D 三者之一，转速 n 均可发生变化，因

此直流电动机的调速方法有三种。

1. 改变电枢回路电阻调速

这种调速方法的性能和特点是：转速只能在对应于电枢绕组电阻 R_S 的基本转速以下改变；电枢电路串入较大电阻后机械特性变软，负载变化对转速的影响较大，工作不稳定；由于调节变阻器容量大，难以实现平滑调速；调节电阻上的损耗大，调速经济性差；调速时主磁通 Φ 并无变化，电枢额定电流又是一定的，所以在各种转速下的电磁转矩相同，这种调速属于恒转矩调速。改变电枢回路电阻调速缺点较多，仅用于调速范围不大和调速时间不长的小容量直流电动机中。

2. 改变励磁电流调速

这种调速方法的性能和特点是：由于励磁电流不能超过其额定值，所以转速只能在对应于额定励磁电流的基本转速以上调节；励磁电流减小后，其机械特性的斜率变化不大，稳定性好；调速平滑，可做到无级调速；由于励磁电流 I_{LC} 较小，所以在励磁调节电阻上的损耗不大，且设备简单，控制方便；调速范围大，最高转速可为最低转速的 $3\sim4$ 倍；在电动机的额定电流为一定的情况下，主磁通 Φ 减少允许输出的转矩减小，但因转速增加，所以允许输出的功率基本不变。改变励磁电流调速属于恒功率调速，是一种简单、经济而有效的调速方法。

应当注意，在调速中应适当选择变阻器的阻值，励磁电流不宜过小，励磁绕组更不能开路，否则，电动机会因转速过高而损坏。

3. 改变电枢端电压调速

改变电枢端电压调速需有一台可调节电压的专用直流电源。由转速公式可知，当电枢端电压升高或降低时，机械特性向上或向下平移，转速相应地增加或降低。

这种调速方法的性能和特点是：由于电枢电压不能超过额定值，所以转速只能从对应于额定电压的基本转速向下调节；电压降低后，机械特性不变，稳定性好；调速范围一般可达 $6:1\sim8:1$，且可以实现平滑调速；由于调速时磁通不变，额定电流又一定，所以调速时电动机能够输出的转矩是一定的。改变电枢端电压调速属于恒转矩调速，其缺点是要有一套专用的直流电源设备，投资较高，因此适用于较大容量的电动机。

综上所述，直流电动机最主要的优点是能够实现较大范围的平滑调速，目前这一优点仍是交流电动机所无法比拟的。

第三节 直流电动机的计算

一、直流电动机的基本计算公式

1. 电磁转矩

$$M_d = C_M \Phi I_S \qquad (13-2)$$

式中：M_d 为电动机的电磁转矩，N·m；C_M 为电动机的转矩常数；Φ 为每个磁极的气隙磁通，Wb；I_S 为电动机的电枢电流，A。

2. 机械转矩

$$M = 975 P_e / n_e \qquad (13-3)$$

式中：M 为电动机轴上的机械转矩，N·m；P_e 为电动机的额定容量，kW；n_e 为电动机的额定转速，r/min。

3. 空载转矩

$$M_0 = 9550 P_0 / n_e \qquad (13-4)$$

电动机转矩的平衡方程式为

$$M_d = M + M_0 \qquad (13-5)$$

$$M_0 = M_d - M \qquad (13-6)$$

式中：M_0 为电动机的空载转矩，N·m；P_0 为电动机的空载损耗，kW。

4. 电枢电势

$$E_S = C_e \Phi n \qquad (13-7)$$

式中：E_S 为电枢电势，V；C_e 为电势常数；Φ 为每极气隙磁通，Wb；n 为电动机转速，r/min。

5. 电枢电流

$$I_S = (U - E_S)/R_S \qquad (13-8)$$

式中：I_S 为电枢电流，A；U 为外加电枢电压，V；E_S 为电枢电势，V；R_S 为电枢回路电阻，Ω。

6. 过载系数

$$\lambda = I_{max}/I_e = M_{max}/M_e = 2 \sim 2.5 \qquad (13-9)$$

式中：λ 为过载系数；I_{max} 为最大允许电流，A；I_e 为额定电流，A；M_{max} 为最大允许转矩，N·m；M_e 为额定转矩，N·m。

7. 额定功率

$$P_e = U_e I_e \eta_e \qquad (13-10)$$

式中：P_e 为电动机的额定功率，kW；U_e 为电动机的额定电压，kV；I_e 为电动机的额定电流，A；η_e 为电动机的额定效率。

8. 额定转矩

$$M_e = 60/2\pi \cdot P_e \times 10^3/n_e = 9550 P_e/n_e \qquad (13-11)$$

式中：M_e 为电动机额定转矩，$N \cdot m$；P_e 为电动机额定功率，kW；n_e 为电动机额定转速，r/min。

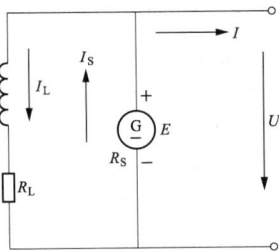

图 13-9　〔例 13-1〕图

【例 13-1】　一台直流并励发电机的电动势 $E = 230V$，接上负载后端电压为 $220V$，励磁回路的电阻为 440Ω，若发电机输出电流为 $79.5A$，计算电枢电流 I_s、电枢绕组内阻 R_s、电枢绕组和励磁绕组的功率损耗、发电机的输出功率。

解　线路如图 13-9 所示。
由欧姆定律可得

$$I_L = U/R_L = 220/440 = 0.5 \text{（A）}$$

由基尔霍夫第一定律得

$$I_s = I + I_L = 79.5 + 0.5 = 80 \text{（A）}$$

由电势平衡方程 $U = E - I_s R_s$ 得

$$R_s = (E - U)/I_s = (230 - 220)/80 = 0.125 \text{（Ω）}$$

电枢绕组功率损耗

$$P_s = I_s^2 R_s = 80^2 \times 0.125 = 800 \text{（VA）}$$

励磁绕组功率损耗

$$P_L = I_L^2 R_L = 0.5^2 \times 440 = 110 \text{（VA）}$$

发电机输出功率

$$P = UI = 220 \times 79.5 = 17490 \text{（VA）} \approx 17.5 \text{（kVA）}$$

【例 13-2】　某并励电动机的额定电枢电流 $I_{se} = 26.6A$，端电压 $U_e = 110V$，如果直接启动，电枢绕组的启动电流 $I_Q = 390A$。为了把电枢绕组的启动电流限制到 $I_Q = 2I_{se}$，计算应接入多大的启动电阻 R_Q。

解　启动时 $E = 0$，$U_e = I_Q R_s$，所以电枢内阻

$$R_s = U_e/I_Q = 110/390 \approx 0.282 \text{（Ω）}$$

接入启动电阻后

$$I_Q{}' = U_e/(R_s + R_Q) = 2I_{se}$$

$$U_e = 2(R_s + R_Q)I_{se}$$

$$R_Q = (U_e - 2R_s I_{se})/2I_{se} = (110 - 2 \times 0.282 \times 26.6)/2 \times 26.6$$

$$\approx 1.786 \text{（Ω）}$$

【例 13-3】 一台并励电动机接住 220V 的直流电源上，电动机满载时取用的电流为 50A，转速为 1500r/min，电枢电阻 $R_S = 0.25\Omega$，励磁回路电阻 $R_L = 450\Omega$，电动机空载时取用的电流是 6A，计算空载时电动机的转速是多少，这台电动机从空载到满载的转速降落是电动机满载转速的百分之几？

解 线路如图 13-10 所示。

$$E = U - I_S R_S$$

图 13-10 ［例 13-3］图

空载时 $\qquad E_0 = 220 - 6 \times 0.25 = 218.5$ （V）

满载时 $\qquad E = 220 - 50 \times 0.25 = 207.5$ （V）

因为 $E = C_e n\Phi$ 所以

$$E/E_0 = C_e n_e \Phi / C_e n_0 \Phi = n_e/n_0$$

$$n_0 = E_0 n_e/E = 218.5 \times 1500/207.5 \approx 1580 \,(\text{r/min})$$

$$(n_0 - n_e)/n_e = (1580 - 1500)/1500 = 0.053 = 5.3\%$$

【例 13-4】 某 Z2 型并励直流电动机，额定功率 $P_e = 7.5\text{kW}$，额定电压 $U_e = 110\text{V}$，额定效率 $\eta_e = 83\%$，额定转速 $n_e = 1000\text{r/min}$，$R_L = 41.5\Omega$，电枢回路总电阻（包括电刷接触电阻）$R_S = 0.1504\Omega$，在额定负载时，在电枢回路串入电阻 $R_T = 0.5246\Omega$。计算：

（1）电枢回路串入电阻前的电磁转矩 T。

（2）电枢回路串入电阻后，若负载转矩不因转速变化而改变，则到达稳定状态后的转速是多少？

解 （1）输入功率

$$P = P_e/\eta_e = 7500/0.83 \approx 9036 \,(\text{W})$$

输入电流

$$I = P/U_e = 9036/110 \approx 82.15 \,(\text{A})$$

励磁电流

$$I_L = U_e/R_L = 110/41.5 \approx 2.65 \,(\text{A})$$

电枢电流

$$I_S = I - I_L = 82.15 - 2.65 = 79.5 \,(\text{A})$$

电枢回路功率损耗

$$P_S = I_S^2 R_S = 79.5^2 \times 0.1504 \approx 950.5 \,(\text{W})$$

励磁回路功率损耗

$$P_L = I_L^2 R_L = 2.65^2 \times 41.5 \approx 291.5 \,(\text{W})$$

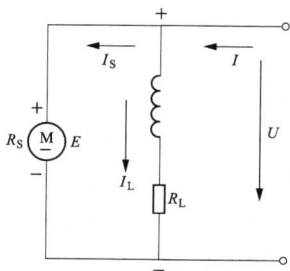

电磁功率

$$P_C = P - (P_S + P_L) = 9036 - (950.5 + 291.5) = 7794(W)$$
$$= 7.794 \ (kW)$$

电磁转矩

$$T = 9550P/n_e = 9550 \times 7.794/1000 \approx 74.5 \ (N \cdot m)$$

(2) 电枢回路串入电阻前，已知 $n_e = (U_e - I_S R_S)/C_e \Phi$，所以

$$C_e \Phi = (U_e - I_S R_S)/n_e = (110 - 79.5 \times 0.1504)/1000 = 0.098$$

电枢回路串入电阻 R_T 后

$$n = [U_e - I_S(R_S + R_T)]/C_e \Phi$$
$$= [110 - 79.5(0.1504 + 0.5246)]/0.098$$
$$\approx 575 \ (r/min)$$

【例 13-5】 一台直流并励电动机，额定电流 $I_e = 104A$，额定电压 $U_e = 440V$，额定转速 $n_e = 950r/min$，电枢电路电阻 $R_S = 0.2\Omega$，励磁电路电阻 $R_L = 110\Omega$，如果由于负载减少，转速升高到 $985r/min$，计算这时的输入电流。

解 励磁电流

$$I_L = U/R_L = 440/110 = 4 \ (A)$$

电枢电流

$$I_S = I_e - I_L = 104 - 4 = 100 \ (A)$$

电枢反电动势

$$E = U_e - I_S R_S = 440 - 100 \times 0.2 = 420 \ (V)$$

设负载减少后的反电动势为 E'，此时电动机转速为 $985r/min$，

$$E/E' = C_C \Phi n_e / C_C \Phi n = n_e / n'$$
$$E' = E n'/n_e = 420 \times 985/950 \approx 435 \ (V)$$

此时电枢电流

$$I_S' = (U - E')/R_S = (440 - 435)/0.2 = 25 \ (A)$$

输入电流

$$I = I_L + I_S' = 4 + 25 = 29 \ (A)$$

【例 13-6】 某直流他励电动机的额定电流 $I_e = 208A$，额定电压 $U_e = 220V$，额定转速 $n_e = 1500r/min$，电枢电路总电阻（包括电刷接触电阻等） $R_S = 0.0335\Omega$，这台电动机带动恒转矩负载额定运行。如果采用电枢回路串联电阻的方法将转速调至 $1000r/min$，计算在电枢回路中应串联的电阻值。

解 额定状态工作时

$$E_e = U_e - I_S R_S = 220 - 208 \times 0.0335 \approx 213 \text{ (V)}$$

$$C_e \Phi = E_e / n_e = 213 / 1500 \approx 0.142$$

当 $n = 1000 \text{r/min}$ 时

$$E = C_e \Phi n = 0.142 \times 1000 = 142 \text{ (V)}$$

这时电枢回路的总电阻

$$R_S{}' = (U_e - E) / I_e = (220 - 142) / 208 = 0.375 \text{ (}\Omega\text{)}$$

电枢回路中应串联的电阻值。

$$R = R_S{}' - R_S = 0.375 - 0.0335 = 0.3415 \text{ (}\Omega\text{)}$$

第四节　直流电动机的运行和维护

一、直流电动机运行中的监视

对运行中的直流电动机进行监视的目的：为了及早发现故障隐患，及时进行处理以免故障扩大，造成重大损失；为了消除一切不利于电动机安全运行的因素。监视的主要项目有：

（1）监视电动机的负载电流，一般不允许超过额定电流。

（2）监视电源电压的变化，电源电压过高或过低都会引起电动机过载，给电动机的运行带来不良的后果，一般电源电压的波动应限制在额定电压的 $\pm 5\% \sim \pm 10\%$ 范围内。

（3）监视电动机的温升，发现温度过高应及时停机，并查明原因予以排除。

（4）监视电动机轴承的温度，不容许超过允许的数值，轴承外盖边缘处不允许有漏油现象。

（5）监视电动机的换向火花，一般情况下，直流电动机在运行中电刷与换向器表面基本上看不到火花或只有微弱的点状火花，运行条件较差的电动机允许在电刷边缘大部分或全部有轻微的火花。

（6）监视电动机运行时的声音和振动情况等。

二、直流电动机的维护

为了保证直流电动机的正常工作，除按操作规程正确使用电动机，加强对运行中的监视外，还应对电动机进行定期检查维护，其主要内容是：

（1）经常清洁电动机外部，及时除去灰尘、油泥及杂物。

（2）检查电动机接线端子和控制开关的接线端子是否松动，绝缘导线是否因振动而磨损。

（3）定期检查、清洗电动机轴承，更换润滑油或润滑脂。

（4）清扫电刷与换向器表面，检查电刷与换向器接触是否良好，电刷压力是否适当。

（5）检查传动装置是否灵活，传动是否可靠，安装是否牢固，皮带轮或联轴器等有无损坏、破裂等。

（6）电动机绝缘性能的检查。

三、直流电动机常见故障及处理方法

直流电动机常见故障及处理方法见表 13-2。

表 13-2 直流电动机常见故障及处理方法

故障现象	故障原因	处理方法
无法启动	电源电路不通	检查电动机出线端接线是否正确；电刷与换向器表面接触是否良好；启动设备和熔丝是否完好
	启动时过载	减小电动机所带负载
	励磁回路断开	检查励磁绕组和磁场变阻器是否断路
	启动电流太小	检查电源电压是否太低，启动变阻器是否合适，电阻是否太大
电动机转速不正常	并励绕组接线不良或断开	查找故障点予以排除
	串励电动机空载或轻载运行	增加电动机负载
	电刷位置不对	调整电刷位置，需正反转的电动机电刷位置应处于几何中心线处
	主磁极与电枢之间的气隙不相等	检查、调整各磁极气隙使之相等
	个别电枢绕组短路	检修电枢绕组
电枢过热	长期过载或负载短路	恢复正常负载
	电枢绕组或换向器有短路现象	用毫伏表检查电枢绕组是否短路，检查是否有金属屑或电刷碳粉将换向器短路
	电动机磁极与电枢铁芯间的气隙相差过大，造成各并联支路电流不平衡	检查并调整气隙
	定子、转子相摩擦	检查定子铁芯是否松动，轴承是否磨损
	端电压过低	恢复端电压至额定值

故障现象	故障原因	处理方法
电刷下火花过大	电刷与换向器接触不良	研磨电刷，使之换向器接触良好，并在轻载下运行约 1h
	刷握松动或安装位置不正确	紧固或重新调整刷握位置
	电刷磨损严重	更换同型号新电刷
	电刷压力大小不当或不均匀	用弹簧秤校正电刷压力为 14.7～24.5kPa
	换向器表面不光洁，有污垢，换向器上云母突出	清洁、修整换向器
	电动机过载	减轻负载
	换向极绕组部分短路	查找短路点并修复
	换向极绕组接反	用指南针检查极性后改正接法
	电枢绕组断路或短路	检查修理电枢绕组
	电枢绕组与换向片脱焊	重新焊接
电动机温升过高	长期过载	降低所带负载
	未按规定运行	按铭牌规定运行，"定额""断续""短时"运行的电动机不能作长期运行
	通风不良	检查风扇是否完好，检查通风道
磁极绕组过热	并励绕组部分短路	用仪表或手摸测量、检查每个磁极绕组，找出故障点并修复
	电动机端电压过高	调整端电压至额定值
	串励绕组负荷电流过高	降低所带负载
电动机振动	电枢平衡未校正好	重新校正
	转轴变形	整修或更换
	检修时风扇装错位置或平衡块移动	调整风扇位置或重新校正平衡
	联轴器未校正好	重新校正
	基础不平或地脚螺栓松动	校正水平，紧固螺栓
电动机外壳带电	电动机绝缘老化	拆除更换或进行绝缘处理
	引出线碰壳	找出碰壳点进行绝缘包扎
	电动机受潮，绝缘电阻下降	进行烘干或浸漆处理
	电刷灰或其他灰尘的累积	定期清理

第十四章

电力电容器及其计算

电容器是一种能储存电荷的容器。在单位电压作用下电容器所能储存的电荷量，称为该电容器的电容。

电力电容器常采用与电网并联的方法，称为并联电容器，用以补偿电力系统供给的无功功率，提高功率因数，改善电压质量，降低线路损耗，充分发挥变压器、电动机等电气设备的作用。

第一节　电力电容器型号和技术参数

一、并联电容器的型号

并联电容器的型号由字母和数字组成，其表示方法如下：

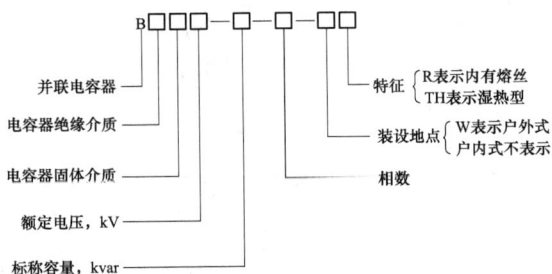

其中，电容器代号：B 为并联电容器。

液体介质代号：C 为蓖麻油，F 为二芳基乙烷，G 为苯甲基硅油，W 为十二烷基苯，Y 为矿物油，Z 为植物油，L 为六氟化硫。

固体介质代号：F 为纸、薄膜复合，M 为全聚丙烯薄膜，MJ 为金属化膜，不标注为全电容器纸。

例如 BWF10.5-50-1 型表示：并联电容器，十二烷基苯液体绝缘，纸、薄膜复合介质，额定电压 10.5kV，标称容量 50kvar，单相。

并联电容器的构造如图 14-1 所示。

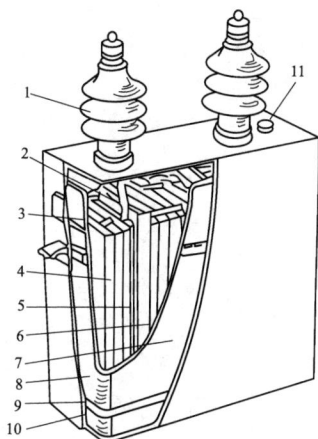

图 14-1　并联电容器的构造

1—出线套管；2—出线连接片；3—连接片；4—元件；5—出线连接片固定板；

6—组间绝缘；7—包封件；8—夹板；9—紧箍；10—外壳；11—封口盖

二、并联电容器的主要技术参数

并联电容器的主要技术参数见表 14-1。

表 14-1　　　　　　　　　　并联电容器的主要技术参数

型号	额定电压 (kV)	标称容量 (kvar)	标称电容 (μF)	相数	外形尺寸（mm）			质量 (kg)
					长 L	宽 B	高 H	
BCMJ0. 23-2. 5-1/3	0.23	2.5	151	1/3	220	80	253	2
BCMJ0. 23-5-3	0.23	5	302	3	220	80	253	2.3
BCMJ0. 23-5-3	0.23	5	302	3	140	405	92	4.4
BCMJ0. 23-10-3	0.23	10	604	3	140	405	184	8.8
BCMJ0. 23-15-3	0.23	15	906	3	140	405	276	13.2
BCMJ0. 23-20-3	0.23	20	1208	3	140	405	318	17.6
BCMJ0. 23-25-3	0.23	25	1510	3	140	405	460	22
BCMJ0. 4-4-3	0.4	4	80	3	140	46	405	2.2
BCMJ0. 4-5-1	0.4	5		1	220	80	253	2
BCMJ0. 4-5-3	0.4	5	99.4	3	140	46	405	2.2

続表

型号	额定电压 (kV)	标称容量 (kvar)	标称电容 (μF)	相数	外形尺寸 (mm) 长 L	宽 B	高 H	质量 (kg)
BCMJ0.4-5-3	0.4	5	100	3	220	80	253	2
BCMJ0.4-5-3	0.4	5	99.4	3	173	70	220	2.3
BCMJ0.4-8-3	0.4	8	160	3	140	92	405	4.5
BCMJ0.4-10-1	0.4	10	200	1	175	64	306	
BCMJ0.4-10-3	0.4	10	200	3	140	92	405	4.5
BCMJ0.4-12-1/3	0.4	12	238.8	1/3	220	80	253	2.3
BCMJ0.4-14-3	0.4	14	278.3	3	220	80	253	2.3
BCMJ0.4-15-1/3	0.4	15	298	1/3	138	140	405	6.6
BCMJ0.4-15-3	0.4	15	298	3				
BCMJ0.4-16-3	0.4	16	318.5	3	173	70	340	4
BCMJ0.4-20-3	0.4	20	398	3	345	70	255	11
BCMJ0.4-20-3	0.4	20	390	3	140	184	405	9
BCMJ0.4-25-3	0.4	25	498	3	345	100	270	11.5
BCMJ0.4-25-3	0.4	25	498	3	140	230	405	11.2
BCMJ0.4-30-3	0.4	30	596	3	140	230	405	14.2
BCMJ0.4-40-3	0.4	40	780	3	140	368	405	18
BCMJ0.4-45-3	0.4	45	877.5	3	110	380	410	20.5
BCMJ0.4-50-3	0.4	50	976	3	140	460	410	23
BCMJ$_3$0.4-14-1	0.4	14	278.7	1	105	233	231	
BCMJ$_3$0.4-14-3	0.4	14	279	3	105	233	231	
BCMJ$_3$0.4-15-3	0.4	15	299	3				
BCMJ$_3$0.4-50-3	0.4	50	995.2	3	110	380	410	
BCMJ$_6$0.4-10-1/3	0.4	10	200	1/3	175	64	306	
BCMJ$_6$0.4-12-1/3	0.4	12	239	1/3	175	64	306	
BCMJ$_6$0.4-14-1/3	0.4	14	279	1/3	175	64	306	
BCMJ$_6$0.4-15-1/3	0.4	15	299	1/3	175	64	306	
BKMJ0.23-15-1/3	0.23	15	300	1/3	346	152	310	12
BKMJ0.23-20-1/3	0.23	20	400	1/3	346	152	310	17
BKMJ0.4-6-1/3	0.4	6	120	1/3	156	96	245	2.2

型号	额定电压（kV）	标称容量（kvar）	标称电容（μF）	相数	外形尺寸（mm） 长 L	宽 B	高 H	质量（kg）
BKMJ0.4-7.5-1/3	0.4	7.5	150	1/3	176	64	300	4
BKMJ0.4-9-1/3	0.4	9	180	1/3	176	64	300	4
BKMJ0.4-12-1/3	0.4	12	240	1/3	152	96	245	2.6
BKMJ0.4-15-1/3	0.4	15	300	1/3	152	96	245	2.75
BKMJ0.4-20-1/3	0.4	20	400	1/3	350	64	300	
BKMJ0.4-25-1/3	0.4	25	500	1/3	346	152	310	11
BKMJ0.4-30-1/3	0.4	30	600	1/3	346	152	310	12
BKMJ0.4-40-1/3	0.4	40	800	1/3	350	64	300	17
BZMJ0.4-5-1/3	0.4	5	100	1/3	173	70	180	2
BZMJ0.4-7.5-1/3	0.4	7.5	150	1/3	173	70	180	2.3
BZMJ0.4-10-1/3	0.4	10	199	1/3	173	170	240	2.8
BZMJ0.4-12-1/3	0.4	12	239	1/3	173	70	260	3.1
BZMJ0.4-14-1/3	0.4	14	279	1/3	173	70	300	3.6
BZMJ0.4-16-1/3	0.4	16	318	1/3	173	70	300	3.8
BZMJ0.4-20-1/3	0.4	20	398	1/3	354	100	245	9.7
BZMJ0.4-25-1/3	0.4	25	498	1/3	354	100	265	10.7
BZMJ0.4-30-1/3	0.4	30	597	1/3	354	100	295	12.2
BZMJ0.4-40-1/3	0.4	40	796	1/3	354	100	335	14.2
BZMJ0.4-50-1/3	0.4	50	995	1/3	354	100	375	
BKMJ0.525-10-1/3	0.525	10	200	1/3	152	96	246	2.5
BKMJ0.525-20-1/3	0.525	20	400	1/3	176	152	275	6.5
BCMJ0.525-25-3	0.525	25	288.8	3	220	80	253	2.3
BKMJ0.525-30-1/3	0.525	30	600	1/3	346	152	310	12
BKMJ0.525-40-1/3	0.525	40	800	1/3	346	152	310	17
BKMJ0.525-50-1/3	0.525	50	1000	1/3	346	152	485	18
BKMJ0.525-60-1/3	0.525	60	1200	1/3	346	152	485	19
BKMJ0.525-70-1/3	0.525	70	1400	1/3	346	152	485	20
BKMJ0.525-80-1/3	0.525	80	1600	1/3	346	152	485	23

型号	额定电压（kV）	标称容量（kvar）	标称电容（μF）	相数	外形尺寸（mm）			质量（kg）
					长 L	宽 B	高 H	
BKMJ0.525-100-1/3	0.525	100	2000	1/3	346	152	690	26
BKMJ0.525-120-1/3	0.525	120	2400	1/3	346	152	690	28
BCMJ0.525-4-3	0.525	4		3	46	140	405	2.2
BCMJ0.525-5-3	0.525	5		3	46	140	405	2.2
BCMJ0.525-8-3	0.525	8		3	92	140	405	4.5
BCMJ0.525-10-3	0.525	10		3	92	140	405	4.5
BCMJ0.525-12-3	0.525	12		3	138	140	405	6.6
BCMJ0.525-15-3	0.525	15		3	138	140	405	6.6
BCMJ0.525-16-3	0.525	16		3	184	140	405	9
BCMJ0.525-20-3	0.525	20		3	184	140	405	9
BCMJ0.525-25-3	0.525	25		3	230	140	405	11.5
BCMJ0.525-30-3	0.525	30		3	276	140	405	14
BCMJ0.525-35.3	0.525	35		3	368	140	405	15.6
BCMJ0.525-40-3	0.525	40		3	368	140	405	18
BCMJ0.525-45-3	0.525	45		3	414	140	405	21.5
BCMJ0.525-50-3	0.525	50		3	460	140	405	23
BCMJ0.4-2.5-3	0.4	2.5	55	3	$\phi 60 \times 215$			
CBMJ0.4-3.3-3	0.4	3.3	66	3	$\phi 60 \times 215$			
BCMJ0.4-5-3	0.4	5	99	3	$\phi 60 \times 290$			
BCMJ0.4-10-3	0.4	10	198	3	232	65	265	
BCMJ0.4-12-3	0.4	12	239	3	232	65	295	
BGMJ0.4-15-3	0.4	15	298	3	232	65	325	
BGMJ0.4-20-3	0.4	20	398	3	232	130	265	
BGMJ0.4-25-3	0.4	25	498	3	232	130	295	
BGMJ0.4-30-3	0.4	30	598	3	232	130	325	
BWF0.4-14-1/3	0.4	14	279	1/3	340	115	420	18
BWF0.4-16-1/3(TH)	0.4	16	318	1/3	450	115	420	25
BWF0.4-20-1/3	0.4	20	398	1/3	375	122	360	26
BWF0.4-25-1/3	0.4	25	497.6	1/3	380	115	420	25

型号	额定电压 (kV)	标称容量 (kvar)	标称电容 (μF)	相数	外形尺寸 (mm) 长 L	宽 B	高 H	质量 (kg)
BWF0.4-75-1/3	0.4	75	1500	1/3	422	163	722	60
BWF10.5-16-1	10.5	16	0.462	1	440	115	595	25
BWF10.5-25-1	10.5	25	0.722	1	440	115	595	25
BWF10.5-30-1	10.5	30	0.866	1	440	115	595	25
BWF10.5-40-1	10.5	40	1.155	1	440	115	595	25
BWF10.5-50-1	10.5	50	1.44	1	440	165	595	34
BWF10.5-100-1	10.5	100	2.89	1	440	165	880	60
BWF11/$\sqrt{3}$-16-1	11/$\sqrt{3}$	16	1.26	1	440	115	595	25
BWF11/$\sqrt{3}$-25-1	11/$\sqrt{3}$	25	1.97	1	440	115	595	25
BWF11/$\sqrt{3}$-30-1	11/$\sqrt{3}$	30	2.37	1	440	115	595	25
BWF11/$\sqrt{3}$-40-1	11/$\sqrt{3}$	40	3.16	1	440	115	595	25
BWF11/$\sqrt{3}$-50-1	11/$\sqrt{3}$	50	3.95	1	440	165	595	34
BWF11/$\sqrt{3}$-100-1	11/$\sqrt{3}$	100	7.89	1	440	165	880	60
BFF10.5-50-1W	10.5	50	1.44	1	372	122	570	24
BFF10.5-100-1W	10.5	100	2.89	1	443	163	680	45
BFF10.5-200-1W	10.5	200	5.78	1	443	163	1030	78
BFF10.5-334-1W	10.5	334	9.65	1	699	174	1030	130
BFF11/$\sqrt{3}$-50-1W	11/$\sqrt{3}$	50	3.95	1	372	122	570	24
BFF11/$\sqrt{3}$-100-1W	11/$\sqrt{3}$	100	7.9	1	443	163	680	45
BFF11/$\sqrt{3}$-200-1W	11/$\sqrt{3}$	200	15.79	1	443	163	1030	78
BFF11/$\sqrt{3}$-334-1W	11/$\sqrt{3}$	334	26.37	1	699	174	1030	128
BAM10.5-100-1W	10.5	100	2.89	1	443	123	600	25
BAM10.5-200-1W	10.5	200	5.78	1	443	123	890	48
BAM10.5-334-1W	10.5	334	9.65	1	443	123	1030	72
BAM11/$\sqrt{3}$-100-1W	11/$\sqrt{3}$	100	7.9	1	443	123	600	25
BAM11/$\sqrt{3}$-200-1W	11/$\sqrt{3}$	200	15.79	1	443	123	890	48
BAM11/$\sqrt{3}$-334-1W	11/$\sqrt{3}$	334	26.37	1	443	163	1030	72
BGF11/$\sqrt{3}$-50-1W	11/$\sqrt{3}$	50	3.95	1	450	110	603	25
BGF11/$\sqrt{3}$-100-1W	11/$\sqrt{3}$	100	7.89	1	450	110	903	44

型号	额定电压 (kV)	标称容量 (kvar)	标称电容 (μF)	相数	外形尺寸 (mm)			质量 (kg)
					长 L	宽 B	高 H	
BGF11/$\sqrt{3}$-200-1W	11/$\sqrt{3}$	200	15.3	1	646	140	903	80
BGF10.5-50-1W	10.5	50	1.44	1	443	123	603	25
BGF10.5-100-1W	10.5	100	2.89	1	450	110	903	44
BBM11/$\sqrt{3}$-100-1W	11/$\sqrt{3}$	100	7.89	1	380	130	618	29.2
BBM11/$\sqrt{3}$-200-1W	11/$\sqrt{3}$	200	15.8	1	343	130	778	37.8
BBM$_2$11/$\sqrt{3}$-100-1W	11/$\sqrt{3}$	100	7.89	1	380	122	618	29.2
BBM$_2$11/$\sqrt{3}$-200-1W	11/$\sqrt{3}$	200	15.8	1	380	122	848	37.8
BBM$_2$11/$\sqrt{3}$-334-1W	11/$\sqrt{3}$	334	26.36	1	510	178	848	63

第二节 并联电容器的补偿方式

配电网的电力负荷如变压器、电动机、电焊机等，系电感性负荷，这些电感性负荷在运行过程中，既要消耗系统的有功功率，还要吸取、交换无功功率。在电网中安装无功补偿装置后，可以供给感性负荷消耗的部分无功功率，减少电网电源向感性负荷提供的、由输配电线路输送的无功功率，也就是减少无功功率在电网中的流动，因此可以降低线路因输送无功功率造成的损耗，改善电网运行条件，这种做法称为无功补偿。

采用并联电容器进行配电网的无功补偿有就地补偿、分散补偿、集中补偿三种方式。

一、就地补偿

就地补偿又称随机补偿，电容器直接安装在用电设备附近，与用电设备的供电回路并联，常用于低压网络的电动机。其优点是可以减少配电网至用户的供电线路的无功负荷，相应地减少线路和变压器的有功电能损耗，还可以减少配电变压器的容量和配电线路的导线截面积，补偿效果最好。其缺点是由于电动机经常开停，电容器的利用率低，投资较大；如果电容器的容量选择不当，电动机可能产生自励现象，损坏电动机。因此就地补偿适用于经常投入运行，负荷比较稳定的中小型低压电动机，如拖动水泵、风机、空气压缩机、球磨机等设备的电动机，对变速运行、正反转、点动、堵转、反接制动的电动机不宜采用。

二、分散补偿

高压电容器分组安装在 10（6）kV 配电线路的杆架上，低压电容器安装在配电变压器的低压侧母线上或安装在用户和各车间的配电母线上等都属于分散补偿。其优点是：电容器的利用率比就地补偿方式高。缺点是只能减少高压配电线路和配电变压器的无功负荷，而低压配电线路的无功负荷未能得到补偿；由于安装分散，维护不大方便。

三、集中补偿

通常是指安装在变电站母线上的高压电容器组，有时也包括集中装设在电力用户总配电室低压母线上的电容器组。其优点是易于实现自动投切，利用率高，维护方便，事故少，能减少配电网、配电变压器及线路的无功负荷和电能损耗。缺点是不能减少电力用户内配电线路的无功负荷和电能损耗。

综上所述，可以看出就地补偿、分散补偿和集中补偿三种补偿方式是相对而言的，三种补偿方式各有利弊，应根据各配电网的具体情况全面合理采用，相辅相成，使优势互补。

第三节　功率因数计算

在交流电路中，电压与电流之间的相位差（φ）的余弦叫作功率因数，用符号"$\cos\varphi$"表示。功率因数在数值上，是有功功率和视在功率的比值，即 $\cos\varphi = P/S$。功率因数的大小与电路的负荷性质有关，电阻性负载如电阻炉、白炽灯的功率因数为 1；电感性负载如变压器、电动机、电焊机的功率因数小于 1。

一、瞬时功率因数的计算

瞬时功率因数可以用功率因数表直接测出，也可以根据配电屏上的电压表、电流表和有功功率表、无功功率表在同一瞬间的读数计算出来，其计算公式如下

$$\cos\varphi = P/\sqrt{3}UI = P/\sqrt{P^2 + Q^2} \tag{14-1}$$

式中：P 为有功功率表读数，kW；Q 为无功功率表读数，kvar；U 为电压表读数，kV；I 为电流表读数，A。

如果配电屏上没有有功功率表、无功功率表或其他指示仪表，对于采用电流互感器的计量装置，可以采用下面方法计算瞬时功率因数。

（1）利用钳形电流表、电压表、秒表测出电流互感器的二次电流 I、电源电压和电能表铝盘转一圈（电子式电能表一个脉冲）的时间 t。

（2）利用下面公式计算出 K 值

$$K = 3600 \times 1000/\sqrt{3}Ur \tag{14-2}$$

式中：U 为实测电压，V；r 为电能表盘转数，r/kWh（或 imp/kWh）。

（3）计算 $\cos\varphi$

$$\cos\varphi = K/It \tag{14-3}$$

此方法适用于现场校验电能计量装置时瞬时功率因数的计算，其计算结果是准确的。

二、平均功率因数的计算

平均功率因数是某一规定时间内功率因数的平均值，如日、月、年平均功率因数。平常我们所说功率因数，一般就是平均功率因数。

1. 利用平均有功功率和无功功率计算

$$\cos\varphi = P_{pj}/\sqrt{P_{pj}^2 + Q_{pj}^2} \tag{14-4}$$

式中：$\cos\varphi$ 为平均功率因数；P_{pj} 为（日、月、年）平均有功功率，kW；Q_{pj} 为（日、月、年）平均无功功率，kvar。

2. 利用有功和无功电量计算

$$\cos\varphi = A_P/\sqrt{A_P^2 + A_Q^2} = 1/\sqrt{1 + (A_Q/A_P)^2} \tag{14-5}$$

式中：A_P 为某一时段的有功电量，kWh；A_Q 为某一时段的无功电量，kvarh。

3. 利用计算出的有功功率和无功功率值计算

$$\cos\varphi = 1/\sqrt{1 + (\beta Q_{js}/\alpha P_{js})^2} \tag{14-6}$$

式中：P_{js} 为工厂的有功计算负荷，kW；P_{js} 为工厂的无功计算负荷，kvar；α 为有功负荷系数，一般取 $0.7 \sim 0.8$；β 为无功负荷系数，一般取 $0.75 \sim 0.85$。

【例 14-1】 某工厂全年消耗有功电量 720 万 kWh，无功电量 400 万 kvarh，计算其年平均功率因数。

解 年平均功率因数为

$$\cos\varphi = 1/\sqrt{1 + (A_Q/A_P)^2}$$
$$= 1/\sqrt{1 + (400/720)^2} = 0.88$$

【例 14-2】 某工厂的 $P_{js} = 1500\text{kW}$，$Q_{js} = 1200\text{kvar}$，计算该工厂的平均功率因数。

解 平均功率因数为

$$\cos\varphi = 1/\sqrt{1 + (\beta Q_{js}/\alpha P_{js})^2}$$

$$=1/\sqrt{1+(0.8\times1200/0.75\times1500)^2}$$
$$=0.76$$

第四节 补偿容量的计算

在电网中，发电机和高压输电线路是很重要的无功电源，但是仅仅依靠它们所发出的无功功率远远满足不了用电负荷对无功功率的需求，需要在配电网中设置无功补偿装置来补充无功功率，以保证用电设备对无功功率的需求，维持其在额定电压下工作，降低电能损耗。

一、无功补偿的原则

无功补偿设备的配置应按照全面规划、合理布局、分级补偿、就地平衡的原则进行。具体为：

(1) 总体平衡与局部平衡相结合。

(2) 调压和降低线损相结合。

(3) 集中补偿与分散补偿相结合。

(4) 电力部门补偿与用户补偿相结合。

二、无功补偿的方法

无功补偿应采取"集中补偿与分散补偿相结合，以分散补偿为主；高压补偿与低压补偿相结合，以低压补偿为主；调压与降损相结合，以降损为主"的补偿方法。

三、无功补偿容量的计算

1. 工厂无功补偿容量的计算

(1) 利用耗电量进行计算

$$Q_{\mathrm{C}}=\frac{A_{\mathrm{Pm}}}{t_{\mathrm{m}}}(\tan\varphi_1-\tan\varphi_2) \tag{14-7}$$

式中：Q_{C} 为补偿容量，kvar；A_{Pm} 为最大负荷月份的耗电量，kWh；t_{m} 为最大负荷月份的工作时间，h；$\tan\varphi_1$ 为最大负荷月份补偿前功率因数的正切值；$\tan\varphi_2$ 为供电部门规定补偿后功率因数的正切值。

(2) 利用平均负荷或计算负荷进行计算

$$Q_{\mathrm{C}}=P_{\mathrm{PJ}}(\tan\varphi_1-\tan\varphi_2)=aP_{\mathrm{JS}}(\tan\varphi_1-\tan\varphi_2) \tag{14-8}$$

式中：P_{PJ} 为工厂平均负荷，kW；P_{JS} 为工厂计算负荷；a 为负荷系数，取 0.7～0.8。

$\cos\varphi$ 与 $\tan\varphi$ 对应值见表 14-2。

表 14-2 cosφ 与 tanφ 对应值查对表

cosφ	tanφ	cosφ	tanφ	cosφ	tanφ	cosφ	tanφ
1	0	0.86	0.5934	0.72	0.9635	0.58	1.403
0.99	0.1425	0.85	0.6192	0.71	0.9918	0.57	1.441
0.98	0.2031	0.84	0.6459	0.70	1.020	0.56	1.479
0.97	0.2505	0.83	0.6720	0.69	1.049	0.55	1.520
0.96	0.2917	0.82	0.6980	0.68	1.078	0.54	1.558
0.95	0.3287	0.81	0.7240	0.67	1.108	0.53	1.600
0.94	0.3630	0.80	0.7500	0.66	1.138	0.52	1.643
0.93	0.3953	0.76	0.7761	0.65	1.169	0.51	1.666
0.92	0.4260	0.78	0.8023	0.64	1.201	0.50	1.732
0.91	0.4556	0.77	0.8286	0.63	1.233	0.45	1.984
0.90	0.4844	0.79	0.8551	0.62	1.265	0.40	2.290
0.89	0.5124	0.75	0.8819	0.61	1.299	0.35	2.677
0.88	0.5398	0.74	0.9089	0.60	1.334	0.30	3.180
0.87	0.5668	0.73	0.9362	0.59	1.638	0.25	3.867

【例 14-3】 某工厂有功计算负荷为 100kV，自然功率因数为 0.6，现要提高至 0.9，计算需装设的补偿容量。

解 已知 $P_{JS}=100kW$，$\cos\varphi_1=0.6$，$\cos\varphi_2=0.9$，查表 14-2 可得 $\tan\varphi_1=1.33$，$\tan\varphi_2=0.48$。取 $a=0.75$，则

$$Q_C=aP_{JS}(\tan\varphi_1-\tan\varphi_2)=0.75\times100\times(1.33-0.48)$$
$$=63.8\ (kvar)$$

（3）查表法确定补偿容量。工业企业的无功补偿容量也可以采用查表法确定，首先从"单位有功负荷所需无功补偿容量查对表"中查出每千瓦有功负荷将 $\cos\varphi_1$ 提高到 $\cos\varphi_2$ 所需的无功补偿容量（kvar/kW），然后乘以企业的实际使用的有功负荷数量，其结果就是所需的无功补偿容量。单位有功负荷所需无功补偿容量查对表见表 14-3。

表 14-3 单位有功负荷所需无功补偿容量查对表

cosφ₁ \ cosφ₂	0.8	0.82	0.84	0.85	0.86	0.88	0.9	0.92	0.94	0.96	0.98	1
0.4	1.54	1.6	1.65	1.67	1.7	1.75	1.81	1.87	1.93	2	2.09	2.29
0.42	1.41	1.47	1.52	1.54	1.57	1.62	1.68	1.74	1.8	1.87	1.96	2.16
0.44	1.29	1.34	1.39	1.41	1.44	1.5	1.55	1.61	1.68	1.75	1.84	2.04

cosφ₁ \ cosφ₂	0.8	0.82	0.84	0.85	0.86	0.88	0.9	0.92	0.94	0.96	0.98	1
0.46	1.18	1.23	1.28	1.31	1.34	1.39	1.44	1.5	1.57	1.64	1.73	1.93
0.48	1.08	1.12	1.18	1.21	1.23	1.29	1.34	1.4	1.46	1.54	1.62	1.83
0.5	0.98	1.04	1.09	1.11	1.14	1.19	1.25	1.31	1.37	1.44	1.52	1.73
0.52	0.89	0.94	1	1.02	1.05	1.1	1.16	1.21	1.28	1.35	1.44	1.64
0.54	0.81	0.86	0.91	0.94	0.97	1.02	1.07	1.13	1.2	1.27	1.36	1.56
0.56	0.73	0.78	0.83	0.86	0.89	0.94	0.99	1.05	1.12	1.19	1.28	1.48
0.58	0.66	0.71	0.76	0.79	0.81	0.87	0.92	0.98	1.04	1.12	1.2	1.41
0.6	0.58	0.64	0.69	0.71	0.74	0.79	0.85	0.91	0.97	1.04	1.13	1.33
0.62	0.52	0.57	0.62	0.65	0.67	0.73	0.78	0.84	0.9	0.98	1.06	1.27
0.64	0.45	0.5	0.56	0.58	0.61	0.66	0.72	0.77	0.84	0.91	1	1.2
0.66	0.39	0.44	0.49	0.52	0.55	0.6	0.65	0.71	0.78	0.85	0.94	1.14
0.68	0.33	0.38	0.43	0.46	0.48	0.54	0.59	0.65	0.71	0.79	0.88	1.08
0.7	0.27	0.32	0.38	0.4	0.43	0.48	0.54	0.59	0.66	0.73	0.82	1.02
0.72	0.21	0.27	0.32	0.34	0.37	0.42	0.48	0.54	0.6	0.67	0.76	0.96
0.74	0.16	0.21	0.26	0.29	0.31	0.37	0.42	0.48	0.54	0.62	0.71	0.91
0.76	0.1	0.16	0.21	0.23	0.26	0.31	0.37	0.43	0.49	0.56	0.65	0.85
0.78	0.05	0.11	0.16	0.18	0.21	0.26	0.32	0.38	0.44	0.51	0.6	0.8
0.8	—	0.05	0.1	0.13	0.16	0.21	0.27	0.32	0.39	0.46	0.55	0.73
0.82	—	—	0.05	0.08	0.1	0.16	0.21	0.27	0.34	0.41	0.49	0.7
0.84	—	—	—	0.03	0.05	0.11	0.16	0.22	0.28	0.35	0.44	0.65
0.85	—	—	—	—	0.03	0.08	0.14	0.19	0.26	0.33	0.42	0.62
0.86	—	—	—	—	—	0.05	0.11	0.17	0.23	0.3	0.39	0.59
0.88	—	—	—	—	—	—	0.06	0.11	0.18	0.25	0.34	0.54
0.9	—	—	—	—	—	—	—	0.06	0.12	0.19	0.28	0.49

2. 110kV 及以下变电站无功集中补偿容量的计算

110kV 及以下变电站无功集中补偿电容器的容量，按主变压器额定容量的 10%～15% 进行补偿，即

$$Q_C = (0.10 \sim 0.15)S_e \qquad (14\text{-}9)$$

3. 6～10kV 配电线路无功补偿容量的计算

为了提高 6～10kV 配电线路的功率因数，应在配电线路上安装并联

电容器，但容量不宜过大，一般约为线路配电变压器总容量的 5%～10%，并且在线路最小负荷时，不应向变电站倒送无功，如果配置容量过大，则必须装设自动投切装置。

$$Q_C = (0.05 \sim 0.10) \sum S_e \qquad (14\text{-}10)$$

4. 6～10kV 配电变压器无功补偿容量的计算

6～10kV 配电变压器按额定容量的 5%～10% 进行随机补偿，对容量在 100kVA 及以上的配电变压器，宜采用自动投切方式。

$$Q_C = (0.05 \sim 0.10) S_e \qquad (14\text{-}11)$$

5. 电动机就地补偿容量的计算

电动机的无功补偿一般采用就地补偿方式，电容器随电动机的运行和停止投退，其容量以不超过电动机空载时的无功损耗为度，计算公式为

$$Q_C \leqslant \sqrt{3} U_e I_O \qquad (14\text{-}12)$$

对于所带机械负载惯性较小的电动机（如风机等），其补偿容量为

$$Q_C = (0.93 \sim 0.97) \sqrt{3} U_e I_O \qquad (14\text{-}13)$$

对于所带机械负载惯性较大的电动机（如水泵等），其补偿容量为

$$Q_C = (0.9 \sim 0.95) \sqrt{3} U_e I_O \qquad (14\text{-}14)$$

电动机的空载电流，如果无资料查取，可按下面公式计算确定

$$I_O \approx 2 I_e (1 - \cos\varphi_e) \qquad (14\text{-}15)$$

或

$$I_O \approx \frac{2 P_e}{\sqrt{3} U_e \cos\varphi_e \eta_e} (1 - \cos\varphi_e) \qquad (14\text{-}16)$$

式中：P_e 为电动机的额定功率，kW；I_e 为电动机的额定电流，A；U_e 为电动机的额定电压，kV；I_O 为电动机的空载电流，A，可用钳形电流表测出或查相关手册；$\cos\varphi_e$ 为电动机额定负载下的功率因数；η_e 为电动机在额定负载下的效率。

部分 Y 系列电动机的空载电流见表 14-4。

表 14-4　　　　　部分 Y 系列电动机的空载电流　　　　　A

功率（kW） 极数	4	5.5	7.5	11	15	18.5	22
2	3	3.8	4.1	6.2	7.7	8.7	11.9
4	4.3	4.8	6	8.5	11	13.3	14.3
6	4.7	5.5	8.7	11.3	13.6		

电动机的无功补偿容量也可从表 14-5 查出。

表 14-5 单台电动机无功补偿容量表

电动机容量 (kW)	电动机转速（r/min）					
	3000	1500	1000	750	600	500
	电容器容量（kvar）					
7.5	2.5	3	3.5	4.5	5	7
11	3.5	3	4.5	6.5	7.5	9
15	5	4	6	7.5	8.5	11.5
18.5	6	5.5	6.5	8.5	10	14.5
22	7	7	8.5	10	12.5	15.5
30	8.5	8.5	10	12.5	15	18.5
40	11	11	12.5	15	18	23
45	13	13	15	18	22	26
55	17	17	18	22	27.5	33
75	21.5	22	25	29	33	38
100	25	26	29	33	40	45
115	32.5	32.5	33	36	45	52.5
145	40	40	42.5	45	55	65

第五节　无功补偿装置台数和放电电阻计算

一、无功补偿装置台数的计算

【例 14-4】　某车间的 $P_{JS}=1500kW$，$Q_{JS}=1200kvar$，经过计算该车间的功率因数为 0.75，如果将功率因数提高到 0.9，计算需要装设的并联电容器容量，如采用 BW10.5-11 型并联电容器，需要多少台？每相多少台？（电源电压为 10kV）。

解　已知 $P_{JS}=1500kW$，$\cos\varphi_1=0.75$，$\cos\varphi_2=0.9$，查表 14-2 得 $\tan\varphi_1=0.88$，$\tan\varphi_2=0.48$，取 $a=0.75$，则

$$Q_C=aP_{JS}(\tan\varphi_1-\tan\varphi_2)=0.75\times1500\times(0.88-0.48)$$
$$=450\ (kvar)$$

电容器台数

$$n=Q_C/12=37.5（台）$$

考虑到三相均衡分配，每相台数应相等，且应为整数，因此取 $n=$

36 台。

则每相为

$$n/3 = 36/3 = 12（台）$$

实际补偿容量为 $12 \times 36 = 432$kvar。

二、并联电容器放电电阻计算

电容器从电网断开后，两极处于储能状态，电容器整组从电网断开后，储存电荷的能量是很大的，因而电容器两极上残留一定电压，它最高可达到电网电压的峰值，对人身是极危险的。电容器组在带电荷的情况下，如果再次合闸投入运行，还会产生很大的冲击合闸涌流和很高的过电压，如果电气工作人员触及电容器，就可能被电击伤或电灼伤。为了防止带电荷合闸，防止人身触电事故，并联电容器必须安装放电装置。

放电装置一般采用放电电阻，其方法一是在电容器内部装设放电电阻，电容器从电网断开后内部自行放电，一般情况下 10min 能降到 75V 以下；方法二是外加放电电阻，强制放电。如对于 380V 低压电网，要求在 30s 将电压降至 65V。另外，还可以利用配电变压器的一、二次绕组和电动机的定子绕组进行放电，不需另行安装放电电阻。

在实际应用中，如无专用的放电电阻，对于 400V 的低压补偿的并联电容器，一般采用白炽灯泡代替放电电阻。采用白炽灯泡造价低，还可以起到指示灯的作用。为了延长灯泡寿命，一般选择两个灯泡串联后接成星形或三角形，直接并联在电容器组上，如图 14-2 所示。其放电时间为

$$t = 2.1RC \tag{14-17}$$

式中：t 为放电时间，s；R 为放电电阻，Ω/相；C 为补偿电容，F/相。

【例 14-5】 一台低压电容器补偿装置，安装有 BW0.4-12-1 型并联电容器 6 台（如图 14-2 所示），每台电容器的额定电容为 240μF，计算其每相放电电阻。

解 $C = 240 \times 6/3 = 480$μF

由放电时间 $t = 2.1RC \leqslant 30$s，得放电电阻

$$R \leqslant t/2.1C = 30/2.1 \times 480 \times 10^{-6}$$
$$\approx 29800（\Omega/相）$$

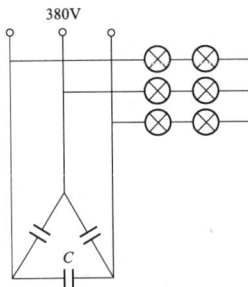

图 14-2　低压放电电阻
安装接线图

取 30kΩ/相。

第十五章

电气照明及其计算

常用照明电光源按发光原理分为热辐射光源和气体放电光源两大类，热辐射光源包括白炽灯、碘钨灯和卤钨灯等，气体放电光源包括荧光灯、高压汞灯、高压钠灯、金属卤化物灯和氙灯等。

第一节 电光源的型号和名称代号

一、热辐射光源

热辐射光源的型号含义如下：

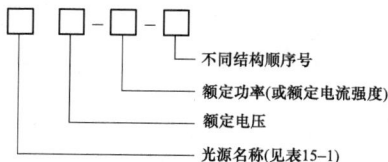

```
□ □ - □ - □
            └─ 不同结构顺序号
          └─ 额定功率(或额定电流强度)
        └─ 额定电压
      └─ 光源名称(见表15-1)
```

表 15-1   **热辐射光源名称及代号**

光源名称	代号	光源名称	代号
普通照明白炽灯	PZ	反射型普通照明白炽灯	PZF
彩色白炽灯	CS	局部照明白炽灯	JZ
红外线白炽灯	HW	矿区照明白炽灯	KZM
聚光白炽灯	JG	反射型聚光白炽灯	JGF
封闭式汽车白炽灯	QF	汽车拖拉机白炽灯	QT
船用照明白炽灯	CY	摄影白炽灯	SY
飞机用白炽灯	FJ	幻灯白炽灯	HD
反射型摄影白炽灯	SYF	无影白炽灯	WY
医用微型灯	YW	放映白炽灯	FY

光源名称	代号	光源名称	代号
水下白炽灯	SX	石英聚光卤钨灯	LJS
矿用头灯	KT	摄影卤钨灯	LSY
小型指示灯	XZ	放映卤钨灯	LFY
微型指示灯	WZ	复印卤钨灯	LF
碘钨灯	DW	红外线卤钨灯	LHW
管形照明卤钨灯	LZC	仪器卤钨灯	LYQ

二、气体放电光源

气体放电光源的型号含义如下

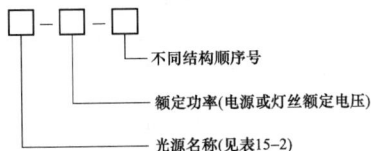

- 不同结构顺序号
- 额定功率(电源或灯丝额定电压)
- 光源名称(见表15-2)

表 15-2　　　　　**气体放电光源名称及代号**

光源名称	代号	光源名称	代号
直管形荧光灯	YZ	U 形荧光灯管	YU
环形荧光灯管	YH	紫外线荧光灯管	ZW
黑光荧光灯管	YHG	自整流荧光灯管	YZZ
高压汞灯	GG	荧光高压汞灯	GGY
自整流荧光高压汞灯	GYZ	直管形紫外线高压汞灯	GGZ
U 形紫外线高压汞灯	GGU	仪器高压汞灯	GGQ
U 形石英紫外线低压汞灯	ZSU	晒图高压汞灯	GGS
直管形石英紫外线低压汞灯	ZSZ	球形氙灯	XQ
管形氙灯	XG	管形汞氙灯	GXG
封闭性冷光束氙灯	XFL	管形水冷氙灯	XSG
直管形脉冲氙灯	XMZ	高压钠灯	NG
球形镝灯	DDQ	低压钠灯	ND
球形铟灯	YDQ	管形镝灯	DDG
光谱灯	GP	管形碘化铊灯	DTG

第二节 照明基本概念及其计算

一、光通量

光源在单位时间内向周围空间辐射出去的，并使人眼产生光感的能量，称为光通量，符号为 Φ，单位为 lm（流明）。光通量是用人眼评定的照明效果，是衡量人眼视觉的光量参数。由于人眼对黄绿光最敏感，在光学中以它为基准做出如下规定：当发出波长为 555nm 黄绿色的单色光源，其辐射功率为 1W 时，则它所发出的光通量为 680lm，因此某一波长的光源的光通量为

$$\Phi_\lambda = 680 V_\lambda P_\lambda \tag{15-1}$$

式中：Φ_λ 为波长为 λ 的光源光通量，lm；V_λ 为波长为 λ 的光的相对光谱光效率；P_λ 为波长为 λ 的光源的辐射功率，W。

只含有单一波长的光称为单色光，而大多数光源都含有多种波长的单色光，称为多色光。多色光光源的光通量等于它所含的各单色光的光通量之和，即

$$\Phi = \Phi_{\lambda 1} + \Phi_{\lambda 2} + \cdots + \Phi_{\lambda n} = \sum \left[680 V_\lambda P_\lambda \right] \tag{15-2}$$

二、发光强度

光源在空间某一方向上的光通量的辐射强度，称为光源在这一方向上的发光强度，符号为 I，电位为 cd（坎德拉）。发光强度示意如图 15-1 所示。

如果光源辐射的光通量是均匀的，发光强度为

$$I_\theta = \Phi / \omega \tag{15-3}$$

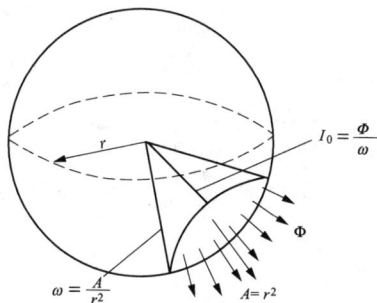

图 15-1 发光强度示意图

式中：I_θ 为光源在 θ 方向上的发光强度，cd；Φ 为球面 A 所接受的光通量，lm；ω 为球面所对应的立体角，$\omega = A / r^2$，sr（球面度）。

三、照度

受照物体表面单位面积上所投射的光通量称为照度，符号为 E，单位为 lx（勒克斯）。1lx 表示 1lm 的光通量均匀分布在 1m² 的被照面上。阴天中午时室外的照度为 8000～20000lx，晴天中午时室外的照度为 80000～1200000lx，其计算公式为

$$E = \Phi / A \qquad (15\text{-}4)$$

式中：E 为被照面的平均照度，lx；Φ 为被照面所接受的光通量，lm；A 为被照面的面积，m^2。

四、亮度

发光体（不仅是电源，其他受照物体对人眼来说也可看作间接发光体）在人眼视线方向单位投影面积上的发光强度，称为该发光体的表面亮度，符号为 L，单位为 $\mathrm{cd/m}^2$（坎德拉每平方米）。其计算公式为

$$L_\theta = I_\theta / A_\theta = I \cos\theta / A \cos\theta = I / A \qquad (15\text{-}5)$$

式中：L_θ 为发光体沿 θ 方向的表面亮度，$\mathrm{cd/m}^2$；I_θ 为发光体沿 θ 方向的发光强度，cd；$A \cos\theta$ 为发光体在视线方向上的投影面，m^2。

第三节　照明的计算程序

一、确定最低照度

不同的建筑、不同的环境条件、不同的工作内容，对照度的要求是不一样的，照明设计必须满足上述不同的照度要求。具体照度标准，参见本章第四节。

二、选择照明灯具

灯具的电光源按其发光原理分为热辐射光源和气体放电光源两种类型。热辐射光源利用物体加热时辐射发光的原理制成，如白炽灯、碘钨灯、卤钨灯、溴钨灯等；气体放电光源利用放电发光的原理制成，如荧光灯、高压汞灯、高压钠灯、金属卤化物灯和氙灯等。

不同电光源的优缺点比较和适用场所见表 15-3 和表 15-4。

表 15-3　　　　　　　　　　不同电光源的优缺点比较

光源名称	发光原理	优点	缺点
白炽灯	钨丝白炽体高温热辐射	构造简单，使用方便	效率低（2%～3%）寿命短（1000h）
荧光灯	氩气、水银蒸汽放电，发出可见光和紫外线水银蒸汽激励管壁荧光粉发光	效率高（为白炽灯的2～3倍），寿命长（2000～3000h）	功率因数低，必须和镇流器、启动器配合使用
高压水银汞灯	同荧光灯，不同之处在于高压水银汞灯的灯丝需要预热	效率高（为白炽灯的3倍，寿命长（2500～5000h），耐震、耐热，光色好	启动时间长（8～10min），再启辉时间10～15min，需要镇流器

光源名称	发光原理	优点	缺点
碘钨灯	白炽体充入微量的碘蒸汽，利用碘循环提高发光效率	体积小，光色和，效率比白炽灯高30%，使用方便，寿命长（1600～2000h）	灯座温度较高，偏角不得大于4°
长弧氙灯	电离的氙气激发而发光	功率大（几千瓦至十万瓦以上），效率高（为白炽灯的2倍），体积小，寿命长	需装设一套高频高压发生器，灯座及灯头引入线应耐高温
汞氙灯	氙气灯充入微量的汞	既具有氙灯即开即亮、光色佳的优点，又具有汞灯发光效率高的优点	需直流电源，阳极朝下，阴极朝上，不得装错，否则会烧坏（斜度≤15°）

表 15-4 　　　　　　　　　　**几种电光源的适用场所**

光源名称	适 用 场 所
白炽灯	（1）要求照度不高的场所； （2）局部照明，应急照明； （3）开关频繁或要求频闪效应小的场所； （4）需要防止电磁波干扰的场所； （5）需要调光的场所
荧光灯	（1）照度要求较高、显色性好、悬挂高度较低的场所； （2）需要正确识别颜色的场所
荧光高压汞灯	照度要求高，但对光色无特殊要求的场所
金属卤化物灯	要求照度较高、光色较好、安装高度较高的场所
高压钠灯	（1）照度要求高，但对光色无特殊要求的场所； （2）烟尘较多的场所

灯具的选择应考虑以下几方面的因素：

（1）灯具应按照明的要求，选择合适的电光源。

（2）按使用环境进行选择。

（3）按经济效果选择，应优先选择节能产品。

三、确定灯具的安装高度

灯具的安装高度与环境条件、灯光强度、灯具类型和照明方式等有关，最佳安装高度是使用较小的功率而获得必需的照度。照明灯具最低安装高度的规定见表15-5。

表 15-5　　　　　　　　　**照明灯具最低安装高度的规定**

光源名称	灯具形式	光源功率（W）	最低安装高度（m）
白炽灯	有反射罩	≤60	2
		100～150	2.5
		200～300	3.5
		≥500	4
	有乳白玻璃反射罩	≤100	2
		150～200	2.5
		300～500	3
卤钨灯	有反射罩铝抛光	≤100	6
		1000～2000	7
荧光灯	有反射罩	≥40	2
	无反射罩	<40	2
		>40	3
高压汞灯	搪瓷反射罩	≤250	5.5
	铝抛光反射罩	≥400	6.5
金属卤化物灯	搪瓷反射罩	400	6
	铝抛光反射罩	1000	14
高压钠灯	搪瓷反射罩	250	6
	铝抛光反射罩	400	7

四、确定两灯之间的距离

照明的亮度均匀与否，与灯具的分布、安装高度和光通量强度有关。为使不均匀度在允许范围内，必须把各灯之间的距离和安装高度的比值选取恰当。部分灯具的最大允许距离高度比见表 15-6。

表 15-6　　　　　　　　　**部分灯具的最大允许距离高度比**

照明器	型号	光源种类及容量（W）	最大允许值 L/H		最低照明系数 Z 值
			A-A	B-B	
配照型照明器	GC1 $\frac{A}{B}$-1	B150	1.25		1.33
		G125	1.41		1.23
广照型照明器	GC3 $\frac{A}{B}$-2	G125	0.98		1.33
		G250	1.02		1.23

照明器	型号	光源种类及容量（W）	最大允许值 L/H		最低照明系数 Z 值
			A-A	B-B	
深照型照明器	GC5$\frac{A}{B}$-3	B300	1.4		1.29
		G250	1.45		1.32
	GC5$\frac{A}{B}$-3	B300，500	1.4		1.31
		G100	1.23		1.32
筒式荧光灯	YG1-1	1×40	1.61		1.29
	YG2-1		1.46		1.28
	YG2-2	2×40	1.33		1.29
吸顶式荧光灯	YG6-2	2×40	1.48	1.22	1.29
	YG6-3	3×40	1.5	1.26	1.3
照入式荧光灯	YG15-2	2×40	1.25	1.2	—
	YG15-3	3×40	1.07	1.05	1.3
搪瓷罩卤钨灯	DD3-1000		1.25	1.4	
卤钨吊灯	DD1-1000	1000	1.08	1.33	
筒式双层卤钨灯	DD6-1000		0.62	1.33	
房间较低并且反射条件较好		灯排数≤3			1.15～1.2
		灯排数＞3			1.1
其他白炽灯（B）布置合理时					1.1～1.2

五、确定灯具数量

$$N = S/L^2 \tag{15-6}$$

式中：N 为灯具数量；L 为两灯之间的距离，m；S 为照明面积，m^2。

六、计算工场指数

$$\rho = ab/H(a+b) \tag{15-7}$$

式中：ρ 为工场指数；a、b 为照明范围的长度、宽度，m；H 为灯具的安装高度，m。

七、确定反射系数和利用系数

各种不同颜色表面的反射系数由表 15-7 确定。

表 15-7　　　　　各种不同颜色表面的反射系数

颜色种类	黑色、紫色	棕色、蓝色	灰色、红色、绿色	橙色、淡青色	淡玫瑰色、淡黄色、白色
反射系数	1%～10%	10%～30%	10%～50%	30%～50%	50%～70%

光通量的利用系数与照明方式、灯具类型、墙壁、反射系数、工场指数等有关，可查表15-8。

表 15-8   **光通量的利用系数 η**

工场指数	顶栅反射系数%															
	10				30				50				70			
	墙壁反射系数%															
	10	30	50	70	10	30	50	70	10	30	50	70	10	30	50	70
	利用系数 η%															
0.5	3	4	6	9	5	6	8	12	6	7	10	15	7	9	13	19
0.6	5	6	8	11	6	8	10	14	8	10	13	18	9	12	16	22
0.7	6	7	9	12	8	9	12	16	10	12	15	20	11	14	19	24
0.8	7	8	10	13	9	11	13	17	11	13	17	22	13	15	20	26
1	8	9	11	14	10	13	15	19	13	16	19	24	16	18	23	29
1.5	11	11	14	17	14	16	19	22	17	20	24	28	21	24	28	34
2	13	14	16	18	17	18	21	24	20	23	27	31	25	28	32	38
3	15	17	19	20	20	22	25	28	25	28	31	36	30	34	38	43
4	17	19	19	21	23	24	27	29	29	31	34	38	34	38	42	46
5	18	19	21	22	24	26	28	30	31	33	36	40	38	40	44	48

八、选定贮备系数和不均匀系数

灯具使用日久以及灰尘等因素，光度必然降低，进行照明计算时应乘以贮备系数（校正系数）k，对于一般环境 $k=1.3$，对含有大量粉尘、气体和蒸汽的环境，取 $k=1.5$。

不均匀系数 Z 就是最小照度与平均照度的比值，即

$$Z = W_{min}/E_{pj} \tag{15-8}$$

不均匀系数与灯具形式、数量和布置方式有关，见表15-9。

表 15-9   **不均匀系数 Z 值**

灯具形式	镜面深照型	搪瓷深照型	配照型	防水、防尘型	圆球形	菱角罩
按经济条件选择的灯具布置	0.75	0.83	0.78	0.83	0.85	0.83
按保证最大均匀度选择的灯具布置	0.8	0.9	0.85	0.85	0.87	0.83

九、计算照明灯具的总容量

照明计算中，可采用按单位面积的安装功率（W/m²）来确定灯具的总容量，方法简便，其计算公式为

$$P = SW \qquad (15\text{-}9)$$

式中：P 为照明灯具总容量，W；S 为照明面积，m²；W 为单位面积的安装功率，W/m²。

单位面积的安装功率 W 决定于灯具型式、要求的最低照度、计算高度、照明面积、照射面的反射系数等。常用灯型的单位面积安装功率见表 15-10，不同环境的单位面积照明功率见表 15-11。

表 15-10　　　　　　　配照型工厂灯单位面积安装功率　　　　　W/m²

计算高度 (m)	房间面积 (m²)	白炽灯照度（lx）					
		5	10	15	20	30	40
2～3	10～15	3.3	6.2	8.4	10.5	14.3	17.9
	15～25	2.7	5	6.8	8.6	11.4	14.3
	25～50	2.3	4.3	5.9	7.3	9.5	11.9
	50～150	2	3.8	5.3	6.7	8.6	10
	150～300	1.8	3.4	4.7	6	7.8	9.5
	300 以上	1.7	3.2	4.5	5.8	7.3	9
3～4	10～15	4.3	7.3	9.6	12.1	16.2	20
	15～20	3.7	6.4	8.5	10.5	13.8	17.6
	20～30	3.1	5.5	7.2	8.9	12.4	15.2
	30～50	2.5	4.5	6	7.3	10	12.4
	50～120	2.1	3.8	5.1	6.3	3.3	10.3
	120～300	1.8	3.3	4.4	5.5	7.3	9.3
	300 以上	1.7	2.9	4.0	5	6.8	8.6
4～6	10～17	5.2	8.6	11.4	14.3	20	25.6
	17～25	4.1	6.8	9	11.4	15.7	20.7
	25～35	3.4	5.8	7.7	9.5	13.3	17.4
	35～50	3	5	6.8	8.3	11.4	14.7
	50～80	2.4	4.1	5.6	6.8	9.5	11.9
	80～150	2	3.3	4.6	5.8	8.3	10
	150～400	1.7	2.8	3.9	5	6.8	8.6
	400 以上	1.5	2.5	3.6	4.6	6.3	8

计算高度 (m)	房间面积 (m²)	白炽灯照度 (lx)					
		5	10	15	20	30	40
6～8	25～35	4.2	6.9	9.1	11.7	16.6	21.7
	35～50	3.4	5.7	7.9	10.0	14.7	18.4
	50～65	2.9	4.9	6.8	8.7	12.4	15.7
	65～90	2.5	4.3	6.2	7.8	10.9	13.8
	90～135	2.2	3.7	5.1	6.5	8.6	11.2
	135～250	1.8	3	4.2	5.4	7.3	9.3
	250～500	1.5	2.6	3.6	4.6	6.5	8.3
	500 以上	1.4	2.4	3.2	4	5.5	7.3

表 15-11 深照型工厂灯单位面积安装功率 W/m²

计算高度 (m)	房间面积 (m²)	白炽灯照度 (lx)					
		5	10	15	20	30	40
6～8	25～35	4.2	7.2	10	12.8	18	23
	35～50	3.5	6	8.4	10.8	15	19
	50～65	3	5	7	9.1	13	16.7
	65～90	2.6	4.4	6.2	8	11.5	14.7
	90～135	2.2	3.8	5.3	6.8	10	12.5
	135～250	1.9	3.3	4.6	5.8	8.2	10.3
	250～500	1.7	2.8	3.9	5.1	7.2	9.1
	500 以上	1.4	2.5	3.4	4.1	6.2	7.8
8～12	50～70	3.7	6.3	8.9	11.5	17	22.1
	70～100	3	5.3	7.5	9.7	15	19
	100～130	2.5	4.4	6.2	8	12	15.5
	130～200	2.1	3.8	5.3	6.9	10	13
	200～300	1.8	3.2	4.5	5.8	8.2	10.6
	300～600	1.6	2.8	3.9	5	7	9
	600～1500	1.4	2.4	3.3	4.3	6	7.7
	1500 以上	1.2	2.2	3	3.8	5.2	6.8

第四节 照度标准

为了创造一个良好的工作条件，提高劳动生产率和产品质量，保护视力，在确定了照明方式后，还必须选择适当的照度标准。照度标准是国家根据经济和电力发展水平制定和颁布的工作面上的照度值，具体标准见表 15-12～表 15-23。

一、工业企业的照度标准

（1）部分生产车间工作面上的平均照度见表 15-12。

表 15-12　　　　　　部分生产车间工作面上的平均照度

车间名称及工作内容		平均照度（lx）		
		混合照明	混合照明中的一般照明	单独使用一般照明
机加工车间	粗加工	300～500～750	30～50～75	—
	一般精密加工	500～750～1000	50～75～100	—
	精密加工	1000～1500～2000	100～150～200	—
装配车间	大件装配	—	—	50～75～100
	小件装配	500～750～1000	75～100～150	—
	精密装配	1000～1500～2000	100～150～200	—
焊接车间	手动焊接、切割	—	—	50～75～100
	自动焊接、一般划线	—	—	75～100～150
	精密划线	750～1000～1500	75～100～150	—
铸造车间	熔化、浇铸	—	—	30～50～75
	型砂处理	—	—	20～30～50
	手工造型	300～500～1000	30～50～75	—
木工车间	机床区	300～500～1000	30～50～75	—
	锯木区	—	—	50～75～100
	木模区	300～500～750	50～75～100	—
电修车间	一般修理	300～500～750	30～50～75	—
	精密修理	500～750～1000	50～75～100	—
	拆卸、清洗场地	—	—	30～50～75

（2）部分生产和生活场所一般照明时工作面上的平均照度，见表 15-13。

表 15-13   部分生产和生活场所的平均照度

场所名称	平均照度（lx）
高低压配电室、低压电容器室	30～50～75
主变压器室、高压电容器室	20～30～50
资料室、会议室、值班室、一般控制室	75～100～150
主控制室、阅览室、陈列室	150～200～300
理化实验室、办公室	100～150～200
工艺室、设计室、绘图室、打字室	200～300～500
宿舍、食堂	50～75～100
浴室、洗手间	15～20～30
主要道路	2～3～5
次要道路	1～2～3

（3）工业企业辅助建筑工作面和厂区露天工作面及交通运输线的最低照度见表 15-14 和表 15-15。

表 15-14   工业企业辅助建筑工作面上的最低照度

建筑物名称	最低照度（lx）	建筑物名称	最低照度（lx）
办公室、会议室	60	托儿所、幼儿园	30
礼堂（食堂）、厨房	30	小超市、单身宿舍	30
设计室	100	浴室、洗手间、更衣室	10
资料室	50	楼梯间、通道	5
阅览室	75	教室	75
医务室教室	50	职工住宅	20

表 15-15   厂区露天工作面和交通运输线的最低照度

工作场地	工作特点及范围		最低照度（lx）
露天工作场地	识别物件细节尺寸 d 的工作	$d \leqslant 2.5\mathrm{mm}$	10
		$d > 2.5\mathrm{mm}$	5
	一般观察工作		3
	露天料场		0.5
道路	运输频繁的		1
	运输一般的		0.5
	其他		0.2

工作场地	工作特点及范围	最低照度（lx）
铁路	站台	3
	道口	1
	道岔	3
码头		2

二、民用建筑的照度标准

民用建筑的照度标准是指工作区参考平面（距地面0.8m处的水平工作面）上的平均照度。各类民用建筑的照度标准（推荐）见表15-16～表15-23。

1. 科教办公建筑

表 15-16　　　　　　科教办公建筑照度标准（推荐）

办公场所名称	照度（lx）	办公场所名称	照度（lx）
教研室、实验室、办公室、阅览室	75～100	接待室、录像编辑、厨房	50～100
设计室、绘图室、打字室	100～200	空调机室、调压室	20～50
电子计算机室、健身房	150～300	库房、小门厅	10～20
会议室教室、报告厅、接待室、医务室等	75～100	楼梯间、走道、洗手间	5～15

2. 商业建筑

表 15-17　　　　　　商业建筑照度标准（推荐）

场所名称	照度（lx）	场所名称	照度（lx）
超市、商场、字画商店	100～200	售票厅、副食店、大门厅、浴池	30～75
服装商店、书店、理发店	75～150	旅店客房	20～50
餐厅、菜市场、钟表店、眼镜店	50～100	楼梯间、库房、冷库	10～20
银行邮政营业厅、修理商店、照相营业厅等	50～100	更衣室、洗手间、热水间	5～15

3. 旅游饭店建筑

表 15-18　　　　　　旅游饭店建筑照度标准（推荐）

场所名称	照度（lx）	场所名称	照度（lx）
总服务台、多功能大厅	300～750	咖啡厅、游艺厅、酒吧、舞厅、电影院	75～150
宴会厅、大门厅、厨房	150～300	客房、电梯间、健身房、器械室、台球房	30～75

场所名称	照度（lx）	场所名称	照度（lx）
会议室、餐厅、美容室、休息厅、小超市	100～200	库房、衣帽间、客房走廊、冷库	15～30
洗衣间、客房卫生间	75～150	贮藏室、楼梯间、公共卫生间	10～20

4. 影剧院、礼堂建筑

表 15-19　　　　影剧院、礼堂建筑照度标准（推荐）

场所名称	照度（lx）	场所名称	照度（lx）
会议厅、大会堂	300～750	排练厅、休息厅、	75～150
宴会厅	150～300	化妆室、转播室、录音室、门厅、后台	50～100
报告厅、接待厅、小宴会厅	100～200	放映室、电梯间、衣帽间	20～50
会议室、美工室	75～150	倒片室	15～30
录音室、门厅、后台	50～100	公共走道、卫生间	5～15

5. 医疗建筑

表 15-20　　　　医疗建筑照度标准（推荐）

场所名称	照度（lx）	场所名称	照度（lx）
手术室、电子计算机X线扫描室、加速器治疗室	100～200	保健室、恢复室、血库、太平间	20～50
化验室、诊疗室、药房、	75～150	病房	15～30
化疗室、理疗室、候诊室、X线诊断室	30～75	更衣室、污物处理间	10～20
护士站、医生值班室、挂号室、解剖室	75～150	楼梯间、走道、厕所、盥洗室	5～15

6. 交通建筑

表 15-21　　　　交通建筑照度标准（推荐）

	场所名称	照度（lx）
汽车站	调度室	75～150
	售票厅、候车室、检修间、休息室	30～75
	充电间、停车库、加油亭、气泵间	10～20
火车站	国际候车厅	100～200
	售票厅、检票厅、行李托运厅、提取厅	50～100
	一般候车室、电影厅	30～75
	地道天桥、车库	10～20
	旅客站台	5～15

场所名称		照度（lx）
航空港	活动廊桥	200～500
	售票厅、候机大厅、行李提取厅、登机廊道	150～300
	海关大厅、调度中心、行李分检、机组休息厅	100～200
	讲评室	75～150
	停机坪	30～75

7. 体育建筑

表 15-22   **体育建筑照度标准（推荐）**

场所名称	照度（lx）	场所名称	照度（lx）
国际比赛足球场地	1000～1500	网球场、田径馆、举重等比赛场地	150～300
综合性比赛大厅、拳击、摔跤、柔道等场地	750～1500	大会议室、观众大厅、健身房、大门厅	100～200
游泳、跳水、花样游泳等场地	300～750	运动员餐厅、观众休息厅	50～100
篮球、排球、乒乓球、羽毛球、体操、足球、游泳	200～500	更衣室、运动员休息室、	30～75
灯光控制室、播音室	30～75	衣帽间、浴室、主楼梯间	15～30
棒球、击剑、冰球、台球、手球、技巧、滑冰等场地	200～500	库房	10～20

8. 居住建筑

表 15-23   **居住建筑照度标准（推荐）**

房间名称	照度（lx）	房间名称	照度（lx）
单身宿舍、活动室	30～50	起居室、餐厅、厨房	15～30
卧室、婴儿哺乳室	20～50	盥洗间、厕所	5～15

第十六章

节能降损及其计算

节约能源是我国经济和社会发展的一项长远战略方针，改革开放以来，我国节能工作认真贯彻执行党中央、国务院关于"资源节约与开发并举，把节约放在首位"和"高度重视节约能源和原材料，提高资源利用效率"的方针，取得了显著的经济效益和社会效益。节能在保证能源的安全供应，提高企业竞争力，改善环境，促进国民经济持续、快速、健康发展等方面都发挥了重要作用。

第一节　节约用电的计算

电能是一种使用方便、容易控制和转换的能源形式，随着国民经济的发展和社会进步，电能已成为国民经济和人民生活必不可少的二次能源。节约用电就是采取技术上可行，经济上合理，并对环境保护无妨碍的一切措施，用以消除在用电过程中的不合理现象，提高电能的有效利用率。节约用电的基本途径就是节减用电和减少损耗。

一、单位产品电耗

单位产品电耗表示生产单位产品所消耗的千瓦小时数，简称单耗。单位产品电耗的高低是由企业的生产工艺、操作流程及设备的先进程度等所决定的。对于同类企业、同类产品之间，单位产品电耗的高低与企业的管理水平、设备的管理水平、设备运行、维护和检修的能力，供电可靠性和电能质量等直接相关。因此，单位产品电耗是衡量企业管理水平、生产水平、先进程度的综合性指标。

根据原国家经济贸易委员会颁发的有关规定的基本原则，在制定和计算单位产品电耗定额时，应明确本企业的哪些用电项目属于基本生产用电，哪些是属于辅助生产用电，哪些是非生产用电。单位产品电耗定额的构成，是指与生产该项目产品直接有关的全部用电量。包括基本生产用电量、辅助生产用电量、生产照明用电量、变压器和用电线路损失电量。

单位产品电耗定额构成的用电量不应包括转供电量、基建电量、科研试验及新设备试运行用电、三废处理及综合利用用电、自备电厂用电及与产品无关的非生产用电，并应对于各类不同行业制定具体的实施细则。

1. 单位产量电耗

$$单位产量电耗 = \frac{某种产品实际耗电量(kWh)}{产品产量(t、m^3、百米、台)} \qquad (16\text{-}1)$$

2. 单位产值电耗

$$单位产值电耗 = \frac{某种产品实际耗电量(kWh)}{产品产值(万元、百元)} \qquad (16\text{-}2)$$

二、设备效率

设备效率是指设备的利用程度，在数量上等于输出功率与输入功率之比的百分数，其计算公式为

$$\eta = \frac{P_2}{P_1} \times 100\% \qquad (16\text{-}3)$$

式中：η 为设备效率；P_2 为输出功率，kW；P_1 为输入功率，kW。

三、电能利用率

电能利用率是有效利用的电能与总消耗电能之比，实际计算时，常以单位产品电耗作为标准进行计算的，其计算公式为

$$电能利用率(\%) = \frac{单位产品实际电耗定额(kWh)}{单位产品实际耗电量(kWh)} \times 100\% \qquad (16\text{-}4)$$

电能利用率也可以采用有效利用电量与总耗电量进行计算，其计算公式为

$$电能利用率(\%) = \frac{A_{YX}}{A} \times 100\% \qquad (16\text{-}5)$$

式中：A_{YX} 为有效利用电能（单耗定额总电能），kWh；A 为总耗电量，kWh。

四、节电量计算

1. 用电单耗计算法

$$节电量 = (本期计划单耗 - 本期实际单耗) \times 本期产量 \qquad (16\text{-}6)$$

2. 用电定额计算法

$$节电量 = (用电定额指标 - 实际用电单耗) \times 产量 \qquad (16\text{-}7)$$

3. 万元产值耗电量计算法

节电量＝（万元产值耗电量定额指标－万元产值实际耗电量）×实际万元产值数 (16-8)

4. 单项措施节电量计算法

节电量＝（改进前耗电功率－改进后耗电功率）×使用时间×推广台数 (16-9)

5. 本期用电量与同期用电量比较法

节电量＝本期用电量－同期用电量 (16-10)

其减少数值即为节电量。

第二节 线 损 计 算

发电厂发出来的电能，通过输变电和配电设备供给用户使用。电能在电力网输送、变压、配电的各个环节中所造成的损耗，称为电力网的电能损耗，简称为线损。其主要表现在电网元件如变压器、导线、开关设备、用电设备发热，电能变成热能散发在空气中；另外，还有高压输电线路的电晕以及管理方面造成的电能流失等。线损是电能在电力网传输、分配、使用过程中客观存在的物理现象。

一、线损和线损率的分类和计算

线损可分为统计线损、理论线损、管理线损和定额线损。

统计线损又称实际线损，是根据电能表的抄见电量计算出来的损耗电量，即供电量和售电量之间的差值，它是各级电力部门考核线损完成情况的唯一依据。

理论线损是依据电网的结构参数（导线的规格型号、长度、设备的额定容量等）和运行参数（电压、电流、电量等）从理论计算中得出的损耗电量。

管理线损是由于管理方面的因素而产生的损耗电量，管理线损等于统计线损（实际线损）与理论线损的差值。

定额线损又称目标线损，是根据电网实际损失，结合下一考核期内电网结构和负荷变化及降损措施安排所制定的线损指标，是须经过努力才能争取和达到的目标。

线损率是线损电量占供电量的百分数，线损率一般分为理论线损率和实际线损率。

454

1. 理论线损率

$$\text{理论线损率} = \frac{\text{理论线损电量}}{\text{供电量}} \times 100\%$$

$$= \frac{\text{可变损耗} + \text{固定损耗}}{\text{供电量}} \times 100\% \quad (16\text{-}11)$$

2. 实际线损率

$$\text{实际线损率} = \frac{\text{实际线损电量}}{\text{供电量}} \times 100\%$$

$$= \frac{\text{供电量} - \text{售电量}}{\text{供电量}} \times 100\% \quad (16\text{-}12)$$

二、理论线损计算

(一) 理论线损的计算方法

1. 最大负荷电流、最大负荷损耗时间法

计算公式为

$$\Delta A = 3 I_{zd}^2 R_{dz} \tau \times 10^{-3} \quad (16\text{-}13)$$

式中：ΔA 为损耗电量，kWh；I_{zd}^2 为线路首端最大负荷电流，A；R_{dz} 为线路总等值电阻，Ω；τ 为最大负荷损耗时间，h。

最大负荷电流、最大负荷损耗时间法精度较低，适用于电网规划场合。

2. 最大负荷电流、损失因数法

计算公式为

$$\Delta A = 3 I_{zd}^2 F R_{dz} T \times 10^{-3} \quad (16\text{-}14)$$

式中：F 为损失因数；T 为电网运行时间，h。

最大负荷电流、损失因数法的损失因数是在对当地负荷进行取样测算，综合分析得到的数值，适用于 35kV 以上电网的理论线损计算。

3. 均方根电流法

计算公式为

$$\Delta A = 3 I_{jf}^2 R_{dz} T \times 10^{-3} \quad (16\text{-}15)$$

式中：I_{jf} 为均方根电流，A。

$$I_{jf} = \sqrt{\frac{\sum_{1}^{24} I_n^2}{24}} \quad (16\text{-}16)$$

均方根电流法适用于供用电较为均衡、日负荷曲线较为平坦（峰谷差较小）的电网的理论线损计算。

4. 平均电流-负荷曲线形状系数法

计算公式为

$$\Delta A = 3I_{pj}^2 K^2 R_{dz} T \times 10^{-3} \qquad (16\text{-}17)$$

式中：I_{pj} 为线路首端平均负荷电流，A；K 为负荷曲线形状系数。

平均电流-负荷曲线形状系数法使用范围同最大负荷电流、损失因数法。

5. 电量法

计算公式为

$$\Delta A = (A_P^2 + A_Q^2) \frac{K^2 R_{dz}}{U_{pj}^2 T} \times 10^{-3} \qquad (16\text{-}18)$$

式中：A_P 为线路有功电量，kWh；A_Q 为线路无功电量，kvar；U_{pj} 为平均电压，可用额定电压替代，kV。

电量法取值于电能表，精确度较高，简便易行，适用于农村配电网的理论线损计算。

（二）10(6)kV 线路理论线损计算

由于 10kV 配电线路条数多、线路长、分支线多、配电变压器台数多，导线和变压器型号、容量、规格多，运行资料不齐全，因此 10(6) kV 线路理论线损计算要比 35kV 及以上线路的理论线损计算复杂得多。变电站的 10(6)kV 线路出口处（线路首端）都装有有功和无功电能表，每月都要抄取有功电量和无功电量，因此采用电量法计算理论线损精确地较高。

1. 10(6)kV 线路理论线损计算公式

（1）线路可变损耗

$$\Delta A_{kb} = (A_P^2 + A_Q^2) \frac{K^2 R_{\Sigma d}}{U_{pj} T} \times 10^{-3} \qquad (16\text{-}19)$$

（2）线路固定损耗

$$\Delta A_{gd} = \left(\sum_{i=1}^{m} \Delta P_{0i} \right) T \times 10^{-3} \qquad (16\text{-}20)$$

（3）线路总损耗

$$\Delta A_{\Sigma} = \Delta A_{kb} + \Delta A_{gd} \qquad (16\text{-}21)$$

（4）线路理论线损率

$$\Delta A_L \% = \Delta A_{\Sigma} / A_P \times 100\% = (\Delta A_{kb} + \Delta A_{gd}) / A_P \times 100\% \qquad (16\text{-}22)$$

（5）线路最佳理论线损率

$$\Delta A_{zj}\% = \frac{2K \times 10^{-3}}{U_e \cos\varphi} \sqrt{R_{\Sigma d} \sum_{i=1}^{m} \Delta P_{0i}} \times 100\% \qquad (16\text{-}23)$$

（6）线路中固定损耗所占百分比

$$\Delta A_{gd}\% = \Delta A_{gd} / \Delta A_{\Sigma} \times 100\%$$
$$= \Delta A_{gd} / (\Delta A_{kb} + \Delta A_{gd}) \times 100\% \qquad (16\text{-}24)$$

（7）线路经济负荷电流

$$I_{jj} = \sqrt{\frac{\sum_{i=1}^{m} \Delta P_{0i}}{3K^2 R_{\Sigma d}}} \qquad (16\text{-}25)$$

（8）线路上配电变压器经济负载率

$$\beta_j\% = \frac{U_e}{K \sum_{i=1}^{m} S_{ei}} \sqrt{\frac{\sum_{i=1}^{m} \Delta P_{0i}}{R_{\Sigma d}}} \times 100\% \qquad (16\text{-}26)$$

式中：A_P 为线路首端有功电量，kWh；A_Q 为线路首端无功电量，kvarh；K 为线路负荷曲线形状系数；$R_{\Sigma d}$ 为线路总等值电阻，Ω；U_{pj} 为线路平均运行电压，kV；T 为线路在线损测算月份的实际运行时间，h；P_{oi} 为线路上投运的每台变压器的空载损耗，W；U_e 为线路额定电压，kV；S_{ei} 为线路上每台配电变压器的额定容量，kVA。

2. 相关参数的确定

从 10(6)kV 线路理论线损计算公式中可以看出，$R_{\Sigma d}$、K 等参数的计算与确定是关键，只要这些参数计算确定了，ΔA_{kb}、$\Delta A_{\Sigma} \cdots$ 的计算就好办了。

（1）$R_{\Sigma d}$ 的计算方法

$$R_{\Sigma d} = R_{dd} + R_{bd} \qquad (16\text{-}27)$$

式中：R_{dd} 为线路导线的等值电阻；R_{bd} 为变压器绕组的等值电阻。

计算前，按照线路结构图，从线路末端到首端，从分支线到主干线的次序，将计算段划分出来，并编上序号；线路上投运的配电变压器按台也编上序号，然后按序号逐一进行计算。

计算公式如下（电量法）

$$R_{dd} = \frac{\sum_{j=1}^{n} A_{bj\Sigma}^2 R_j}{\left(\sum_{i=1}^{m} A_{bi}\right)^2} \qquad (16\text{-}28)$$

$$R_j = r_{oj} L_j \qquad (16\text{-}29)$$

$$R_{bd} = \frac{\sum_{j=1}^{n} A_{bi\Sigma}^2 R_i}{(\sum_{i=1}^{m} A_{bi})^2} \qquad (16\text{-}30)$$

$$R_i = \Delta P_{Ki} \left(\frac{U_{1e}}{S_{ei}}\right)^2 \qquad (16\text{-}31)$$

式中：A_{bi} 为线路上每台变压器二次侧总表的实抄电量，kWh；$A_{bi\Sigma}$ 为任意一线段供电的变压器实抄电量之和，kWh；R_j 为一段线路的电阻，Ω；r_{oj} 为单位长度电阻，Ω/km；L_j 为一段线路的长度，km；U_{1e} 为变压器一次侧额定电压，kV；R_i 为变压器绕组归算到一次侧电阻，Ω；S_{ei} 为每台变压器的额定容量，kVA；P_{Ki} 为每台变压器的短路损耗，W。

（2）K、U_{pj}、T、T_b、$\cos\varphi$ 的计算方法。

1）线路负荷曲线形状系数 K 值的确定。K 是描述负荷起伏变化特征的一个参数，它表征了线路负荷曲线陡急平缓的程度。K 是一个大于或等于 1 的系数。在用电高峰季节，线路和变压器的负载率较高，供用电较为均衡，K 值较小；反之，在用电低谷季节，线路负荷起伏变化较大，峰谷差较大，负荷极不均衡，K 值就较大。大量计算实例表明，对于工业负荷线路 $K = 1.05 \sim 1.1$，农业负荷线路 $K = 1.1 \sim 1.25$，混合负荷线路 $K = 1.08 \sim 1.18$。因此，K 值可根据负荷情况，按照上述经验数据酌情确定。

2）线路平均电压 U_{pj} 的确定。线路的实际运行电压是随着负荷变化而变化的，计算起来较为烦琐。考虑到 U_{pj} 对计算结果的精确度影响不大，一般采用以线路额定电压代替平均电压，即 $U_{pj} = U_e$。

3）线路和变压器运行时间 T、T_b 的计算。线路和变压器的运行时间对线损（特别是固定损耗）的影响较大，因此应力求准确。线路运行时间有两种确定方法，一是线路首端安装有计时钟，可按计时钟的记录时间直接确定；二是线路首端没有安装计时钟，那么运行时间按下式计算

$$T = 24 \times 当月天数 - 当月停电时间$$

停电时间可以从变电站运行记录中查取。

对于变压器的运行时间 T_b，当线路上挂接的变压器较多时（超过 30 台），为简便计算可以采用线路的运行时间作为变压器的运行时间。

4）线路功率因数的计算

$$\cos\varphi = A_{\mathrm{P}}/\sqrt{A_{\mathrm{P}}^2 + A_{\mathrm{Q}}^2} \qquad (16\text{-}32)$$

将上述参数计算确定后，既可把它们代入相关公式进行计算。

3. 10(6)kV 线路理论线损计算实例

【例 16-1】 一条 10kV 配电线路，共装有配电变压器 7 台，共计容量 390kVA，某月投运时间为 350h，有功供电量 35460kWh，无功供电量 26140kvarh，各配电变压器总抄见电量 33590kWh，已测算出线路负荷曲线形状系数 $K = 1.08$，线路使用导线型号有 LJ-50、LJ-35、LJ-25 三种，其他参数已标在线路结构图 16-1 上，试进行理论线损各量的计算（采用电量法）。

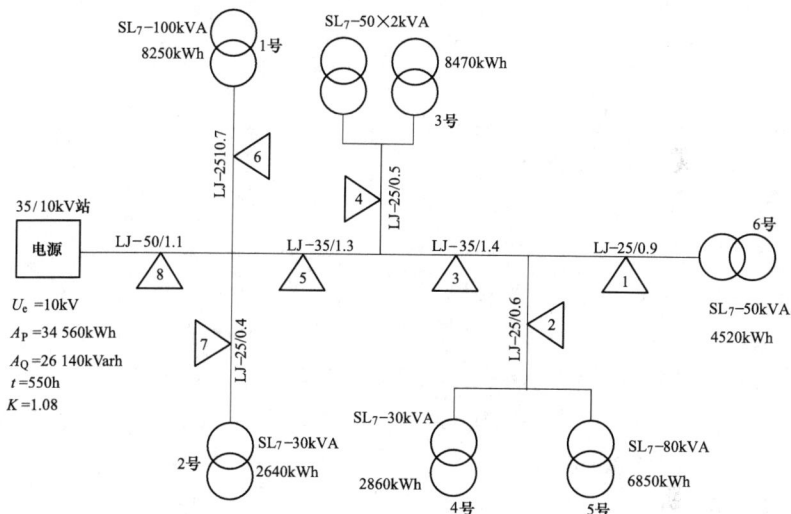

图 16-1 某 10kV 线路结构图

解 首先将线路的计算线段划分出来并编上序号，将变压器按台也编上号码。其次将有关参数查找出来（见表 16-1 和表 16-2）。

表 16-1　　　　　　　配电变压器空载损耗和短路损耗　　　　　　　W

型号	S7 或 SL7		S9 或 SL9		S11 或 SL11	
额定容量	空载	短路	空载	短路	空载	短路
30	150	800	130	600	100	600
50	190	1150	170	870	130	870
80	270	1650	240	1250	175	1250
100	300	1950	290	1500	200	1500
200	540	3450	480	2600	325	2600

表 16-2 　　裸铝绞线和钢芯铝绞线的直流电阻 r_0。（20℃ ）　　　Ω/km

导线型号截面积（mm²）	LJ	LGJ
16	1.98	2.04
25	1.28	1.38
35	0.92	0.85
50	0.64	0.65
70	0.45	0.46
95	0.34	0.33

导线的单位长度电阻：

LJ-25　　　　　　　$l_{25} = 1.28 \Omega/km$

LJ-35　　　　　　　$l_{35} = 0.92 \Omega/km$

LJ-50　　　　　　　$l_{50} = 0.64 \Omega/km$

变压器的空载损耗和短路损耗

SL7-30kVA　　　　$\Delta P_{oi} = 150W$　　　　$\Delta P_{Ki} = 800W$

SL7-50kVA　　　　$\Delta P_{oi} = 190W$　　　　$\Delta P_{Ki} = 1150W$

SL7-80kVA　　　　$\Delta P_{oi} = 270W$　　　　$\Delta P_{Ki} = 1650W$

SL7-100kVA　　　 $\Delta P_{oi} = 320W$　　　　$\Delta P_{Ki} = 2000W$

（1）计算线路等值电阻和线路总等值电阻 R_{dd}。

第一段：$4520^2 \times 1.28 \times 0.9 = 23535820.8$

第二段：$(2860 + 6850)^2 \times 1.28 \times 0.9 = 72410188.8$

第三段：$(4520 + 2680 + 6850)^2 \times 0.92 \times 1.4 = 260810855.2$

第四段：$8470^2 \times 1.28 \times 0.5 = 45914176$

第五段：$(4520 + 2860 + 6850 + 8470)^2 \times 0.92 \times 1.3 = 616286840$

第六段：$8250^2 \times 1.28 \times 0.7 = 60984000$

第七段：$2640^2 \times 1.28 \times 0.4 = 35684352$

第八段：$33590^2 \times 0.64 \times 1.1 = 794314822.4$

$$\sum_{j=1}^{m} A_{bj\Sigma}^2 R_j = 八段总和 = 1877825138$$

所以　　　$R_{dd} = \dfrac{\sum\limits_{j=1}^{n} A_{bj\Sigma}^2 R_j}{(\sum\limits_{i=1}^{m} A_{bi})^2} = \dfrac{1877825138}{33590^2} = 1.66 \ (\Omega)$

（2）计算变压器绕组等值电阻 R_{bd}。

先计算各台 $A_{bj}^2 \Delta P_{Ki}/S_{ei}^2$ 的值

第一台：$8250^2 \times 2000/100^2 = 13612500$

第二台：$2640^2 \times 800/30^2 = 6195200$

第三台：$8470^2 \times 2300/100^2 = 16500407$

第四台：$2860^2 \times 800/30^2 = 7270755.5$

第五台：$6850^2 \times 1650/80^2 = 12096620$

第六台：$4520^2 \times 1150/50^2 = 9397984$

六台总和 $= 65073466.5$

$$R_{bd} = \frac{\sum_{j=1}^{n} A_{bi\Sigma}^2 R_i}{(\sum_{i=1}^{m} A_{bi})^2} = \frac{U_{1e}^2 \sum_{i=1}^{m} A_{bi}^2 \Delta P_{Ki}}{(\sum_{i=1}^{m} A_{bi})^2 S_{ei}^2} = \frac{10^2 \times 65073466.5}{33590^2} = 5.76 \ (\Omega)$$

（3）线路总等值电阻 $R_{\Sigma d}$

$$R_{\Sigma d} = R_{dd} + R_{bd} = 1.66 + 5.76 = 7.42 \ (\Omega)$$

（4）计算线路的可变损耗 ΔA_{kb}、固定损耗 ΔA_{gd} 和总损耗 ΔA_{Σ}。

1）可变损耗 ΔA_{kb}

$$\Delta A_{kb} = (A_P^2 + A_Q^2)\frac{K^2 R_{\Sigma d}}{U_{pj} T} \times 10^{-3}$$

$$= (35460^2 + 26140^2) \times \frac{1.08^2 \times 7.42}{10^2 \times 550} \times 10^{-3}$$

$$= 305.34 \ (kWh)$$

2）固定损耗 ΔA_{gd}

$$\Delta A_{gd} = (\sum_{i=1}^{m} \Delta P_{0i}) \ T \times 10^{-3}$$

$$= (150 \times 2 + 190 \times 3 + 270 + 320) \times 550 \times 10^{-3}$$

$$= 803 \ (kWh)$$

3）总损耗 ΔA_{Σ}

$$\Delta A_{\Sigma} = \Delta A_{kb} + \Delta A_{gd} = 305.34 + 803 = 1108.34 \ (kWh)$$

（5）理论值的计算。

1）线路理论线损率

$$\Delta A_L = \Delta A_{\Sigma /} A_P \times 100\% = 1108.34/35460 \times 100\% = 3.13\%$$

2）线路实际线损率

$$\Delta A_S = (\Delta A_P - \Delta A_{gd})/\Delta A_P \times 100\%$$

$$= (35460 - 33590)/35460 \times 100\%$$

$$=5.27\%$$

3）固定损耗所占比重

$$\Delta A_{gd} = \Delta A_{gd}/\Delta A_{\Sigma} \times 100\% = 803/1108.34 \times 100\% = 72.5\%$$

4）最佳理论线损率

$$\cos\varphi = A_{P}/\sqrt{A_{P}^2 + A_{Q}^2} = 35460/\sqrt{35460^2 + 26140^2} = 0.8$$

故 $\Delta A_{zj}\% = \dfrac{2K \times 10^{-3}}{U_e \cos\varphi} \sqrt{R_{\Sigma d} \sum_{i=1}^{m} \Delta P_{0i}} \times 100\%$

$$= \frac{2 \times 1.08 \times 10^{-3}}{10 \times 0.8} \sqrt{7.42 \times 1460} \times 100\%$$

$$= 2.81\%$$

5）经济负荷电流

$$I_{jj} = \sqrt{\frac{\sum_{i=1}^{m} \Delta P_{0i}}{3K^2 R_{\Sigma d}}} = \sqrt{\frac{1460}{3 \times 1.08^2 \times 7.42}} = 7.5 \text{（A）}$$

6）线路上变压器经济负载率

$$\beta_j\% = \frac{U_e}{K \sum_{i=1}^{m} S_{ei}} \sqrt{\frac{\sum_{i=1}^{m} \Delta P_{0i}}{R_{\Sigma d}}} \times 100\%$$

$$= \frac{10}{1.08 \times 390} \sqrt{\frac{1460}{7.42}} \times 100\%$$

$$= 33.3\%$$

该 10kV 线路理论计算完成。

（三）低压电网理论线损计算

低压配电线路分为三相四线制、三相三线制、单相二线制等多种供电方式，分支多，使用导线型号、规格多，沿线负荷分布没有一定规律，各相负荷电流不平衡，线路的参数和负荷资料缺乏，很难准确地计算出线路的理论线损值，一般都采用近似、简化的计算方法。

低压电网的线损由低压线路、接户线、电能表、电动机等元件的电能损耗组成，一般以配电台区为单位进行计算。

1. 低压线路理论线损计算

计算公式：

$$\Delta A x_L = N I_{pj}^2 K^2 R_{dz} T \times 10^{-3} \tag{16-33}$$

式中：N 为配电变压器低压出口电网结构常数，三相四线 $N=3.5$，三相三线 $N=3$，单相二线 $N=2$；I_{pj} 为低压线路首端的平均负荷电流，A；K 为低压线路负荷曲线形状系数，取值方法同高压配电网；R_{dz} 为低压线路等值电阻，Ω；T 为低压线路运行时间，h。

（1）平均负荷电流 I_{pj} 的计算。当配电变压器二次侧装有有功电能表和无功电能表时

$$I_{pj}=\frac{1}{U_{pj}T}\sqrt{\frac{1}{3}(A_P^2+A_Q^2)} \tag{16-34}$$

当配电变压器二次侧装有有功电能表和功率因数表时

$$I_{pj}=\frac{A_p}{\sqrt{3}U_{PJ}\cos\varphi T} \tag{16-35}$$

式中：A_P 为低压线路首端有功电量，kWh；A_Q 为低压线路首端无功电量，kvar；U_{pj} 为低压配电线路平均运行电压，为计算方便可取 $U_{pj}=U_e=0.4\text{kV}$；T 为线路运行时间，h。

（2）低压配电线路等值电阻 R_{dz} 的计算。计算前，将低压线路从末端到首端，分支线到主干线，划分为若干个计算线段。线段划分的原则：凡输送的负荷、采用的导线型号、线路长度均相同者为一个线段，否则另作一计算线段。此时

$$R_{dz}=\frac{\sum_{j=1}^{n}N_jA_{j\Sigma}R_j}{N(\sum_{i=1}^{m}A_j)^2} \tag{16-36}$$

式中：A_j 为各 380/220V 用户电能表的抄见电量，kWh；$A_{j\Sigma}$ 为某一线段供电的低压用户电能表抄见电量之和，kWh；R_j 为计算线段导线的电阻，$R_j=r_{oj}L_j$；N_j 为计算线段线路的结构常数，取值方法与 N 相同。

2. 低压接户线的线损计算

低压接户线的电能损耗每月每米按 0.005kWh 估算，计算式为

$$\Delta A_{jh}=0.005L \tag{16-37}$$

式中：L 为低压接户线的总长度，m。

3. 电能表的损耗计算

对于机械式电能表，单相电能表有一套电压、电流元件，其电能损耗每月每块按 1kWh 估算；三相三线电能表有两套电压、电流元件，其电能损耗每月每块按 2kWh 估算；三相四线电能表有三套电压、电流元件，其电能损耗每月每块按 3kWh 估算，即

$$\Delta A_{db} = 1(2、3) \times 电能表总块数 \qquad (16\text{-}38)$$

4. 电动机的电能损耗计算

电动机在运行中, 转轴上输出的机械功率总是小于电源输入的功率, 有一小部分为克服定子和转子的铜损。铁损即机械损耗, 电能变为热能散发掉。其电能损耗的计算式为

$$\Delta A_{dj} = (\sqrt{3} U_e I_e \cos\varphi - P_e) T \qquad (16\text{-}39)$$

电动机的额定电流 I_e 为

$$I_e = P_e / \sqrt{3} U_e \cos\varphi_e \eta_e \qquad (16\text{-}40)$$

因此式 (16-39) 可简化为

$$\Delta A_{dj} = \left(\frac{P_e}{\eta_e} - P_e\right) T = \left(\frac{1}{\eta_e} - 1\right) P_e T \qquad (16\text{-}41)$$

式中: P_e 为电动机的额定功率 (额定输出功率), kW; η_e 为电动机的额定效率; T 为电动机的运行时间, h。

5. 低压电网理论线损和理论线损率的计算

理论线损电量的计算

$$\Delta A_{d\Sigma} = \Delta A x_L + \Delta A_{jh} + \Delta A_{db} + \Delta A_{dj}$$

理论线损率计算

$$\Delta A_L \% = \Delta A_{d\Sigma} / A_P \times 100\%$$

【例 16-2】 一条 380/220V 配电线路, 某月运行 400h, 有功供电量为 9740kWh, 测算得负荷曲线形状系数为 1.12, 负荷功率因数为 0.8, 各分支抄见电量 (售电量) 为 8730kWh, 线路结构如图 16-2 所示, 结构参数和各分支用电量已标在图上, 计算该低压线路的理论线损。

解 首先计算线路首端平均负荷电流

$$I_{pj} = \frac{A_p}{\sqrt{3} U_{PJ} \cos\varphi T} = \frac{9740}{\sqrt{3} \times 0.4 \times 0.8 \times 400} = 46.3 \ (\text{A})$$

然后按照图 11-2 所编序号计算线路的等值电阻 R_{dz}。

第 1 段: $3 \times 1250^2 \times 1.98 \times 0.15 = 1392187.5$

第 2 段: $3 \times 1140^2 \times 1.98 \times 0.14 = 1080747.36$

第 3 段: $2 \times 1040^2 \times 1.98 \times 0.12 = 513976.32$

第 4 段: $3.5 \times (1250+1140+1040)^2 \times 1.28 \times 0.13 = 6855307.76$

第 5 段: $2 \times 1280^2 \times 1.98 \times 0.25 = 1622016$

第 6 段: $3 \times 1270^2 \times 1.98 \times 0.27 = 2586769.02$

第 7 段: $3.5 \times (8730-1390-1360)^2 \times 0.92 \times 0.11 = 12666333.68$

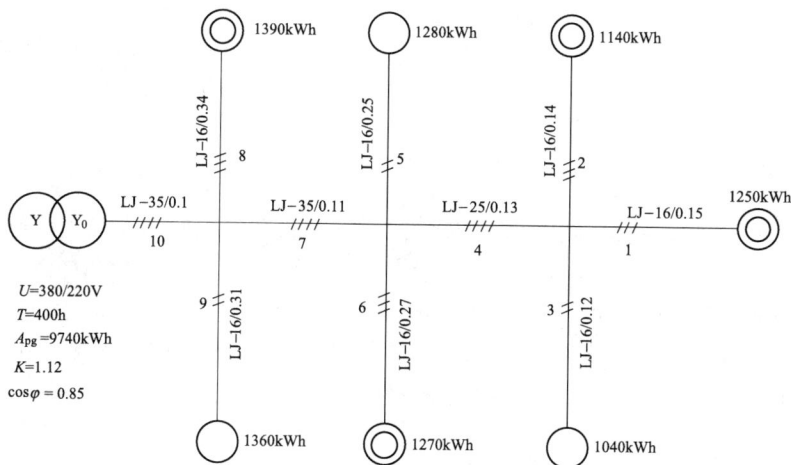

图 16-2 某低压线路结构图

第 8 段：$3 \times 1390^2 \times 1.98 \times 0.34 = 3902069.16$

第 9 段：$2 \times 1360^2 \times 1.98 \times 0.31 = 2270568.96$

第 10 段：$3.5 \times 8730^2 \times 0.92 \times 0.1 = 24540553.8$

$\displaystyle\sum_{j=1}^{n} N_j A_{j\Sigma}^2 R_J = 10$ 段之和 $= 57430529.56$

线路等值电阻

$$R_{dz} = \frac{\displaystyle\sum_{j=1}^{n} N_j A_{j\Sigma} R_j}{N(\displaystyle\sum_{i=1}^{m} A_j)^2} = \frac{57430529.56}{3.5 \times 8730^2} = 0.215 \ (\Omega)$$

低压线路的损耗电量为

$$\begin{aligned}
\Delta Ax_L &= N I_{pj}^2 K^2 R_{dz} T \times 10^{-3} \\
&= 3.5 \times 46.3^2 \times 1.12^2 \times 0.215 \times 400 \times 10^{-3} \\
&= 809.4 \ (kWh)
\end{aligned}$$

【例 16-3】 某车间有一台三相异步电动机，额定电压为 380V，额定功率为 13kW，额定功率因数为 0.85，额定效率为 0.9，某月共运行 450h，计算此电动机的月损耗电能（在额定负载下运行）。

解 电动机的额定电流为

$$I_e = P_e / \sqrt{3} U_e \cos\varphi_e \eta_e = 13 / \sqrt{3} \times 0.38 \times 0.85 \times 0.9 = 25.8 \ (A)$$

电动机在额定负载下的损耗

$$\Delta A_{dj} = (\sqrt{3} U_e I_e \cos\varphi - P_e) T$$
$$= (\sqrt{3} \times 0.38 \times 25.8 \times 0.85 - 13) \times 450$$
$$= 637.5 \ (\text{kWh})$$

或 $\Delta A_{dj} = (\dfrac{1}{\eta_e} - 1) P_e T = (\dfrac{1}{0.9} - 1) \times 13 \times 450 = 643.5 \ (\text{kWh})$

要计算出比较准确的理论线损值，必须准确地收集电网的结构参数和运行参数，并根据电网结构的变动及时加以修正。目前对理论线损的计算已广泛采用计算机，只要将电网的结构参数和运行参数输入计算机，计算机就会按设定程序计算出理论线损的各种量值，方便、快捷、准确，但这也是以准确收集资料为前提的，是理论计算的关键。

晶体管电路及其计算

第一节　晶体管的型号表示方法

晶体管（transistor）是一种固体半导体器件，具有检波、整流、放大、开关、稳压、信号调制等多种功能。晶体管作为一种可变电流开关，能够基于输入电压控制输出电流。与普通机械开关不同，晶体管利用电讯号来控制自身的开合，而且开关速度可以非常快，实验室中的切换速度可达 100GHz 以上。其型号由五部分组成。

第一部分为用阿拉伯数字表示晶体管的电极数量；

第二部分为用字母 A、B、C、D、E 等表示晶体管的材料和极性；

第三部分为用汉语拼音字母表示晶体管的类型；

第四部分为用阿拉伯数字表示晶体管的序号；

第五部分为用字母 ABCD 等表示晶体管的规格。

国产晶体管前三部分的符号和含义，见表 17-1。

表 17-1　　　　国产晶体管前三部分的符号和含义

第一部分		第二部分		第三部分	
用数字表示器件的电极数目		用汉语拼音字母表示器件的材料和极性		用汉语拼音字母表示器件的类别	
符号	意义	符号	意义	符号	意义
2	二极管	A	N 型，锗材料	P	普通管
				V	微波管
		B	P 型，锗材料	W	稳压管
				C	参量管
		C	N 型，硅材料	Z	整流管
				L	整流堆
		D	P 型，硅材料	S	隧道管
				N	阻尼管

第一部分		第二部分		第三部分	
用数字表示器件的电极数目		用汉语拼音字母表示器件的材料和极性		用汉语拼音字母表示器件的类别	
符号	意义	符号	意义	符号	意义
3	三极管	A	PNP 型，锗材料	U	光电器件
				K	开关管
		B	NPN 型，锗材料	X	低频小功率管（$f_a<3$MHz，$P_C<1$W）
		C	PNP 型，硅材料	G	高频小功率管（$f_a\geqslant 3$MHz，$P_C<1$W）
		D	NPN 型，硅材料	D	低频大功率管（$f_a<3$MHz，$P_C\geqslant 1$W）
		E	化合物材料	A	高频大功率管（$f_a\geqslant 3$MHz，$P_C\geqslant 1$W）
				T	可控整流器（半导体闸流管）
				Y	体效应器件
				B	雪崩管
				J	阶跃恢复管
				CS	场效应器件
				BT	半导体特殊器件
				FH	复合管
				PIN	PIN 型管
				JG	激光器件

第二节　晶体管的技术参数

一、晶体二极管

常见的有整流二极管、检波二极管、稳压二极管、发光二极管、开关二极管、光敏二极管等。

1. 检波二极管

检波二极管的主要型号和技术参数见表 17-2。

表 17-2　　　　　检波二极管的主要型号和技术参数

型　号	正向电流 I_F (mA)	反向工作电压 U_R (V)	反向峰值击穿电压 U_B (V)	反向直流电流 I_R (μA)	最大整流电流 I_{OM} (mA)	截止频率 f (MHz)
2AP1	≥2.5	≥10	≥40		≥16	150
2AP2	≥2.5	≥25	≥45		≥16	
2AP3	≥7.5	≥25	≥45		≥25	
2AP4	≥5	≥50	≥75	≤200	≥16	
2AP5	≥2.5	≥75	≥110		≥16	
2AP6	≥1	≥100	≥150		≥12	
2AP7	≥5	≥100	≥150		≥12	
2AP8A	≥4	≥10	≥20	≤100	≥35	
2AP8B	≥6	≥10	≥20	≤100	≥35	
2AP9	≥8	≥10	≥20	≤200	≥5	100
2AP10	≥8	≥20	≥30	≤40	≥5	
2AP11	≥10	≥10	≥10		≥25	40
2AP12	≥90	≥10	≥10	≤200	≥40	
2AP13	≥10	≥30	≥30		≥20	
2AP14	≥30	≥30	≥30		≥30	
2AP15	≥60	≥30	≥30		≥30	
2AP16	≥30	≥50	≥50		≥20	
2AP17	≥10	≥100	≥100		≥15	
2AP18-1	≥100	≥50	≥50		≥100	
2AP18-2	≥150	≥75	≥75	≤100	≥120	40
2AP18-3	≥200	≥100	≥100		≥150	
2AP21	≥50	≥7	≥10	≤200	≥50	150
2AP30C	≥2	≥10	≥20	≤50	≥5	400
2AP30D	≥2	≥10	≥20	≤30	≥5	400
2AP30E	≥2	≥10	≥35	≤11	≥5	400
2AP31A	≥2	≥10	≥25	≤30	≥5	400
2AP31B	≥2	≥10	≥35	≤30	≥5	400

型　号	正向电流 I_F (mA)	反向工作电压 U_R (V)	反向峰值击穿电压 U_B (V)	反向直流电流 I_R (μA)	最大整流电流 I_{OM} (mA)	截止频率 f (MHz)
2AP34A	≥5	≥60	≥75	≤20		
2AP60	≥4	≥35	≥40	≤75		
2AP90	≥2	≥20	≥30	≤100	≥50	
2AP110	≥3	≥40	≥50	≤40		
2AP188	≥5	≥35	≥40	≤33		
2AP261	≥0	≥35	≥40	≤70		

2. 开关二极管

开关二极管的结电容较小，反向恢复时间短，其电参数与一般二极管主要参数相似，主要型号和技术参数见表 17-3。

表 17-3　　　　　开关二极管的主要型号和技术参数

型　号	反向击穿电压 E_B (V)	最高反向工作电压 U_{RM} (V)	最大正向电流 I_{OM} (mA)	额定正向电流 I_F (mA)	正向压降 U_F (V)	反向恢复时间 I_H (ns)	额定功率 P (mW)
2AK1	30	10	≥150		≤1	≤200	
2AK2	40	20					
2AK3	50	30		—			—
2AK5	60	40	≥200		≤0.9		
2AK6	70	50					
2AK7	50	30					
2AK9	60	40	—	≥10	≤1	≤150	
2AK10	70	50					50
2AK11	50	30					
2AK13	60	40	≥250	—	≤0.7		
2AK14	70	50					

型 号	反向击穿电压 E_B (V)	最高反向工作电压 U_{RM} (V)	最大正向电流 I_{OM} (mA)	额定正向电流 I_F (mA)	正向压降 U_F (V)	反向恢复时间 I_H (ns)	额定功率 P (mW)
2AK15	40	12	—	≥3	≤1	≤150	
2AK16	40	12	—	≥3	≤1	30~80	
2AK17	45			≥10	≤1	≤120	50
2AK18	50	30					50
2AK19	60	40	≥250	—	≤0.65	≤100	50
2AK20	70	50	≥250	—	≤0.65	≤100	50
2CK70A~E			≥10	≥10	≤0.8	≤3	30
2CK71A~E			—	≥20	≤0.8	≤4	30
2CK72A~E			—	≥30	≤0.8	≤4	30
2CK73A~E			≥50	≥50			50
2CK74A~D	A≥30 B≥45 C≥60 D≥75 E≥90	A≥20 B≥30 C≥40 D≥50 E≥60	≥100	≥100		≤5	100
2CK75A~D			≥150	≥150		≤5	150
2CK76A~D			≥200	≥200			200
2CK77A~D			≥300	≥260			
2CK78A~D			≥400	≥270			250
2CK79A~D			≥500	≥280		≤10	
2CK80A~D			≥600	≥300			
2CK81A~D			≥700	≥320			250
2CK82A~F 2CK83A~F	A≥15 B≥30 C≥45 D≥60 E≥75	A≥10 B≥20 C≥30 D≥40 E≥50	≥30	≥10	≤1	≤5	10
2CK84A~F	A≥45 B≥90	A≥30 B≥60		≥50		≤150	90
2CK85A~D	C≥135 D≥180	C≥90 D≥120	—	≥100		≤50	100
2CK86	E≥225 F≥240	E≥150 F≥180		≥10		≤5	50

开关二极管的反向恢复时间，是指从二极管正向电流过零到反向电流下降到其峰值的 10％时的时间间隔，其长短直接影响管子的开关频率。

3. 整流二极管

整流二极管的主要型号和技术参数见表 17-4。

表 17-4　　　　　整流二极管的主要型号和技术参数

型号	U (V)	I (A)	U (V)	I (µA)	I (A)	T (℃)	备　注
2CZ31	50～800	1		5	20		通信设备及仪表用电源
2CZ32	25～800		0.8	3	30	150	
	50～1000	1.5					
2CZ33	50～600					130	电视、收录机电源
2CZ37	600	1.2	0.93	10	80		彩电、仪器开关电源
2CZ53	25～400	0.3		5	6		
	25～800						
	25～1000						
2CZ54	25～800	0.5	1		10	150	
2CZ55	50～700	1		10	20		
	25～800						
	25～1000						
	25～1400						
2CZ56	100～2000	3			65		
2CZ57	25～1000	5		20	105		通信设备仪器仪表及家用电器用稳压电源
	25～2000						
2CZ58	100～2000	10	0.8	30	210	140	
2CZ59	25～1000	20		40	420		
	25～1400						
	100～2000						
2CZ60	50～1400	50		50	900		
2CZ82	25～800	0.1	1		2		
2CZ84	25～800	0.5		5	15	130	
	100～1000		0.8				
2CZ85	100～600	1			30		
	25～1000						

型号	U (V)	I (A)	U (V)	I (μA)	I (A)	T (℃)	备　　注
2CZ86	100～600	2	1.2	3	30	140	通信设备仪器仪表及
2CZ87	100～600	3					家用电器用稳压电源
2DZ12		0.1		5	2		
2DZ13		0.3	1		6	150	
2DZ14	50～1400	0.5		10	10		通信设备仪器仪表及
2DZ15		1			20		稳压电源
2DZ16		3	0.8	20	65	140	
2DZ17		5			105		
ZP100		100	0.7	6mA	2200		用于各种电子仪器设
ZP200	100～1400	200		8mA	4080	140	备中作整流
ZP300		300	0.8	10mA	5650		

使用时应注意的问题：

（1）反向峰值电压和正向电流应小于额定值。

（2）感性负载时选择二极管的最高反向工作电压应高于电阻性负载的 1.5～2 倍。

（3）容性负载的额定正向平均电流应降低定额使用。

（4）大功率整流二极管应注意散热，如加装散热片或采取风冷、水冷措施。

4. 稳压二极管

稳压二极管工作在反向击穿状态，在一定的击穿电流范围内，管子两端的压降基本不变化，可以达到稳压的目的，并且二极管不会损坏。但在实际应用时，要避免并联使用，否则会因分流不均而损坏稳压二极管。稳压二极管的主要型号和技术参数见表 17-5。

表 17-5　　　　　　　稳压二极管的主要型号和技术参数

型　号	最大耗散功率 P_{ZM} (W)	最大工作电流 I_{ZM} (mA)	额定电压 U_N (V)	反向漏电流 I_R (μA)	正向压降 U_F (V)	电压温度系数 C_{TV} $(10^{-4}/℃)$
2CW50	0.25	83	1～2.8	≤10	≤1	≥-9
2CW51		71	2.5～3.5	≤5		

型　号	最大耗散功率 P_{ZM} (W)	最大工作电流 I_{ZM} (mA)	额定电压 U_N (V)	反向漏电流 I_R (μA)	正向压降 U_F (V)	电压温度系数 C_{TV} (10^{-4}/℃)
2CW52		55	3.2~4.5	≤2		≥-8
2CW53		41	4~5.8	≤1		-6~4
2CW54		38	5.5~6.5			-3~5
2CW55		33	6.2~7.5			≤6
2CW56		27	7~8.8			≤7
2CW57		26	8.5~9.5		≤1	≤8
2CW58		23	9.2~10.5			
2CW59		20	10~11.8			≤9
2CW60		19	11.5~12.5			
2CW61		16	12.2~14			
2CW62		14	13.5~17	0.5		
2CW63		13	16~19			≤9.5
2CW64	0.25	11	18~21			
2CW65		10	20~24		≤0.5	
2CW66		9	23~26			
2CW67		9	25~28			
2CW68		8	27~30			≤10
2CW69		7	28~33			
2CW70			32~36			
2CW71		6	35~40			
2CW72		29	7~8.8			≤7
2CW73		25	8.5~9.5		≤1	≤8
2CW74		23	9.2~10.5			≤8
2CW75		21	10~11.8	≤0.1		≤9
2CW76		20	11.5~12.5			
2CW77		18	12.2~14			≤9.5
2CW78		14	13.5~17	≤0.1		≤9.5
2CW100	1	330	1~2.8	≤10	≤1	≥-9

474

型号	最大耗散功率 P_{ZM} (W)	最大工作电流 I_{ZM} (mA)	额定电压 U_N (V)	反向漏电流 I_R (μA)	正向压降 U_F (V)	电压温度系数 C_{TV} (10^{-4}/℃)
2CW101		280	2.5~3.5	≤10		≥-9
2CW102		220	3.2~4.5	≤5		≥-8
2CW103		165	4~5.8	≤1		-6~4
2CW104		150	5.5~6.5			-3~5
2CW105		130	6.2~7.5			≤6
2CW106		110	7~8.8			≤7
2CW107		100	8.5~9.5			≤8
2CW108		95	9.2~10.5			≤8
2CW109		83	10~11.8			≤9
2CW110		76	11.5~12.5			≤9
2CW111	1	66	12.2~14			≤10
2CW112		58	13.5~17			≤10
2CW113		52	16~19			≤11
2CW114		47	18~21		≤1	≤11
2CW115		41	20~24			≤11
2CW116		38	23~26	≤0.5		≤11
2CW117		35	25~28			≤11
2CW118		33	27~30			≤11
2CW119		30	29~33			≤12
2CW120		27	32~36			≤12
2CW121		25	35~40			≤12
2CW130		660	3~4.5			≥-8
2CW131		500	40~5.8			-6~4
2CW132		460	5.5~6.5			-3~5
2CW133	3	400	6.2~7.5			≤6
2CW134		330	7.0~8.8			≤7
2CW135		310	8.5~9.5			≤8
2CW136		280	9.2~10.5			≤8

型号	最大耗散功率 P_{ZM} (W)	最大工作电流 I_{ZM} (mA)	额定电压 U_N (V)	反向漏电流 I_R (μA)	正向压降 U_F (V)	电压温度系数 C_{TV} (10^{-4}/℃)
2CW137		250	10～11.8			≤9
2CW138		230	11.5～12.5			
2CW139		200	12.2～14			≤10
2CW140		170	13.5～17			
2CW141		150	16～19			
2CW142		140	18～21			
2CW143	3	120	20～24			≤11
2CW144		110	23～26			
2CW145		105	25～28			
2CW146		100	27～30			
2CW147		90	29～33			
2CW148		80	32～36			
2CW149		75	35～40			
2DW50		22	38～45	≤0.5	≤1	
2DW51		18	42～55			
2DW52		15	52～65			
2DW53		13	62～75			
2DW54		11	70～85			
2DW55		10	80～95			≤12
2DW56		9	90～110			
2DW57	1	8	100～120			
2DW58		7	110～130			
2DW59			120～145			
2DW60		6	135～155			
2DW61			145～165			
2DW62			155～175			
2DW63		5	165～190			
2DW64			180～200			

型　号	最大耗散功率 P_{ZM}（W）	最大工作电流 I_{ZM}（mA）	额定电压 U_N（V）	反向漏电流 I_R（μA）	正向压降 U_F（V）	电压温度系数 C_{TV}（10^{-4}/℃）
2DW80		65	38～45			
2DW81		50	42～55			
2DW82		45	52～65			
2DW83		40	62～75			
2DW84		35	70～85			
2DW85		30	80～95			
2DW86		25	90～110			
2DW87	3		100～120	≤0.5	≤1	≤12
2DW88		20	110～130			
2DW89			120～145			
2DW90		19	135～155			
2DW91		18	145～165			
2DW92		17	155～175			
2DW93		15	165～190			
2DW94		14	180～200			

在实际应用时要防止过高的反向电压施加于发光二极管，因为发光二极管反向击穿电压较低。另外，管子的工作电流受环境温度影响较大，不宜在高温环境下使用。

5. 光敏二极管

光敏二极管与普通二极管相似，不同的是它有一个小玻璃孔，光可以通过此孔照射到 PN 结。在没有光照射时，管子处于截止状态，只有微量的电流通过；当光照射到光敏二极管时，PN 结导通，通过管子的电流大小与照射到管子的光的强度成正比，光敏二极管的主要型号和技术参数见表 17-6。

表 17-6　　　　　　　光敏二极管的主要型号和技术参数

型　号		响应度 R_e (A/W)	反向电压 U_{RM} (V)	暗电流 I_D (μA)	光电流 I_L (μA)	上升时间 t_r (ns)	下降时间 t_f (ns)	峰值波长 λ_p (nm)	光谱范围 $\lambda_L \sim \lambda_B$ (μm)
2AU1	A		50	10	30			1500	
	B				40				
	C				50				
	D				60				
2CU1	A		10	0.2	80			1500	
	B		20						
	C		30						
	D		40						
	E		50						
		0.5	30		15				
2CU2	A	0.5	10	0.1	30	100		1465	400~1100
	B		20						
	C		30						
	D		40						
2CU3			12	0.1	5				
	A		10					880	
	B		20	0.5	15				
	C		30						
2CU5			12		5		2		
	A		10	0.1					400~1100
	B		20						
	C		30						
2CU11	A	0.5		0.1				900	
	B			0.01					
	C		15	0.001		1			500~1100
2CU21	A			0.1					
	B			0.01					
	C			0.001					
2CU79		0.6	30	0.01	20			850	350~1100
	A			0.001					
	B			0.0001					

型号		响应度 R_e (A/W)	反向电压 U_{RM} (V)	暗电流 I_D (μA)	光电流 I_L (μA)	上升时间 t_r (ns)	下降时间 t_f (ns)	峰值波长 λ_p (nm)	光谱范围 $\lambda_L \sim \lambda_B$ (μm)
2CU80	A		30	0.01				850	300~1100
				0.001					
	B			0.000 1					
2CU90		0.6						1550	800~1700
2CU101	A		15	0.01	3.5	5	2		
	B								
	C								
	D			0.02					
2CU201		0.35	50	0.01					
	A			0.005					
	B			0.01		10			
	C			0.02					
	D			0.04					
2CU301	A		20	0.1	10				
	B				20				
2CU4401	1		15	0.2		100		900	500~1100
	2			0.5					
	3			2					
	4			5					
2CU4402	1		50	5					
	2			10		300			
	3			20					
	4			40					
2DU1	A			0.1					
	B								
2DU2	A	0.4	50	0.3		100		900	400~1100
	B								
2DU3	A			1					
	B								

6．发光二极管

发光二极管是一种电—光转换器件，当正向电流通过时，PN 结产生热，使一层附着的磷化物发出可见光。光的颜色和强度取决于使用的半导体材料和通过的电流大小。

发光二极管的电参数与一般二极管主要参数类似，其光参数有光亮度和波长等，发光二极管的主要型号和技术参数见表 17-7。

表 17-7   **发光二极管的主要型号和技术参数**

型 号	最大功耗 P_M （mW）	最大正向电流 I_{FM} （mA）	反向电压 U_R （V）	反向电流 I_R （μA）	峰值波长 λ_P （nm）
2EF1A	150	70	20	50	660
2EF1B	150	70	20	50	660
2EF1C	150	70	20	50	660
2EF1R	100	35	5		660
2EF1Y	100	35	5		585
2EF2A	150	70		50	660
2EF2B	150	70		50	660
2EF2C	150	70		50	660
2EF3R	100	35	5		660
2EF3Y	100	35	5		585
2EF21	150	75		50	540
2EF23	50	20		50	700
2EF24	90	40		50	700
2EF25	90	40		50	700
2EF31A	60	30		100	660
2EF31B	60	30		100	660
2EF31C	60	30		100	660
2EF31D	60	30		100	660
2EF31E	60	30		100	660
2EF31F	60	30		100	660
2EF31G	60	20		100	660
2EF33	50	20			630
2EF34	90	40			630
2EF35	90	40			630

型　号	最大功耗 P_M （mW）	最大正向电流 I_{FM} （mA）	反向电压 U_R （V）	反向电流 I_R （μA）	峰值波长 λ_P （nm）
2EF43	50	20			585
2EF44	90	40			585
2EF45	90	40			585
2EF50	60	30		100	565
2EF53	50	20	5		565
2EF54	90	40	5		565
2EF55	90	40	5		565
2EF101A	100	50	5		660
2EF101B	100	50	5		660
2EF101C	100	50	5		660
2EF102A	100	50	5		660
2EF102B	100	50	5		660
2EF102C	100	50	5		660
2EF103A	100	50	5		660
2EF103B	100	50	5		660
2EF103C	100	50	5		660
2EF104A	100	50	5		660
2EF104B	100	50	5		660
2EF104C	100	50	5		660
2EF201	100	40	5		700
2EF201A	100	50			560
2EF201B	100	50			560
2EF202	50	50			700
2EF202A	100	50	5		560
2EF202B	100	50	5		560
2EF203A	100	50	5		560
2EF203B	100	50	5		560
2EF204	90	40			565
2EF204A	100	50	5		560
2EF204B	100	50	5		560
2EF205	50	20	5	50	700
2EF206	90	40	5	50	565
2EF207	90	40	5	50	565
2EF209	90	40	5	50	565

二、晶体三极管

晶体三极管是由两个 PN 结组成的三端器件，分为 PNP 型和 NPN 型两大类，材料为锗或硅，常作为放大元件使用。用晶体管可以构成放大电路、稳压电路、开关电路、振荡电路、触发电路、门电路、光电信号转换电路等，应用十分广泛，常用的放大电路有共射极、共基极和共集电极三种，其中以共射极放大电路应用最多。其主要型号及技术参数见表 17-8～表 17-17。

表 17-8　　高频小功率硅三极管（NPN）主要技术参数

型号		极限参数		直　流　参　数						交流参数
		P_{CM} (mW)	I_{CM} (mA)	$U_{(BR)CBO}$ (V)	$U_{(BR)CEO}$ (V)	I_{CBO} (μA)	I_{CEO} (μA)	$U_{CE(Sat)}$ (V)	h_{FE}	f_T (MHz)
3DG100	A	100	20	≥30	≥20	≤0.01	≤0.01	≤1	≥30	≥150
	B			≥40	≥30					
	C			≥30	≥20					≥300
	D			≥40	≥30					
3DG101	A			≥20	≥15	≤0.01	≤0.01			≥150
	B			≥30	≥20					
	C			≥40	≥30					
	D			≥20	≥15					≥300
	E			≥30	≥20					
	F			≥40	≥30					
3DG102	A	100	20	≥30	≥20			≤0.35	≥30	≥150
	B			≥40	≥30					
	C			≥30	≥20					≥300
	D			≥40	≥30					
3DG103	A			≥30	≥20	≤0.1	≤0.1			≥500
	B			≥40	≥30					
	C			≥30	≥20					≥700
	D			≥40	≥20					
3DG111	A	300	50	≥20	≥15					≥150
	B			≥40	≥30					
	C			≥60	≥45					

型号		P_{CM} (mW)	I_{CM} (mA)	$U_{(BR)CBO}$ (V)	$U_{(BR)CEO}$ (V)	I_{CBO} (μA)	I_{CEO} (μA)	$U_{CE(Sat)}$ (V)	h_{FE}	f_T (MHz)
3DG111	D			≥20	≥15					
	E			≥40	≥30					≥300
	F			≥60	≥45					
2DG112	A	300	50	≥30	≥20					≥500
	B			≥40	≥30					
	C			≥30	≥20	≤0.1	≤0.35		≥30	≥700
	D			≥40	≥30					
3DG210 3DG121	A			≥40	≥30					≥150
	B			≥60	≥45	≤0.1				
	C			≥40	≥30					≥300
	D		700	≥60	≥45					
3DG122	A			≥40	≥30					≥500
	B	500		≥60	≥45	≤0.2	≤0.5			
	C			≥40	≥30					≥700
	D			≥60	≥45					
3DG123	A			≥30	≥20					≥1000
	B		50	≥30	≥20	≤0.5	≤0.35			≥1500
	C			≥40	≥30					≥1000
3DG130	A			≥40	≥30					≥500
	B		500	≥60	≥45	≤0.5	≤1	≤0.6		
	C			≥40	≥30					≥300
	D			≥60	≥45					
3DG131	A			≥30	≥20	≤0.1	≤0.1		≥20	
	B	700	100	≥40	≥30			≤0.35		≥1000
	C			≥50	≥40					
3DG132	A	200	200		≥25			≤0.5		
	B				≥35					
3DG140	A									
	B									≥400
	C									
3DG141	A	100	15	≥15	≥10			≤0.35		
	B									≥600
	C									
3DG142	A									≥800

型号		极限参数		直　流　参　数						交流参数
		P_{CM} (mW)	I_{CM} (mA)	$U_{(BR)CBO}$ (V)	$U_{(BR)CEO}$ (V)	I_{CBO} (μA)	I_{CEO} (μA)	$U_{CE(Sat)}$ (V)	h_{FE}	f_T (MHz)
3DG142	B		15					≤0.35	≥20	≥800
	C									
3DG143	A									
	B									≥4000
	C									
3DG144	A									
	B			≥15		≤0.1				≥2500
	C		20							
3DG145	A	100			≥10		≤0.1			
	B							≤0.25	≥10	
	C									≥2000
3DG146	A									
	B									
	C									
3DG148	A									
	B		15	≥16		0.1				≥5000
	C									

表 17-9　　高频大功率硅三极管（NPN）主要技术参数

型　号		极限参数		交直流参数						
		P_{CM} (W)	I_{CM} (A)	U_{CBO} (V)	U_{CEO} (V)	I_{CBO} (mA)	I_{CEO} (mA)	U_{CES} (V)	h_{FE}	f_T (MHz)
3DA1	A			40	30	≤1			≥10	≥50
	B	7.5	1	50	45	≤0.5	≤1			≥70
	C			70	60				≥15	≥100
3DA2	A			40	30	—	≤0.2	≤1.5		
	B	5	0.75	70	60				≥25	≥150
3DA3	A			60	50	≤1	≤2.5		≥10	≥70
	B	20	2.5	80	70	≤0.5	≤1.5		≥15	≥80

型 号		极限参数		交直流参数						
		P_{CM} (W)	I_{CM} (A)	U_{CBO} (V)	U_{CEO} (V)	I_{CBO} (mA)	I_{CEO} (mA)	U_{CES} (V)	h_{FE}	f_T (MHz)
3DA4	A	20	2.5	40	30	—	≤1.5	≤2	≥10	≥30
	B			60	50	0.5				≥50
	C			80	70		≤0.5		≥15	≥70
3DA5	A	40	5	60	50	—	≤2		≥10	≥60
	B			80	70		≤1		≥15	≥80
3DA100	A			50	45	3	≤3	≤1.5	≥12	≥180
	B			60	55				≥10	≥220
3DA101	A	7.5	1	40	30	—	≤1	≤1	≥10	≥50
	B			55	45		≤0.5		≥15	≥70
	C			70	60		≤0.2			≥100
3DA102	A			40	30		≤0.5	≤1.5	≥10	
	B			70	50				≥15	≥150
3DA103		3	0.3	50	40		≥0.1	≤1	≥20	≥200
3DA104	A	7.5	1	40	35		≥1	≤1.5	≥10	≥400
	B			55	45					
3DA107	A	15	1.5	40	30		≥3			
	B			60	40		≤2			
3DA150 151	A	1	0.1	—	≥100	2μ	≤10	≤1	≥30	≥50
	B				≥150					
	C				≥200					
	D				≥250					
3DA152	A	3	0.3	—	≥30	—	≤0.2	≤1	30～250	≥10
	B				≥100					
	C				≥150					
	D				≥200					
	E				≥250					
	F				≥30	0.1				≥50
	G				≥100					
	H				≥150					
	I				≥200					
	J				≥250					

电工计算手册

表 17-10　　低频大功率硅三极管（NPN）主要技术参数

型号		极限参数		交直流参数						
		P_{CM} (W)	I_{CM} (A)	U_{CBO} (V)	U_{CEO} (V)	I_{CBO} (mA)	I_{CEO} (mA)	U_{CES} (V)	h_{FE}	f_T (MHz)
3DD100	A~E	20	1.5	A≥150 B≥200	A≥100 B≥150	1	2	≤1	20~200	3
3DD101	A~E		5	C≥250	C≥200			≤1.5		
3DD102	A~E			D≥300 E≥350	D≥250 E≥300					
3DD103	A~E	50	3	A≥300 B≥600	A≥200 B≥300	0.1	0.5	≤4	20	
3DD104	A~E			C≥800 D≥1200 E≥1600	C≥400 D≥600 E≥800		1			
3DD151	A~G	5	1	A≥80	A≥50			5		1
3DD152	A~G			B≥150	B≥80					
3DD153	A~G	10	1.5	C≥200	C≥150		0.5	1		
3DD154	A~G			D≥250	D≥200					
3DD155	A~G	20	2	E≥350	E≥250				15~270	
3DD156	A~G			F≥450	F≥300					
3DD157	A~G	30	3	G≥600	G≥400			≤1.2		
3DD158	A~G									
3DD159	A~G	50	5	A≥80	A≥50		1	1.2		
3DD160	A~G			B≥150	B≥80					
3DD161	A~G			C≥200	C≥150					
3DD162	A~G	75	7.5	D≥250	D≥200					
3DD163	A~G			E≥350	E≥250					
3DD164	A~G			F≥450	F≥300		2			
3DD165	A~G	100	10	G≥600	G≥400			1.5		
3DD166	A~G									
3DD200		30	3	250	100	0.5			30~120	
3DD201		50	8	320	150		—		40~120	
3DD202				1500	800	0.3		2	7~30	
3DD203		10	1	≥100	≥60	—		—	50~200	
3DD204		30	3				≤0.5			
3DD205		15	1.5	A≥200 B≥300	A≥100 B≥150	0.1		≤1	40~200	
3DD206		25		≥800	≥400		—		≥30	≥30
3DD207		30	3	—	30	—	0.1	≤1.5	40~250	
3DD208		50		300	200			2	30~250	

表 17-11　　　　低频小功率硅三极管（PNP）主要技术参数

型　号	极限参数		直　流　参　数						
	P_{CM} (mW)	I_{CM} (mA)	U_{CEO} (V)	I_{CBO} (μA)	I_{CEO} (μA)	I_{EBO} (μA)	U_{CES} (V)	h_{FE}	
CX201	100	200	200～40	500				40～400	
CX203		500		5000					
CX211	200	30		50					
3CX211		50	12	0.05					
200 3CX201A 202	300	300	≥12	≤0.5	≤1	≤0.5	≤0.5	55～400	
200 3CX201B 202			≥18						
3CX203	500	500	20～40	5				40～400	
3CX204	700	700	15～40					55～400	

表 17-12　　　　高频小功率硅三极管（PNP）主要技术参数

型　号		极限参数		交直流参数						
		P_{CM} (mW)	I_{CM} (mA)	U_{CBO} (V)	U_{EBO} (V)	I_{CBO} (μA)	I_{CEO} (μA)	U_{CES} (V)	h_{FE}	f_T (MHz)
3CG100	A	100	30	≥15	≥4	≤0.1	≤0.1	≥0.3	≥25	≥100
	B			≥25						
	C			≥45						
3CG101	A			≥15				≥0.8		
	B			≥30						
	C			≥45						
3CG102	A	150	20	≥12	≥4	≤0.1	≤0.1	≥0.6	≥25	≥700
	B									≥800
	C									≥1000
3CG103	A			≥15				≥0.5		≥700
	B									≥1000
	C									≥1200
3CG110	A	300	50	≥15	≥4	≤0.1	≤0.1	≥0.5	≥25	≥100
	B			≥30						
	C			≥45						

型 号		极限参数		交直流参数						
		P_{CM} (mW)	I_{CM} (mA)	U_{CBO} (V)	U_{EBO} (V)	I_{CBO} (μA)	I_{CEO} (μA)	U_{CES} (V)	h_{FE}	f_T (MHz)
3CG111	A	300	50	≥15				≥0.5	≥25	≥200
	B			≥30						
	C			≥45						
3CG112	A			≥15						≥100
	B			≥30						
	C			≥45						
3CG113	A			≥15				≤0.3		≥700
	B									≥900
3CG114	A		40	≥15						≥700
	B									≥900
3CG120	A	500	100	≥15	≥4	≤0.1	≤0.1	≥0.5		≥200
	B			≥30						
	C			≥45						
3CG121	A			≥15						
	B			≥30						
	C			≥45						
3CG122	A			≥15				≤0.3		≥500
	B			≥25						
	C			≥45						
	D			≥15						≥700
	E			≥25						
	F			≥45						
3CG130	A	700	300	≥15				≤0.6	≥25	≥80
	B			≥30						
	C			≥45						
3CG131	A			≥15						
	B			≥30						
	C			≥45						
3CG132	A		120	≥15				≤0.9		≥700
	B									≥900

型号		极限参数		交直流参数						
		P_{CM} (mW)	I_{CM} (mA)	U_{CBO} (V)	U_{EBO} (V)	I_{CBO} (μA)	I_{CEO} (μA)	U_{CES} (V)	h_{FE}	f_T (MHz)
3CG140	A	100	20	≥12				≤0.5	≥25	≥1000
	B									
3CG170	A~C	500	50		≥4	≤0.1	≤0.1			
	D~E			185~230						≥100
3CG180	A~D	700	100					≤0.8	≥15	≥50
	E~H									≥100

表 17-13　　高频大功率硅三极管（PNP）主要技术参数

型号		极限参数		交　直　流　参　数						
		P_{CM} (W)	I_{CM} (mA)	U_{CBO} (V)	U_{CEO} (V)	I_{CBO} (μA)	I_{CEO} (mA)	U_{CES} (V)	h_{FE}	f_T (MHz)
3CA1	A~F	1	0.1	A≥30		5~10	0.05~1	≤1	≥20	60
3CA2	A~F	2	0.25			10~50	0.05~0.1	≤1	≥20	50
3CA3	A~E	5	0.5			50~100	0.2~0.5			
3CA4	A~E	7.5	1	B≥50		0.5~	1~1.5	≤2		
3CA5	A~E	15	1.5	C≥80		1000	1~2			30
3CA6	A~F	20	2	D≥100		500	1.5~3	≤1		
3CA7		30	2.5	E≥130		3000	5		≥10	
3CA8	A~D	40	3	F≥150		2000		≤3		
3CA9		50	4	G≥200		5000	2			
3CA10	A~G	25	10			1000	2500	≤2		10

表 17-14　　低频小功率锗三极管（PNP）主要技术参数

型号		极限参数		直　流　参　数				交流参数	
		P_{CM} (mW)	I_{CM} (mA)	$U_{(BR)CBO}$ (V)	$U_{(RR)CEO}$ (V)	I_{CEO} (μA)	h_{FE}	f_a (kHz)	h_{fe}
3AX51	A	100	100	30	12	≤500	40~150	≥500	25~80
	B								
	C				18	≤300	30~100		
	D				24		25~80		

型号		极限参数		直流参数				交流参数	
		P_{CM} (mW)	I_{CM} (mA)	$U_{(BR)CBO}$ (V)	$U_{(RR)CEO}$ (V)	I_{CEO} (μA)	h_{FE}	f_a (kHz)	h_{fe}
3AX52	A	150	150	30	12	≤550	30~200	≥500	25~80
	B								
	C				18	≤300	30~100		
	D				24		25~180		
3AX53	A	200	200	30	12	≤800	30~200	≥500	40~180
	B				18				
	C				24				
3AX54	A	200	160	65	35	≤700			25~120
	B				45				
	C			100	60				
	D				70				
3AX55	A	500	500	50	20	≤1200	30~150	≥200	
	B				30				
	C				45				
	M			15	6	≤10	80~400		
3AX31	A	125	125	20	15	≤800	40~180		40~180
	B			30	18	≤600			
	C			40	12	≤400			
	D			20					
	E			20		≤600			
	F								
3AX81	A	200	200	20	10	≤1000	10~270		40~270
	B			30	15	≤700			
3AX61		500	500		50	≤100	≥20		
3AX62							≥50		
3AX63					80		≥20		
3AX71	A	125	125		≥12	≤20	30~200		30~150
	B				≥18	≤10			
	C				≥24	≤6	50~150		
	D				≥12	≤12			
	E								

表 17-15　高频小功率锗三极管（PNP）主要技术参数

型　号		P_{CM} (mW)	I_{CM} (mA)	h_{fe}或 h_{fb}	f_T (MHz)	I_{CBO} (μA)	I_{CEO} (μA)	BU_{CEO} (V)
	主　要　参　数							
3AG1	B	50	10	30~200	≥25		≤100	≥10
	C				≥40			
	D			40~270	≥50			
	E				≥65			
3AG6	C		10	30~250	≥40	≤10		≥10
	D				≥65			
	E				≥100			
3AG7		50	50		≥10	≤10	≤100	≥10
3AG8				30~250	≥20			
3AG9					≥20	≤5		
3AG10					≥30			
3AG11			10		≥20	≤10		≥15
3AG12				30~200	≥30	≤5		
3AG13					≥40			
3AG14					≥50			
3AG21		50	10	20~200	≥20	≤10	≤100	≥10
3AG22					≥30			
3AG23						≤5		
3AG24				30~250	≥50			
3AG25				30~150	≥40	≤10		
3AG26				30~250	≥60	≤5		
3AG27				30~150	≥80	≤5		
3AG28				30~250	≥120			
3AG41		60	30	30~200	≥30	≤10	≤100	≥15
3AG42					≥50			
3AG43					≥100	≤3		
3AG44			20	24~75	≥200	≤2		
3AG45					≥300			

型 号		P_{CM} (mW)	I_{CM} (mA)	h_{fe}或 h_{fb}	f_T (MHz)	I_{CBO} (μA)	I_{CEO} (μA)	BU_{CEO} (V)
		主 要 参 数						
3AG53	A	50	10	30~200	≥30	≤5	≤200	15
	B				≥50			
	C				≥100			
	D				≥200			
	E				≥300			
3AG54	A	100	30	30~200	≥30	≤5	≤300	25
	B				≥50			
	C				≥100			
	D				≥200			
	E				≥300			
3AG55	A	150	50		≥100	≤8	≤500	
	B				≥200			
	C				≥300			
3AG56	A	50	10	40~270	≥25	≤7	≤200	10
	B							
	C			40~180	≥50	≤5		
	D				≥65			
	E₁				≥80			
	E₂				≥100			
	F				≥120			
3AG71		50	10	30~250	≥3	≤10	≤600	10
3AG72				30~230	≥7			
3AG80	A	50	10	20~150	≥300	≤5	≤15	
	B				≥400			
	C							
	D				≥600			
	E							

型　　号		P_{CM} (mW)	I_{CM} (mA)	h_{fe}或 h_{fb}	f_T (MHz)	I_{CBO} (μA)	I_{CEO} (μA)	BU_{CEO} (V)
				主　要　参　数				
3AG87	A	300	50	20~150	≥300	≤5	≤15	
	B				≥500		≤20	
	C				≥500			
	D				≥700			
3AG95	A	150	30		≥500	≤3		
	B				≥700			
	C				≥1000			

表 17-16　　低频大功率锗三极管（PNP）主要技术参数

型　号		极限参数			直　流　参　数						交流参数
		P_{CM} (W)	I_{CM} (A)	R_{th} (℃/W)	U_{CBO} (V)	U_{CEO} (V)	I_{CBO} (mA)	I_{CEO} (mA)	U_{CES} (V)	h_{FE}	f_{hfc} (MHz)
3AD1		10	2	3.5	45	24	0.3	5	0.5	20	
3AD2										40	
3AD3					40				0.35	60	
3AD6			3		50	18		2.5	0.8	20~140	
3AD6A											
3AD18	A	50	15	1	80	40	1	12	0.9	25	
	B				50	20				20	
	C				80	60				20	
	D				120					25	
3AD30	A	10	3	3.5	50	18	0.3	2.5	0.6	20~140	
	B				60	24			0.8		
	C				30	20					
3AD50	A	10	3	3.5	50	18	≤0.3	≤2.5	≤0.6	20~140	≥4
	B				60	24					
	C				70	30			≤0.8		
3AD51	A		2		50	18			≤0.35		
	B				60	24					
	C				70	30					

型 号		P_CM (W)	I_CM (A)	R_th (℃/W)	U_CBO (V)	U_CEO (V)	I_CBO (mA)	I_CEO (mA)	U_CES (V)	h_FE	f_hfc (MHz)
		极限参数			直 流 参 数						交流参数
3AD52	A				50	18					
	B	10	2	3.5	60	24	≤0.3	≤2.5	≤0.5		≥4
	C				70	30				20~140	
3AD53	A				50	18		≤12			
	B	20	6	1.75	60	24	≤0.5	≤10	≤1		≥2
	C				70	30					
3AD54	A				50	18		≤8	≤0.35	20~140	
	B	20	5	1.75	60	24	≤0.4	≤6	≤0.5		≥3
	C				70	30					
3AD55	A				50	18		≤8	≤0.35		
	B	30	5	1.75	60	24	≤0.4	≤6	≤0.5		≥3
	C				70	30				24~140	
3AD56	A				60	30			≤0.7		
	B	50	15	0.7	80	45	≤0.8	≤0.7	≤1		
	C				100	60					

表 17-17　　高频大功率锗三极管（PNP）主要技术参数

型 号	P_CM (W)	I_CM (mA)	T_jM (℃)	U_CBO (V)	U_CEO (V)	I_CBO (μA)	U_CES (V)	h_FE	f_T (MHz)
	极限参数			直 流 参 数				交流参数	
3AΛ1	3	400	85	60	30	100	5	≥30	50
3AA2				70	35	100	2		60
3AA3	3	400		65	40	50	1.5	≥50	80
3AA4				70			1		50
3AA5									100
3AA7			85	75	35		2		140
3AA8						100		≥30	120
3AA9	1	500		60	30		3		
3AA10				75	35				80
3AA12				60	30		2	≥20	50

三、晶闸管

晶闸管是硅晶体闸流管的简称，是电力电子电路用于交流的主要元件，品种有普通晶闸管、双向晶闸管、可关断晶闸管、快速晶闸管、逆导晶闸管等。在没有特别说明的情况下，所谓的晶闸管就是普通晶闸管。

晶体管的型号由五部分组成。

第一部分为用字母 K 表示，表明晶闸管的特性；

第二部分为用字母表示晶闸管的类型，P 为普通型，K 为快速型，S 为双向型，G 为可关断型，N 为逆导型；

第三部分为用阿拉伯数字表示额定通态平均电流值；

第四部分为用阿拉伯数字表示正反向重复峰值电压极数；

第五部分为用字母或数字表示，其含义见表 17-18。

表 17-18　　　　　　　　晶闸管型号第五部分含义

	级　别	A	B	C	D	E	F	G	H	I
KP	通态平均电压（V）	≤0.4	0.4～0.5	0.5～0.6	0.6～0.7	0.7～0.8	0.8～0.9	0.9～1	1～1.1	1.1～1.2
	级　数	0.5		1		2	3	4	5	6
KK	换向关断时间（μs）	≤5		5～10		10～20	20～30	30～40	40～50	50～60
KS	断态电压临界上升率级数	0.2			0.5		2		5	
	du/dt（V/μs）	20～50			50～2200		2200～2500		≥2500	

1. 普通型晶闸管

普通型晶闸管又称可控硅，是一种四层半导体（PNPN），具有阳极 A、阴极 K、控制极 G 三个电极，在电力电子电路中，主要用于可控整流。其主要型号和技术参数见表 17-19。

表 17-19　　　　　　　普通型晶闸管主要型号和技术参数

型号	通态平均电流 I_T (AV)（A）	通态峰值电压 U_{TM}（V）	维持电流 I_H（mA）	门极触发电流 I_{GT}（mA）	门极触发电压 U_{GT}（V）	门极分触发电压 U_{GD}（V）	门极正向峰值电压 U_{FGM}（V）	门极正向峰值电流 I_{FGM}（A）	工作温度 T_j（℃）
KP1	1	≤2.0	≤10	≤20	≤2.5	≥0.2	6	—	−40～+100
KP3	3	≤2.2	≤30	≤60	≤3		10		
KP5	5		≤60						

型号	通态平均电流 I_T (AV) (A)	通态峰值电压 U_{TM} (V)	维持电流 I_H (mA)	门极触发电流 I_{GT} (mA)	门极触发电压 U_{GT} (V)	门极分触发电压 U_{FGM} (V)	门极正向峰值电压 U_{FGM} (V)	门极正向峰值电流 I_{FGM} (A)	工作温度 T_j (℃)
KP10	10	≤2.2	≤100	≤100				—	
KP20	20				≤3				−40~+100
KP30	30	≤2.4	≤150	≤150			10	1	
KP50	50								
KP100	100	≤2.6	≤200	≤250				2	
KP200	200				≤3.5	≥0.2			
KP300	300		≤300					3	−40~+125
KP400	400			≤350					
KP500	500		≤400						
KP600	600				≤4		16	4	
KP800	800		≤500	≤450					
KP1000	1000								

型号	断态、反向重复峰值电压 U_{DRM}、U_{RRM} (V)	断态、反向重复峰值电流 I_{DRM}、I_{RRM} (mA)	低	高	通态电流临界上升率 di/dt (A/μs)	断态电压临界上升率 du/dt (V/μs)
			I^2t ($A^2 \cdot s$)			
KP1	50~1600	≤3	0.85	1.8	—	25~800
KP3	100~200	≤8	7.2	15		
KP5			20	40		
KP10		≤10	85	180		
KP20			280	720		
KP30	100~2400	≤20	720	1600		50~1000
KP50			2000	5000	25~50	
KP100	100~3000	≤40	8.5×10³	18×10³	25~100	100~1000
KP200			31×10³	72×10³	50~200	
KP300		≤50	0.7×10⁵	1.6×10⁵		
KP400			1.3×10⁵	2.8×10⁵		
KP500		≤60	2.1×10⁵	4.4×10⁵	50~300	
KP600			2.9×10⁵	6.0×10⁵		
KP800		≤80	5.0×10⁵	11×10⁵		
KP1000		≤120	8.5×10⁵	18×10⁵		

2. 双向晶闸管

双向晶闸管主要用于交流调压和开关，使用双向晶闸管可简化电路，减少装置的体积和质量，其主要型号和技术参数见表17-20。

3. 可关断晶闸管

可关断晶闸管的结构与普通型晶闸管相同，属于全控型元件，控制极施加正信号时导通，施加负信号时则关断，主要用于逆变器和斩波器中，其主要型号和技术参数见表 17-21。

表 17-20　　　　　　　双向晶闸管主要型号和技术参数

参数　　型号	$I_{T(RMS)}$ (A)	U_{DRM} (V)	I_{DRM} (mA)	$U_{T(AV)}$ (V)	I_{GT} (mA)	U_{GT} (V)
KS3	3	100~1200	<5	≤2.5	≤50	≤3
KS5	5	100~1200	<5	≤2.5	≤70	≤3
KS10	10	100~1200	<10	≤2.5	≤100	≤3
KS20	20	100~1200	<10	≤2.5	≤200	≤3
KS50	50	100~1200	<15	≤2.5	≤200	≤4
KS100	100	100~1200	<20	≤2.5	≤300	≤4
KS200	200	100~1200	<20	≤2.5	≤400	≤4
KS500	500	100~1200	<40	≤2.5	≤500	≤5

参数　　型号	dv/dt (V/μs)	$(dv/dt)c$ (A/μs)	I_R (mA)	I_{TSM} (A)	T_j (℃)	冷却方式
KS3	≥20	≥0.2% I_{TRM}	实测值	24	100	自冷
KS5	≥20	≥0.2% I_{TRM}	实测值	42	100	自冷
KS10	≥20	≥0.2% I_{TRM}	实测值	84	100	自冷
KS20	≥20	≥0.2% I_{TRM}	实测值	170	115	自冷
KS50	≥20	≥0.2% I_{TRM}	实测值	420	115	风冷
KS100	≥50	≥0.2% I_{TRM}	实测值	840	115	风冷
KS200	≥50	≥0.2% I_{TRM}	实测值	1700	115	风冷
KS500	≥50	≥0.2% I_{TRM}	实测值	4200	115	水冷

表 17-21　　　　　　　可关断晶闸管主要型号和技术参数

参数　　型号	I_{ATO} (A)	U_{RRM} (V)	I_{GT} (mA)	U_T (V)	t_{gt} (μs)	t_q (μs)	β_{off}
KG20	20	200~1200	200~1000	≤2	≤6	≤10	3~5
KG30	30	200~1200	200~1000				
KG40	40	200~1200	200~1000				
KG50	50	200~1200	200~1000				
KG100A	100	800~1200	800~1200	≤3.0			
KG200A	200	1000~2000	1000~2000	≤3.5			
KG300A	300	1200~2000	1200~2000	≤4.0			
KG600A	600	1300~2500	1300~2500	≤4.0			
KG1000A	1000	1300~2500	1300~2500	≤4.0	≤10	≤15	

4. 逆导晶闸管

将晶闸管与整流二极管反并联使用，将两者制作在同一硅片上，即成为逆导晶闸管。具有正向压降小、开关速度快、高温特性好等优点，应用它可以简化线路、减少装置的体积和质量，主要用于逆变器和斩波器中，其主要型号和技术参数见表 17-22。

表 17-22　　　　　逆导晶闸管主要型号和技术参数

型　号	正向通态平均电流 $I_{T(AV)}$ (A)	反向平均电流 $I_{R(AV)}$ (A)	正向断态峰值电压 U_{DRM} (V)	正向平均漏电流 $I_{DS(AV)}$ (mA)	正向平均通态电压 $U_{T(AV)}$ (V)	正向浪涌电流 I_{FSM} (A)	反向浪涌电流 I_{RSM} (A)
KN-200/70	200	70	1000~2500	≤10	≤1.00	3500	1255
KN-300/100	300	100	1000~2500	≤12	≤1.10	5250	1750
KN-400/150	400	150	1000~2500	≤15	≤1.20	7000	2625
KN-600/200	600	200	1000~2500	≤20	≤1.20	10 500	3500
KN-200/70	≥100	≥700	≤6	15, 30	≤300	≤4	115
KN-300/100	≥150	≥700	≤6	30, 50	≤350	4	115
KN-400/150	≥150	≥700	≤6	30, 50	≤450	≤4	115
KN-600/200	≥200	≥700	≤6	30, 50	≤450	≤4	115

5. 快速晶闸管

快速晶闸管的结构与普通型晶闸管相同，具有开关时间短、损耗小、允许的电流上升率高等特点，主要用于逆变器和斩波器以及频率较高的变流电路中，其主要型号和技术参数见表 17-23。

表 17-23　　　　　快速晶闸管主要型号和技术参数

型号　＼　参数	$I_{T(AV)}$ (A)	$I_{T(RMS)}$ (A)	I_{TSM} (A)	U_{DRM} V_{RRM} (V)	T_j (℃)	di/dt (A/μs)
KK5	5	7.9	90			—
KK10	10	16	180			—
KK20	20	31	360			25
KK30	30	47	540			
KK50	50	79	900			25~50
KK100	100	160	$1.8×10^3$	100	−40	50~100
KK200	200	310	$3.0×10^3$	~	~	50~150
KK300	300	470	$4.5×10^3$	2000	115	
KK400	400	630	$6.0×10^3$			
KK500	500	790	$7.5×10^3$			
KK600	600	940	$9.0×10^3$			200~800
KK800	800	1300	$12×10^3$			
KK1000	1000	1600	$15×10^3$			

参数\型号	$I_{T(AV)}$ (A)	$I_{T(RMS)}$ (A)	I_{TSM} (A)	U_{DRM} V_{RRM} (V)	T_j (℃)	di/dt (A/μs)
KK5	≤8		≤70 ≤70			
KK10	≤10	2.6	≤150 ≤100	≤3	≤10~20	<4
KK20						
KK30	≤20		≤200			
KK50						
KK100	≤40	≤3.0	≤250 ≤250	≤3.5	≤10~40	<6
KK200						
KK300	≤50		≤350	100~1000		
KK400						
KK500	≤60	≤3.2	≤450 ≤350	≤4	≤10~60	<8
KK600						
KK800	≤80					
KK1000	≤120		≤550 ≤450			

第三节　放大电路的计算

一、固定偏置电路静态工作点计算

固定偏置电路如图 17-1 所示。E_C 通过 R_b 供给偏流 I_b，R_b 称为偏流电阻。

1. 静态基极电流

$$I_b = \frac{E_C - U_{be}}{R_b} \qquad (17\text{-}1)$$

由于 $E_C \gg U_{be}$（锗管 U_{be} 约为 0.2~0.3V，硅管 U_{be} 约为 0.6~0.7V），U_{be} 可以忽略不计，所以式（17-1）可以写成

图 17-1　固定偏置电路

$$I_b \approx \frac{E_c}{R_b} \qquad (17\text{-}2)$$

2. 静态集电极电流

$$I_c = \beta I_b \qquad (17\text{-}3)$$

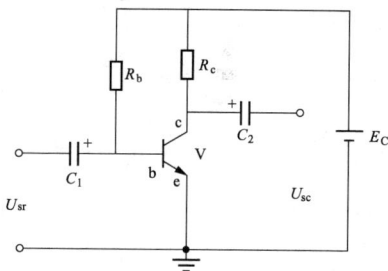

3. 集电极电压

$$U_{ce} = E_c - I_c R_c \qquad (17\text{-}4)$$

【例 17-1】 图 17-1 的晶体管放大电路中，已知 $E_c = 6\text{V}$，$R_C = 2\text{k}\Omega$，$R_b = 180\text{k}\Omega$，晶体管的电流放大倍数 $\beta = 50$，忽略穿透电流 I_{ceo}，计算电路的静态工作点。

解 （1）静态基极电流

$$I_b \approx \frac{E_c}{R_b} \approx \frac{6}{180 \times 10^3} \approx 0.03 \times 10^{-3}(\text{A}) = 0.03(\text{mA}) = 30(\mu\text{A})$$

（2）静态集电极电流

$$I_c = \beta I_b = 50 \times 0.03 = 1.5(\text{mA})$$

（3）集电极电压

$$U_{ce} = E_c - I_c R_c = 6 - 1.5 \times 10^{-3} \times 2 \times 10^3 = 6 - 3 = 3(\text{V})$$

固定偏置电路的最大优点是线路简单，它的缺点是，当晶体管由于环境温度变化或其参数的变动使工作点产生偏移时，不能自动补偿。

二、电压负反馈偏置电路静态工作点计算

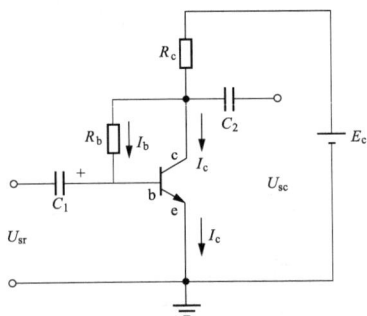

图 17-2　电压负反馈偏置电路

电压负反馈偏置电路如图 17-2 所示。为了提高工作点的稳定性，减少晶体管本身参数变化、更换晶体管以及环境温度变化而引起的工作点偏移，常采用负反馈措施。反馈就是在输出信号中取出一部分反送给输入端。负反馈就是反送的信号与输入信号相位相反，对输入信号起减弱作用。

1. 静态基极电流

$$I_b = \frac{U_{ce} - U_{be}}{R_b} \approx \frac{U_{ce}}{R_b} \qquad (17\text{-}5)$$

2. 静态集电极电流

$$I_c = \beta I_b \qquad (17\text{-}6)$$

3. 集电极电压

$$U_{ce} = E_c - (I_c + I_b)R_c \qquad (17\text{-}7)$$

【例 17-2】 在图 17-2 所示电压负反馈偏置电路中，已知 $E_c = 15\text{V}$，$U_{ce} = 6\text{V}$，$I_c = 3\text{mA}$，晶体管 $\beta = 60$，计算 R_b 和 R_c。

解 （1）计算 R_c（I_b 很小忽略不计），即

$$R_c = \frac{E_c - U_{ce}}{I_b + I_c} \approx \frac{E_c - U_{ce}}{I_c} \approx \frac{15-6}{3 \times 10^{-3}} = 3(\text{k}\Omega)$$

（2）计算 R_b

$$I_b = I_c/\beta = 3/60 = 0.05(\text{mA})$$

$$R_b = U_{ce}/I_b = 6/0.05 \times 10^{-3} = 120(\text{k}\Omega)$$

电压负反馈偏置电路有一定的局限性，虽然 R_b 越小，稳定性越好，但电路的工作点 U_{ce} 和 I_c 一旦确定后，R_b 也随着被确定了，所以 R_b 的大小，不能单从稳定性来选取。另外，当 R_c 较小时，I_c 的变化对 U_{ce} 的影响不大，尤其是负载为变压器时，反馈作用很小，达不到稳定的目的。

三、电流负反馈偏置电路静态工作点的计算

图 17-3 是分压式电流负反馈偏置电路。R_{b1} 和 R_{b2} 组成分压电路供给基极偏流，R_e 是发射极电阻，起电流负反馈作用。当温度升高使 I_c、I_e 增加时，R_e 两端的电压降 $I_e R_e$ 随之升高，由于 $U_{be} = U_b - I_e R_e$，如能保持 U_b 不变，则 $I_e R_e$ 升高必然使 U_{be} 减小，于是基极电流 I_b 也随之减小，从而限制了 I_c 的增加，达到了稳定工作点的目的。

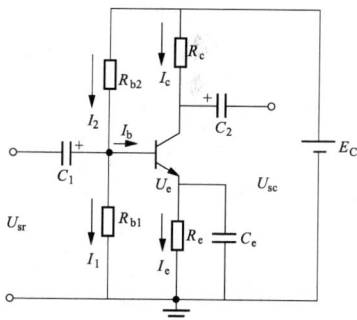

图 17-3　电流负反馈偏置电路

1. 基极电压

$$U_b = \frac{R_{b2}}{R_{b1} + R_{b2}} E_c \tag{17-8}$$

2. 基极电流

$$I_b = \frac{I_c}{\beta} \tag{17-9}$$

3. 集电极电流

$$I_c = \frac{U_b - U_{be}}{R_e} \tag{17-10}$$

4. 发射极电流

$$I_e = \frac{U_b - U_{be}}{R_e} \approx \frac{U_b}{R_e} \tag{17-11}$$

5. 集电极、发射极电压

$$U_{ce} = E_c - I_c(R_e + R_c) \qquad (17\text{-}12)$$

【例 17-3】 如图 17-3 所示分压式电流负反馈偏置电路中，选定静态工作电流 $I_C = 2\text{mA}$，$U_{ce} = 5\text{V}$，晶体管 $\beta = 50$，$E_c = 15\text{V}$，计算电路中各电阻值。

解 （1）计算 R_e。对于硅管，取 $U_b = 4\text{V}$，$I_e \approx I_c = 2\text{mA}$，则

$$R_e \approx \frac{U_b}{I_e} = \frac{4}{2 \times 10^{-3}} = 2(\text{k}\Omega)$$

（2）计算 R_C。因为 $I_c R_c = E_c - U_{ce} - U_e \approx E_c - U_{ce} - U_b$，所以

$$R_c \approx \frac{E_c - U_{ce} - U_b}{I_c} = \frac{15 - 5 - 4}{2 \times 10^{-3}} = 3(\text{k}\Omega)$$

（3）计算 R_{b1} 和 R_{b2}。

$$I_b = \frac{I_c}{\beta} = \frac{2}{50} = 0.04\text{mA}$$

取 $I_1 = 10 I_b = 10 \times 0.04 = 0.4\text{mA}$。因 $U_b = I_1 R_{b1}$，所以

$$R_{b1} = U_b / I_1 = 4 / 0.4 \times 10^{-3} = 10(\text{k}\Omega)$$

根据 $U_b = \dfrac{R_{b2}}{R_{b1} + R_{b2}} E_c = I_1 R_{b1}$

$$R_{b1} + R_{b2} = E_c / I_1 = 15 / 0.4 \times 10^{-3} = 37.5(\text{k}\Omega)$$

$$R_{b2} = 37.5 - 10 = 27.5(\text{k}\Omega)$$

四、共发射极放大电路静态工作点的计算

共发射极放大电路如图 17-4 所示。

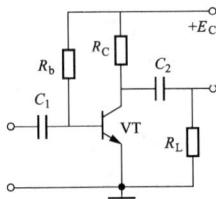

图 17-4　共发射极放大电路

1. 静态基极电流

$$I_b = \frac{E_c - U_{be}}{R_b} \qquad (17\text{-}13)$$

2. 静态集电极电流

$$I_c = \beta I_b \qquad (17\text{-}14)$$

3. 集电极电压

$$U_{ce} = E_c - I_c R_c \qquad (17\text{-}15)$$

五、共集电极放大电路静态工作点的计算

共集电极放大电路如图 17-5 所示。

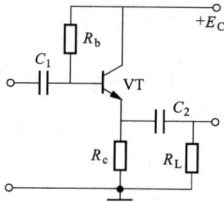

图 17-5 共集电极放大电路

1. 静态基极电流

$$I_b = \frac{E_c - U_{be}}{R_b + (1+\beta)R_e} \qquad (17\text{-}16)$$

2. 静态集电极电流

$$I_c = (1+\beta)I_b \qquad (17\text{-}17)$$

3. 集电极、发射极电压

$$U_{ce} = E_c - I_c R_e \qquad (17\text{-}18)$$

六、共基极放大电路静态工作点的计算

共基极放大电路如图 17-6 所示。

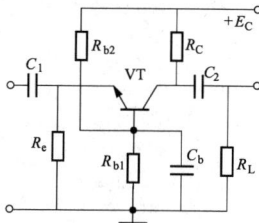

图 17-6 共基极放大电路

1. 静态基极电流

$$I_b = \frac{I_e}{1+\beta} \qquad (17\text{-}19)$$

2. 静态集电极电流

$$I_c = \frac{U_b - U_{be}}{R_e} \qquad (17\text{-}20)$$

3. 基极电压

$$U_b = \frac{R_{b1} E_c}{R_{b1} + R_{b2}} \tag{17-21}$$

4. 集电极、发射极电压

$$U_{ce} = E_c - I_C (R_e + R_c)$$

第四节　整流、滤波电路的计算

一、整流电路计算

1. 单相半波整流电路计算

单相半波整流电路如图 17-7 所示。

（1）输出直流电压

$$\overline{u}_0 = 0.45 u_2 \tag{17-22}$$

（2）二极管平均电流

$$I_{av} = I_0 \tag{17-23}$$

（3）二极管最大反峰电压

$$U_m = \sqrt{2} u_2 \tag{17-24}$$

（4）脉动系数

$$S = 1.57 \tag{17-25}$$

2. 单相全波整流电路计算

单相全波整流电路如图 17-8 所示。

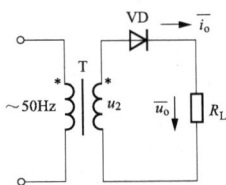

图 17-7　单相半波整流电路

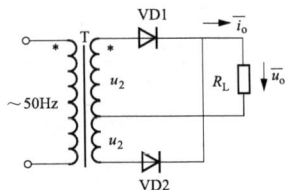

图 17-8　单相全波整流电路

（1）输出直流电压

$$\overline{u}_0 = 0.9 u_2 \tag{17-26}$$

（2）二极管平均电流

$$I_{av} = 0.5 I_0 \tag{17-27}$$

（3）二极管最大反峰电压

$$U_m = 2\sqrt{2} u_2 \tag{17-28}$$

（4）脉动系数

$$S = 0.67 \tag{17-29}$$

3. 单相桥式整流电路计算

单相桥式整流电路如图 17-9 所示。

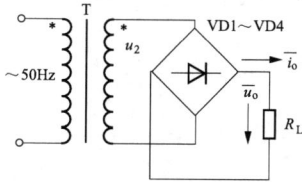

图 17-9　单相桥式整流电路

（1）输出直流电压

$$\overline{u}_0 = 0.9 u_2 \tag{17-30}$$

（2）二极管平均电流

$$I_{av} = 0.5 I_0 \tag{17-31}$$

（3）二极管最大反峰电压

$$U_m = \sqrt{2}\, u_2 \tag{17-32}$$

（4）脉动系数

$$S = 0.67 \tag{17-33}$$

4. 全波二倍压整流电路计算

全波二倍压整流电路如图 17-10 所示。

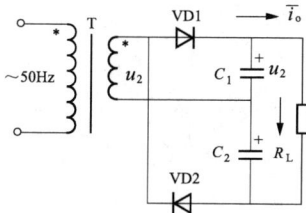

图 17-10　全波二倍压整流电路

（1）输出直流电压（空载）

$$\overline{u}_0 = 2\sqrt{2}\, u_2 \tag{17-34}$$

（2）输出直流电压（负载）估算值

$$\overline{u}_0 = 2 \times 1.2 u_2 \tag{17-35}$$

（3）每个二极管平均电流

$$I_{VD} = \overline{I}_0 \qquad (17\text{-}36)$$

（4）每个二极管反向峰值电压

$$U_m = \sqrt{2}\, u_2 \qquad (17\text{-}37)$$

式中：u_2 为整流变压器二次侧电压有效值，V；I_0、$\overline{I}_0$ 为负载直流电流，A 或 mA。

二、整流滤波电路计算

1. 单相半波整流电容滤波电路计算

单相半波整流电容滤波电路如图 17-11 所示。

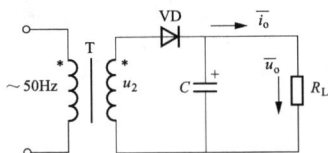

图 17-11　单相半波整流电容滤波电路

（1）输出直流电压（空载）

$$\overline{u}_0 = \sqrt{2}\, u_2 \qquad (17\text{-}38)$$

（2）输出直流电压（负载）估算值

$$\overline{u}_0 = u_2 \qquad (17\text{-}39)$$

（3）二极管平均电流

$$I_{VD} = \overline{I}_0 \qquad (17\text{-}40)$$

（4）二极管反向峰值电压

$$U_m = \sqrt{2}\, u_2 \qquad (17\text{-}41)$$

2. 单相全波整流电容滤波电路计算

单相全波整流电容滤波电路如图 17-12 所示。

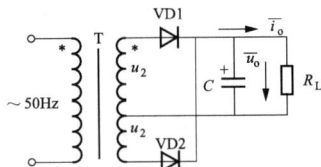

图 17-12　单相全波整流电容滤波电路

（1）输出直流电压（空载）

$$\overline{u}_0 = \sqrt{2}\,u_2 \tag{17-42}$$

（2）输出直流电压（负载）估算值

$$\overline{u}_0 = 1.2\,u_2 \tag{17-43}$$

（3）每个二极管管平均电流

$$I_{VD} = \frac{1}{2}\overline{I}_0 \tag{17-44}$$

（4）每个二极管反向峰值电压

$$U_m = 2\sqrt{2}\,u_2 \tag{17-45}$$

3. 单相桥式整流电容滤波电路计算

单相桥式整流电容滤波电路如图 17-13 所示。

（1）输出直流电压（空载）

$$\overline{u}_0 = \sqrt{2}\,u_2 \qquad (17\text{-}46)$$

（2）输出直流电压（负载）估算值

$$\overline{u}_0 = 1.2\,u_2 \qquad (17\text{-}47)$$

（3）每个二极管管平均电流

$$I_{VD} = \frac{1}{2}\overline{I}_0 \qquad (17\text{-}48)$$

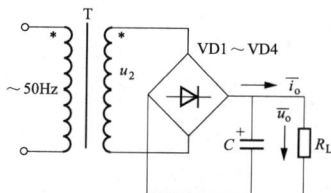

图 17-13　单相桥式整流
电容滤波电路

（4）每个二极管反向峰值电压

$$U_m = \sqrt{2}\,u_2 \tag{17-49}$$

4. 单相桥式整流电感滤波电路计算

单相桥式整流电感滤波电路如图 17-14 所示。

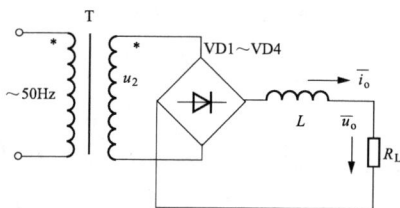

图 17-14　单相桥式整流电感滤波电路

（1）输出直流电压

$$\overline{u}_0 = 0.9\,u_2 \tag{17-50}$$

（2）输出直流电压（负载）估算值

$$\overline{u}_0 = 0.9\,u_2 \tag{17-51}$$

（3）每个二极管管平均电流

$$I_{VD} = \frac{1}{2} \bar{I}_0 \qquad (17\text{-}52)$$

（4）每个二极管反向峰值电压

$$U_m = \sqrt{2}\, u_2 \qquad (17\text{-}53)$$

式中：u_2 为整流变压器二次侧电压有效值，V；$\bar{I}_0$ 为负载直流电流，A 或 mA。

第五节 简单稳压电路的计算

采用稳压二极管，可以组成简单的稳压电路，应用在对稳压精度要求不高、负载电流变化不大的场合。

一、简单稳压电路对稳压管的要求：

（1）为了起到稳压作用，必须工作在反向电压下；

（2）使用时不应超过允许耗散功率；

（3）稳压管稳压性能的好坏，取决于它的动态电阻的大小，动态电阻越小，稳压性能越好。

简单稳压电路如图 17-15 所示。

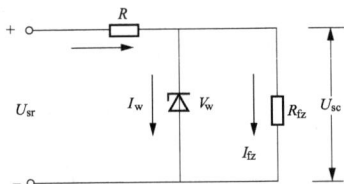

图 17-15 简单稳压电路

动态电阻为

$$R_w = \Delta U / \Delta I$$

二、简单稳压电路的计算

一般情况下，稳压电源计算的已知条件是：负载所要求的稳定电压 U_{sc}、输出负载电流 I_{fz}、负载电流的变化范围 ΔI_{fz}、电压稳定度 S_U 等，一般要求 $S_U = 0.1\% \sim 1\%$ 范围内。

1. 计算输入电压 U_{sr}

$$U_{sr} = (2 \sim 3) U_{sc} \qquad (17\text{-}54)$$

2. 选择稳压管 V_w

选择稳压管的原则：稳压管的稳定电压 U_w 等于负载需要的稳定电

压 U_{sc}，稳定电流 I_W 约等于负载电流 I_{fz}，或最大稳定电流 I_{Wm} 等于负载电流 I_{fz} 的 2～3 倍，即

$$U_W = U_{sc} \tag{17-55}$$

$$I_W = I_{fz} \tag{17-56}$$

$$I_{Wm} = (2 \sim 3)I_{fz} \tag{17-57}$$

3. 选择限流电阻 R_x

一般考虑两种情况

（1）当 U_{sr} 为最大，且 $I_{fz} = 0$ 时，流过稳压管的电流最大，电阻 R 要起限流作用，使流过稳压管的电流小于最大允许电流 I_{Wm}，避免烧坏稳压管。即

$$R > \frac{U_{srm} - U_{sc}}{I_{Wm}} \tag{17-58}$$

（2）当 U_{sr} 为最小，且负载电流 I_{fz} 为最大时，流过稳压管的电流最小，这个电流要大于稳压管的最小稳定电流 I_{Wmin}，使稳压管起稳压作用，即

$$R < \frac{U_{srmin} - U_{sc}}{I_{wmin} + I_{fz}} \tag{17-59}$$

4. 校验稳定度 S_u

稳定度若达不到要求，可适当加大 R 和 U_{sc}，选用动态电阻小的稳压管，或改为两级硅稳压管来稳压，但应按上述方法重新计算。

【例 17-4】 设计一台并联型稳压电源，要求输出电压 $U_{sr} = 12V$，负载电流的变化范围为 0～8mA，当电网电压波动 ±10% 时，电压稳定度 $S_U < 1\%$，选择稳压管型号、计算限流电阻并校验。

解 （1）确定输入电压

$$U_{sr} = (2 \sim 3)U_{sc} = (2 \sim 3) \times 12 = 24 \sim 36(V)$$

取 $U_{sr} = 32V$，可选用 220/36V 变压器经单相桥式整流电路获得。

（2）确定稳压管型号

$$I_{Wm} = (2 \sim 3)I_{fz} = (2 \sim 3) \times 8 = 16 \sim 24(mA)$$

选择 2CW5 型稳压管，$U_W = 11.5 \sim 14V$，$I_{Wm} = 20mA$，动态电阻 $R \leqslant 18\Omega$，$P_{Wm} = 250mW$，$I_W = 5mA$。

（3）确定限流电阻 R_x。当电网电压波动 ±10% 时

$$U_{srm} = (1 + 10\%)U_{sr} = 1.1 \times 32 = 35.2(V)$$

$$U_{srmin} = (1 - 10\%)U_{sr} = 0.9 \times 32 = 28.8(V)$$

$$\frac{U_{srm} - U_{sc}}{I_{wm}} < R < \frac{U_{srmin} - U_{sc}}{I_w + I_{fzmax}}$$

$$\frac{35.2 - 12}{20 \times 10^{-3}} < R < \frac{28.8 - 12}{(8 + 5) \times 10^{-3}}$$

$$1160 < R < 1292$$

取 $R_x = 1200\Omega = 1.2\text{k}\Omega$

（4）校验稳定度 S_u。当电网电压波动 $\pm 10\%$ 时

$$\Delta U_{sr} = 32 \times 20\% = 6.4(\text{V})$$

$$\Delta U_{sc} = \Delta U_{sr} \frac{R}{R_x} = 6.4 \times \frac{18}{1200} = 0.096(\text{V})$$

$$S_u = \Delta U_{sc}/U_{sr} \times 100\% = 0.096/12 \times 100\% = 0.8\%$$

$0.8\% < 1\%$，故稳定度 S_u 满足要求。

参 考 文 献

[1] 李金伴. 实用维修电工速查手册［M］. 北京：化学工业出版社，2011.

[2] 孙克军，王晓晨，马超. 袖珍电工技能手册［M］. 北京：化学工业出版社，2016.

[3] 刘光源. 实用维修电工手册［M］.3 版. 上海：上海科学技术出版社，2010.

[4] 孙克军，刘庆瑞，孙丽华. 农村电工速查常备手册［M］. 北京：化学工业出版社，2017.

[5] 张秋泊. 袖珍简明电工手册［M］.3 版. 北京：机械工业出版社，2016.

[6] 孙克军. 电工实战丛书——物业电工技能速成与实战技巧［M］. 北京：化学工业出版社，2017.

[7] 刘光启，夏晓宾. 电工手册·高低压电器卷［M］. 北京：化学工业出版社，2015.

[8] 徐国华. 新全电工手册. 郑州：河南科学技术出版社，2013.

[9] 孙克军. 电工手册电工实用工具书［M］.3 版. 北京：化学工业出版社，2016.

[10] 方大千. 实用电工手册［M］. 北京：机械工业出版社，2012.

[11] 刘光启，于立涛. 电工手册·变压器卷［M］. 北京：化学工业出版社，2015.

[12] 王兰君. 维修电工手册［M］. 北京：电子工业出版社，2016.

[13] 王建. 实用电工手册［M］. 北京：中国电力出版社，2014.

[14] 刘光启，于立涛. 电工手册·基础卷［M］. 北京：化学工业出版社，2015.

[15] 万英. 电工手册［M］. 北京：中国电力出版社，2013.